贵州 蔬菜无土栽培

李裕荣　黎瑞君　孙长青　主编

U0306237

中国农业科学技术出版社

图书在版编目（CIP）数据

贵州蔬菜无土栽培 / 李裕荣，黎瑞君，孙长青主编 . —北京：中国农业
科学技术出版社，2020.2

　ISBN 978-7-5116-4593-7

　Ⅰ.①贵… Ⅱ.①李… ②黎… ③孙… Ⅲ.①蔬菜—无土栽培 Ⅳ.①S630.4

中国版本图书馆 CIP 数据核字（2020）第 017859 号

责任编辑　崔改泵　李　华
责任校对　李向荣

出 版 者　中国农业科学技术出版社
　　　　　北京市中关村南大街12号　　邮编：100081
电　　话　（010）82109708（编辑室）　（010）82109702（发行部）
　　　　　（010）82109709（读者服务部）
传　　真　（010）82106650
网　　址　http: // www.castp.cn
经 销 者　各地新华书店
印 刷 者　北京建宏印刷有限公司
开　　本　787mm×1 092mm　1/16
印　　张　21.75　彩插3面
字　　数　443千字
版　　次　2020年2月第1版　2020年2月第1次印刷
定　　价　86.50元

《贵州蔬菜无土栽培》

编 委 会

前　言

　　无土栽培作为一项农业高新技术运用在生产中已有几十年的发展历史，极大地扩展了农业生产的空间，可使作物在荒漠、海岛、沙滩上进行生产。在开发太空的宏伟事业中，它几乎就是生产绿色植物唯一的途径，在生产高产优质作物以取得农业高效益方面更是发挥了重要的作用。进入21世纪后，随着塑料工业、温室制造和自动化环境控制等技术的迅速发展，以及对无土栽培技术等方面的深入研究和认识，使得蔬菜无土栽培技术成为许多国家设施园艺的关键技术，而且它的发展水平和应用程度已成为世界各国园艺现代化水平的重要标志之一。另外，无土栽培并不是高深莫测的技术，而是一种科普性、大众性的技术。

　　为了较系统介绍目前蔬菜无土栽培的研究，根据编者承担的贵州省社会发展科技攻关项目、贵州省国际科技合作计划、贵州省农业科学院专项资金项目等有关贵州蔬菜无土栽培研究的项目，结合在生产应用中积累的经验及收集到的国内外无土栽培技术资料，形成了《贵州蔬菜无土栽培》一书。本书概要介绍了无土栽培的情况、理论基础、基本类型、设施及管理和环境调节控制设施，无土栽培的蔬菜品种，蔬菜无土育苗技术，蔬菜无土栽培常见病虫害防治技术，畜禽粪便厌氧发酵和贵州气候下蔬菜最佳水培条件筛选的部分成果，供相关部门、有关人员参考。

　　本书共分十章，其中李裕荣主要编写了第二章、第五章、第七章、第八章、第九章和第十章（约219千字），黎瑞君主要编写了第三章（约113千字），孙长青主要编写了第一章、第四章、第六章（约111千字）。全书由李裕荣统稿完成。

　　本书的编写得到了各位编者和同事的大力支持和帮助，并提出了宝贵的意见和建议，在此一并表示诚挚的感谢！

　　由于编者水平有限，书中的错漏在所难免，敬请读者批评指正。

编　者

2019年8月

目 录

第一章　无土栽培概述

第一节　无土栽培的定义和分类

一、无土栽培的定义

无土栽培（Soilless Culture，Hydroponics，Solution Culture）又称为营养液培养、溶液栽培、水耕、水培、养液栽培等，简而言之，就是不用天然土壤来种植植物的方法。较为科学的定义就是不用天然土壤，而利用含有植物生长发育所必需的元素的营养液来提供营养，并可使植物能够正常地完成整个生命周期的种植技术。

二、无土栽培的分类

无土栽培从早期的试验室研究开始至今在生产上大规模应用，已有100多年的历史。在这期间，已从1859—1865年德国科学家萨克斯（Sachs）和克诺普（Knop）最早用于植物生理研究的无土栽培模式（图1-1），发展到许许多多的无土栽培类型和方法。将这些繁浩的无土栽培类型进行科学的、详细的分类是不容易的，有不同学者尝试着从不同角度来进行分类，现在大部分学者认同从植物根系生长环境是否有固体基质的存在而分为无固体基质栽培和有固体基质栽培两大类型。而这两大类型中，又可根据固定植物根系的材料不同和栽培技术上的差异分为多种类型。

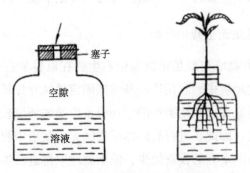

图1-1　Sachs和Knop的水培装置
（来源：刘士哲，2001）

（一）无固体基质无土栽培类型

无固体基质无土栽培类型是指根系生长的环境中没有使用固体基质来固定根系，根系生长在营养液或含有营养的潮湿空气之中。它又可以分为水培和喷雾培两种类型。

1. 水培

水培是指植物根系直接生长在营养液液层中的无土栽培方法。它又可根据营养液液层的深浅不同分为多种类型，其中包括以1～2cm的浅层流动营养液来种植植物的营养液膜技术（Nutrient Film Technique，NFT）；营养液液层深度至少也有4～5cm，最深为8～10cm（有时可以更为深厚）的深液流水培技术（Deep Flow Technique，DFT）；以及在较深的营养液液层（5～6cm）中放置一块上铺无纺布的泡沫塑料，根系生长在湿润的无纺布上的浮板毛管水培技术（Floating Capillary Hydroponics，FCH）。有些地方（如山东农业大学、华南农业大学）早期应用的半基质栽培是在种植槽上放定植网框，并在这个定植网框中放入一些泥炭、沙或砻糠灰等固体基质，待植株稍大，有部分根系深入定植网框下部种植槽中营养液层而吸收营养液的方法，实际上可以看作一种水培。

2. 喷雾培

喷雾培又可称为雾培或气培，是将植物根系悬空在一个容器中，容器内部装有喷头，每隔一段时间通过水泵的压力将营养液从喷头中以雾状的形式喷洒到植物根系表面，从而解决根系对养分、水分和氧气的需求。喷雾培是目前所有各种无土栽培技术中解决根系氧气供应最好的方法，但由于喷雾培对设备的要求较高，管理不甚方便，而且根系温度受气温的影响较大，易随气温的升降而升降，变幅较大，需要较好的控制设备，而且设备的投资也较大，因此在实际生产中的应用并不多。

喷雾培中还有一种类型不是将所有的根系均裸露在雾状营养液空间，而是有部分根系生长在容器（种植槽）中的一层营养液层里，另一部分根系生长在雾状营养液空间的无土栽培技术，称为半喷雾培。有时也可把半喷雾培看作水培的一种。

（二）有固体基质无土栽培类型

有固体基质无土栽培类型是指植物根系生长在以各种各样的天然的或人工合成的材料作为基质的环境中，利用这些基质来固定植株并保持和供应营养和空气的方法。由于有固体基质无土栽培类型的植物根系生长的环境较为接近千万年来植物长期适应的土壤环境，因此在进行有固体基质的无土栽培中更方便地协调水、气的矛盾，而且在许多情况下它的投资较少，便于就地取材进行生产。但在生产过程中基质的清洗、消毒再利用的工序繁琐，费工费时，后续生产资料消耗较多，成本较高。

　　有固体基质的无土栽培可根据所用的基质的不同而分为不同的类型，如选用沙、岩棉、石砾、泥炭、锯木屑、蛭石等作为基质，则分别称为岩沙培、棉培、泥炭培、（石）砾培、锯木屑培或蛭石培等。

　　也可根据在生产实际中基质放置的情况不同而分为槽式基质培和袋式基质培两大类型。所谓的槽式基质培是指把盛装基质的容器做成一个种植槽，然后把种植所需的基质以一定的深度堆填在种植槽中进行种植的方法。例如，沙培、砾培等。槽式基质培适宜于种植大株型和小株型的各种植物。所谓的袋式基质培是指把种植植物的生长基质在未种植植物之前用塑料薄膜袋包装成袋，在种植时把这些袋装的基质放置在大棚或温室中，然后根据株距的大小在种植袋上切孔，以便在孔中种植植物的方法。由于袋式基质培的搬运问题，一般不用容重较大的基质，而是用容重较小的轻质基质，例如岩棉袋培、锯木屑袋培等。袋式基质培较为适用于种植大株型的作物，如番茄、黄瓜、甜瓜等。因袋式基质培的株行距较大，不适宜种植小株型的植物。

　　上述各种无土栽培的方法可归纳为图1-2所示的分类。

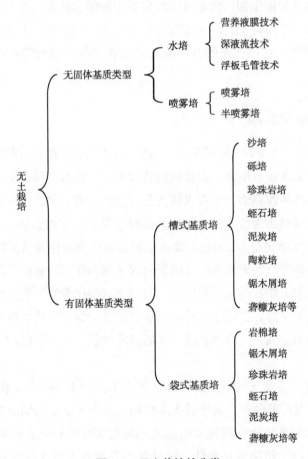

图1-2　无土栽培的分类

第二节 无土栽培技术的发展简史

"万物土中生"，这是长久以来人类对于作物种植所形成的观念。而实际上人类很久以前就开始无土栽培植物的尝试，并且出现原始无土栽培的雏形，直到后来人类对于植物营养本质的逐渐认识，才开始无土栽培的试验研究，并最终走向大规模的生产应用。这段发展历史延续了几千年，而人类自主地进行无土栽培试验到规模化生产的过程也已经历了100多年。了解无土栽培的发展历史，有助于更好地认识和掌握无土栽培技术的本质。

一、萌芽时期

萌芽时期（1840年前），在这一时期中人类对于作物吸收什么作为营养这个问题的了解很肤浅，因此无土栽培只是人类的一种无意识的种植行为。但也有许多人尝试不用土壤来种植作物，例如过年时家庭中种植水仙花；在江南水乡的水上人家的船后往往有一个用竹子、芦苇等做成的小筏子，在小筏子上放上少量的泥土种植空心菜、白菜等；在巴比伦的空中花园种植花草等，这些都是最早的无土栽培雏形。

二、试验研究时期

试验研究时期（1840—1930年），在这一时期之前的很长时间里，许多人都被植物究竟需要什么来赖以生存，或植物的营养本质是什么的问题所困扰。先后有人提出植物是以水作为营养的，也有人认为是以"油、火、水、土"为营养的，也有人提出植物是以腐殖质为营养的（腐殖质营养学说），林林总总，不一而足。直至1840年德国科学家李比希（Liebig）提出植物是以矿物质作为营养的"矿质营养学说"以后，使得许多有关矿物质作为植物营养来源和作用的试验广泛地开展起来，最终被以后的科学工作者所认同和证实，同时也对李比希当时提出的"矿质营养学说"进行了补充和完善。尽管李比希本人从来就没有做过矿质盐配制的溶液（营养液）来种植植物的尝试，但他创立的"矿质营养学说"成为了以后无土栽培的理论基础。

德国科学家威格曼（Wiegman）和泊斯托洛夫（Postolof）在1842年用白金（铂）坩埚内放置石英砂和白金碎屑支撑植物，并加入溶解有硝酸铵和植物灰分浸提液的蒸馏水来栽培植物，发现单纯加入硝酸铵溶液时植物发育不够完全，而加入植物灰分浸提液的植物生长健壮，这是真正开展营养液栽培的雏形。19世纪中叶，法国的布森高（Jean Boussingault）采用在盛有河沙、石英砂和木炭的容器中加入已知植物生长所需化合物溶液来研究控制植物生长的方法。在1856—1860年，霍斯特马尔（Salm-Horstmar）对这些方法进行了改进。在1860年，萨克斯（Julius von Sachs）开展了利用石英砂作为固定植物基质然后加入营养液的试验，1865年他又与克诺普（Knop）利用广口瓶将棉花塞固定植物，把植物悬挂起来而根系伸入瓶内的溶液中进行水培试验（图1-3），同时结合化学分析植物的元素组成，提出早期的10种必需元素学说，这10种元素为C、N、P、K、Ca、Mg、S、Fe。他们以无机化合物$Ca(NO_3)_2$、KNO_3、KH_2PO_4、$MgSO_4$作为植物的营养来源（添加少量的$FePO_4$来作为铁源），形成克诺普营养液，这种营养液又称为"四盐营养液"（表1-1）。后来，斯夫（Shive，1915）为了减少营养液配方中化合物的组成种类，研究出一种以$Ca(NO_3)_2$、KH_2PO_4和$MgSO_4$作为营养来源的营养液配方，称为"三盐营养液"（表1-1）。这种利用在含有矿质元素的溶液（即营养液）中种植植物以进行科学研究的方法被称为溶液培养或水培（Solution Culture，Water Culture），这种方法目前仍在许多的科学研究领域中应用。可以说，萨克斯和克诺普是现代无土栽培技术的先驱。

表1-1　克诺普的"四盐营养液"和斯夫的"三盐营养液"

化合物	克诺普的"四盐营养液"（g/L）	斯夫的"三盐营养液"（g/L）
$Ca(NO_3)_2$	0.80	0.83
KNO_3	0.20	—
KH_2PO_4	0.20	2.45
$MgSO_4$	0.20	1.89

注：这两个配方都加入少量的$FePO_4$提供铁源

在萨克斯和克诺普的工作之后，世界上很多国家的科学工作者对营养液的配方和植物在溶液中的生长反应方面做了大量的工作，确定了很多的标准营养液配方，有些营养液配方在世界范围内仍然被广泛使用。在1865年至20世纪30年代的几十年中，这方面最具有代表性的科学工作者有诺伯（Noble，1869）、托伦斯（Tollens，1882）、舒姆佩尔（Schimper，1890）、普法发尔（Pfeffer，1900）、科劳恩（Crone Von der，1902）、托丁汉姆（Tottingham，1914）、斯夫（Shive，1915）、霍格兰（Hoagland，1920）和阿农（Arnon，1938）等。

在上述的许多工作者中，值得一提的是美国的霍格兰和阿农，他们对营养液中营养元素的比例和浓度进行了大量研究，强调在营养液中加入微量营养元素的重要性，发表了许多标准的营养液配方，这些配方现在仍然有许多人在使用。这一时期众多研究者的工作主要是着重于探索植物究竟需要什么作为营养，营养元素或化合物的数量和比例要达到什么样的水平才合适以及进行溶液培养植物所需注意的一些其他问题，而此时人们的工作均是在实验室中开展的，还未认识到溶液培养作为一项具有巨大潜能的先进农业生产技术来应用的可能性。

三、生产应用时期

1930—1960年是生产应用时期。从20世纪30年代开始，无土栽培技术从实验室的研究逐渐走向实用化的生产应用。最早应用于生产的是在1929年美国加州农业试验站的格里克（Gericke）。他参照霍格兰营养液配方配制营养液种植的番茄高达7.5m，一株收获14.5kg，成为第一个把实验室研究用的无土栽培技术应用于商业化生产的人。他在一个可盛装营养液的种植槽中放入营养液，在这个容器上方放上一个四周用木板做成的定植网框，网框的底部为一个金属网，网框内铺上一层泥炭、蛭石、炭化稻壳（砻糠灰）等基质以支撑植物生长，同时能够保持根系生长的环境和营养液处于黑暗之中。植物种植在这些基质中，待植株长大、根系伸长后就会穿过金属网的网眼而伸入种植槽中的营养液内吸收养分和水分。这种装置如图1-3所示。格里克于1933年把这种种植植物的装置以"水培植物设施"为名取得专利。为了区别于一般的水培（Water Culture），将之称为液培（Aqua Culture），后来又叫做溶液水培法（Hydroponics）。

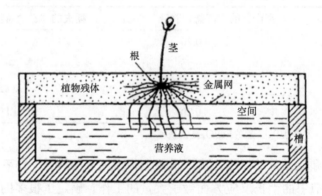

图1-3 格里克的"水培植物装置"（来源：刘士哲，2001）

1935年格里克指导一些生产者建立了面积达8 000m²的无土栽培生产设施，后来泛美航空公司（PanAm Airline）在太平洋中部的威克岛上请格里克指导建立了一个蔬菜无土栽培基地，为航空公司服务人员及乘客提供新鲜蔬菜。往后这种技术很快就在世界上的许多国家应用。

在20世纪30年代，美国新泽西农业试验场的沙威利用盛装沙子的种植槽，每隔1～2周把营养液以追肥的形式加入种植槽中进行沙培（Sand Culture）。1938年，普鲁东大学的韦斯罗乌采用水泵进行大规模的砾培（Gravel Culture），因为他发现利用沙作为栽培基质容易出现渍水和盐分的累积现象，因此改用排水通气性较好的石砾作为基质。

在20世纪30—40年代，石油开采热潮遍及世界许多地方，一些大石油公司在无法进行农业耕作的石油基地开展无土栽培作物生产。1941年，美国拉科石油公司在荷兰属地西印度的阿鲁巴岛和丘拉克岛的油田上进行无土栽培以生产新鲜蔬菜供员工的需要。

在第二次世界大战期间，盟军在一些无法进行农业耕作，但具有战略性意义的岛屿上建立了大规模的无土栽培基地，生产蔬菜以解决军需。例如美国空军在英属圭亚那的阿森松岛上建了一个无土栽培基地。另外，美军1944年在日本的硫磺岛，战后的1946年在东京的调布、滋贺县大津等地建立了大型的砾培设施作为新鲜蔬菜供应基地，其中以调布的最大，面积达22hm²，总投资2亿美元，当时是世界上最大的无土栽培基地。就现在看来，其面积也是相当大的。

1938年埃利斯（Elis）出版《植物的无土栽培》（*Soilless Growth of Plants*），这本书对营养液栽培技术的理论基础和生产应用方面都进行了详细的描述，后来在1951年、1953年在拉科石油公司的农场场长伊斯托瓦特等的协助下再次出版。1946年韦斯罗乌以空军教科书的名义出版了一本《营养液栽培》（*Nutriculture*）。1952年英国的休伊特（Hewitt）总结了23年的研究成果出版《植物营养研究的沙培和水培法》（*Sand and Water Culture Methods Used in the Study of Plant Nutrition*），1965年再版，我国于1965年将这本书翻译为中文，由科学出版社出版，这可能是我国第一本较早全面介绍营养液栽培的中文书。

在这段时期内，无土栽培作为一种远远优越于传统土壤栽培的种植方式越来越受到人们的重视和接受，它的发展也从最初的探索研究走向生产应用，并且在技术上也日趋成熟。

四、大规模集约化、自动化生产应用时期

1960年至现在是大规模集约化、自动化生产应用时期。从20世纪60年代开始，随着人们对植物生长及其控制原理和方法的进一步认识，同时随着石油化工工业的迅猛发展，无土栽培中大量使用的塑料产品如管道、塑料薄膜等的价格大幅度降低，使得无土栽培的建设费用降低到许多种植者可以接受的大面积建设的水平；同时也由于水泵、电磁阀、定时器、蠕动泵和进行自动控制所需的酸度计、电导率仪和电子计算机等控制仪器仪表的应用，特别是计算机控制技术的应用，结合温室或大棚的排气扇、水帘、遮阳网及自动开闭装置、人工补光装置、加温和降温装置、室内喷雾装置等的温度、湿度和光照的调控装置的应用，使得无土栽培的生产过程逐渐实现机械化和自动化，生产规模日渐扩大。

随着温室或大棚内一些小型机械的应用，例如可行进自如并可调节高度的小型温室工作车辆、作物授粉的振荡器、小型而高效的农药喷雾装置以及收获和包装机

械等的应用，大大地降低无土栽培的劳动强度，提高劳动生产率，使得无土栽培生产过程逐步走向机械化。

许多地方在温室内利用二氧化碳施肥技术解决棚室内二氧化碳浓度降低速度过快而影响作物生长的问题，大大提高作物的产量。近几十年来，无土栽培技术的发展已逐渐趋向于多学科研究成果的综合，大型的、机械化或自动化的无土栽培工厂已在世界上许多地方建立起来。例如，1981年在英国Littlehampton建立了一个面积达8hm²的大型温室，专门用于番茄的生产，号称"番茄工厂"。在沙特阿拉伯萨地亚特岛的干旱地区研究所建立了一个面积为8万m²的水培温室；奥地利的鲁丝那（Luthner）公司发明了一种植物连续水培的装置，是在一个高大的垂直温室中设一些传送带，在传送带上固定一些作物，从传送带的一端开始每天为一个传送带播种，根据作物生长期的不同，设立了多个不同生长期最适的环境，传送带把不同苗龄的作物逐级向后传送，直至最后收获。这种装置主要用于小株型的叶菜类的种植。1998年深圳青长果菜公司从加拿大引进一套面积为1.33hm²的生菜连续生产的深池水培装置（实际上为深液流水培的一种形式）。在1999年北京的长青果菜公司也是与同一家加拿大企业合作成立了一个与深圳青长果菜公司一样采用深池水培生产方法的公司。日本三菱重工和九州电力有限公司建立了一家面积为100m²的全自动、全天候的蔬菜工厂，它由计算机对温室内的所有作物生长的条件进行自动控制，所有的操作过程均由机器人完成，从种子的播种开始，经历生长的各阶段直至最后的收获均由计算机控制，生产过程高度自动化。这虽然是一家面积较小的试验性工厂，但它代表着未来无土栽培技术的发展方向。

第三节　无土栽培的发展现状及趋势

无土栽培技术从出现至今100多年的发展历程中，特别是近几十年的发展非常迅速，这与科学技术的发展是分不开的。世界上许多国家先后成立了作物的无土栽培技术研究和开发机构，专门从事无土栽培的基础理论和应用技术方面的研究和开发工作。国际上无土栽培技术的学术活动非常活跃。1955年在第14届国际园艺学会年会上成立了国际无土栽培工作组（International Working Group on Soilless Culture，IWGSC），隶属于国际园艺学会，并于1963年在意大利召开第一届国际无土栽培学术会议，1969年、1973年和1976年分别于西班牙、意大利和西班牙召开第二、三、四次会议。1980年在荷兰召开第五届国际无土栽培会议，并在会上把隶属于国际园艺学会的"无土栽培工作组"独立出来，并改名为"国际无土栽培学会"（International Society of Soilless Culture，SOSC），且每4年举行一次国际无土栽培学会的年会。这表明无土栽培技术在世界范围内有着广泛的基础，也标志着无土栽培技术的研究与应用已进入一个崭新的阶段。

我国于1985年成立第一个无土栽培学术组织——中国农业工程学会无土栽培学术委员会，从1986—1992年每年召开一次年会，1992年年会上决定改名为"中国农业工程学会设施园艺工程专业委员会"，并决定每2年召开一次年会。1994年、1996年、1998年和2000年分别在河北、新疆、广东和辽宁等省（区）召开年会。与会的代表和提交的论文逐年增加，并且与国际无土栽培学会等学术组织和研究结构建立了日趋频繁的联系。我国另外一个涉及无土栽培技术的学术组织是中国园艺学会设施园艺专业委员会，这个学术组织也常组织和召开有关设施园艺方面的研讨会。这对我国无土栽培技术的发展起着重要的推动作用。

现从我国及世界上一些有代表性国家无土栽培技术的发展情况来看其发展的现状和趋势。

一、中国

我国无土栽培技术的研究和生产应用起步较晚。而事实上，我国的科技工作者早已掌握无土栽培的原理，例如中山大学的罗宗洛（1931）研究铵硝营养的成果受到世界同行的瞩目，1965年由科学出版社翻译出版了休伊特的著作《植物营养研究的沙培和水培法》，但由于历史的原因，限制了其发展。直到20世纪70年代开始才逐渐在生产中应用无土栽培技术。首先是在作物的营养液育苗方面开展这一工作的，例如蔬菜和水稻的无土育苗。1975年山东农业大学最早开展这方面的生产应用研究，先后对西瓜、黄瓜、番茄、韭菜、小萝卜和小白菜等多种作物进行无土栽培试验，在1979—1984年开发出半基质培的"鲁SC-I型"番茄多层无土栽培设施，1984—1987年与胜利油田联合开发面积为6 699m²的蔬菜无土栽培基地。

1985年开始，华南农业大学根据南方热带亚热带气候条件的特点，结合国内外各种无土栽培技术的特点，研制出水泥砖结构深液流水培装置及蔗渣或其他基质的袋培和槽培营养液滴灌种植系统，并从1987年开始在广东、山东、上海、海南、广西、福建、四川等许多省（区、市）推广，累积无土栽培面积已达200多公顷，广东省也成为我国无土栽培面积最大、发展速度最快、技术水平发展最好的一个省份，许多种植者在取得很好的社会效益的同时，也取得很好的经济效益。

1986年深圳格林果菜公司从美国引进一套无土栽培设施，在往后2～3年，广东省就先后引进美国、荷兰等国家的无土栽培设施7套。全国的其他省（市）如北京、上海、浙江等也引进不少国外的无土栽培设备。这些国外无土栽培设备的引进对于开阔视野、消化吸收国外的技术有着积极的作用，但由于引进的盲目性，国外设备不适宜我国的气候特点，特别是南方的气候特点，而且造价及日常运营成本很高，再加上有些设备设计上的不合理，因此在引进数年之后有许多已经废弃，有些成套设备只是利用到其温室的外壳，而其他部件均不能使用，造成极大浪费。华南农业大学研制成功适合南方气候条件的水泥砖结构深液流水培设施，10年来，广东省的无土栽培已走上国产化的道路。但近几年来，有许多省（区、市）花费大量的资金引进一些国外设备，形成第二次引进国外温室设备的高潮，例如上海、北京、广东、沈阳、浙江等地在近几年来先后引进一些包括温室在内的无土栽培成套设备，而目前来看，所有引进的设备都出现极为严重的亏损，这个现象值得注意。

20世纪80年代开始，浙江省农业科学院在日本赠送的营养液膜技术（NFT）设备的基础上，研制了用定型泡沫塑料槽的浮板毛管水培技术（FCH）。沈阳农业大学、北京市农林科学院蔬菜研究中心以及南京市蔬菜科学研究所等也引进日本的全套无土栽培设备，研制出简易营养液膜技术和岩棉培技术。

由于北方地区的水质硬度较高，因此，有些地方在进行水培尝试时失败了，但利用北方来源丰富的稻壳（砻糠灰）、泥炭等进行基质培却取得成功，形成在全国范围内各种无土栽培形式百花齐放的局面，但总的来说，南方主要以深液流水培和槽式基质培为主，有少量的基质袋培；长江口附近地区以浮板毛管水培技术、营养液膜技术为主，有一部分深液流水培；而北方地区多为基质栽培，有一部分简易的岩棉培。

在20世纪90年代初期，中国农业科学院蔬菜花卉研究所推广有机基质栽培（或称为有机生态型无土栽培），试图通过使用有机肥来降低无土栽培的投入和降低蔬菜产品中硝酸盐的含量，同时也为了简化种植设施、降低投资和生产成本。但由于用有机肥来提供营养，对于基质中的营养状况难以了解和控制，往往出现养分供应不均衡的现象，而且，施用有机肥如果过量，也非常容易造成硝酸盐在产品中的累积问题，而施用有机肥只是其有机态氮的释放较慢而已。无论如何，利用有机肥进行无土栽培生产，不失为一种较低成本的无土栽培类型，有一定的应用价值。

1980年，北京林业大学马太和教授编译出版我国第一本系统介绍无土栽培理论与技术的书籍——《无土栽培》，这本书对于我国无土栽培技术的发展起到重要的推动作用。1994年由华南农业大学连兆煌教授主编的全国第一本无土栽培方面的高等农业院校统编教材——《无土栽培原理与技术》，这对于掌握无土栽培技术的人才培养起着很重要的作用。这几年中，有许多的工作者也出版了许多有关无土栽培方面的书籍。

二、美国

美国是世界上最早进行无土栽培商业化生产应用的国家，但其无土栽培面积并不大，且多数集中在干旱、沙漠的地区，主要是因为美国国土面积辽阔、肥沃的土地较多、人口稀少。据1984年的统计资料，美国全国只有200hm²的无土栽培面积。美国无土栽培技术的研究重点是探索在太空中进行作物无土栽培的可能性。因为开发太空，也许无土栽培是进行绿色植物生产的唯一方法。美国无土栽培学会（Hydroponic Society of America，HSA）是一个活跃的学术组织，经常开展有关无土栽培技术的研讨会。美国无土栽培技术发展除了大规模的生产之外，小规模、家用型的无土栽培的发展也很快，在全国有很多专门的公司生产家用型的装置。

三、日本

日本无土栽培技术的发展得益于美军在第二次世界大战期间及战后几年建立的一些大型无土栽培设施。例如在1946年建立的22hm²砾培蔬菜生产基地以生产军需蔬菜，同时吸收一些日本人参与管理。此后，日本也独立开展这方面的工作，从20世纪60年代至80年代，无土栽培面积扩大至近300hm²，其中以水培和砾培为主，大约水培占总面积的2/3，砾培占1/3。近20多年来，砾培的面积逐步减小，而水培的面积逐渐增加。在这两种日本的主要无土栽培形式中，水培技术是日本独自发展的，称为深液流水培（或深水培，DFT），其具体的形式有多种，如M式、神园式、协和式等，但都有一个共同的特征，就是液层较为深厚。在营养液配方的研究方面，山崎肯哉提出正常生长的植物吸水和吸肥同步的概念，即植物吸收一定量的水分就相应地吸收一定量的营养，并以此为基础设计出了一系列的山崎配方。另一位无土栽培的专家堀氏设计出的园试配方也广为流传，现在我国的许多地方仍然在使用。日本不仅在实用性的大规模无土栽培生产技术上走在世界的前列，而且开展了卓有成效的超前性研究，例如在植物工厂的研究中也处于世界的领先水平。如三菱重工、M式水耕研究所、日本电力中央研究所、日立株式会社等研制的各种全自动控制的植物工厂基本可实现完全的机械化和自动化生产。

四、欧洲的一些国家

欧洲的多数国家冬季寒冷，特别是北欧的国家，在露地是不可能做到周年均衡地生产作物的，因此，在温室等保护性设施的建设上就显得很有必要。再加上营养液膜技术和岩棉培技术在欧洲的发明和应用，使得欧洲成为世界上无土栽培技术发展的几个中心之一。

作为工业用途的岩棉最早是由美国于1840年左右在夏威夷研制出来的，而最早开发农用岩棉并用于无土栽培的是丹麦的Grodan公司，荷兰则是充分显示岩棉培优势最有代表性的国家。荷兰的无土栽培在20世纪80年代以后发展迅速，这与岩棉培的应用有密切的关系。荷兰的无土栽培面积已达3 000多公顷。从目前的情况来看，它是世界上无土栽培最发达的国家之一。岩棉培的面积从1976年的25hm^{2}发展到1986年的2 000hm^2，占无土栽培总面积的2/3。荷兰的无土栽培作物主要是番茄、黄瓜、甜椒和花卉（主要是切花）。国际无土栽培学会（International Society of Soilless culture，SOSC）的总部就设在荷兰。

英国的Cooper在1973年发明了营养液膜技术，随着这一技术在世界各国的推广应用，使无土栽培的发展再一次出现高潮。1981年，英国温室作物研究所在Littlehampton建立了一个面积为8hm^{2}的温室，专门用于番茄生产，号称为当时世界上最大的"番茄工厂"。这些温室全部采用自动化设备来控制温室内的光温、气、湿等环境条件，营养液也是自动控制的。年产番茄达220万kg。英国在1984年的无土栽培面积为158hm^2，其中约58hm^{2}是营养液技术，100hm^{2}为岩棉培和其他形式。NFT只占无土栽培总面积的1/3左右。造成这种NFT发展不及岩棉培和其他形式无土栽培的根本原因在于NFT虽有其先进性，但由于整个种植系统中的营养液总量较少，种植槽中的液层浅薄，营养液的组成和浓度易产生急剧的变化，根际的温度也易发生变化，营养液的循环要求较高，管理要求严格，对于管理人员及管理技术的要求较高，要管理得较好不容易。因此，NFT的发展较为缓慢。而且，有人认为NFT种植的作物品种有较高的要求，如黄瓜、甜瓜等根系易衰老的作物在NFT中的适应性不及番茄等根系活力较强的作物。

欧洲的其他一些国家无土栽培也有一定面积。在奥地利，Ruthner公司发明的连续作物种植装置，为大型工厂化作物生产提供一条途径。法国在1978年大约有400hm^{2}的无土栽培面积，俄罗斯大约有120hm^2。

五、世界上总体的发展情况

从几十年无土栽培应用技术的发展来看，有以下情况值得注意。

（一）无土栽培的发展面积和速度不局限于技术的先进程度

世界上公认的岩棉培、NFT及其相应的自动控制系统是目前较为先进的无土栽培技术，但总体上来说，对我国的无土栽培的发展并没有起到直接推动作用，我国以往引进或参照国外所建造的先进无土栽培设施及相关的配套设施，在经过一段时间的运行之后大都没有真正发挥其应有的作用，而根据我国的国情研制出的无土栽培技术如简易槽式基质培、简易营养液膜技术、浮板毛管水培技术和水泥砖结构深液流水培技术却在我国大面积推广，而这些设备又是较为简陋的，却使得我国无土栽培应用面积从20世纪80年代的一片空白发展到2000年的约500hm^2，速度是惊人的。再如，岩棉培的问世对荷兰及其他的一些欧洲国家无土栽培的发展起到极大的推动作用，而对日本的无土栽培则没有多少影响。

（二）一个地区的经济是否发达对无土栽培的发展速度和应用面积的大小并非
　　完全起决定性作用，而要取决于整个地区的自然及社会的综合因素

例如经济较为发达的荷兰、日本和美国的比较，美国的无土栽培面积只有荷兰的1/10，而日本和荷兰在1980年分别只有270hm²和100hm²，到1985年日本只增加到290hm²，荷兰已达2 000hm²，分别增加7%和20多倍。但在一个国家内，不同地区经济的发展程度确实在一定程度上影响无土栽培的发展，例如我国沿海等经济较为发达地区的无土栽培面积大约占全国无土栽培面积的85%。

（三）经济欠发达地区无土栽培的发展应与其经济发展水平相适应

尽管无土栽培技术的应用需要一定的投资，但在经济欠发达地区也同样可以得到应用和发展。联合国开发计划署（The United Nations Development Programme，UNDP）在第三世界国家推广家庭庭院、阳台、天台等水培蔬菜计划，在拉丁美洲的16个国家开展。通过收旧利废，以低成本的形式开展无土栽培生产，以增加家庭的食物来源。近几年来，我国内地经济欠发达地区的无土栽培技术的发展势头也很迅猛，具有成本低廉、管理容易的简易槽式基质培和其他无土栽培形式，在经济欠发达地区的推广大有前途。

一言蔽之，无土栽培的发展没有一个固定的模式可循，只有通过总结前人经验的基础上，结合当地的经济水平、市场状况和可资利用的资源条件来探索发展无土栽培的路子。我国无土栽培发展20多年来的经验就是一个很好的例子。

第四节　无土栽培的优缺点、应用范围及客观评价

无土栽培技术虽然说是一种代表当今农业现代化的生产技术，但是，毋庸置疑它既存在着优越的一面，也存在着不可避免的缺点。只有认识到这一点，才能够对其应用范围及前景有更进一步的认识，才可真正应用好这一现代的农业技术。

一、无土栽培的优点

（一）产量高

无土栽培条件下植物生产所需的光、温、水、肥的供应较为迅速、合理、协调，因此其产量要比土壤栽培的高。一般作物的产量可高1倍以上，有些作物甚至可高10多倍（表1-2）。

表1-2　几种作物土壤栽培与无土栽培的产量比较

作物	土壤栽培（t/hm²）	无土栽培（t/hm²）	两者相差倍数
番茄	25~30	150~450	8~15
黄瓜	1 000	4 000	4.0
生菜	1 200	3 500	3.0
菜豆	1 500	6 000	4.0
豌豆	500	2 000	4.0
芥菜	1 000	2 000	2.0
马铃薯	2 000	5 000	2.5

（二）品质好、商品价值高

无土栽培能够充分而有效地满足作物对生长环境的要求，因此，其产品品质较好、商品率高。无土栽培生产的绿叶蔬菜如生菜、芥菜、空心菜、小白菜等，由于水分和养分供应充足，其生长速度较快，粗纤维的含量较少，而维生素C含量则大大提高。无土栽培的番茄、黄瓜、厚皮甜瓜等瓜果类作物的外观整齐，着色均匀，口感好，营养价值高。刘士哲等的试验表明，无土栽培番茄的维生素C含量为154.9mg/kg，而土壤栽培的为124.2mg/kg，无土栽培的比土壤栽培的高19.8%，无土栽培的芥菜粗纤维含量为2.8%，而土壤栽培的为4.6%，无土栽培的只是土壤栽培的61%（表1-3）。

表1-3　几种作物土壤栽培与无土栽培的品质比较

栽培方式	维生素C含量（mg/kg）			粗纤维含量（%）	
	番茄	芥菜	直立生菜	芥菜	直立生菜
土壤栽培	124.2	19.8	46.0	4.6	4.5
无土栽培	154.9	24.2	96.0	2.8	4.7

（三）省水、省肥、省工

传统的土壤栽培中施用的肥料，其平均利用率只有50%。氮肥施入土壤中易被硝化而随水流失，也会通过氨的挥发和反硝化作用产生NH_3、N_2O和N_2而损失，所以大约50%的氮素可被植物吸收利用。磷肥施入土壤之后，有很大的一部分形成磷酸铁、铝、钙等磷酸盐沉淀而不能被作物吸收利用。磷肥的利用率只有20%~30%。钾肥施入土壤之后有部分受到灌溉水和表面径流的影响而流失利用率也不高。而无土栽培是根据不同的作物品种和不同的生育期以营养液的形式来供应营养的，所有的营养物质均为水溶性的，而且有相当部分的无土栽培是封闭式的、营养液循环利用的，有90%～95%是作物可以吸收利用的。即使是开放式的无土栽培系统，营养液的流失也很少。同时也不存在像土壤栽培那样对养分的固定问题，所以营养的利用效率很高。

无土栽培由于不存在像土壤栽培那样的水分渗漏损失，因此，其水分的利用效率也很高。无土栽培作物的耗水量只有土壤栽培的1/10～1/5，所以特别适宜于干旱缺水的地方使用。

无土栽培摆脱了土壤栽培中繁重的翻土、整畦、除草等劳动过程，而且在整个无土栽培生产中逐步实现机械化或自动化操作，大大降低劳动强度，节省劳动力，提高劳动生产率。如果种植蔬菜，土壤栽培时每个劳动力可管理0.067～0.133hm²土地，而无土栽培一般可管理0.20～0.26hm²土地，自动化程度高的，则管理的面积更大。

（四）病虫害少，无连作障碍，生产过程可实现无公害化

无土栽培由于是在大棚或温室等保护性设施中利用种植槽或种植袋进行的，在一定程度上隔绝了外界（包括空气和土壤）病原菌和害虫对作物的侵染，因此病虫害的发生较为轻微，即使发生也较容易控制。所以可以在种植过程中少施或不施农药，减少农药对产品和对周围环境的污染。由于隔绝了土壤进行种植，不存在土壤和水源的重金属和其他污染物的污染问题。无土栽培的肥料利用率高，种植过作物的营养液可直接排到外界，也没有无土栽培过程对环境的二次污染问题，因此，可以说无土栽培是真正的无公害农产品的生产方式。

无土栽培还可以从根本上解决土壤的连作障碍问题。每种植一茬作物，只要对设施进行必要的清洗和消毒处理之后就可以马上种植下一茬作物，不会因连作而造成病虫害的大量发生，也不会出现土壤中的次生盐渍化、地力衰竭的问题。

（五）充分利用土地资源

无土栽培对土地没有特别的要求，在荒山、荒地、河滩、海岛，甚至沙漠、戈壁滩等难以进行传统农业耕作的土地上都可以进行无土栽培生产。它不需要占用农田，这对于保护日益减少的耕地，扩大农业生产面积有着积极的意义。在人口密集、农用土地稀少的大都市，还可以充分利用房屋的天台、阳台等空间发展无土栽培，种植植物。而无土栽培的产量和质量均比土壤栽培得高，有些温室或大棚中还可充分利用其空间来发展多层的立体无土栽培生产，充分挖掘农业生产的潜力，在另一种意义上也是增加土地的产出能力，节约土地的用量。

（六）实现农业生产的现代化

无土栽培简化了土壤栽培中繁复的劳作，通过多学科多种技术的融合，利用各种相关的仪器仪表和操作机械，逐步使得无土栽培过程中的各种管理措施得以实现

机械化、自动化，体现现代化农业的发展方向。

二、无土栽培的缺点

尽管无土栽培具有上述的优点，但必须清楚地看到，无土栽培的应用受到一定条件的限制，它本身也具有缺点，只有充分考虑其缺点，寻求妥善的解决办法，才能充分发挥无土栽培的优势。概括来说，无土栽培的缺点主要有以下几点。

（一）投资较大

这是目前无土栽培技术应用中，特别是大面积的、集约化的无土栽培生产中最致命的缺点。因为无论是采用简易的还是自动化程度较高的无土栽培，都需要有相应的设施。这就要比土壤种植的投资高得多，特别是大规模的无土栽培生产，其投资更大。在20世纪80年代中期以来引进的国外成套无土栽培设施，其价格更是昂贵。例如广东省江门市引进荷兰专门种植番茄的"番茄工厂"，面积为$1hm^2$，总投资超过1 000万元人民币，平均每$667m^2$投资近70万元。这在生产中是难以被广大种植者所接受的，而且在目前我国的社会经济水平条件下，依靠种植作物而收回这么大的投资，是非常困难的，有些地方甚至出现连基本的日常运行开支都无法维持的状况，更有甚者最终连设施都变卖了。近几年来，引进国外大型温室等昂贵设施的势头有增无减的现象值得有关部门重视。近十几年来，国内的一些研究单位根据现阶段我国的国情，研制出的一些简易无土栽培生产设施，大大降低了投资成本，而且其种植效果并不见得比国外引进的设备差，使得越来越多的生产者逐渐接受。如华南农业大学无土栽培技术研究室研制的深液流水培装置、简易槽式基质培（或袋培）营养液滴灌设施以及浙江省农业科学院研制的浮板毛管水培技术等。每$667m^2$大棚的投资均在10万元以下，有些甚至低至2万～3万元。这在经济较为发达的地区和难以种植作物的地区作为高档蔬菜和反季节（错季）作物生产上的应用越来越广泛，其经济效益较高。但无论如何都需要有较大的投资，目前是无法克服的，只有通过无土栽培的高产、优质生产，来提高经济效益。

（二）技术上要求较高

无土栽培生产过程的营养液配制、供应以及在作物种植过程中的调控相对于土壤种植来说，均较为复杂。在无固体基质的无土栽培中，营养液的浓度和组成的变化较快，而有固体基质栽培类型中营养液供应之后在基质中的变化也不易掌握。再加上作物生长过程还需对大棚或温室的其他环境条件进行必要的调控，这就对技术上提出了较高的要求。管理人员的素质就必须较高，否则难以取得良好的种植效果。现在通过一些工厂预先配制好不同作物无土栽培专用的固体肥料以及自动化设备的采用，简化操作上的复杂程度。

（三）如管理不当，易造成某些病害的大范围传播

无土栽培生产是在棚室内进行的，其环境条件不仅有利于作物生长，而且在一定程度上也有利于某些病原菌的生长，如轮枝菌属和镰刀菌属的病菌，特别是在营养液循环的无土栽培设施中和在高温高湿的环境条件下更易快速繁殖而侵染植物。如果管理不当，致使无土栽培的设施、种子、基质、生产工具等的清洗和消毒不够彻底，工作人员操作不注意等原因，易造成病害的大量繁殖，严重时甚至造成大量作物死亡，最终导致种植失败。因此，为了取得无土栽培的成功，很重要的一点是要加强管理，增强技术人员的责任心，同时注意每一生产环节上都严格按要求进行，杜绝产生对作物生长不良影响的可能，同时在每一环节中要落实责任到人，每一生产过程均应有详细的记录，以便在出现问题时能够及时找出原因。

三、无土栽培的客观评价及应用范围

如前所述，无土栽培完全可以代替天然土壤的所有功能，即像土壤一样可为植物生长提供水、肥、气、热等必需的条件。由于无土栽培是在相对可控的环境条件下进行的，所以它提供给植物的这些生长条件要比土壤来得优越。从理论上来说，土壤中可以种植的任何植物种类，在无土栽培条件中都能够正常生长，只是不同的无土栽培形式适宜种植的植物不同，或者说不同的植物可能要求有不同形式的无土栽培来给它提供正常生长所需的条件。例如，在大多数水培技术中不适宜块根块茎类植物生长，如红薯、马铃薯等，因为大多数块根块茎植物在长期渍水时易产生腐烂。相反，块根块茎类植物在较疏松的基质培中可生长良好而在岩棉培中则不能种植，因为岩棉基质限制了块根块茎的膨大。因此，种植不同的植物可根据具体的无土栽培技术特点而定，不能一概而定。

尽管无土栽培技术在种植植物时有着比土壤栽培优越得多的条件，但是它并不可以代替土壤栽培，并非在无土栽培生产技术面世时如有些新闻媒体所说的"土壤要进入博物馆了"那样来取代天然土壤的种植。无土栽培只能够是作为土壤栽培的一种补充。有了这一明晰的认识之后，才能从真正意义上看待无土栽培的应用范围及其价值。

无土栽培的应用范围有一定的局限性，它受到地理位置、经济环境和技术水平等诸多因素的限制。只有在以下情况下合理地应用，才可充分体现出其价值。

（一）在经济较为发达的地方应用

经济较为发达的地区可以有较多的资金投入大规模的无土栽培生产设施建设中，而一定规模才可能产生出规模效益。利用无土栽培生产出优质、高产、高档的农产品，利用大棚或温室等保护设施进行错季或反季节产品的生产，以体现其经济

效益。例如，近几年来，南方的许多省份利用无土栽培技术每年可生产3茬哈密瓜（厚皮甜瓜），在新疆哈密瓜未上市及上市完之后才上市，其经济效益十分可观；又如种植露地栽培中难以种植或产量和质量难以提高的七彩甜椒和温室青瓜（包括迷你青瓜，或称小青瓜），供应高档消费场所和出口，经济效益也十分良好。

（二）在沙漠、荒滩、礁石岛等不适宜农业耕作的地方应用

例如，在南沙群岛布满礁石的岛上用深液流水培技术生产出郁郁葱葱的蔬菜以满足驻岛战士的生活需求。再如，新疆吐鲁番西北园艺作物无土栽培中心在戈壁滩上建立112栋塑料日光温室，占地面积$34.2hm^2$，温室内以半基质槽式沙培系统种植作物，取得很好的经济效益和社会效益。

（三）在土地受到污染、侵蚀等地方应用

在土地受到污染、侵蚀或其他原因而产生严重退化，而又要在原来的土地上进行农业耕作的地方，可用无土栽培进行作物生产。

（四）在家庭中应用

利用家庭的庭院、阳台或天台来种花种菜，既有娱乐性，又有一定观赏性和经济收益，而且操作简便、干净卫生，不需要像土壤栽培那样搬动沉重的花泥，特别是对于离退休的老人修养身心很有好处。

（五）作为中小学校的教具和作为高等院校、科研院所的研究工具

中小学校的生物园、课外兴趣小组可将无土栽培作为一种有别于传统土壤种植植物的方法，具有新颖性，又具有直观性、生动性，对于培养青少年从小学科学、爱科学，开发学生的智力、培养学生的动手能力是很有好处的。广州市体育西路小学在1995年建立了一个无土栽培种植园，取得很好的教育效果，目前已有几十所中小学校先后建立起校内无土栽培种植基地，有些区镇的少年宫还组织中小学生进行植物种植比赛。在高等院校和科研院所，利用无土栽培技术作为一种生物科学领域的研究工具，已越来越受到研究人员的重视，在研究植物营养的规律、外界条件对植物生长的影响、病原菌对植物的感染能力及传播规律、植物的化学他感、植物对环境污染的适应性以及植物育种的快速加代繁殖等领域的应用已经是十分普遍。

（六）在开发太空事业中的应用

无土栽培技术在可以预见的未来人类较为长期在太空生活中几乎是唯一的一种种植绿色植物的方法。美国国家航空航天署（National Aeronautics and Space Administration，NASA）和许多发达国家的宇航研究部门都非常重视无土栽培技术在太空中的应用。

　　总而言之，无土栽培技术是当今现代化的农业生产技术，它代表着一种今后农业生产发展的方向。但在肯定其有着先进性一面的同时，也要承认它所具有的难以克服的缺点，只有客观地看待它，在实际应用中充分发挥优点，努力克服缺点，它将在不久的未来走向在技术上更加成熟，在效益上更加良好的道路。作为生产上的技术人员或管理人员，只有充分认识到这一点，在实践中认真研究无土栽培技术的规律性东西，结合当地实际情况，提高技术水平，努力开拓市场，无土栽培技术在我国的发展前景会是十分乐观的。

第二章 无土栽培的理论基础

无土栽培作物之所以能够取得高产优质，是因为它提供给作物生长所需的水分、养分、光照、温度、湿度等环境条件比作物千百年来生长的土壤环境要来得优越。了解作物在无土栽培条件下养分、水分和温度等对作物生长的影响是成功进行无土栽培的基础。

第一节 无土栽培与土壤科学

一、作物栽培从有土到无土的意义

科学的无土栽培技术已经成功地栽培出比用土壤栽培更高产优质的农作物。无土栽培技术的产生是人类对土壤本质的认识不断深化的结果。无土栽培的成功，证实了人类对土壤本质的认识已经达到较完善的程度。可以说，作物栽培从有土到无土是人类改造自然的伟大创举，标志着人类对土壤的关系，在较高的程度上已经从"必然王国"进入"自由王国"的境界。

二、无土栽培与矿质营养学说

无土栽培的实质是用营养液代替土壤，而营养液的产生是以植物矿物质营养学说为依据的。可以说，矿物质营养学说是无土栽培理论基础的核心。

土壤科学自从发现矿物质营养学说之后，才达到一次质的飞跃，也就是说，人类才真正摸到土壤本质的核心。它给人类的生产力带来巨大的进步。近100多年来，世界上农作物的单位面积产量以倍数增加，其中有一半的效果是由在矿物质营养学说推动下发展起来的化学肥料工业所产生的。因此，世人公认矿物质营养学说是一个伟大的划时代的学说。

无土栽培技术是为了论证矿物质营养学说的正确性而诞生的。无土栽培技术每前进一步，都为矿物质营养学说的正确性提供可靠的证据，使这个学说的内容得到充实和不断完善。这是100多年来许多代人坚持不懈努力的结果。没有无土栽培技术的诞生，就很难证明矿物质营养学说的正确性。没有无土栽培技术的不断进步，矿物质营养学说就达不到今天这样的充实与完善的程度。

无土栽培技术作为验证和不断充实完善矿物质营养学说的试验手段的时候，它对人类生产力的贡献，是通过运用矿物质营养学说去指导改善植物生长所需的土壤条件而间接地体现出来的。

日益充实与完善矿物质营养学说反过来指导无土栽培技术本身的进步，使无土栽培技术向植物提供的营养条件具有越来越大的效果。从而使无土栽培技术发展成为一种直接进行农作物生产的先进生产力。

植物矿物质营养学说发展到现代，已经不是李比希时代那样简单了，它已成为一门内容十分丰富的独立科学——植物矿物质营养学。它是无土栽培技术的理论基础。

第二节　植物的根系及其功能

植物根系是养分和水分主要的吸收器官，它的生长状况直接影响到植物地上部的生长，如果根系生长不良，就会影响到地上部的生长，而生长不良的地上部又加剧地下部生长的恶化。无土栽培的显著优越性之一就表现在植物的根际环境要比土壤的易于控制。为了充分发挥无土栽培的优势，有必要了解有关植物根系的结构、形态及其功能。

一、根系的形态和结构

（一）根系的形态

一株植株所有的根的总体称为根系。植物从种子萌发开始，胚根从种皮中伸出并向下生长，这种从胚中长出的根称为主根，随着生长过程的进行，又会在主根上长出侧根，而当侧根长到一定时候又会长出次一级侧根，这样不断生长就形成植物的根系。

植物种类不同，主根及其侧根的生长情况也不一样。按照植物根系形态的不同，一般可将根系分为直根系和须根系两种类型。凡是有一个明显主根的根系叫直根系，例如许多双子叶植物如瓜类、豆类、茄果类等作物的根系就是属于直根系（图2-1a）。直根系的作物根系主次分明，分层清楚，伸入土壤较深。凡是没有明显主根的根系称为须根，例如禾本科作物、水生作物、葱、蒜等。在种子萌发之后，胚根生长不久，就停止生长而由下胚轴和茎下部的节上长出许多不定根。须根系作物的根系主次不清，伸入土壤较浅，整个根系呈须状（图2-1b）。

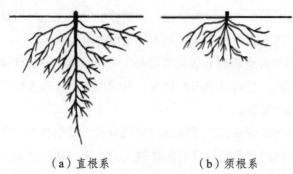

（a）直根系　　　　（b）须根系

图2-1　直根系和须根系示意图
（来源：刘士哲，2001）

（二）根系的结构

根系的外观是圆柱形的，从根基部到根尖逐渐变细。如果把根从根尖向根基部观察，可依次分为根冠、分生区、伸长区和成熟区（根毛区）这4个部分（图2-2a、图2-2b）如果从根的横切面从外向根内观察，可分为表皮、（外）皮层、内皮层和中柱这4个部分（图2-2c）。

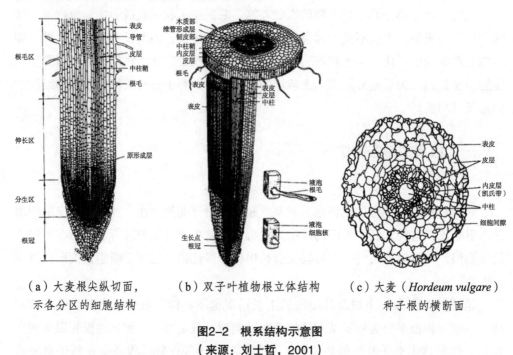

（a）大麦根尖纵切面，　　（b）双子叶植物根立体结构　　（c）大麦（*Hordeum vulgare*）
　　示各分区的细胞结构　　　　　　　　　　　　　　　　　种子根的横断面

图2-2　根系结构示意图
（来源：刘士哲，2001）

二、根系的功能

无土栽培创造的根系生长所需水分、养分和氧气等的供应条件比土壤栽培的来得好，这些条件的改善可促使根系的功能更好地发挥出来。根系具有的功能主要有以下几种。

（一）根系的支撑功能

土壤栽培中，根系的生长可使植物固定在土壤中，支撑起地上部使之保持直立而正常生长。而在无土栽培中，因其栽培方式与土壤栽培不同，根系的支撑功能表现得不尽相同，例如水培和喷雾培中，植株的固定和支撑是靠一些人为的方法进行的，根系漂浮在营养液或悬空露在潮湿的空气中，因此根系的支撑作用不大，而在基质栽培中，如沙培、砾培、岩棉培中，根系的支撑功能仍与土壤栽培的一样重要。

（二）根系的吸收功能

根系的吸收功能是根系最主要的生理功能之一。根系吸收的物质包括水分、无机盐类的分子或离子、简单的小分子有机化合物以及气体等。根系的不同部位，由于其成熟程度不同，组织的分化程度有很大差别，因此不同部位对水分和养分的吸收能力是不一样的。从根尖开始至根基部来看，根冠对水和养分的吸收能力较差，而在靠近生长点附近的分生区对养分的吸收能力最强，而吸收最旺盛的则是在根毛区。随着远离根尖而靠近根基部，随着组织的老熟，水分和养分的吸收能力逐渐降低。

（三）根系的输导功能

根系的输导功能是指根系将其吸收的水分、无机盐类和其他物质以及根系代谢形成的物质输送到地上部供其生长所需，同时也可将地上部生产的有机物质运送到根部。

（四）根系的代谢功能

根系中可进行许多物质的代谢过程。根系吸收了NO_3^--N或NH_4^+-N以后，有一部分迁移至地上部参与代谢，另一部分在根系内部形成氨基酸等有机氮化合物之后才运输至地上部参与代谢。根系还能够合成对植物生长有很大影响的激素和生物碱，例如植物体内约1/3的赤霉素是在根内合成的；细胞分裂素主要是在根尖的分生组织中合成的。根系在生长过程中，还会分泌出有机酸等有机化合物，它们可以在一定程度上溶解介质中难溶性的化合物而成为植物易吸收态的化合物，也可以促使根际微生物的生长。根系分泌物往往会在养分缺乏、过多或干旱等逆境胁迫的条件下而大幅度增加。在干旱时，根系还会分泌出水分以溶解养分，使之易被根系吸收。根系对外界物质的吸收是有选择性的，例如耐盐植物可阻止介质中的Na^+过分进入体内。根系还具有不同程度的氧化力和还原力，可阻止外界有害物质进入体内或使某些元素的有效性增强。例如，根系通过其氧化力把根际附近过量的、可能对植物有害的二价铁（Fe^{2+}）氧化为三价铁（Fe^{3+}）；当铁供应不足时，根系可通过其还原力把介质中的三价铁还原为植物根系容易吸收的二价铁。

（五）根系的贮藏功能

有些植物的根系还是养分的贮藏器官。这些作物的根系膨大而使得养分贮藏起来。如胡萝卜、萝卜、芜菁、甜菜等的主根膨大形成养分贮藏器官，也有像番薯等由侧根膨大发育成养分贮藏器官的。大多数作物的根系虽然不膨大，但也贮藏了许多养分。

（六）根系与其他微生物共生的功能

根系生长过程中会分泌出许多代谢产物，例如多种氨基酸、糖、有机酸、核苷酸和酶等，这些分泌物会吸引许多微生物在根系附近区域（根际）大量繁殖。这些微生物大量繁殖的结果一方面促进根际难溶性营养元素的溶解，另一方面微生物活动过程产生的代谢产物如激素、核苷酸、维生素等可直接供给作物吸收作用。有些作物，例如豆科作物可与根瘤菌共生形成根瘤，直接利用空气中的氮素，为豆科寄主作物提供氮素营养。

（七）根系的繁殖功能

有许多作物的根部可形成不定芽，而这些不定芽可以形成新的植株，因此可作为繁殖用途。但有些作物的根部不能形成不定芽，只有受到刺激（如受到伤害或人为地供给激素）后才能形成不定芽用于繁殖。

三、根系对淹水的适应性

植物的进化过程是由水生植物逐步进化为高等的陆生植物，其根系在进化的过程中长期所生长的环境不同，其结构上出现明显的差异。一般可将植物按其生长的生态环境及根系对淹水的适应性不同分为水生植物、沼泽性植物或半沼泽性植物和旱生植物这三类。

水生植物的根系有些只是起到固定植株的功能，其吸收功能主要依靠叶片来进行。而沼泽性或半沼泽性植物如水稻、空心菜等其体内具有输导氧气到根系以供根系生长所需的生理途径或通道，因此，在较长时间的淹水仍可正常生长；而旱生植物在长期的进化过程为了适应旱地生态环境，根系的根尖部分形成根冠，为了增大根系的吸收面积而产生浓密的根毛，而叶片逐渐变成以气体交换和光能利用为主的光合作用场所。旱生植物的根系一般不耐淹水，较长时间的淹水，特别是水中氧气经根系消耗之后不能够得到马上补充的情况下，根系较容易出现腐烂甚至死亡的现象。

刘士哲等以深液流水培和土壤栽培节瓜的根系在显微镜下观察发现，节瓜这种旱生植物在浸水之后根内细胞变大，细胞之间的孔隙增加，植株体内的营养元素含量大大超过土壤栽培的植株。这可能是在水培条件下根系结构产生适应性变化。许多研究和生产实践证明，在水培条件下，如果能够给根系生长提供足够的氧气，并且其他生长条件也较合适的情况下，即使旱生植物仍可生长良好。

在无土栽培（水培）作物时，无论是深液流水培还是浅层液流的水培（如营养液膜技术），创造条件以确保作物根系氧气的充足供应是取得种植成功的关键技术之一。在水培中作物所需的氧气相当一部分是依靠生长在营养液中的那部分根系直接吸收溶解在营养液中的氧气来获得的，另外有部分是依靠裸露于液面的根系（往往是处于湿度较大的种植槽空间中）直接吸收空气中的氧气来获得的。只不过液面的深浅和营养液中溶解氧的含量不同以及裸露于空气的根系数量不同而有所差异。一般地，裸露于空气的根系所占的比例越大，营养液中的溶解氧含量越高，作物根系的生长就越好；反之亦然。

第三节　植物根系对氧的吸收

植物根系将地上部运来的一部分糖，分解为水和CO_2，同时释放出能量，这过程需要有氧的参与，这就是呼吸作用。呼吸作用所释放的能量用于根系的生长、膜功能的维持和水分、养分的吸收。当氧不足，造成根系呼吸紊乱，就会导致根系生理机能发生障碍，影响植物的生长发育，严重时会使植物死亡。

一、氧对根系生理机能的影响

（一）氧不足对植物生长的影响

有资料表明，水培中营养液的含氧量低于$4 \sim 5mg/L$时，作物产量明显下降；含氧量低于$1.5mg/L$时，作物呼吸急速减缓；含氧量低于$0.5mg/L$时，根系几乎停止生长。可以认为营养液中氧的含量在$4 \sim 5mg/L$是一个临界水平。

（二）氧不足对根系生化过程的影响

植物根系长期处于缺氧状态，会产生酒精发酵代谢，造成根系死亡。氧不足也会导致植物体内产生较多的乙烯，而乙烯是一种催熟激素，促使茎叶老化，出现叶片下垂、中肋扭曲，甚至根系死亡。氧不足也会使根系合成细胞分裂素和赤霉素等激素类物质的功能紊乱，时高时低，造成植物生长不正常。

（三）氧不足对植物根系吸收养分的影响

根系氧不足时，吸收养分受阻。营养液中含氧量在$1.5mg/L$左右时，叶片中P、K、Ca、Mg、Fe、Mn的含量都下降，而对氮来说，NH_4^+-N吸收受阻，NO_3^--N影响较小。氧不足引起番茄脐腐病多发的报告很多，这种现象与被吸收的Ca在体内的移动关系较大。根系健全的植物可看到早晨的"吐水"现象，如果夜间不通气，则没有"吐水"现象。这时，就易引起脐腐病的发生。"吐水"是根压作用的证据，根压与根系的活力关系密切。根压是植物夜间将体内养分向上转移的巨大动力。Ca在白天被吸入根系后，随蒸腾作用而向上移动，蒸腾量多的部位获得多，少的部位获得少。因此，生长点和果实等部位主要靠夜间根压输入Ca，当根压受抑制就会使这些部位缺Ca，果实就发生脐腐病。

（四）根际供氧水平与膜功能的关系

细胞由细胞膜包围，同一个细胞内，也存在着许多膜包围的小器官，当根际氧不足、呼吸受阻时，吸收养分和水分的膜机能下降，细胞内容物就会渗漏到营养液中，包括有机酸、糖、氨基酸、维生素类和植物激素等。如这些内容物在培养液中积累到一定浓度，就会发生毒害作用。然而在土壤栽培条件下，这些有机物可被微生物分解，但在无土栽培条件下，微生物活性小，易积聚而产生毒害。

二、作物间对根际缺氧忍耐性差异

各种作物对根际缺氧的忍耐性差异很大。现在已知有两大类型，即沼泽性植物和非沼泽性植物。前者可在淹水条件下生长，主要是因为它们体内有氧气输导组织，可以从地上部向根系输氧，这种特性是遗传特性；水稻、空心菜、水芹等就有这种功能。非沼泽性植物则无这种功能，故不能在淹水条件下生长（习惯上称为旱作物）。但现在已发现有些认为是旱作物的植物也会适应环境而形成这种功能，如鸭儿芹、番茄等。这些作物可能其祖先曾经在沼泽生活过，已形成输氧功能，转移到旱地生活后而隐性存在，一旦遇到沼泽条件而显现出来。所以在旱作物中，各种作物对缺氧的忍耐性也有差异。现在这种分类工作还做得不多，有待进一步研究。日本位田（1953）做过几种蔬菜在水培条件下根系吸氧量的比较研究，其结果见表2-1。从中可以看出草莓需氧量较高。

表2-1　几种水培蔬菜的根系氧吸收量与温度的关系

作物	5℃	10℃	15℃	20℃	25℃	30℃	35℃
茄子	0.04	0.05	0.08	0.14	0.22	0.29	0.34
番茄	0.08	0.13	0.15	0.22	0.26	0.39	0.40
辣椒	0.08	0.09	0.12	0.19	0.24	0.38	0.42
黄瓜	0.06	0.07	0.09	0.28	0.29	0.41	0.43
草莓	0.19	0.20	0.26	0.30	0.36	0.41	0.51

注：表中数字是指1g根1h从100mL水中吸收氧气的毫克数

第四节　植物根系对温度的要求

在大田栽培作物中，人们常常只了解到温度对作物地上部的影响，而对根系的影响了解不多。由于进行无土栽培，使人们比较容易了解到温度对根系影响的情况。

根际温度对整个植株生长的影响很大，而根系要求的适宜温度范围比较狭窄，也就是说要求比较稳定的土温。这是根系长期生活在土壤下，温度变幅较小的环境中而形成的一种遗传特征。

然而，无土栽培的根系环境的温度变化比土壤栽培时大，也就是说无土栽培的根际温度不够稳定。这就与作物要求有矛盾，所以要特别注意设法稳定根际温度。根际温度稳定了，达到符合作物的要求时，即使气温超过或低于作物生长的要求，对作物的生长也不会有多大的影响。例如冬季栽培番茄时，气温已降至10℃以下，如果根际温度能保持在16℃，则番茄的生长发育不受影响。这种稳定根温以抗御不良气温影响的规律，在设计温室大棚调控设施时，是有很好的参考价值的，可以节省调控温度的费用。现列出主要作物对根际温度的要求见表2-2，以供参考。

表2-2　最适根际温度范围

作物	温度范围（℃）
番茄	15～25
黄瓜	18～25
茄子	20～25
网纹甜瓜	18～25
草莓	18～21
生菜	15～20
菠菜	18～23
葱	18～22
鸭儿芹	15～20
玫瑰	17～22
辣椒	20～25

表2-2中是最适的根际温度范围。在实际栽培中，还有一个临界最低和最高的容许限度，为12～13℃和28～30℃。但具体的作物仍有一定差别，如葱、草莓、鸭儿芹等可低到8℃。

第五节　无土栽培的生理学基础

植物生长过程中许许多多代谢活动的进行，都需要有水分的参与。正常生长的植物需水量是很大的，一般植物每生产1g干物质需要消耗200~1 000g的水分。植株中的水分含量可占全株重量的75%~95%，幼嫩的植株或生长旺盛的部位，其含水量较高，成熟的组织含水量较低，如完熟的种子含水量只有10%，老熟的茎秆含水量只有30%~40%，而幼嫩的芽和叶片含水量可大于95%或更高。

一、植物吸水的过程

植物对水分的吸收绝大部分是通过根系进行的，叶片和茎秆的表面也可以吸收部分的水，但数量很少。根系的吸水过程现在还不完全了解，一般认为是通过渗透作用和毛细管作用来进行的。

水分从介质到植物体内以及在植物体内的运输可分为3个阶段，即由介质迁移到根系皮层组织，再运送到木质部导管；由根系木质部导管向地上部运输并分配到各器官中；由地上部器官（主要是叶片）以气态水的形式（水蒸气）释放到空气中。

植物根系对水分的吸收实际上是通过渗透作用和毛细管作用来进行的，水分从水势高的系统通过半透膜向水势低的系统迁移的现象称为渗透作用。植物根系吸收组织的质膜、液泡膜和各种细胞器的膜系统都属于半透膜，而根系吸收组织的细胞及细胞内的细胞器中含有较多的物质（如矿物质、糖、酸等），因此具有较低的水势，而介质中水分的水势较高，这样根外水势高的系统的水分就会通过膜系统向根内水势低的系统迁移而进入根内。根系外皮组织的细胞壁为多孔结构，这些微孔直径通常<10mm，介质中的水分就可以通过毛细管作用而被吸收到这些微孔中，这种毛细管作用实际上是细胞壁对水分产生的基质势（ψ_m），它可低至-10MPa。当基质势小于介质水势时，植物根系就可以向介质吸水。

水势是指在一定的温度和压力条件下，1mol容积的水溶液与1mol容积的纯水之间的自由能的差值。纯水的自由能最大，水势也最高。由于水势的绝对值难以测定，因此只能是把同样的温度和压力条件下的纯水和水溶液的水势作为比较。把纯水的水势定为零，其余的含有溶质的水溶液（如营养液）的水势均为负值。溶液的浓度越高，水势越低。表示水势的单位为大气压（atm）或巴（Pa）。1巴=0.987大气压。

进入到根系表皮细胞壁间隙的水分可通过两条途径进入木质部导管中。一个是共质体途径，另一个是质外体途径。在近根尖的幼嫩部位，由于内皮层细胞尚未形成凯氏带，因此水分可以在细胞间隙的质外体中较为畅顺地移动至木质部导管；而在发育较为成熟的根段，由于内皮层的凯氏带已经形成，同时组织木栓化程度较高，阻碍了水分通过质外体途径进入木质部，水分以共质体途径就成为向心运输的主要方式。因此，靠近根尖附近的幼嫩组织的吸水速率要比远离根尖、较老的组织的区域的高。但由于未形成凯氏带的、靠近根尖附近的区域所占全部根系的比例很小，如多年生植物只占全部根系的不足1%，尽管根尖附近区域吸水速率很高，但其吸水的总量远不及其他区域，即通过共质体向木质部运输的数量要比通过质外体运输的多得多。

通过共质体和质外体途径运输到根部的木质部导管中的水分，会使导管中的水势降低，同时由于木质部导管中的细胞壁对水分的物理吸附力的作用，从而使植株中自根系向地上部之间形成一个压力，即根压。在幼苗或长势旺盛的植物，由于根压强烈，常在清晨时见到叶尖有水珠分泌出来，这就是植物的吐水现象。但由于根压使水分在植株内的上下垂直运输距离较短，一般只有10~20cm，最多不超过30cm，因此，根压的作用还不足以进行水分的长距离运输。它还需要通过下述的蒸腾作用才能达到长距离运输的目的。

二、蒸腾作用及其生理意义

（一）蒸腾作用与蒸腾系数

植物吸收的水分除了一部分参与体内的代谢活动和作为植物本身的构成之外，绝大多数是从地上部的叶片和茎秆中以水蒸气的状态扩散到大气中的。水分的这种从植物体内由地上部以水蒸气的形式扩散的过程称为蒸腾作用。

蒸腾作用对植株体内水分自根系向地上部所产生的拉力称为蒸腾拉力，它是由于叶片蒸腾时，气孔下腔附近的叶肉细胞因蒸腾失水而使得这些细胞的水势下降，所以就从邻近水势高的细胞中取得水分，这一过程一直持续到从木质部导管中取得水分，而木质部导管的水分又来自根系对外界的吸水。这种吸水过程完全是由于蒸腾作用而产生的蒸腾拉力所引起的，而蒸腾拉力传导到根系而引起的吸水过程是一个被动的过程。

如果没有蒸腾作用产生的蒸腾拉力这个植物水分吸收与传导的主要动力，大株型植物就难以保证有充足的水分供应。当植株较小时，整个地上部都可以进行蒸腾作用，当植株较大时，有部分茎秆木栓化后就在一定程度上限制了蒸腾作用的进行，但仍可通过茎秆上的皮孔来进行蒸腾，但所占的比重很小，仅占全部植株蒸腾总量的0.2%。植株蒸腾作用的部位主要是叶片，可通过气孔蒸腾和角质层蒸腾这两条途径来进行。气孔蒸腾是通过密布在叶背的气孔来进行的，而角质层蒸腾则是通过除了气孔之外的角质层来进行蒸腾的，其蒸腾量的大小与角质层的厚薄程度有关。一般而言，幼嫩的叶片或生长在荫蔽地方的植物的角质层较薄，蒸腾量较大；而老熟的叶片或在阳光充足下生长的植物，其角质层往往较厚，蒸腾量较小。植物的蒸腾作用主要是通过气孔来完成的，气孔的蒸腾量占总蒸腾量的80%～90%。

根系吸收的水量如果比蒸腾作用所消耗的水量来得少，则会出现茎叶萎蔫，如果萎蔫状态维持的时间不长，根系吸水速率可以赶得上蒸腾速率，则植株细胞间的膨压可以得到恢复，萎蔫状态可以消除，这种萎蔫称为暂时萎蔫。一般来说，暂时萎蔫对植物的正常生长影响不大。而如果萎蔫状态维持的时间较长，即使介质中有充足的水分供应，而植物仍不能从萎蔫状态恢复的，这种萎蔫称为永久萎蔫。永久萎蔫会对植物正常生长产生很大的伤害，甚至导致植株死亡。在生产中要绝对避免永久萎蔫的产生，即使是暂时萎蔫也应尽量避免。

不同植物的耗水量差异很大，它可根据蒸腾系数来相互比较。所谓的蒸腾系数是指在一定生长时期内的蒸腾失水量与其干物质累积量的比值。通常用每生产单位重量（g）干物质所蒸腾失散的水量（g）来表示。因此，蒸腾系数也可以理解为水分的利用效率，即蒸腾系数越大，植物的水分利用效率越低，也即生产同等重量的干物质，蒸腾系数大的植物耗水量较多，而蒸腾系数小的耗水量就少。

表2-3为几种作物的蒸腾系数，可以看到，一般地，C_4植物的蒸腾系数（250～400）要明显比C_3植物的（500～900）小得多，这说明C_4植物的水分利用效率要比C_3植物的高得多。在生产实际中，可利用植物的生物产量乘以蒸腾系数而大致估计出植物的需水量，它可以作为灌溉量确定的参考数值。

表2-3 几种作物的蒸腾系数［耗水量（g）/干物重（g）］

作物（C_3植物）	蒸腾系数	作物（C_3植物）	蒸腾系数	作物（C_4植物）	蒸腾系数
水稻	680	西瓜	580	玉米	370
小麦	540	南瓜	834	高粱	280
棉花	570	菜豆	700	粟	300
向日葵	600	豌豆	788	苋菜	300
苜蓿	840	马铃薯	640	马齿苋	280

（二）蒸腾作用的生理意义

植物根系吸收的水分除了部分贮存于细胞内和参与代谢（如光合作用）消耗之外，大多数是通过蒸腾作用而散失到空气中的。蒸腾作用的生理意义首先是提供了一个水分从地下部到地上部上升的垂直拉力，保证水分在植株中的运输，为各种生理代谢的正常进行提供充足的水分；蒸腾作用的另一个生理学作用在于通过茎叶的蒸腾作用而使得植物在夏季高温时植株体内及叶表面保持一定温度，避免或减少高温的为害。因为液态的水汽化为水蒸气时要吸收大量热量，使得植物表面及内部的温度不至于过高。

蒸腾作用的另一个生理作用是有利于植物根系对养分的吸收。由于蒸腾作用的正常进行，使得根系不断地向介质吸水，而根系吸水使得介质中形成质流，养分离子就可以通过质流以较快的速率迁移至根表面而被根系吸收。现在一般认为，植物吸水过程是被动吸收过程，而对于许多养分离子的吸收则是主动吸收过程。虽然它们的吸收机理不同，但存在着很大的关系。水分吸收不足时，养分的吸收数量也会减少，生长会受到影响。Gates（1957）研究番茄在供水正常及缺水条件下茎部和叶片吸收的氮和磷数量，结果表明（表2-4），缺水时番茄对氮、磷的吸收量均降低。

表2-4　番茄在不同供水条件下茎和叶片的氮、磷含量

器官	氮				磷			
	正常供水		缺水		正常供水		缺水	
	mg/株	百分含量（%，干基）	mg/株	百分含量（%，干基）	mg/株	百分含量（%，干基）	mg/株	百分含量（%，干基）
茎	51	4.2	37	3.8	7.2	0.59	4.5	0.45
叶	137	6.1	88	5.4	14.7	0.66	8.0	0.49

蒸腾作用的另一个生理学意义是利于植物生物合成的物质在体内的进一步分配。植物体内合成的物质必须借助水这一溶剂在不同组织或器官甚至在同一细胞的不同细胞器之间来进行迁移。而蒸腾作用使得植株的吸水过程得以进行，利于体内物质的运输。例如在根系可合成许多激素、生物碱、氨基酸等物质，它可通过蒸腾流而运输到地上部，供植物生长所需。

三、影响根系吸水的因素

植物的生长状况和许多外界环境条件都会影响到根系对水分的吸收。这些因素主要包括以下几个。

（一）植物的生长状况

当植物生长正常时，体内的代谢活动旺盛，合成的物质含量较高，而且根系吸收进入体内的养分离子较多，根系的活力较强，这时体内细胞的水势会由于生物合成物质和养分离子的浓度较高而产生较低的水势，有利于根系从介质中吸收水分，也有利于水分在体内不同组织或器官中迁移。而如果植物长势较弱，则吸收速率会降低，吸水量同时也会减少。

（二）温度

温度条件是影响根系吸收水分最重要的一个环境因素。在一定温度范围之内，温度越高，根系吸水量越多。但不同作物有不同的温度要求，温度较高时，蒸腾作用强烈，植物吸水量增加，而温度较低时，往往会使得体内许多的代谢活动减缓而使吸水量降低。特别是根际的低温更是会影响到对水分的吸收。这主要是由于在低温时根系生长缓慢，吸收面积减少，而且在低温时原生质的黏滞性增大，水分子不易透过根系组织而进入根内，同时低温会使得水分子本身的运动速度减缓，渗透作用降低。因此，在冬季和早春季节，提高根际的温度对于植物水分吸收的改善，进而促进植物的生长有着重要的作用。在棚室气温稍低的情况下，如能够保证根际温度在适宜范围内，植物大多能正常生长，这就是气温和根温的互补性。

如果气温或根际温度过高，超过其各自的适宜温度的上限，会使得蒸腾强度过大，根系易出现早衰、代谢紊乱，从而影响到水分的吸收。

（三）介质中溶液的浓度

无论是有固体基质类型还是无固体基质类型的无土栽培，都是以营养液来提供营养的（有些无土栽培类型可直接施入部分的固体肥料），而植物根系所吸收的水分都是溶有一定溶质的溶液（含有养分离子或其他物质），如果水中溶质含量过多，浓度过大，则介质中的水势较低。如果介质中水溶液的水势与根系细胞的水势相等时，植物根系就不能从介质溶液中吸水；而如果介质中溶液的水势比根系细胞的水势还要低的话，根系不但不能够从介质的水溶液中吸水，反而会使得植物体内原有的水分通过质膜反渗透到介质中，使得植物出现缺水甚至萎蔫、死亡。这种由于介质中溶液浓度过高而产生的植物缺水现象称为生理失水。因此，无土栽培中的营养液浓度要适宜，切勿过高，否则会影响到水分和养分的吸收，严重时甚至导致生长受影响，植株死亡。

（四）根系病害

当根系受到某些病原菌侵染时，根系的生长会受到影响，有时会出现根尖变黑、根系发黄甚至腐烂的现象。受病原菌侵染的根系，其吸收功能会受到影响，水分的吸收数量则大为减少。在循环式水培中如果消毒不彻底时，会发生由于腐霉侵染而导致根系腐烂的现象，此时植株地上部会由于根系吸水不足而出现凋萎死亡。因此，防止根系病害的发生对于无土栽培来说有着重大的意义。

（五）根系的通气状况

根系维持较强的呼吸作用是根系生长、养分吸收的能量来源，而呼吸作用需要消耗氧气。根系生长的介质如果通气性较强，则生长良好，吸水量也多，反之，如果根系环境通气不良，则生长不良，吸水减少。大多数作物根系在氧气含量低于0.5%~2.0%时，根系生长速度减缓，吸水量急剧降低，而氧气含量达到5%~10%时，根系生长良好，吸水量增加。在无土栽培中，改善根系的通气状况对促使植物生长良好和产量提高有着很重要的作用。

（六）空气湿度

植物生长环境的空气湿度对根系水分的吸收有很大影响。空气湿度小时，植物的蒸腾作用强烈，根系吸水量多；而空气湿度大时，蒸腾作用弱，根系吸水量少。无土栽培作物大多在大棚或温室中进行，由于棚室的相对密闭性，棚内植物长大之后（对大株型植物而言），棚内的空气流通性较差，往往会造成棚室内空气湿度较室外的高，有时空气相对湿度甚至达到100%，这时植物的吸水量会降低，同时，棚室内过高的湿度也较易造成病害的发生和蔓延。

四、表观吸收成分组成浓度

植物吸水过程实际上是吸收含有矿质营养物质和其他物质的水溶液的过程。在吸收水分的同时也一并吸收养分离子。在无土栽培中，植物对水分的吸收和养分的吸收之间是否存在着一定关系呢？因为利用蒸腾系数只能反映植物的大体需水状况，并不能体现吸水过程中介质中养分的消耗情况。山崎肯哉认为，正常生长的植株对水分和养分的吸收是同步的，并以此提出表观吸收成分组成浓度这一概念。

所谓的表观吸收成分组成浓度（n/w）为植物对各种养分的吸收量（n，mmol）和吸收消耗的水量（w，L）的比值，单位为mmol/L。它既可以是指植株对所有养分的吸收量和消耗的水量之比，也可以是指植株对某一种养分离子的吸收量和消耗的水量之比。

通过每天测定正常生长的植株的各种营养元素（主要为大量营养元素，因微量营养元素的数量很少）的吸收数量［mmol/（株·d）］和植株的耗水量（L），可连续进行一段时间或是植物一生中总共吸收了多少养分和水分，然后以此计算n/w值。例如，一株正常生长的番茄一生共吸收消耗了164.5L水，吸收了1 151.5mmol的N，则番茄一生对N吸收的表观吸收成分组成浓度n/w=1 151.5mmol/ 164.5L=7mmol/L。也就是说，正常生长的番茄一生中每消耗1L水就要同时吸收7mmol的N。山崎肯哉测定的7种作物的表观吸收成分组成浓度（n/w）见表2-5。

n/w值反映植物吸水和吸肥的关系，即植物吸收一定量的水就相应地吸收一定量的营养元素。也可以理解为在向植物提供一定量水分时，也应同时提供相应数量的各种养分。实际上就是营养液的浓度指标。山崎肯哉利用测定的7种作物的n/w值来确定出许多营养液配方，并在生产上证明是可行的。

表2-5　7种作物整个生长期的表观吸收成分组成浓度（n/w）

作物	生长季节	一株作物一生吸水量（L）	每吸收1L水的同时吸收各元素的量（n/w，mmol/L）				
			N	P	K	Ca	Mg
番茄	12月至翌年7月	164.50	7.0	0.67	4.0	1.5	1.00
黄瓜	12月至翌年7月	173.36	13.0	1.00	6.0	3.5	2.00
甜椒	8月至翌年6月	165.81	9.0	0.83	6.0	1.5	0.75
结球生菜	9月至翌年1月	29.03	6.0	0.50	4.0	1.0	0.50
甜瓜	3—6月	65.45	13.0	1.33	6.0	3.5	1.50
茄子	3—10月	119.08	10.0	1.00	7.0	1.5	1.00
草莓	11月至翌年3月	12.64	7.5	0.75	4.5	1.5	0.75

但是，植物对水分和养分的吸收是受到许多内在或外界因素的影响，因此，不同生长季节、不同作物长势以及不同作物品种之间存在着很大差异。例如，在南方低温阴雨的春季，由于空气湿度大、温度低，阳光不足，所以植物吸水要比吸肥滞后；而在夏季和初秋，温度高、空气湿度小、阳光充足，所以植物的蒸腾作用旺盛，此时植物的吸肥要滞后于吸水。华南农业大学无土栽培技术研究室的试验结果表明，同一种作物在不同生长季节的n/w值存在着较大差异，而且同一植株的不同生育期的n/w值的差别更大。植物对某些营养元素存在着很大的"奢侈吸收"问题，例如对N和K的奢侈吸收。在一定浓度范围内，供应这些营养元素的量越多，则植物的吸收量也越大。因此，测得的n/w值也会有所不同。表观吸收成分组成浓度（n/w）也只能是作为一种参考。

那么，为什么山崎肯哉利用n/w值所确定的营养液配方适于生产上使用呢？这主要是因为他所测定的n/w值是以正常作物的吸收为标准的，因此，其测定的n/w值有一定代表性，而且植物对养分的吸收有相当大的可变范围。只要生产者根据当地气候、不同生育期等条件，灵活地使用这些配方，在生产上是能取得较好结果的。

第六节　植物对矿质营养的吸收

一、植物的营养成分

植物体内的组成很复杂，新鲜的植物含有75%～95%水分和5%～25%干物质，如果将干物质经煅烧之后，植物体的有机质就会进一步分解，C、H、O和N这4种元素多数以气态的形式挥发掉，而残留下的灰分经分析可发现其中所含的元素种类非常多，包括P、K、Ca、Mg、S、Fe、Mn、Zn、Cu、Mo、Cl、Si、Na、Al等，随着现代分析技术的进步，发现植物体中的元素种类达几十种。但这么多种现在已发现的元素并非都是植物生长所必需的。现已证明，所有高等植物必需的营养元素有16种，即碳（C）、氢（H）、氧（O）、氮（N）、磷（P）、钾（K）、钙（Ca）、镁（Mg）、硫（S）、铁（Fe）、锰（Mn）、锌（Zn）、铜（Cu）、硼（B）、钼（Mo）、氯（Cl）。

Arnon和Stout（1939）提出判定一种元素是否为高等植物必需的营养元素要符合以下3个标准：①该元素是植物正常生长所不可缺少的，如果缺少了，植物就不能完成其生活史，也即营养元素的必要性。②该元素在植物体内的营养功能不能被其他元素所代替，即营养元素功能的专一性。③该元素必须是直接参与植物的代谢作用，即起直接作用的，而不是起其他的间接作用的，也即营养元素功能的直接性。上述16种植物必需的营养元素都是符合这3个标准的。现还证明有些元素对某些植物可能也是必需的，而另外一些也可能是对植物生长起一定促进作用。例如，硅（Si）对水稻是必需的，钠（Na）、钴（Co）、镍（Ni）、铝（Al）、钒（V）、碘（I）等元素在一定浓度下可能对作物生长有利，这些元素称为有益元素。

植物必需的16种营养元素在体内的含量有很大差别，按照植物体内含量的多寡可分为大量元素（包括C、H、O、N、P、K、Ca、Mg、S）9种和微量元素（包括Fe、Mn、Zn、Cu、B、Mo、Cl）7种，有时也把Ca、Mg、S这3种营养元素称为中量元素或次量元素。其体内的含量（大约值）见表2-6。

表2-6　植物体内必需元素含量及其相对比例（与Mo含量比较）

营养元素		占植物干物百分比（%）	植物可吸收利用的主要形态	与钼比较的相对原子数
大量元素	C	45.0	CO_2	60 000 000
	H	6.0	H_2O	30 000 000
	O	45.0	O_2、H_2O	40 000 000
	N	1.5	NO_3^-、NO_2^-、NH_4^+	1 000 000
	P	0.2	$H_2PO_4^-$、HPO_4^{2-}	60 000
	K	1.0	K^+	250 000
	Ca	0.5	Ca^{2+}	125 000
	Mg	0.2	Mg^{2+}	80 000
	S	0.1	SO_2、SO_4^{2-}	30 000
微量元素	Fe	0.010 00	Fe^{2+}、Fe^{3+}	2 000
	Mn	0.005 00	Mn^{2+}	2 000

（续表）

营养元素		占植物干物百分比（%）	植物可吸收利用的主要形态	与钼比较的相对原子数
微量元素	Zn	0.002 00	Zn^{2+}	300
	Cu	0.000 60	Cu、Cu^{2+}	100
	B	0.000 20	BO_3^{3-}、$B_4O_7^{2-}$	1 000
	Mo	0.000 01	MoO_4^{2-}	1
	Cl	0.010 00	Cl^-	3 000

这16种必需营养元素中，C、H、O这3种元素主要来自空气和水，而其他13种必需营养元素主要是从根系生长的介质以离子形态吸收的，所以也称矿质营养元素。

二、植物根系对无机态离子养分的吸收

植物根系是吸收水分和养分的主要器官，植物根系对养分的吸收是指养分从根系外部介质进入植物体内的过程。无土栽培给植物提供的根系生长环境有别于土壤栽培，但植物根系对养分吸收的原理是一样的。为了将无土栽培这种人为控制的栽培形式更好地发挥其优势，特别是营养控制方面的优势，有必要充分了解植物根系对养分吸收的过程。

植物对养分的吸收是一个很复杂的过程，是从根外介质到根表的迁移，从根表进入根内的移动以及养分在植物体内共质体间的运输这三个途径来进行的。

（一）养分从根外介质到根表的迁移

养分从根外介质到根表的迁移有截获、质流和扩散三个途径。

1. 截获

生长在介质中的根系与介质颗粒紧密接触时，根表面所吸附的H^+与介质吸附的阳离子的水膜重叠时，就能够产生离子的交换作用，这样介质表面的离子就可以迁移到根系的表面，这一过程称为截获。

离子交换作用的发生必须是根表与阳离子之间的距离很近时才能够进行。因此，依靠截获来吸收离子态养分的数量就取决于介质中根系的体积。在土壤种植中，植物根系占耕层土体总体积的1%左右，而此时并非土体中1%体积中的有效养分都可以被植物根系截获吸收，因为根系有相当一部分是成熟的、已没有多大吸收能力的，而且土体中的养分并非都与根系表面紧密相接触，因此通过截获吸收离子态养分的数量就显得微不足道。

在无土栽培中，特别是水培中，植物根系有相当一部分是生长在营养液中，根系与营养液中的离子接触的机会要比在土壤中大得多，因此，截获所吸收的数量也较大。

2.质流

当生长在介质中的植物根系吸收水分时，靠近根表附近的水就会减少，而远离根表的水分就会向着根表迁移，在这个水流动的过程中，水中的离子就会随着这个质流迁移到根表。植物蒸腾量的大小与离子以质流的形式迁移的数量呈正相关关系。当气温较高，空气湿度较小，植物蒸腾的数量就增大。当溶液中离子浓度较高时，迁移的离子数量也较多。

3.扩散

当根系对离子的吸收速率大于离子由质流迁移到根表的速率时，就会出现根表附近离子浓度较低的区域（有时称为养分亏竭区或耗竭区），而远离根表的离子浓度则较高。这时根表与介质的溶液之间就会产生浓度梯度（化学势梯度），根表外高浓度的离子就会顺着化学势梯度向低浓度的根表迁移，这个过程称为扩散。

离子的扩散受许多因素的影响。例如介质中水分含量、养分的扩散系数、介质温度及其质地等。如NO_3^-、K^+、Cl^-在水中的扩散系数较大，而磷酸根的则较小。一般地，易被介质吸附的阳离子，其扩散系数较小。通过扩散迁移到根表的离子数量的多寡还与根表与远离根表之间的浓度梯度有关。植物吸收得越多，通过扩散到达根表的离子数量也越大。

通过截获、质流和扩散这3种方式对离子迁移到根表的贡献是不相同的。一般是根系先通过截获吸收其首先遇到的离子，然后才通过质流，最后才是通过扩散来获得的。当然，这三个过程不是截然分开的，而是相互联系、互为重叠的。

离子迁移到根表的过程可大致归纳为：截获取决于根表与介质接触面积的大小，质流取决于根表与其周围水势的高低，扩散则取决于根表与周围养分浓度梯度的高低。而所有的这三条途径都与根系的活力有密切的关系。

（二）植物根系对离子态养分的吸收

通过截获、质流和扩散的离子态养分都可以进入植物体内。离子进入植物体内的过程非常复杂，现在对这一方面的了解还不够透彻。离子进入植物体内的路径一般是从外部介质→根表→细胞壁→细胞膜→膜内细胞质及各细胞器→参与代谢。

凡是离子进入植物体内的过程需要消耗代谢能的称为主动吸收；而凡是离子进入植物体内的过程不需要消耗代谢能的称为被动吸收。主动吸收和被动吸收的区别在于主动吸收需要消耗代谢能、吸收过程对离子有选择性而且可以逆浓度梯度进行；被动吸收不需要消耗代谢能、吸收过程对离子没有选择性而且吸收过程只能是顺着浓度梯度进行。现对这两个吸收过程简述如下。

1.被动吸收

在离子进入根内的初期，离子并未进入植物根细胞中，而是首先进入"自由空间"（Free Space）或表观自由空间（Apparent Free Space）或外层空间（Outer Space）。"自由空间"是指细胞之间的空隙、细胞壁微孔以及细胞壁到质膜之间的那部分空间。"自由空间"又可分为水分自由空间（Water Free Space）和杜南自由空间（Dunan Free Space）两类。水分自由空间是指被水分占据的那部分空间。杜南自由空间是指植物的细胞壁和原生质膜所带的负电荷能够吸附溶液中阳离子所占据的那部分空间。杜南自由空间与植物根系的阳离子交换量（Cation Exchange Capacity，CEC）有直接关系，CEC大的根系其杜南自由空间也较大。而每一种植物的根系阳离子交换量是不相同的，而且同一植物不同生育期的根系阳离子交换量也不一样。

离子态养分的被动吸收主要通过通道蛋白和运输蛋白这两种可能存在于原生质膜上物质以异化扩散的形式从质膜外运输到质膜内部。这种运输过程现在还不很清楚。但它是一种顺化学势梯度的吸收，其运输过程是靠化学势来驱动的，一旦质膜内外的化学势相等时，吸收过程就停止了。

2. 主动吸收

有一种现象，植物生长的环境中某种离子的浓度很低（化学势低），而植物体内这种离子的浓度却很高（化学势高），此时植物对离子的吸收显然不能够用被动吸收来解释。这个过程就是根系需要消耗代谢能、对吸收的离子有选择性而且能够逆浓度梯度的主动吸收过程。

主动吸收的过程现在也不是了解得很清楚。现有许多假说来阐述主动吸收的机理，但主要为以下两种，即离子泵假说和载体假说。

离子泵假说认为原生质膜上分布的三磷酸腺苷酶（Adenosine Triphosphatase，ATPase，ATP酶）起着将离子"泵"入原生质膜的功能，而这个过程需要消耗三磷酸腺苷（ATP）这种代谢能。载体学说是认为原生质膜上存在着一些能够携带离子透过质膜的大分子（即载体），而载体对离子的运载过程也要消耗代谢能ATP。

有关被动吸收和主动吸收的详细机理可参阅有关植物营养方面的书籍。

三、植物根系对有机态养分的吸收

许多试验表明，植物根系不仅能够吸收无机态养分，也能吸收有机态养分。植物根系吸收的有机态养分主要是一些分子结构较为简单的有机化合物，例如谷氨酸、甘氨酸、蛋氨酸、脯氨酸等氨基酸和酰胺等含氮化合物，也可以吸收如肌醇磷酸盐、卵磷脂、甘油磷酸钙、一磷酸己糖、二磷酸己糖等含磷化合物。但这些有机态养分是如何被植物吸收的以及它们在植物体内的营养功效又是如何，目前尚不完全清楚。但总的来说，植物对无机态养分的吸收数量要远比有机态养分的多，而且吸收的速率也要快得多。目前普遍认为，有机态养分对植物的营养作用绝大多数是通过分解为无机态养分后再被植物吸收利用，而直接以有机态养分起营养作用的数量和比例是微乎其微的。但也不排除某些有机态养分对于促进植物生长有一定作用，或者对于土壤中某些无机态养分的有效性的提高有促进作用。

无土栽培中是不需要添加有机营养物质的，而单纯依靠无机营养就可以很好地完成植物生长的全过程。而这些无机营养物质是植物生长所必需的，只要按不同植物或同一植物不同生长时期来灵活掌握施用量，作物就不会出现生长不良的情况。

第七节　矿质营养元素的生理功能

一、大量元素

（一）氮

作物吸收的氮素主要以硝酸根离子（NO_3^-）、铵离子（NH_4^+）和亚硝酸根离子（NO_2^-）等无机态离子为主，由于NO_2^-存在量很少，作物吸收量也少。作物还可以吸收某些分子较小的可溶性有机态氮，如尿素、氨基酸、小分子蛋白质等。

作物体内氮的含量为干重的0.3%～5.0%，其含量随作物种类、器官和生育期的不同而异。生长旺盛的器官、种子等的含量较高，茎秆的含量较低。

作物体内的蛋白质是氮素的主要存在形式。蛋白质中氮含量为16%～18%。蛋白质是构成生命物质的主要形式。作物细胞的细胞核、细胞质和各种酶类的构成都离不开蛋白质。细胞的增大和新细胞的形成必须要有蛋白质存在，否则将出现作物生长发育迟缓以致停滞。

氮也是构成核酸的组成成分。核糖核酸（RNA）和脱氧核糖核酸（DNA）是合成蛋白质和传递遗传信息的物质。

氮还是作物体内各种酶类的组成成分。酶本质就是蛋白质，体内进行的各种代谢过程都必须要有相应的酶类参与，因此，氮也间接影响到作物体内的各种代谢过程。

氮参与了叶绿素的组成。叶绿素是植物进行光合作用的场所，它与光合产物、碳水化合物的形成密切相关。缺氮时，植株表现出叶绿素含量减少，叶色浅淡，光合作用减弱，碳水化合物含量减少，植株瘦弱。

植物体内的一些生命活性物质如维生素B_1、维生素B_2、维生素B_6、生长素、细胞分裂素等也含有氮。这些物质对促进植物生长发育有着重要的作用。一旦缺乏，这些含氮物质就不能形成，代谢产生紊乱。

（二）磷

植物吸收的磷素主要是以正磷酸形态的磷为主，即$H_2PO_4^-$、HPO_4^{2-}和PO_4^{3-}，其中$H_2PO_4^-$最易被植物吸收。此外，植物还可以吸收偏磷酸（PO_3^-）和焦磷酸（$P_2O_7^{4-}$）形态的磷，但数量较少。作物还可以吸收有机态的磷，如一些磷酸酯、核酸、植素等。

作物体内的含磷量为干重的0.05%～0.50%，并随着作物种类、器官和生长期的不同而异。生长前期的含量高于后期，幼嫩组织的高于老熟组织的。

磷是植物体内许多重要化合物的组成元素，例如核酸、核蛋白、磷脂、植素以及多种含磷生物活性物质［三磷酸腺苷（Adenosine Triphosphate，ATP）、三磷酸胞苷（Cytidine Triphosphate，CTP）、三磷酸尿苷（Uridine Triphosphate，UTP）和三磷酸鸟苷（Guanosine Triphosphate，GTP）等］。磷还能促进体内多种代谢过程，如磷能够加强光合作用和碳水化合物合成与运转，促进氮的代谢和脂肪代谢。磷素营养充足还能够提高作物对干旱、寒冷和病虫害等不良环境的抗逆性。由于磷在作物体内一部分是以无机磷形态存在的，由此能够增加细胞液的缓冲性能（$H_2PO_4^- \rightleftharpoons HPO_4^{2-}$），使原生质的pH值保持稳定状态，有利于细胞的正常生命活动。

（三）钾

钾是作物生长非常重要的一种元素，与氮和磷合称为植物营养的三要素。

作物体内的钾含量占干重的1%左右，它是体内所有金属元素中含量最高的。存在于体内的钾无固定的有机化合物形态，主要以离子态钾的形式存在。钾在作物体内的移动性较大，再利用能力很强，所以钾集中分布在代谢最活跃的器官和组织中，如幼叶、嫩芽、生长点等部位。因此，钾缺乏时的症状首先出现在老的组织或器官中。

作物是以钾离子（K^+）的形态吸收的。在于作物体内的钾尽管不是体内结构形成的组成成分，但其生理功能很多。体内中存在的钾促进多种酶的活性，因此也促进体内许多的代谢过程，钾能够促进作物对光能的利用，增强光合作用；钾能够影响植物气孔的开闭，调节二氧化碳渗入叶片和水分蒸腾的速率；钾有利于植物正常的呼吸作用，改善能量代谢，也可增强体内物质的合成和运转。它能够使得光合作用的产物向贮藏器官运送。钾还可提高蛋白质和核蛋白的形成，也有利于豆科植物根瘤菌的固氮作用。充足的钾营养有利于作物抗寒、抗旱、抗盐以及抵御病虫害能力的提高。钾对改善作物品质方面有良好的作用，因此钾被称为是"品质元素"。例如在无土栽培甜瓜时，适当地增加营养液中钾的用量，可使得甜瓜的糖度提高1%～3%。

（四）钙

钙也是植物体内含量较高的一种元素，干物质中含钙量为0.5%～3.0%，不同植物含钙量有所不同。豆科植物的含钙量较多，禾本科作物的较少，蔬菜作物的含钙量也较多。作物体内钙的移动性很小，难以再利用，一般地上部比根系的含量高，茎叶的含钙量较多，果实和籽粒的较少。因此，钙缺乏的症状首先出现在幼叶、嫩芽、根尖等生长较为旺盛的部位。

植物中的钙大部分是作为细胞壁的果胶质的结构成分，它与果胶酸结合形成果胶酸钙而被固定下来。钙是细胞分裂所必需的，在细胞核分裂时分隔两个子细胞的就是由果胶酸钙组成的中胶层，钙缺乏时就会由于细胞不能分裂而造成生长点死亡。

钙还能维持细胞膜系统的稳定性，活化膜上的ATP酶，增强根系对养分选择性吸收的能力。钙还能结合在钙调蛋白上形成复合物而复合细胞中的许多酶类，对细胞的代谢调节起着重要的作用。

（五）镁

植物体内含镁量为干重的0.05%～0.70%，种子含镁较多，茎叶次之，根系较少。

镁是叶绿素的组成成分，它存在于叶绿素分子结构的卟啉环中心，因此，镁与叶绿素的形成和光合作用的进行密切相关，所以在缺镁时，叶绿素含量减少，叶色褪绿，光合作用受阻。

镁还是多种酶类的催化剂，它可以活化几十种酶类，因此可以促进体内的多种代谢过程，例如，镁可以促进糖酵解、三羧酸循环和ATP的合成，从而增加呼吸作用，它还可以参与碳水化合物、脂肪和类脂的合成，并且能够参与蛋白质和核酸的合成过程。

（六）硫

植物体内的含硫量为干物重的0.1%～0.5%，十字花科和豆科作物的含硫量较高。

植物的硫营养以根系吸收SO_4^{2-}为主，也可以从叶片吸收气态的SO_2。植物体内硫的移动性很小，难以再利用，因此，缺硫时的症状首先表现在幼叶上。

植物体内硫主要以硫氢基（-SH）和二硫基（-S-S-）的形态参与形成含硫的有机化合物，另外的硫以SO_4^{2-}的形态存在。

硫是蛋白质和酶的组成元素，蛋白质中一般含硫量为0.3%～2.2%，在蛋白质中有3种含硫的氨基酸，即胱氨酸、半胱氨酸和蛋氨酸；而蛋氨酸是人类及非反刍动物所不能合成的。硫参与多种酶类和生物活性物质的组成，例如氨基转移酶、磷酸化酶、丙酮酸脱氢酶、生物素、硫胺素、乙酰辅酶A、铁氧还蛋白等。谷胱甘肽、半胱氨酸都含有-SH基，能够调节植物体内氧化还原过程。硫还是豆科植物固氮酶中钼铁氧还蛋白和铁氧还蛋白这两个组分的组成元素，硫缺乏往往会影响到豆科作物根瘤的固氮能力。

二、微量元素

（一）铁

铁在植物体内具有化学价数的变化，即$Fe^{2+} \rightleftharpoons Fe^{3+}$，参与体内氧化还原反应。铁是血红蛋白和细胞色素的组成成分，也是细胞色素氧化酶、过氧化氢酶、过氧化物酶等许多酶类的组成成分。铁虽然不是叶绿素的组成成分，但它是叶绿素形成不可缺少的，因为叶绿素分子中的卟啉环是由吡咯形成的，而吡咯的形成需要有铁的存在，因此，铁影响到叶绿素的形成和光合作用的进行。体内约80%的铁存在于叶绿体内的铁蛋白中，而铁蛋白作为光合作用的氧化还原系统电子传递链的组成部分，参与循环式光合磷酸化作用。铁还与核酸和蛋白质代谢有关。

（二）锰

植物体内的锰含量占干物重的十万分之几至千分之几，不同作物及不同部位的含量有较大差异。一般叶片的含锰量较高，茎次之，种子较少。

植物体内的锰存在着价数的变化（$Mn^{2+} \rightleftharpoons Mn^{4+}$），能直接影响体内的氧化还原过程。在光合作用中，锰主要在光系统Ⅱ（PSⅡ）中参与水的光解，从水中衍生出2个活化的电子和释放出氧气。锰虽然不是叶绿素的组成成分，但与叶绿体的形成有关。锰作为羟胺还原酶的组成成分，参与硝酸还原过程，因此对植物氮的代谢有着重要的影响。锰还影响到组织中生长素的代谢，锰能活化吲哚乙酸（Indoleacetic Acid，IAA）氧化酶，促进IAA的氧化和分解。

锰在作物体内的移动性较小，缺乏时首先在幼叶上表现出失绿的症状。

（三）锌

植物体内锌的含量为10～200mg/kg（干物计）。存在于植物体内的锌其移动性很小，缺乏时往往在幼叶部位首先出现症状。

植物体内的锌是蛋白酶、肽酶和脱氢酶的组成成分。主要存在于叶绿体中的碳酸酐酶能够催化CO_2水合作用生成重碳酸盐，有利于碳素的同化作用。锌还参与体内生长素（吲哚乙酸IAA）的合成。吲哚乙酸合成的前体为色氨酸，而由吲哚和丝氨酸合成色氨酸的过程需要有锌的参与，因此，锌也间接影响到吲哚乙酸的形成。锌与植物的氮代谢有密切关系，缺锌时可使体内核糖核酸和核糖体的含量降低，影响到蛋白质的形成，从而造成葡萄糖和非蛋白质氮的含量相对增加。

（四）铜

植物体内铜的含量较少，为4～50mg/kg（干物重计）。

铜可催化植物体内多种酶促反应。体内的许多氧化酶含有铜，例如多酚氧化酶、抗坏血酸氧化酶、细胞色素氧化酶等。在超氧化物歧化酶（Superoxide Dismutase，SOD）中也含有铜，这种酶可使得超氧化物基（O_2^-）起歧化作用以保护植物细胞免受伤害。在叶绿体中铜的含量较高，铜是叶绿体蛋白——质体蓝素的组成成分，因此缺铜会对光合作用产生不良影响。铜还参与蛋白质和碳水化合物的代谢。缺铜时，蛋白质的合成会受到阻碍，体内可溶性含氮物质增加，还原糖含量减少，植物的抗逆性降低。

无土栽培中的水培一般不易出现缺铜，而在利用高有机质含量的基质栽培作物时较容易出现缺铜的现象。主要是由铜与有机质形成难溶性的铜化合物沉淀所致。

（五）钼

钼是植物必需营养元素中含量最少的，在体内的含量大多数在1mg/kg（干物重计）以下。豆科作物的含量较高，可达其干物重的百万分之几至十万分之几，而非豆科作物只有亿分之几至百万分之几。豆科作物的根瘤中含量最高。

植物体内钼的生理功能主要表现在氮素代谢方面。在生物固氮中，钼起着很重要的作用，固氮酶的2个组分中钼铁氧还蛋白中含有钼，如钼营养缺乏，则固氮酶的形成受到影响，固氮的过程不能进行。钼还是组成硝酸还原酶的成分，缺钼时体内硝酸盐的还原过程会受到影响，使得硝酸盐在体内累积，蛋白质合成减少。同时，钼还影响到各种磷酸酯活性。缺钼也会造成体内维生素C含量的降低。

第八节　植物矿质营养失调的症状

一、大量元素

（一）氮

缺氮时植株生长受到显著抑制，叶片细小直立，与茎的夹角小，叶色淡绿，严重时呈淡黄色，失绿叶片色泽均一，一般不会出现斑点，因植株体内的氮素具有高度的再利用性，当缺氮时，体内的氮素会从老叶转移到新叶，所以缺氮症状首先从老叶开始表现并逐渐向上部叶片发展，幼叶颜色仍保持绿色。有些植物如番茄，在缺氮时由于体内花青苷的累积，其叶脉和叶柄上出现紫色。缺氮植株茎秆细长，茎基部呈黄色或红黄色，同时，繁殖器官的形成和发育也受到影响，花和果实稀少，成熟提早。缺氮植株根系比正常的根量少，但较细长。

氮素过多时会促进植株体内叶绿素和蛋白质大量形成，植株徒长，叶片面积增大，叶色浓绿，叶片下垂，茎秆软弱，易倒伏，抗病虫害能力下降。根系发育也不良，根短而少，易早衰。氮素过多还易造成体内硝态氮含量过高，特别是以NO_3^--N为氮源时更易出现这种情况。

（二）磷

缺磷时植株生长受到严重抑制，生长迟缓，植株矮小、瘦弱，直立，分枝少或不分枝，根系不发达，根细长，总根量减少。植株成熟延迟，籽实小。缺磷时叶片中由于细胞体积减小的速率比叶绿素减小的速率来得快，因此，叶绿素在叶片中相对累积而使叶绿素浓度增加，表现出叶色暗绿、无光泽。缺磷严重时体内形成花青苷较多，一些作物如番茄、空心菜的茎叶上出现紫红色斑点或条斑，症状向上部发展。

磷素过多时会使植株的呼吸作用增强，碳水化合物的消耗增大，植株早衰。磷素过多也易引起缺铁、缺镁和缺锌的症状。

（三）钾

钾在植物体内具有高度的再利用性，因此缺钾的症状首先在老叶出现，然后才逐渐向新叶扩展，如新叶也表现出缺钾症状，则说明钾的缺乏已经很严重。缺钾的老叶从叶缘先变黄，进而变为褐色，呈烧焦状，叶片上出现褐色斑点或斑块，但叶中部及叶脉仍保持绿色，随着缺钾程度的加重，整个叶片呈红棕色或干枯状，坏死脱落。有些作物叶片的叶肉组织凸起，叶脉下陷，叶片向下卷曲。

钾素过多时植株表现出的症状一般不明显。

（四）钙

缺钙时植物生长受阻，节间较短，组织软弱。由于钙在植物体内的移动性很小，因此，缺钙时首先在幼嫩的部位表现出症状。缺钙时植株的顶芽、侧芽和根尖等分生组织容易腐烂死亡，幼叶卷曲畸形，有时叶缘会出现变黄坏死，例如莴苣、白菜、芥菜、甘蓝因缺钙而发生的腐心病。由于果实的蒸腾量小，缺钙时经常会在果实中出现症状，例如番茄的脐腐病（Tomato Disorder Blossom End Rot，BER）。

（五）镁

缺镁时植株矮小，生长较缓慢，由于镁在植物体内较易移动，缺乏的症状首先在中下部叶片出现叶脉间叶肉组织的失绿，叶脉仍然保持绿色，以后叶肉的失绿部分逐步由淡绿色变为黄色或白色，往往还会出现大小不一的褐色或紫红色斑点或条纹，并逐渐向叶基部和嫩叶发展。

不同作物缺镁的症状表现得不尽相同。例如，番茄缺镁的果实会由红色褪为淡橙色，果肉黏性减少，品质较差。生菜、萝卜、芥菜通常会在脉间出现不均一分布的褐色斑点。当植株表现出缺镁症状时，往往已经是缺乏比较严重的。因此通过植株的化学分析方法或营养液及固体基质中镁供应状况的分析来判断镁的供应水平就显得很重要。

（六）硫

硫在植物体内移动性较小，因此缺硫时的症状首先在植株的顶部表现出黄化，而且叶片黄化得比较均匀，严重时甚至整片叶片变成黄白色或白色，植株表现瘦弱，根系不发达，分枝少，植株开花结实延迟。这些症状与缺氮的症状相似，但缺硫的症状首先在幼叶上表现出来，而缺氮的症状首先在老叶上表现，通过这点不同可将它们区别开来。

无土栽培中由于配制营养液所用的原料有许多是含硫的肥料，如硫酸镁、硫酸钾、硫酸锰等，因此，在无土栽培中不易出现缺硫的情况。

在工业污染较为严重的地方，如果空气中的SO_2含量高时，也可能对植物产生硫过多的毒害。出现硫过多的症状首先表现在叶片变成暗黄色或暗红色，继而叶片中部或叶缘受害，叶片产生水渍状区域，最后发展为白色的坏死斑点。

二、微量元素

（一）铁

铁在植物体中的移动性很小，缺铁时首先在幼嫩叶片上表现出脉间失绿，叶脉仍保持绿色，严重时整个叶片变为全叶黄化甚至变成乳白色，缺铁时叶片不会出现坏死症状。有时番茄缺铁时叶片会出现紫色或桃红色。无土栽培中如果营养液的pH值较高或配制过程操作不当，也可能造成铁营养失效而使作物出现缺铁症状。在无土栽培中，十字花科作物如芥菜、白菜、菜心以及旋花科的空心菜等较易出现缺铁，而菊科的生菜则不容易表现缺铁。对于易缺铁作物的无土栽培，一方面要增大营养液中铁的含量，另一方面要控制营养液的pH值不超过7.5。

铁过多时可能会影响到植物对锰、磷、锌等营养元素的吸收而表现出这些元素缺乏的症状。

（二）锰

锰在植物体内的移动性较小，缺锰时首先在上部叶片出现脉间失绿黄化，而叶脉及叶脉附近的区域仍保持绿色，脉纹清晰。其症状类似缺镁，但缺镁时表现在中下部叶片。严重缺锰时叶脉间出现黑褐色小斑点，并逐渐扩大、坏死，散布在整片叶片上。植物缺锰时体内的硝酸盐和亚硝酸盐含量会增加。因此，保证植物锰营养的供应对于控制体内硝酸盐和亚硝酸盐的累积有一定帮助。

不同作物表现出的缺锰症状有很大差异，例如番茄缺锰时坏死的斑点为圆形、呈棕色或橙色，而甜椒缺锰时坏死的斑点呈矩形状。

锰过多时植物也会出现毒害的症状，表现为老叶出现棕色斑块，而且在斑块上会出现锰的氧化物沉淀。锰过多时容易引起缺铁失绿症状。

（三）锌

植物体内锌的移动性中等。缺锌时植株矮小，叶片小、畸形，脉间失绿或整片叶片白化，并常有不规则的斑点出现。不同植物表现的症状有所不同。例如番茄和甜椒在缺锌时叶片畸形，叶柄向下卷曲，叶缘呈波浪状或叶片向上卷曲，叶上有灼烧或坏死的斑点，叶淡黄色或黄绿色。

锌过多时会表现出上部叶片黄化并有不规则的褐色斑点，有时叶片甚至出现黄白色或白色褪绿症状。根尖变褐、腐烂，根分枝少，根系死亡。在无土栽培中如果使用镀锌水管作为供排水管道，则有可能出现锌中毒的问题，因此应避免使用镀锌水管或其他金属管道。

（四）铜

铜营养缺乏时植株生长瘦弱，中下部老叶常呈暗绿色，新生叶失绿发黄，呈凋萎干枯状，叶尖发白卷曲，叶缘黄绿色，叶片上出现坏死斑点，分枝增加，呈丛生状，繁殖器官生长发育受阻，花不育，难以结籽。

植物对铜的需要量很少，无土栽培中一般不易出现铜营养的缺乏。

铜营养过多时则易产生中毒症状，表现出与缺铁相似的症状。即生长受到抑制，铁吸收减少，叶片失绿，根系生长受阻，侧根和根毛数量减少，严重中毒时植株萎蔫，叶片失绿。

（五）硼

硼在植物体内的移动性很小，因此缺硼的症状首先出现在生长点和繁殖器官上。缺硼的症状是生长点坏死，叶片畸形、皱缩、加厚，植株矮小，根细长，根尖坏死，开花受精不良，果实发育受阻，常出现"花而不实"的现象。有些作物缺硼时会出现茎秆或果实开裂的现象。不同植物表现出硼营养缺乏的症状不尽相同。例如，黄瓜缺硼时瓜畸形，瓜内组织木质化，汁液减少。

硼过多时表现出的中毒症状为叶尖发黄，脉间失绿，最后叶片坏死。

（六）钼

缺钼时植株生长不良，矮小，叶片脉间失绿，枯萎以致坏死，叶缘枯黄，向内卷曲，并由于组织失水而呈凋萎状，最先出现于叶基部的失绿部位穿孔。缺钼症状一般在老叶先出现，然后向幼叶发展，直至死亡。缺钼也影响到植物的开花和结果，如番茄缺钼时花形变小，并且不能正常开放，花粉发育受到影响。

在植物必需的16种营养元素中，植物对钼的需求量是最少的，无土栽培中其他肥料、水源或固定基质中所含的钼已可满足植物生长所需，往往可以不用另外添加。

（七）氯

由于水源、固体基质和含氯肥料的使用，无土栽培中极少出现氯营养失调的症状。

有些作物对氯离子（Cl^-）较敏感，Cl^-的存在可能影响到其产量和品质，即所谓的"忌氯作物"，如甜瓜等，这时尽量不要使用含氯的肥料。如果以氯气（Cl_2）消毒的自来水作为无土栽培的水源，残留较多的氯气，应将自来水放置过夜后再使用，否则过高浓度的Cl_2可能对植物产生伤害。

某一种矿质营养元素的缺乏或过多虽然会在外观上出现一些症状，但不同作物所表现出的症状可能有些不同。表2-7为作物营养缺乏症状的检索表，通过表中所列的典型症状可快速得知所缺元素究竟是哪一种。表2-8所列的是4种主要无土栽培蔬菜的矿质营养失调的典型症状以及利用植株化学分析进行营养诊断的临界指标，供读者在实际生产中参考。

表2-7　作物营养元素缺乏症状检索简表

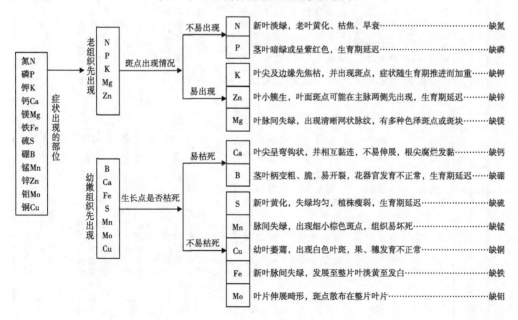

表2-8　4种蔬菜营养缺乏及过量的诊断

营养失调	番茄		黄瓜		辣椒		生菜	
	症状	诊断标准	症状	诊断标准	症状	诊断标准	症状	诊断标准
缺氮	叶色变浅，下部叶片黄化枯死，局部出现紫色	缺乏：<2.5% 正常：3.5%~5.5%	叶色浓绿，新叶小，老叶衰老，褪绿黄化，果实少，果色浓绿	缺乏：<2.5% 正常：3.5%~5.5%	叶小呈淡黄色，下部叶片早衰，黄化	缺乏：<2.0% 正常：3.5%~5.5%	植株矮小，叶色变浅，黄化，结球生菜。不能形成叶球	缺乏：<2.5% 正常：3.5%~5.5%
缺磷	植株矮小，下部叶片的叶柄和叶背出现紫色，芽生长缓慢	缺乏：<0.2% 正常：0.3%~0.8%	植株矮小，叶片小，叶色暗绿，老叶早衰，叶缘褐斑，叶缘卷曲	缺乏：<0.25% 正常：0.35%~0.80%	叶色暗绿，叶片向上，向内卷，叶小，老叶早衰	缺乏：<0.2% 正常：0.3%~0.8%	表层叶片为绿色，内部叶片出现褐斑	缺乏：>2.0% 正常：0.5%~0.8%
缺钾	老叶叶缘和叶柄焦枯，叶呈褐色。果实成熟不均匀（着色不均匀）	缺乏：<2.5% 严重缺乏：<0.1% 正常：3.5%~6.3%	叶缘黄化并向叶内发展，叶内出现褐点。果茎坏死，顶端果实肿大	缺乏：<2.5% 叶片：<10% 正常：叶片3%~5%，叶柄12%~16%	叶片出现红褐色，小斑点	缺乏：<2% 正常：3%~6%	老叶叶尖，叶缘枯黄，出现褐斑	缺乏：<2.5% 正常：5%~10%
缺钙	新生叶卷曲，生长点坏死，脐部出现褐色斑（脐腐病）腐烂	缺乏：<1.0% 叶片2.0%~4.0%，果实0.12%~0.25%，烂果<0.08%	幼叶叶缘卷曲，伸展着的叶片呈杯状，严重的叶片生长坏死，果实顶端果实腐烂	缺乏：2%~10%	幼叶叶缘黄化，果端出现浅褐色凹陷斑块	缺乏：叶片<1.00%，果实<0.08% 正常：叶片1.50%~3.50%，果实0.10%~1.20%	幼叶出现褐斑，严重时顶芽和幼叶枯死，叶片呈杯状，根系环死，根尖腐烂	缺乏：<1.0% 正常：1.0%~1.8%
缺镁	中下部叶片呈叶脉，主脉特绿色，叶缘着绿。严重缺乏时，下部叶片枯黄并出现紫色	缺乏：<0.3% 正常：0.4%~0.8%	中下部叶片呈绿色网纹，叶脉间失绿，纹清断，其周围为绿色	缺乏：<0.3% 正常：0.4%~0.8%	老叶脉间失绿，叶脉及其周围为绿色	缺乏：<0.30% 正常：0.35%~0.80%		
缺硫	幼叶黄绿色，黄化均匀，叶柄短	缺乏：<0.10% 正常：>0.29%	幼叶小，呈网纹状失绿，叶片受害	缺乏：<0.10% 正常：>0.29%	幼叶黄绿色，叶柄不能正常生长	缺乏：<0.10% 正常：>0.29%		
缺铁	幼叶白色，呈网纹失绿，严重叶片完全变白	缺乏：<60μg/g 正常：80~200μg/g	幼叶小，呈网纹，严重时整片叶绿失绿状态，叶片受害	缺乏：<80μg/g	幼叶黄绿色，严重时整片叶变成淡黄色，甚至白色	缺乏：<80μg/g 正常：80~200μg/g		
缺锰	叶脉周围组织变黑，严重时茎也变黑，出现小褐斑	缺乏：<25μg/g 正常：200~300μg/g	叶片黄绿色，脉为绿色	缺乏：<20μg/g 正常：100~300μg/g	幼叶鲜黄绿色，近叶柄处为棕褐色，老叶出现小黄斑，以后变褐	缺乏：<20μg/g 正常：100~300μg/g	叶片出现褐色斑点，严重时斑点扩大，但叶脉仍为绿色	缺乏：<20μg/g 正常：50~200μg/g

（续表）

营养失调	番茄 症状	番茄 诊断标准	黄瓜 症状	黄瓜 诊断标准	辣椒 症状	辣椒 诊断标准	生菜 症状	生菜 诊断标准
锰中毒	叶脉周围变黑,叶、柄出现红黑点	轻度中毒:1 000~1 500μg/g 重度中毒:>2 500μg/g	老叶叶脉出现红黑色斑块,死亡,严重时叶柄基部、叶背有小紫色斑块	死亡中毒:>900μg/g	老叶呈橘黄色,枯萎,死亡	中毒:>1 003μg/g	叶缘出现小褐斑,影响心叶形成	中毒:250~550μg/g
缺锌	小叶向下向内卷曲,网状黄化,近中脉出现小叶的小叶柄出现褐斑	缺乏:<20μg/g 正常:35~100μg/g	叶片变小,呈黄绿色,主脉仍为绿色	缺乏:<25μg/g 正常:40~100μg/g				
锌中毒	小叶黄化,叶柄叶脉呈紫色	中毒:>280μg/g	叶黄绿色,叶脉变黑	中毒:>950μg/g				
缺铜	幼叶深绿色,似缺水凋萎;严重时花芽发育停止,下部叶尖出白斑,变硬、发脆	缺乏:<4μg/g 正常:7~17μg/g	叶柄变小,果实发育困难,叶黄化并出现白斑点,死亡,叶仍为绿色	缺乏:<4μg/g 正常:7~17μg/g	叶片变小,幼叶上卷,呈杯状,叶色深绿	缺乏:<4μg/g 正常:6~20μg/g	叶细窄,杯状,外部叶黄化,早衰	缺乏:<2μg/g 正常:5~15μg/g
缺钼	叶黄绿色,老叶叶缘浅黄色	缺乏:<0.3μg/g 正常:0.4μg/g	叶浅绿色,近叶缘处泛黄色,老叶枯死	缺乏:1.3~2.2μg/g 正常	叶绿色,幼叶黄化		幼苗易受伤害,早衰,老叶叶脉变褐色,周围为绿色	缺乏:<0.12μg/g 正常:0.15μg/g
缺硼	老叶黄化易脆,严重时叶脉处形成紫褐色斑,生长点坏死	缺乏:<25μg/g 正常:30~80μg/g	老叶缘出现面积较多的白化,向上卷曲,叶缘褐色,也易脆,果皮纵向出现木栓化条纹	缺乏:<20μg/g 正常:30~80μg/g	老叶叶尖黄化,逐渐向叶缘扩展,叶缘红褐色,主脉红褐,果易脆	缺乏:<20μg/g 正常:30~90μg/g	生长点坏死,叶片向上卷曲,呈深绿色	缺乏:<20μg/g 正常:30~60μg/g
硼中毒	叶缘卷曲,植株死亡	中毒:>150μg/g	叶缘卷曲,正在伸展的叶片呈杯状,叶脉黄化	中毒:>150μg/g			老叶叶缘及周围出现褐斑并扩大	中毒:>80μg/g

三、蔬菜无土栽培营养缺乏的判断

（一）病状发生的部位

营养缺乏的病状可以发生在植株不同的部位，如新梢、老叶、根系，这些都有助于进行诊断。有些病是从老的组织开始，因为如N、P、K等元素可以转移到新的组织中，让新的组织正常生长。但不能转移的元素，缺乏症首先发生在幼叶或生长点，如Ca、Fe、Mn、许多元素中毒现象是发生在老叶，尤其在营养液循环中，因植株蒸腾作用而使营养液中如硝酸盐Cl、Na、K、B的浓度上升。此外，根系生长不正常，也是营养缺乏或中毒的表现。

（二）病状种类

1. 全株失绿

全株叶子发黄、失绿是缺氮和缺硫的象征，尤其是发生在老叶子上。在土壤栽培中，由于缺氮而植株失绿是常见的现象。Cl、K、Na、P过度施用，也会产生这种现象。老叶失绿有时是缺镁的症状。

2. 叶脉间失绿

叶脉间黄化是缺Fe、Mn、Zn、Cu等生理病症。pH值大于7.5时Fe产生沉淀，也会发生叶脉间失绿。

3. 发紫

植株茎叶发紫是由于花青素积累的结果，使叶色淡绿中带紫色、红色、蓝绿色，这是缺磷的表现。由于干旱和Al中毒，植株也会发紫。

4. 局部坏死

灼伤或出现坏死的叶缘斑点是缺钾的表现。用硝酸盐配制营养液，则很少发生这种现象。如硝酸盐、铵、氯、钠过多时，则上述病症表现更为明显。硼中毒也会出现叶缘坏死。

5. 矮化

植株矮化是全部营养元素不足的表现。许多作物缺锌时叶子比正常的小，茎的生长比生长点生长慢，顶端形成紧缩的叶丛。缺硼、钙、钾会使生长点枯死。

6. 根生长短缩

无土栽培对根系生长比土壤栽培方便。根生长受阻、短粗、变褐是营养液太浓、偏酸、缺钙、铝和铜中毒的早期症状。有些作物缺硼也会发生这种现象。根系发育不良是整个系统出现问题的表现。

（三）缺素症状

1. 缺氮

辣椒缺氮叶片小，浅黄色，下部叶黄化早衰。番茄缺氮叶浅绿，局部紫色，下部叶黄化枯死。黄瓜缺氮新叶小，淡绿色，老叶黄化，早衰，果少，果短，呈淡绿色。

2. 缺磷

辣椒缺磷叶色深绿，叶缘向上向内卷曲，叶小，下部叶早衰。番茄缺磷叶柄、叶背面变紫，连续缺磷时下部叶出现褐色小斑。黄瓜缺磷幼叶小，黑绿色，成熟叶出现褐斑，老叶早衰，连续缺磷，下部叶变褐，叶缘卷曲，早死。

3. 缺钾

辣椒缺钾叶上出现红褐小点，幼叶上小点由尖开始扩展。番茄缺钾上部叶叶缘黄化，然后褐色，果呈不均匀成熟态。黄瓜缺钾叶缘黄化，叶片下卷，严重缺钾时伸展叶黄化，缺钾果茎端发育不良，尖端肿胀。

4. 缺钙

辣椒缺钙幼叶叶缘黄化，果上长出浅褐色凹痕，通常发生于果端。番茄缺钙新生叶卷曲，生长点坏死，果端腐烂，迅速展开叶的尖端黄化。黄瓜幼叶叶缘卷曲，伸展着的叶为杯状，严重时生长点坏死。

5. 缺锰

辣椒缺锰幼叶鲜黄绿色，内部区域深棕色，成熟叶中出现分散的小黄斑，以后褐化。番茄缺锰幼叶黄化，黄叶中存在深绿色分布不均的叶脉网。黄瓜缺锰叶黄绿色，叶脉网为绿色。

6. 缺铜

辣椒缺铜叶小，深绿色，叶缘上卷。番茄幼叶深绿色，后枯萎，严重缺乏时花芽停止发育，连续缺乏时下部叶近叶尖处产生白斑，叶发脆。黄瓜缺铜果实难发育，老叶黄化死亡，成熟叶上有斑点，局部叶面的主脉保持绿色。

7. 缺硼

辣椒缺硼成熟叶叶尖黄化，由叶缘逐渐扩展，主脉红褐色，叶易碎。番茄缺硼下部叶尖黄化，叶易碎，连续缺硼叶脉处形成紫褐小斑，严重缺硼生长点坏死。黄瓜缺硼叶极脆，老叶缘有大面积奶白色，生长点坏死，连续缺乏时叶缘褐化，叶向上、向下卷曲。果皮纵向出现木栓化条纹。

8. 缺钼

辣椒缺钼叶黄绿色，幼苗叶黄化，多发生于pH<5.0的酸性基质中。番茄缺钼叶

黄绿色，老叶叶缘浅黄色，pH<5.0时植株易患此症。黄瓜缺钾叶浅绿色，近叶缘处淡黄色，叶脉绿色，下部叶枯死。

9. 缺硫

辣椒缺硫叶呈黄绿色，新叶细窄多斑。番茄缺硫叶呈黄绿色，叶柄不能正常伸长。

10. 缺镁

辣椒缺镁成熟叶黄化，主脉周围存留一些深绿色区域。番茄缺镁中下部叶片黄化，主脉与叶缘保持绿色，严重缺乏时下部叶枯黄并出现紫色。黄瓜缺镁黄化由中下部叶始而扩至整株，除主脉外，叶其他部位黄化。

11. 缺铁

辣椒缺铁幼叶黄化，叶内黄化由叶尖延伸至老叶基部。番茄缺铁顶端幼叶淡黄色，成熟叶色彩斑驳。黄瓜缺铁幼叶小而黄化，而后变白色。

第三章　无土栽培的基本类型

第一节　无土栽培的营养液

根据植物生长对养分的需求，把肥料按一定数量和比例溶解于水中所配制的溶液称为营养液。无论是有固体基质栽培还是无固体基质栽培的无土栽培形式，都要用到营养液来提供作物生长所需的养分和水分。无土栽培生产的成功与否，在很大程度上取决于营养液配方和浓度是否合适，植物生长过程的营养液管理是否能满足各个不同生长阶段的要求。因此，可以说营养液是无土栽培生产的核心问题。只有深入了解营养液的组成和变化规律及其调控的方法，才能够真正掌握无土栽培生产技术的精髓。有些人认为，只要有了现成的营养液配方，就可以直接拿来使用，甚至认为是真正掌握了无土栽培技术，这是很幼稚的想法，特别是大规模无土栽培生产过程中，知其然而不知其所以然地盲目使用他人的配方，将可能造成不必要的损失。因为在不同地方，水质、气候和作物品种的差异，都将对营养液的使用效果产生很大影响。要对营养液真正地掌握，正确地、灵活地使用好营养液，只有通过认真的实践才能取得无土栽培生产的真正成功。

一、水质要求

不同地方进行无土栽培生产时，由于配制营养液的水的来源不同，可能会或多或少地影响到配制的营养液，有时会影响到营养液中某些养分的有效性，有时甚至严重影响到作物的生长。因此，在进行无土栽培生产之前，要先对当地的水质进行分析检验，以确定所选用水源是否适宜。

（一）水源选择

无土栽培生产中常用自来水和井水作为水源，有些地方还可以通过收集温室或大棚屋面的雨水来作为水源。究竟采用何种水源，可视当地情况而定，但在使用前都必须经过分析化验以确定其适用性如何。

如果以自来水作为水源使用，因其价格较高而提高生产成本。但由于自来水是经过处理的，符合饮用水标准，因此作为无土栽培生产的水源在水质上是较有保障的。

　　如果以井水作为水源，要考虑到当地的地层结构，开采出来的井水也要经过分析化验。

　　如果是通过收集雨水作为水源，因降雨过程会将空气中的尘埃和其他物质带入水中，因此要将收集的雨水澄清、过滤，必要时可加入沉淀剂或其他消毒剂进行处理。如果当地空气污染严重，则不能够利用雨水作为水源。一般而言，如果当地的年降水量超过1 000mm，则可以通过收集雨水来完全满足无土栽培生产的需要。

　　有些地方在开展无土栽培生产时也用到较为清洁的水库水或河水作为水源。要特别注意不能够利用流经农田的水作为水源。在使用前要经过处理及分析化验来确定其是否可用。

（二）水质要求

　　无土栽培的水质要求比一般农田灌溉水的要求高，但可低于饮用水的水质要求。水质要求的主要指标如下。

1. 硬度

　　根据水中含有钙盐和镁盐的数量可将水分为软水和硬水两大类型。硬水中的钙盐主要是重碳酸钙［$Ca(HCO_3)_2$］、硫酸钙（$CaSO_4$）、氯化钙（$CaCl_2$）和碳酸钙（$CaCO_3$），而镁盐主要为氯化镁（$MgCl_2$）、硫酸镁（$MgSO_4$）、重碳酸镁［$Mg(HCO_3)_2$］和碳酸镁（$MgCO_3$）等。而软水的这些盐类含量较低。水的硬度统一用单位体积的CaO含量来表示，即每度相当于10mg CaO/L。水的硬度划分标准如表3-1所示。

表3-1　水的硬度划分标准

硬度	相当于CaO含量（mg CaO/L）	名称
0°～4°	0～40	极软水
4°～8°	40～80	软水
8°～16°	80～160	中硬水
16°～30°	160～300	硬水
>30°	>300	极硬水

　　在石灰岩地区和钙质土地区的水多为硬水，例如我国华北地区的许多地方的水为硬水；而南方除了石灰岩地区之外，大多为软水。硬水由于含有钙盐、镁盐较多，因此，一方面其pH值较高，另一方面在配制营养液时如果按营养液配方中的用量来配制时，常会使营养液中的钙、镁含量过高，甚至总盐分浓度也过高。因此，利用硬水配制营养液时要将硬水中的钙、镁含量计算出来，并从营养液配方中扣除。在北京地区，曾有人试验过单纯依靠硬水中的钙就可满足生菜的生长要求。

一般地，利用15°以下的硬水来进行无土栽培较好，硬度太高的硬水不能够作为无土栽培生产的用水，特别是进行水培时更是如此。

2. 酸碱度

范围较广，pH值在5.5～8.5的均可使用。

3. 悬浮物

≤10mg/L。利用河水、水库水等要经过澄清之后才可使用。

4. 氯化钠含量

≤100mg/L。

5. 溶解氧

无严格要求。最好是在未使用之前≥3mg O_2/L。

6. 氯（Cl_2）

主要来自自来水中消毒时残存于水中的余氯和进行设施消毒时所用含氯消毒剂，如次氯酸钠（NaClO）或次氯酸钙［$Ca(ClO)_2$］残留的氯应≤0.01%。

二、营养液配制的原料

营养液是由提供营养元素的营养物质（肥源）和少量为使某些营养元素的有效性更为长久的辅助材料按一定数量和比例溶解在水中而成的。在无土栽培生产中所用于配制营养液的营养物质种类很多，根据不同类型作物的营养液配方的不同而用不同的营养物质。在生产上还可根据当地的水质、气候和种植作物品种的不同，而将前人使用的、被认为是合适的营养液中的营养物质的种类、用量和比例作适当的调整。要灵活而有效地管理无土栽培的营养液，就必须对配制营养液所用的营养物质及辅助材料有较好的了解。

（一）含氮营养物质

1. 硝酸钙［$Ca(NO_3)_2 \cdot 4H_2O$］

含有氮和钙两种营养元素，其中氮（N）含量为11.9%，钙（Ca）含量为17.0%。硝酸钙外观为白色结晶，极易溶解于水中，20℃时每100mL水可溶解129.3g，吸湿性极强，暴露于空气中极易吸水潮解，高温高湿条件下更易发生。因此，储存时应密闭放置于阴凉处。

硝酸钙是一种生理碱性盐，作物根系吸收硝酸根离子的速率大于吸收钙离子，因此表现出生理碱性。由于钙离子也被作物吸收，其生理碱性表现得不太强烈，随着钙离子被作物吸收之后，其生理碱性会逐渐减弱。硝酸钙是目前无土栽培中用得最广泛的氮源和钙源肥料。特别是钙源，绝大多数营养液配方都是由硝酸钙来提供的。

2. 硝酸铵（NH_4NO_3）

硝酸铵中氮（N）含量为34% ~ 35%，其中铵态氮（NH_4^+-N）和硝态氮（NH_3^--N）含量各占一半。硝酸铵外观为白色结晶，农用及部分工业用硝酸铵为了防潮常加入疏水性物质制成颗粒状。其溶解度很大，20℃时每100mL水可溶解188g。

硝酸铵的吸湿性很强，易板结，纯品硝酸铵暴露于空气中极易吸湿潮解，因此，在贮存时应密闭并置于阴凉处。另外，硝酸铵有助燃性和爆炸性，在贮运时不可与易燃易爆物质共同存放。受潮结块的硝酸铵，不能用铁锤等金属物品猛烈敲击，应用木锤或橡胶锤等非金属性材料来轻敲打碎。

因硝酸铵中含有50%铵态氮和50%硝态氮，由于多数作物在加入硝酸铵初始的一段时间内对铵离子的吸收速率大于硝酸根离子，因此，易产生较强的生理酸性，但当硝态氮和铵态氮都被作物吸收之后，其生理酸性逐渐消失。同时，在用量较高时，对于铵态氮较敏感的作物会影响到其他养分的吸收和生长，因此，在使用硝酸铵作为营养液的氮源时要特别注意其用量。

3. 硝酸钾（KNO_3）

硝酸钾的氮（N）含量为13.9%，钾（K）含量为38.7%，它能够提供氮源和钾源，外观上为白色结晶，吸湿性较小，长期贮存于较潮湿的环境下也会结块。在水中的溶解性较好，20℃时每100mL水可溶解31.6g。硝酸钾具有助燃性和爆炸性，贮运时要注意不要猛烈撞击，不要与易燃易爆物混存一处。硝酸钾是一种生理碱性肥料。

4. 硫酸铵［$(NH_4)_2SO_4$］

硫酸铵中氮（N）含量为20% ~ 21%，它是用硫酸中和NH_3而制得的。外观为白色结晶，易溶于水，20℃时每100mL水可溶解75g。硫酸铵物理性状良好，不易吸湿。但当硫酸铵中含有较多的游离酸或空气湿度较大时，长期存放也会吸湿结块。

溶液中的硫酸铵被植物吸收时，由于多数作物根系对NH_4^+的吸收速率比SO_4^{2-}来得快，而使得溶液中累积较多的硫酸，呈酸性。所以，硫酸铵是一种生理酸性肥料。在作为营养液氮源时要注意其生理酸性的变化。

5. 尿素［$(NH_2)_2CO$］

尿素是在高温、高压并且有催化剂存在时，由氨气（NH_3）和二氧化碳（CO_2）反应而制得的。尿素含氮量很高，达46%，是固体氮肥中含氮量最高的。纯品尿素为白色针状结晶，吸湿性很强。为了降低其吸湿性，作为肥料用的尿素常制成颗粒状，外包被一层石蜡等疏水物质。所以，肥料尿素的吸湿性一般不大。尿素易溶于水，20℃时每100mL水可溶解100g。

加入营养液中的尿素由于在植物根系分泌的脲酶作用下，会逐渐转化为碳酸铵 $[(NH_4)_2CO_3]$ ，并在水中解离为 NH_4^+ 和 CO_3^{2-} ，由于作物对 NH_4^+ 的选择吸收速率较快，致使溶液的酸碱度降低，因此，尿素为生理酸性肥。

无土栽培的水培中除了少数的配方是使用尿素作为氮源之外，很少使用。在基质栽培中可以混入基质中使用。

（二）含磷营养物质

1. 过磷酸钙 $[Ca(H_2PO_4)_2 \cdot H_2O + CaSO_4 \cdot H_2O]$

过磷酸钙又称普通过磷酸钙或普钙。它是由粉碎的磷矿粉中加入硫酸溶解而制成的，其中含磷的有效成分为磷酸一钙 $[Ca(H_2PO_4)_2]$ ，同时还含有在制造过程中产生的硫酸钙（石膏， $CaSO_4 \cdot H_2O$ ），它们分别占肥料重量的30%~50%和40%左右，其余的为其他杂质。过磷酸钙的外观为灰色或灰黑色颗粒或粉末，一级品过磷酸钙的有效磷含量（ P_2O_5 ）为18%，游离酸含量<4%，水分含量<10%，同时还含有Ca 19%~22%，S 10%~12%。过磷酸钙是一种水溶性磷肥，当把过磷酸钙溶解于水中时会在容器底部残留一些沉淀，这些沉淀就是难溶性的硫酸钙，但不要误会为过磷酸钙是一种缓效性的或难溶性的肥料。

过磷酸钙由于在制造过程中原来磷矿石中的Fe、Al等化合物也被硫酸溶解而同时存在于肥料中，当过磷酸钙吸湿后，磷酸钙会与Fe、Al化合物形成难溶性的磷酸铁和磷酸铝等化合物。这时磷酸的有效性就降低了，这个过程称为磷酸的退化作用。因此，在贮藏时要放在干燥处以防吸湿而降低过磷酸钙的肥效。

在无土栽培中，过磷酸钙主要用于基质栽培和育苗时预先混入基质中以提供磷源和钙源。由于它含有较多的游离硫酸和其他杂质，并且有硫酸钙的沉淀，所以一般不作为水培配制营养液的肥源。

2. 磷酸二氢钾（ KH_2PO_4 ）

外观为白色结晶或粉末，分子量为136.09，易溶于水，20℃时每100mL水可溶解22.6g。磷酸二氢钾性质稳定，不易潮解，但贮藏在湿度大的地方也会吸湿结块。由于磷酸二氢钾溶解于水中时，磷酸根解离有不同的价态，因此对溶液pH值的变化有一定的缓冲作用，它可同时提供钾和磷两种营养元素，是无土栽培中重要的磷源。

3. 磷酸二氢铵（ $NH_4H_2PO_4$ ）

也称磷酸一铵或磷一铵。它是将氨气通入磷酸中而制得的。纯品的磷酸二氢铵外观为白色结晶，作为肥料用的磷酸二氢铵外观多为灰色结晶。纯品含磷（ P_2O_5 ）61.7%，含氮（N）11%~13%。易溶于水，溶解度大，20℃时每100mL水可溶解

36.8g。它可同时提供氮和磷两种营养元素。对溶液pH值变化有一定的缓冲能力。

4. 磷酸一氢铵 [$(NH_4)_2HPO_4$]

也称磷酸二铵或磷二铵。它是将氨气通入磷酸溶液中制得的。纯品的磷酸一氢铵外观为白色结晶。纯品含磷（P_2O_5）53.7%，含氮（N）21%。作为肥料用的磷酸一氢铵常含有一定量的磷酸二氢铵，这种肥料的含磷量（P_2O_5）为20%，氮（N）18%。它对营养液或基质pH值的变化有一定的缓冲能力。

5. 重过磷酸钙 [$Ca(H_2PO_4)_2$]

重过磷酸钙的有效成分为磷酸二氢钙即磷酸一钙 [$Ca(H_2PO_4)_2 \cdot H_2O$]，外观为灰白色或灰黑色粉末，含磷量（P_2O_5）为40%～52%，不含有硫酸钙，易溶于水，游离酸含量较高，可达4%～8%，故水溶液呈酸性，其吸湿性和腐蚀性都比过磷酸钙强，但不像过磷酸钙那样存在着磷酸的退化作用。

无土栽培中主要用于预混入固体基质中使用，很少作为水培营养液的磷源使用。

6. 偏磷酸铵（NH_4PO_3）

外观为白色粉末或结晶，含磷（P_2O_5）70%～73%，含氮（N）17%左右，稍有吸湿性，不易结块，其水溶液呈弱酸性，是一种含氮、磷的高浓度肥料，在生产中使用得较少。

（三）含钾营养物质

1. 硫酸钾（K_2SO_4）

纯品的外观为白色粉末或结晶，作为农用肥料的硫酸钾多为白色或浅黄色粉末。纯品硫酸钾含钾（K_2O）54.1%。肥料硫酸钾含钾（K_2O）50%～52%，含硫（S）18%，较易溶解于水，但溶解度稍小，20℃时每100mL水可溶解11.1g，吸湿性小，不结块，物理性状良好，水溶液呈中性，属生理酸性肥料。

2. 氯化钾（KCl）

纯品的外观为白色结晶，作为肥料用的氯化钾常为紫红色或浅黄色或白色粉末，这与生产时不同来源的矿物颜色有关。氯化钾含钾（K_2O）50%～60%，含氯（Cl）47%，易溶于水，20℃时每100mL水可溶解34.4g，吸湿性小，水溶液呈中性，属生理酸性肥料。在无土栽培中也可作为钾源来使用，但用得较少，主要是由于氯化钾含有较多的氯离子（Cl^-），对于马铃薯、甜菜等"忌氯作物"的产量和品质有不良的影响。

3. 磷酸二氢钾（KH_2PO_4）

见上述"（二）含磷营养物质"部分。

（四）中、微量元素肥料及其他辅助物质

1. 硫酸镁（$MgSO_4 \cdot 7H_2O$）

外观为白色结晶，含镁（Mg）9.86%，含硫（S）13%，易溶于水，20℃时每100mL水可溶解35.5g。稍有吸湿性，吸湿后会结块。水溶液为中性，属生理酸性肥料，它是无土栽培中最常用的镁源。

2. 氯化钙（$CaCl_2$）

外观为白色粉末或结晶，含钙（Ca）36%，含氯（Cl）64%，吸湿性强，易溶于水，水溶液呈中性，属生理酸性肥料，在无土栽培中作为钙源用得较少，主要用于作物钙营养不足时叶面喷施使用，也可用于不用硝酸钙作为钙源的配方中。不宜在"忌氯作物"上使用，其他作物上使用时也要慎重。

3. 硫酸钙（$CaSO_4 \cdot 2H_2O$）

硫酸钙又称石膏，外观为白色粉末状，含钙（Ca）23.28%，含硫（S）18.62%。它由石膏矿粉碎或加热制成。农用石膏有生石膏（$CaSO_4 \cdot 2H_2O$）、熟石膏（$CaSO_4 \cdot 1/2H_2O$）和含磷石膏（$CaSO_4 \cdot 2H_2O$）3种。硫酸钙的溶解度很低，20℃时每100mL水只能溶解0.204g。水溶液呈中性，属生理酸性肥料，在水培中营养液配制时大多不使用，有极个别的配方中可能使用硫酸钙作为钙盐，一般在基质栽培中可混入基质中作为钙源的补充。

4. 硫酸亚铁（$FeSO_4 \cdot 7H_2O$）

硫酸亚铁又称黑矾、绿矾。外观为浅绿色或蓝绿色结晶，含铁（Fe）19%~20%，含硫（S）11.5%，易溶于水，有一定的吸湿性。硫酸亚铁的性质不稳定，极易被空气中的氧氧化为棕红色的硫酸铁，特别是在高温和光照强烈的条件下更易被氧化，因此须将硫酸亚铁放置于不透光的密闭容器中，并置于阴凉处存放。硫酸亚铁是工业的副产品，来源广泛，价格便宜，是无土栽培中良好的铁源。但由于硫酸亚铁在营养液中易被氧化和与其他化合物（特别是磷酸盐）形成难溶性磷酸铁沉淀，因此，现在的大多数营养液配方中都不直接使用硫酸亚铁作为铁源，而是采用络合铁或硫酸亚铁与络合剂（如EDTA或DTPA等）先行络合之后才使用，以保证其在营养液中维持较长时间的有效性。同时，还要注意营养液的pH值不宜过高（>7.50），应保持在pH值7.00以下，否则也会因高pH值而产生沉淀，导致铁有效性的降低。如果发现硫酸亚铁被严重氧化、外观颜色变为棕红色时则不宜使用。

5. 三氯化铁（$FeCl_3 \cdot 6H_2O$）

外观为深黄色结晶，含铁（Fe）20.66%，含氯（Cl）65.5%，易溶于水，吸湿性强，易结块。作物对三价Fe^{3+}的利用率较低，而且营养液的pH值较高时三氯化铁易产生沉淀而降低其有效性。现较少单独使用三氯化铁作为营养液的铁源。

6. 络合剂

也称螯合剂，即凡是两个或两个以上含有孤对电子的分子或离子（即配位体）与具有空的价电子层轨道的中心离子相结合的单元结构的物质，同时具有一个成盐基团和一个成络基团与金属阳离子作用，除了有成盐作用之外还有成络作用的环状化合物称为螯合物。

为了解决在无土栽培营养液中铁源的沉淀或氧化失效的问题，常将二价的Fe^{2+}与络合剂作用形成稳定性较好的铁络合物来使用于营养液中，也可用于叶面喷施及混入固体基质中。螯合铁作为营养液的铁源不易被其他阳离子所代替，不易产生沉淀，即使营养液的pH值较高，仍可保持较高的有效性，而且易被作物吸收。

除了铁之外，其他的多价阳离子都可与络合剂形成螯合物，但不同阳离子和不同络合剂形成螯合物的能力不一样，其稳定性也不同。不同金属阳离子形成的螯合物的稳定性以下列顺序递增：$Mg^{2+} < Ca^{2+} < Mn^{2+} < Fe^{2+} < Zn^{2+} < Cu^{2+} < Fe^{3+}$。

常见的络合剂主要有以下几种。

（1）EDTA。乙二胺四乙酸，分子式为$(CH_2N)_2(CH_2COOH)_4$，分子量为292.25，外观为白色粉末，在水中的溶解度很小。一般用的是乙二胺四乙酸二钠盐〔EDTA-2Na，$(NaOOCCH_2)_2NCH_2N(CH_2COOH)_2 \cdot 2H_2O$〕，分子量为372.42，外观为白色粉末状。它与硫酸亚铁作用可形成乙二胺四乙酸二钠铁（EDTA-2NaFe），由于其价格相对较便宜，因此它是目前无土栽培中最常用的络合剂。

（2）DTPA。二乙酸三胺五乙酸，分子式为$HOOCCH_2N[CH_2CH_2N(CH_2COOH)_2]_2$，分子量为393.20，外观为白色结晶，微溶于冷水，易溶于热水和碱性溶液中。

（3）CDTA。1，2-环己二胺四乙酸，分子式为$(HOOCCH_2)_2NCH(CH_2)_4HCN(CH_2COOH)_2$，分子量为346.34，外观为白色粉末状，难溶于水，易溶于碱性溶液中。

（4）EDDHA。乙二胺N，N'双（邻羟苯基乙酸），分子式为$(CH_2N)_2(OHC_6H_4CH_2COOH)_2$，分子量为360，外观为白色粉末状，溶解度小。

（5）HEEDTA。羟乙基乙二胺三乙酸，分子式为$(HOOCCH_2)_2NCH_2CH_2N(CH_2CH_2OH)CH_2COOH$，分子量为278.26，外观为白色粉末状，冷水中的溶解度小，易溶于热水及碱性溶液中。

在无土栽培中最常用的是铁与络合剂形成螯合物来使用，而其他的金属离子如Mn、Zn、Cu等在营养液中的有效性一般较高，很少使用这些金属离子与络合剂形成的螯合物。

7. 螯合铁

上述的几种络合剂都可以与铁盐形成螯合铁，但无土栽培中较常用的是乙二胺四乙酸二钠铁（EDTA-2NaFe），分子量为390，含铁（Fe）14.32%，外观为土黄色粉末，易溶于水。有时也用乙二胺四乙酸一钠铁（EDTA-NaFe）。

8. 硼酸（H_3BO_3）

外观为白色结晶，分子量为61.83，含硼（B）17.5%，冷水中的溶解度较低，20℃时每100mL水溶解5g，热水中较易溶解，水溶液呈微酸性，是无土栽培营养液中良好的硼源。

9. 硼砂（$Na_2B_4O_7 \cdot 10H_2O$）

外观为白色或无色结晶，分子量为381.37，含硼（B）11.34%。在干燥的条件下硼砂失去结晶水而变成白色粉末状，易溶于水，是营养液中硼的良好来源。

10. 硫酸锰（$MnSO_4 \cdot 4H_2O$或$MnSO_4 \cdot H_2O$）

外观上为粉红色结晶，四水硫酸锰分子量为223.06，含锰（Mn）24.63%；一水硫酸锰分子量为169.01，含锰（Mn）32.51%。它们都易溶解于水中。

11. 硫酸锌（$ZnSO_4 \cdot 7H_2O$）

俗称皓矾，为无色斜方晶体，分子量为287.55，易溶于水，20℃时每100mL水溶解54.4g。在干燥的环境下会失去结晶水而变成白色粉末。含锌（Zn）22.74%，它是无土栽培重要的锌营养来源。

12. 氯化锌（$ZnCl_2$）

外观为白色结晶，分子量为174.51，纯品含锌（Zn）37.45%，易溶于水，20℃时每100mL水溶解367.3g。由于溶解在水中会水解而生成白色氢氧化锌沉淀，故在无土栽培中较少用作锌源。

13. 硫酸铜（$CuSO_4 \cdot 5H_2O$）

外观为蓝色结晶，分子量为249.69，含铜（Cu）25.45%，含硫（S）12.84%，易溶于水，20℃时每100mL水溶解20.7g，它是无土栽培良好的铜营养来源。

14. 氯化铜（$CuCl_2 \cdot 2H_2O$）

外观为蓝绿色结晶，分子量为170.48，含铜（Cu）37.28%，易溶于水，20℃时每100mL水溶解72.7g。

三、营养液浓度的表示方法和计算

用以表示营养液浓度的方法很多，常用的主要有以下两类表示方法。

（一）直接表示法

在一定重量或一定体积的营养液中，所含有的营养元素或化合物的量来表示营养液浓度的方法统称为直接表示法。在无土栽培的营养液配制中最常用的是用一定体积的营养液含有营养元素或化合物的数量来表示其浓度。

1. 化合物重量/升（g/L，mg/L）

即每升营养液中含有某种化合物重量的多少，常用克/升（g/L）或毫克/升（mg/L）来表示。例如，一个配方中$Ca(NO_3)_2 \cdot 4H_2O$、KNO_3、KH_2PO_4和$MgSO_4 \cdot 7H_2O$的浓度分别为590mg/L、404mg/L、136mg/L和246mg/L，即表示按这个配方配制的营养液中，每升营养液含有$Ca(NO_3)_2 \cdot 4H_2O$、KNO_3、KH_2PO_4和$MgSO_4 \cdot 7H_2O$分别为590mg、404mg、136mg和246mg。

由于在配制营养液的具体操作时是以这种浓度表示法来进行化合物称量的，因此，这种营养液浓度的表示法又称工作浓度或操作浓度。

2. 元素重量/升（g/L，mg/L）

指在每升营养液中某种营养元素重量的多少，常用克/升（g/L）或毫克/升（mg/L）来表示。例如，一个配方中营养元素N、P、K的含量分别为150mg/L、80mg/L和170mg/L，即表示这一配方中每升含有营养元素氮150mg、磷80mg和钾170mg。

用这种单位体积中营养元素重量表示营养液浓度的方法在营养液配制时不能够直接应用，因为实际称量时不能够称取某种元素，因此，要把单位体积中某种营养元素含量换算成为某种营养化合物才能称量。在换算时首先要确定提供这种元素的化合物形态究竟是什么，然后才将提供这种元素的化合物所含该元素的百分数来除以这种元素的含量。例如，某一配方中K的含量为160mg/L，而此时的钾是由硝酸钾来提供的，查表或计算可知硝酸钾含K量为38.67%，则该配方中提供160mg K所需要KNO_3的数量=160mg÷38.67%=413.76mg，也即要提供160mg的K需要有413.76mg的KNO_3。

用单位体积元素重量来表示的营养液浓度虽然不能够作为直接配制营养液来操作使用，但它可以作为不同的营养液配方之间浓度的比较。因为不同的营养液配方提供一种营养元素可能会用到不同的化合物，而不同的化合物中含有某种营养元素的百分数是不相同的，单纯从营养液配方中化合物的数量难以真正了解究竟哪个配方的某种营养元素的含量较高，哪个配方的含量较低。这时就可以将配方中的不同化合物的含量转化为某种元素的含量来进行比较。例如，一个配方的氮源是以$Ca(NO_3)_2 \cdot 4H_2O$ 1.0g/L来提供的，而另一配方的氮源是以NH_4NO_3 0.4g/L来提供的。单纯从化合物含量来看，前一配方的含量比后一配方的多了1.5倍，不能够比较这两种配方氮含量的高低。经过换算后可知1.0g/L $Ca(NO_3)_2 \cdot 4H_2O$提供的N为118.7mg/L，而0.4g/L NH_4NO_3提供的N为140mg/L，这样就可以清楚地看出后一配方的N含量要比前一配方的高。

3. 摩尔/升（mol/L）

指在每升营养液中某种物质的摩尔数（mol）。而某种物质可以是化合物（分子），也可以是离子或元素。每一摩尔某种物质的数量相当于这种物质的分子量、离子量或原子量，其质量单位为克（g）。例如，1mol的钾元素（K）相当于39.1g，1mol的钾离子（K^+）相当于39.1g，1mol的硝酸钾（KNO_3）相当于101.1g。

由于无土栽培营养液的浓度较低，因此，常用毫摩尔/升（mmol/L）来表示。1mol/L=1 000mmo/L。

在配制营养液的操作过程中，不能够以毫摩尔/升来称量，需要经过换算成重量/升后才能称量配制。换算时将每升营养液中某种物质的摩尔数（mol）与该物质的分子量、离子量或原子量相乘，即可得知该物质的用量。例如，2mol/L的KNO_3相当于KNO_3的重量=2mol/L×101.1g/mol=202.2g/L。

（二）间接表示法

1. 电导率（Electric Conductivity，EC）

由于配制营养液所用的原料大多数为无机盐类，而这些无机盐类多为强电解质，在水中电离为带有正负电荷的离子，因此，营养液具有导电作用。其导电能力的大小用电导率来表示。电导率是指单位距离的溶液其导电能力的大小。它通常以毫西门子/厘米（ms/cm）或微西门子/厘米（μs/cm）来表示［以前用毫姆欧/厘米（mΩ/cm）或微姆欧/厘米（μΩ/cm）来表示，现已不用此单位］。

因为作为配制营养液的盐类溶解于水后而电离为带正负电荷的离子，因此，营养液的浓度又称为盐度或离子浓度。营养液中的盐度不同，其导电性也不相同。在一定浓度范围之内，营养液的电导率随着浓度的提高而增加；反之，营养液浓度较低时，其电导率也降低。因此，通过测定营养液中的电导率可以反映其盐类含量，也即可以反映营养液的浓度。

通过测定营养液的电导率只能够反映其总的盐分含量，不能够反映出营养液中个别无机盐类的盐分含量。当种植作物时间较长之后，由于根系分泌物、根系生长过程脱落的外层细胞以及部分根系死亡之后在营养液中腐烂分解和在硬水条件下钙、镁、硫等元素的累积也可提高营养液的电导率，此时通过电导率仪测定所得的电导率值并不能够反映营养液中实际的盐分含量。为解决这个问题，应对使用时间较长的营养液进行个别营养元素含量的测定，一般在生产中可每隔1个半月或2个月左右测定一次大量元素的含量，而微量元素含量一般不进行测定。如果发现养分含量太高，或者电导率值很高而实际养分含量较低的情况，应更换营养液，以确保生产的顺利进行。

在无土栽培生产中为了方便营养液的管理，应根据所选用的营养液配方为1.0个剂量，并以此为基础浓度（S），然后以一定的浓度梯度差（如每相距0.1或0.2个剂量）来配制一系列浓度梯度差的营养液，并用电导率仪测定每一个级差浓度的电导率值。由于营养液浓度（S）与电导率值（EC）之间存在着正相关关系，这种正相关关系可用线性回归方程来表示。

$$EC=a+bS \quad （a、b为直线回归系数）$$

例如，山崎（1987）用园试配方的不同浓度梯度差所配制的营养液的电导率值见表3-2。从表3-2中的数据可以计算出电导率与营养液浓度之间的线性回归方程为：

$$EC=0.279+2.12S \quad [r_{(10)}=0.999\,4]$$

表3-2 园试配方各浓度梯度差的营养液电导率值

浓度梯度（S）	测得的电导率（EC）	各浓度级差大量元素含量（mg/L）
2.0	4.465	4.80
1.8	4.030	4.32
1.6	3.685	3.84
1.4	3.275	3.36
1.2	2.865	2.88
1.0	2.435	2.40
0.8	2.000	1.92
0.6	1.575	1.44
0.4	1.105	0.96
0.2	0.628	0.48

通过实际测定得到某个营养液配方的电导率值与浓度之间的线性回归方程之后，就可在作物生长过程中，测定出营养液的电导率值，并利用此回归方程来计算出营养液的浓度，依此判断营养液浓度的高低来决定是否需要补充养分。

上述的园试配方如果确定为1.0个剂量的浓度来种植作物，在生产中把需要补充的浓度下限定为0.4个剂量，而且每次补充营养时都将营养液浓度补充到1.0个剂量。如果在作物某个生长时期测定营养液的电导率值为0.65ms/cm，经代入上述回归方程计算：

$$S=\frac{0.660-0.279}{2.12}=0.18<0.40$$

由此可知，此时的营养液浓度只有0.18个剂量，低于营养补充的浓度下限0.40个剂量，因此需补充营养。而营养补充的多少剂量可将原先确定需要补充恢复的浓度与实际所测定的浓度之间的差值来计算。这样计算出来的只是需补充的剂量水平，还要通过计算营养液配方中的各种化合物的实际用量来补充。具体计算方法：分别计算出单位体积（L）补充营养恢复的浓度和实际测定当时营养液浓度各种化合物的用量，计算出这两个浓度水平下各种化合物用量的差值，然后根据种植系统中营养液的体积来具体算出各种化合物用量（表3-3）。

表3-3　园试配方各营养化合物补充量的计算

化合物	A：补充恢复营养液剂量（1.0）养分用量（g/L）	B：实际测得剂量（0.18）下的养分存有量[1]（g/L）	C：单位体积养分的补充量[2]（g/L）	整个种植系统中养分的补充量[3]（g，1 000L为例）
$Ca(NO_3)_2 \cdot 4H_2O$	0.945	0.170	0.775	775
KNO_3	0.809	0.146	0.663	663
$NH_4H_2PO_4$	0.153	0.030	0.150	150
$MgSO_4 \cdot 7H_2O$	0.493	0.090	0.484	484

注：①实际测定剂量（0.18）的营养液的养分存有量=配方中各化合物用量×实际测定的剂量（0.18）

②单位体积养分补充量$C=A-B$

③整个种植系统养分补充量=C（g/L）×整个种植系统营养液的体积（L）

　　由于营养液配方不同，其所含的各种营养物质的种类和数量也不一样，这些都会影响营养液的电导率值的差异。因此，各地要根据当地选定配方和水质的情况，实际配制不同浓度梯度水平的营养液来测定其电导率值，以建立能够真实反映情况、较为准确的营养液浓度和电导率值之间的线性回归关系。

　　在无土栽培生产中，由于作物品种、生育期、栽培季节和水质、肥料原料纯度等的不同，会使得营养液的电导率也不相同。某种作物适宜的电导率水平，应根据当地的情况经试验后才能够确定，不同作物、不同栽培季节甚至同一作物不同的生育期也不尽相同，没有一个统一的标准。一般地，在作物生长前期和在作物蒸腾量较大的夏、秋季节，营养液浓度可较低一些，一般控制在电导率不超过3ms/cm；而在生长盛期、营养液吸收量最大的时期，电导率也尽量不要超过5～6ms/cm，否则可能造成营养液浓度过高而对作物产生伤害。

　　可根据下列经验公式，利用测定的电导率值来估计营养液中总盐分浓度：

　　营养液总盐分浓度（g/L）=1.0×EC（ms/cm）

　　式中的1.0是多次测定总盐分浓度与营养液电导率值之间相互关系的近似值。如果要准确地了解某一配方浓度与电导率值之间的关系，还得经过实际测定才行。

　　营养液的电导率值与其渗透压之间也可用一个经验公式来表示：

　　渗透压（P，atm）=0.36×EC（ms/cm）

2. 渗透压（Osmosis）

渗透压是指半透性膜（水等分子较小的物质可自由通过而溶质等分子较大的物质不能透过的膜）阻隔的两种浓度不同的溶液，当水从浓度低的溶液经过半透性膜而进入浓度高的溶液时所产生的压力。浓度越高，渗透压越大。因此，可以利用渗透压来反映溶液的浓度。

植物根细胞的原生质膜为半透性的。根系生长在介质中，当营养液的浓度低于根细胞内溶液的浓度时，营养液的水可透过根细胞的原生质膜而进入根细胞；相反，当营养液浓度高于根细胞内的溶液浓度时，根细胞中的水反而会通过原生质膜而渗透到营养液中，这个过程即为生理失水。生理失水严重时植物会出现萎蔫甚至缺水死亡。因此，渗透压可以作为反映营养液浓度是否适宜作物生长的重要指标。

渗透压的单位用帕（Pa）表示，它与大气压（atm）的关系为：

$$1atm=101\ 325Pa$$

渗透压的测定可用冰点下降法、蒸汽压法和渗透计法等来进行，但测定的方法很繁琐，不易进行，一般可用下列的范特荷甫（Van't Hof）稀溶液渗透压定律的溶液渗透压计算公式来进行理论计算：

$$P = C \times 0.022\ 4 \times \frac{273+t}{273}$$

式中：P——溶液的渗透压，以大气压（atm）为单位；

C——溶液的浓度，以溶液中所有的正负离子的总浓度来表示，以每升毫摩尔（mmol/L）为单位；

t——溶液的液温（℃）；

0.022 4——范特荷甫常数；

273——绝对温度。

表3-4为华南农业大学番茄配方1个剂量时的各种化合物用量及各种正负离子的浓度。从表3-4中可知该营养液配方的正负离子合计的总浓度为19.5mmo/L，假定是在25℃时使用该营养液，可通过代入上式计算得到其渗透压值：

$$P = 19.5 \times 0.022\ 4 \times \frac{273+25}{273} = 0.476\ 8$$

表3-4　华南农业大学番茄配方1个剂量的化合物及离子浓度

化合物	化合物浓度（mg/L）	各离子浓度（mmol/L）	离子浓度小计（mmol/L）
$Ca(NO_3)_2 \cdot 4H_2O$	594	Ca^+: 2.5, NO_3^-: 5.0	7.5
KNO_3	404	K^+: 4.0, NO_3^-: 4.0	8.0
KH_2PO_4	136	K^+: 1.0, $H_2PO_4^-$: 1.0	2.0

（续表）

化合物	化合物浓度（mg/L）	各离子浓度（mmol/L）	离子浓度小计（mmol/L）
$MgSO_4 \cdot 7H_2O$	246	Mg^{2+}：1.0，SO_4^{2-}：1.0	2.0
合计			19.5

对已知各种溶质物质及浓度的溶液可以采用上述方法来进行溶液渗透压的理论计算。如果溶液的浓度是未知的，如种植一段时间之后的营养液，由于营养液中的化合物被植物吸收之后而使其浓度成为未知数，则不能够用公式计算出其渗透压。但可以通过测定营养液的电导率值，利用电导率值与渗透压之间的经验公式来计算其渗透压。

四、营养液的配方组成

营养液配方组成和浓度控制是无土栽培生产中的重要技术环节，它不仅直接影响到作物的生长，而且也涉及经济而有效地利用养分的问题。尽管目前无土栽培所用的营养液配方繁多，而且有许多配方是经过多年实践证明是很好的配方，但是还是要很好地掌握营养液的配方组成和浓度控制这一基本技术，以便根据当地的种植作物、水源、肥源和气候条件等具体情况而进行有针对性的配方组成和浓度的调整，这对灵活掌握和提高无土栽培技术，推动这一技术水平迈向一个新台阶，将是十分重要的。

（一）营养液配方组成的原则

一种均衡的营养液配方其组成要遵循以下六个原则。

（1）配方中必须含有植物生长所需的所有营养元素。营养液是无土栽培植物矿质营养的主要来源，在某些基质栽培中除了基质供应少量的营养之外，其营养来源主要是由营养液提供的；而在水培中更是唯一的营养来源（除了少量由水源带来的营养物质之外）。现已明确的植物必需的16种营养元素中，除了碳、氢和氧是由空气和水提供之外，其余的氮、磷、钾、钙、镁、硫、铁、锰、锌、铜、钼、硼和氯这13种营养元素是由矿质营养来提供的。有些微量元素由于植物的需要量很微小，在水源、固体基质或肥料中已含有植物所需的数量，因此有时也不再另外加入。

（2）营养液配方中的各种化合物都必须是植物可以吸收的形态，也即这些化合物在水中要有较好的溶解性，同时能够被植物有效地吸收利用。一般选用的化合物大多为无机盐类，只有少数为增加某些元素有效性而加入的络合剂是有机物。某些营养液配方也选用一些其他的有机化合物，例如用酰胺态氮尿素作为氮源。不能被植物直接吸收利用的有机肥不宜作为营养液的肥源。

（3）营养液配方中的各种营养元素的数量和比例应是适宜植物正常生长所要求的，而且是生理均衡的，可保证各种营养元素有效性的充分发挥和植物吸收的平衡。在进行营养液配方组配时，一般在保证植物必需营养元素品种齐全的前提下，所用的肥料种类应尽可能地少，以防止化合物带入植物不需要或过剩的伴随离子或其他杂质。

（4）营养液配方中的各种化合物在种植过程中应在营养液中较长时间地保持其有效性。不会由于营养液中空气的氧化、根系的吸收以及离子间的相互作用而使其有效性在短时间内降低。

（5）营养液配方中的各种化合物的总浓度（盐分浓度）应是适宜植物正常生长要求的。不会由于浓度太低而产生植物的缺肥，也不会由于浓度太高而产生对植物的盐害。

（6）营养液配方中的所有化合物在植物生长过程中由于根系的选择吸收而表现出来的营养液总体生理酸碱反应是较为平稳的。在一个营养液配方中可能有某些化合物表现出生理酸性或生理碱性，有时甚至其生理酸碱性表现得较强，但作为一个营养液配方中所有化合物的总体表现出来的生理酸碱性应比较平稳。

（二）营养液配方的浓度要求

1. 营养液配方的盐分总浓度要求

作物种类不同，同作物的不同品种甚至同一株植物不同生长时期对营养液的总盐分浓度的要求也不相同。一般地，控制营养液的总盐分浓度在4‰以下，对大多数作物来说都可以较正常地生长，但不同作物对营养液的总浓度要求还是有较大差异的（表3-5）。如果营养液的总盐分浓度在4‰以上，有些植物就会表现出不同程度的盐害。因此，在确定营养液配方的总浓度时要考虑到植物的耐盐程度的不同而定。当然，在确定营养液的总盐分浓度时还要考虑到在较高浓度时是否会形成溶解度较低的难溶性化合物的沉淀。

表3-5 不同植物对营养液总浓度的要求

总浓度（‰）	1.0	1.5～2.0	2.0	2.0～3.0	3.0
适宜种植的植物	杜鹃花	鸢尾	昙花	甜瓜	番茄
	仙人掌	水仙	葱头	黄瓜	芹菜
	蕨类植物	仙客来	胡萝卜	一品红	甘蓝
	胡椒	百合	草莓	康乃馨	
		非洲菊	花叶芋	文竹	
		郁金香	唐菖蒲		
		芥菜			

2. 配方中营养元素的用量和比例的确定

在进行营养液配方确定时，除了首先明确种植某种作物时的总浓度之外，还需要根据所要确定的配方对植物的生理平衡性及营养元素之间的化学平衡性来确定配方中各种营养元素的比例和浓度，只有确定之后才可以最终确定一个平衡的营养液配方。

（1）营养液配方的生理平衡性。由于植物根系对营养元素的选择性吸收，使得正常生长在均衡的营养液中的植物一生所吸收的营养元素的数量和比例在一个较小的范围内变动，当营养液中的营养元素的比例和浓度产生变化时，植物吸收的数量和比例也会产生一些变化，有些以被动吸收为主的营养元素形态如$NO_3^- - N$，可能会在一个较大范围之内随营养液中浓度的增加而增加。如果营养元素之间的比例和浓度超过植物正常生长所要求的范围，有可能会影响到其生长。

影响营养液生理平衡的因素主要是营养元素之间的相互作用。营养元素的相互作用分为两种，一是协助作用，即营养液中某种营养元素的存在可以促进植物对另一种营养元素的吸收；二是拮抗作用，即营养液中某种营养元素的存在会抑制植物对另一种营养元素的吸收，从而使植物对某一种营养元素的吸收量减少以致出现生理失调的症状。

营养液中含有植物生长所需的所有必需营养元素，这些营养元素是以不同的形态存在于营养液之中，因此这些不同形态的营养元素之间的相互关系就表现得很复杂。例如，营养液中的Ca^{2+}、Mg^{2+}离子能够促进K^+的吸收，阴离子如NO_3^-、$H_2PO_4^-$和SO_4^{2-}能够促进K^+、Ca^{2+}、Mg^{2+}等阳离子的吸收；但同时也存在着Ca^{2+}离子对Mg^{2+}离子吸收的拮抗作用，NH_4^+、H^+、K^+会抑制植物对Ca^{2+}、Mg^{2+}、Fe^{2+}等的吸收，特别是H^+对Ca^{2+}吸收的抑制作用特别明显，如在酸度较低时（pH值较低，即H^+浓度较高），常会出现Ca^{2+}的吸收受阻而出现缺钙的生理失调症状。而阴离子如$H_2PO_4^-$、NO_3^-和Cl^-之间也存在着不同程度的拮抗作用。

Steiner（1961）以生菜和番茄为供试作物进行了营养液中不同离子比例对作物生长影响的试验。他把营养液的总离子浓度设为一定值，把阳离子中的K^+、Ca^{2+}、Mg^{2+}的比例以及阴离子中的NO_3^-、$H_2PO_4^-$、SO_4^{2-}的比例以多种组合来配制营养液。这两类离子中的3种离子比例分别以2个等边三角形来表示，三角形的每一顶点代表着某种离子含量为100%，而相应的其他离子的含量为0。当阴离子的比例为NO_3^-：$H_2PO_4^-$：SO_4^{2-}=60：5：35（图3-1左），阳离子比例为K^+：Ca^{2+}：Mg^{2+}=45：35：20（图3-1右）时，作物可生长得较好。当把这两个三角形重叠为一个时（图3-2），则可发现营养液中的阳离子之间和阴离子之间的比例在相当宽的范围内作物都可较好地生长。

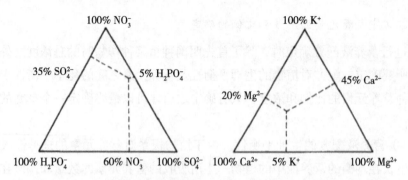

图3-1　Steiner通用营养液中阴离子（左）、阳离子（右）的相互比率
（来源：刘士哲，2001）

Steiner以阴离子设3种处理，而阳离子中Mg^{2+}比例一定，设3种K^+：Ca^{2+}处理或K^+：Ca^{2+}一定，而（K^++Ca^{2+}）：Mg^{2+}设5种处理（图3-3）。在图3-2、图3-3中两点S分别表Steiner最后确定的通用营养液配方中的阴离子间的比例和阳离子间的比例。而这些处理的总浓度控制在90.7atm。他在试验中用化学分析方法研究植物体内阴离子间和阳离子间的比例，发现它们与营养液中的比例有很大差异，这主要是由于植物有很强的选择吸收能力所致。

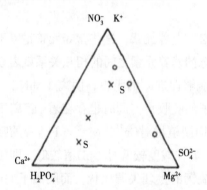

图中S表示的2点为Steiner通用
营养液的组成，全部组合的
总浓度控制在90.7atm

图3-2　Steiner通用营养液中阳离子
（o）与阴离子（×）的相互比率

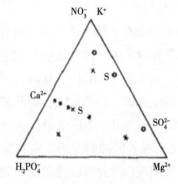

o阴离子的相互关系；×为K^+和Ca^{2+}
间的相互比率，Mg^{2+}为常数；
*（K^++Ca^{2+}）和Mg^{2+}间的相互比
率；K^+：Ca^{2+}为一常数

图3-3　Steiner通用营养液中
阴离子之间的关系

（来源：刘士哲，2001）

Steiner以总离子浓度为0.48atm、0.72atm、1.08atm、1.62atm和0.18atm、0.36atm、0.72atm和108atm的营养液分别种植生菜和番茄。为了防止在栽培过程中由于植物吸收而造成营养液中组分的急剧变化，每个试验区都加入大量的营养液（生菜用15L/株，番茄用35L/株），并且在试验过程中随时监测营养液的成分，如某种成分降低，就及时补充，以保证在试验过程中离子间的比例保持在一个较为恒定的水平。通过分析植株的吸收比例发现，尽管处理中阴离子和阳离子间的比例变动较大，但生菜吸收阴离子间的比例始终在一定较小的范围内变化。例如，不管营养液中NO_3^-占阴离子的15%或70%，也不管Mg^{2+}占阳离子量的64%或是营养液总离子浓度为0.48~1.62atm，生菜吸收阴离子间NO_3^-：$H_2PO_4^-$：SO_4^{2-}的比例则相对固定。番茄的试验结果也类似。

　　植物对阳离子的吸收也有相似的趋势。当营养液中K^+、Mg^{2+}的比例正常，则被吸收的阳离子比例限制在一个较小的范围内，但当这些离子比例差异大，番茄和生菜都以较高的比例吸收这些离子，差别不是很大。总离子浓度不同，对生菜吸收阳离子比例没有影响。而番茄营养液总浓度不同，被吸收的阳离子比例主要是受到K^+/Ca^{2+}的影响，也就是说，当总离子浓度从0.18atm升高至1.08atm时，则所吸收的阳离子中K^+的量从39%增加到49%，而Ca^{2+}则从35%下降到28%。

　　生菜和番茄在选择吸收阴、阳离子的比例上方向相反，这可能是作物种类不同，其吸收特性不同所致，也可能是受其他环境因素的影响。但从产量上来看，即使营养液中阳离子间和阴离子间的比例有较大的差异，但对产量没有过多的影响。例如生菜除了在低浓度的0.48atm的总离子浓度下，产量低于9%之外，其他处理的产量没有影响，而对番茄来说，除了营养液中NO_3^-或K^+的比例很高的情况下，产量稍低外，其他处理的产量差异不大。

　　由于植物种类不同，对离子的吸收特性也有差异，它有一个较宽的阳离子间和阴离子间的吸收比例范围，即通常所说的植物最适的离子吸收比例。它可用图3-4表示。图中的虚线表示植物对该元素能用最适比例吸收的生理界限，超过此界限则表示离子间的平衡就被破坏，植物就不能按固定的比例吸收；而实线则表示某种离子可存在于营养液中的浓度界限，超过此范围，离子就会产生难溶性盐的沉淀。例如，在总离子浓度为0.7atm和pH=6.5的条件下，SO_4^{2-}的实线［P（$CaSO_4$）线］就是Ca^{2+}的沉淀界限，即会形成$CaSO_4$沉淀。

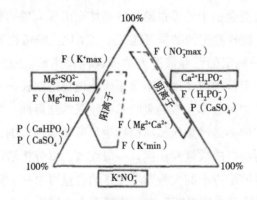

P：沉淀极限　F：生理极限

图3-4　渗透压0.7atm和pH=6.5时离子间摩尔比例的限制

（来源：刘士哲，2001）

图3-4的阳离子和阴离子的生理界限和沉淀界限（即图中三角形内虚、实线的框）会随植物种类、营养液总离子浓度和pH值的不同而改变。例如在0.5atm的总离子浓度时，Ca^{2+}和SO_4^{2-}的上限会提高，最适范围变宽；反之，如果总离子浓度升高至1.0atm，Ca^{2+}和SO_4^{2-}的上限则会降低，最适范围变窄。沉淀界限也是如此，如Ca^{2+}的沉淀界限［$P(CaSO_4)$线］还受pH值的影响。不同pH值影响到磷酸根在溶液中的存在形态，决定是否产生磷酸钙沉淀。

营养液中的营养元素究竟在何种比例之下或多高的浓度时会表现出相互之间的促进作用或拮抗作用呢？现在并没有明确的答案，也没有一个统一的标准或明确的数值。因为不同作物种类由于其长期生长的生态环境不同，形成了其遗传特性的差异，因此不可能确定一种千篇一律的比例和浓度。要解决这个问题，可以通过分析正常生长的植物体内各种营养元素的含量及其比例，而这些结果的获得即是反映植物对外界营养元素供应的数量和比例的要求。霍格兰（Hoagland）和阿农（Arnon）在20世纪30年代就利用这种方法开展了许多深入的研究，并以此为基础确定了许多的营养液配方，这些配方经数十年的使用证明是行之有效的生理平衡配方。

在利用分析植物正常生长吸收营养元素的含量和比例来确定营养液配方时要注意以下3个方面问题。

①对生长正常的植物所进行化学分析的结果而确定的营养液配方是符合生理平衡要求的。这样确定的营养液配方不仅适用于某一种作物，而且可以适用于某一大类作物。但不同大类的作物之间的营养液配方可能有所不同，因此要根据作物大类的不同而选择其中有代表性的作物来进行营养元素含量和比例的化学分析，从而确定出适用于该类作物的营养液配方。

②由于种植季节、植物本身特性以及供应作物的营养元素的数量和形态等的不同，可能会影响到对植物的化学分析的结果，有时分析的结果可能还会有较大的不同。例如，硝态氮可能会由于外界供给量的增加而出现大量的奢侈吸收，导致植物体内含量大大增加，这样测定的结果可能并不真实地反映植物的实际需要量。

③通过化学分析确定的营养液配方中的各种营养元素的含量和比例并非严格固定的，它们可在一定范围内变动而不致于影响植物的生长，也不会产生生理失调的症状。这是因为植物对营养元素的吸收具有较强的选择性，只要营养液中的各种营养元素的含量和比例不是严重地偏离植物生长所要求的范围，植物基本上能够通过选择吸收其生理所需要的数量和比例。一般而言，以分析植物体内营养元素含量和比例所确定的营养液配方中的大量营养元素的含量可以在一定范围内变动，大约变幅在±30%仍可保持其生理平衡。在大规模无土栽培生产中，不能够随意变动原有配方中的营养元素含量，必须经过试验证明对植物生长没有太大的不良影响时方可以大规模地使用。除了确定正常生长的植株体内营养元素的含量之外，还需要了

解整个植物生命周期中吸收消耗的水分数量，这样才可以确定出营养液的总盐分浓度。以下介绍Amon和Hoagland通过化学分析植物体内营养元素含量以及山崎通过分析正常生长的植物从营养液中吸收各种养分和水分的数量来确定生理平衡营养液配方的两个例子，供参考。

例1：Amon-Hoagland以植株化学分析确定番茄营养液配方的方法（表3-6）。

表3-6　Amon-Hoagland以植株化学分析确定番茄营养液配方的步骤和方法

步骤	内容	营养元素						小计
		氮	磷	钾	钙	镁	硫	
1	正常生长的番茄每株一生吸收营养元素的数量（g/株）	14.79	3.68	23.06	7.10	2.84	1.80	53.27
2	步骤1的吸收量换算成毫摩尔数（mmol）	1 069.3						2 131.4
3	以毫摩尔数计，每种元素占有吸收总量的百分数（%）	50.17						100.00
4	确定出配方的总浓度为37mmol/L时各种营养元素的占有量（mmol）	18.56						37.00
5	确定配方中各种肥料的毫摩尔数 Ca（NO₃）₂·4H₂O　　　　3mmol KNO₃　　　　　　　　　10mmol NH₄H₂PO₄　　　　　　　2mmol MgSO₄·7H₂O　　　　　　2mmol	（mmol/L） NO_3^-: 6 NO_3^-: 10 NH_4^+: 2 —	 — — 2 —	 — 10 — —	 3 — — —	 — — — 2	 — — — 2	（mg/L） 708 1 011 230 493
6	合计　营养元素毫摩尔数（mmol/L）	18	2	10	3	2	2	37
	配方中肥料总量（mg/L）	—	—	—	—	—	—	2 442

步骤1：用化学分析的方法来确定正常生长的番茄植株一生中吸收各种营养元素的数量（微量元素的吸收量较少，因此，这里只考虑大量营养元素N、P、K、Ca、Mg、S的数量）。

步骤2：将分析所得的植株体内各种营养元素的数量（g/株）换算成毫摩尔数（mmol），以便确定配方的过程中进行计算。

步骤3：计算出每一种营养元素吸收的数量占植株吸收的所有营养元素总量的百分比。

步骤4：通过番茄吸收消耗的水量来确定出营养液适宜的总盐分浓度为37mmol，并根据每一种营养元素占所有营养元素吸收总量的百分比计算出每一种营养元素在此总盐分浓度下所占的数量（mmol）。

步骤5：选择合适的化合物作为肥源，按照每种营养元素所占的数量来计算出选定的每种化合物的用量，这是营养液配方确定最后，也是最关键的一步。为了减少某些盐类伴随离子的影响以及总盐分浓度的控制，要使营养液配方选用的化合物的种类应尽可能地少。而且提供某种营养元素的化合物的形态可能有多种，例如含氮的化合物有NH_4NO_3、KNO_3、$Ca(NO_3)_2$、NH_4Cl、$(NH_4)_2SO_4$、$NaNO_3$、$(NH_2)_2CO$等许多种，含磷的化合物有KH_2PO_4、K_2HPO_4、$NH_4H_2PO_4$、$(NH_4)_2HPO_4$、$Ca(H_2PO_4)_2$等多种，含钾的化合物有KNO_3、K_2SO_4、KCl、KH_2PO_4、KH_2PO_4等。究竟选用哪些化合物来作为配方中的肥源，这要考虑到许多方面的问题，如硝态氮和铵态氮这两种氮源的生理酸碱性问题，某种营养元素的盐类本身的伴随离子是否为植物生长无用的或吸收量很少的，选用的盐类是否有缓冲性能等。在这个营养液配方确定的例子中，选用$Ca(NO_3)_2 \cdot 4H_2O$、KNO_3、$NH_4H_2PO_4$和$MgSO_4 \cdot 7H_2O$这四种盐类来提供大量营养元素，一方面是这4种盐类的每一种都能够提供两种植物必需的营养元素，没有多余的伴随离子，在保证提供足够营养元素的同时，有利于降低营养液的总盐分浓度，这四种盐类中$Ca(NO_3)_2$和KNO_3均为生理碱性盐，它们提供的Ca^{2+}、K^+、NO_3^-离子都能够被植物吸收利用，因此营养液的生理碱性表现得不会过于剧烈。而且作为喜硝作物番茄来说，选用以硝态氮为配方中的主要氮源也是较为合适的。$NH_4H_2PO_4$是一种化学酸式盐，有一定的缓冲营养液酸碱变化的功能。它主要以提供磷源为主，而由$NH_4H_2PO_4$中NH_4^+所提供的氮的数量较少，只起到调节供氮量的作用。$MgSO_4 \cdot 7H_2O$是一种生理酸性盐，它能够同时提供Mg和S营养，但作物吸收S的数量比Mg少，这样会在营养液中累积一定量的S，但它的用量较少，一般不会对作物生长产生为害。选定这四种盐类作为肥源之后，就要确定其各自的用量。首先考虑的是提供一种营养元素的盐的数量，例如Ca只是由$Ca(NO_3)_2 \cdot 4H_2O$来提供的，而需要的Ca为3.08mmol/L，这时用3mmol/L $Ca(NO_3)_2 \cdot 4H_2O$来提供即可，同时带入了6mmol/L的NO_3^--N，这个用量虽然比植物所需的3.08mmol/L Ca低了0.08mmol/L，但只要取其最接近植物生长所需的而且比较方便的整数倍值即可。K的需要量为10.27mmol/L，用10mmo/L KNO_3来提供，同时也带入10mmol/L的NO_3^--N，这样由KNO_3和$Ca(NO_3)_2 \cdot 4H_2O$两种盐类带入的氮为16mmol/L的NO_3^--N，与植物需要的氮量18.56mmol/L少了2.56mmo/L。用$NH_4H_2PO_4$来提供P，植物需要的磷为2.06mmol/L，$NH_4H_2PO_4$加入量为2mmol/L即可，此时可带入2mmol/L的NH_4^+-N，与KNO_3和$Ca(NO_3)_2 \cdot 4H_2O$所带入的氮量的总和已达18mmol/L，与植物需要量18.56mmoL相差不多，可不需另外补充。用2mmol/L $MgSO_4 \cdot 7H_2O$来提供植物所需的Mg 2.05mmol/L，这时也带入2mmol/L的S，这要比植物需要的量（0.98mmol/L）多出将近1倍，但不能够降低整个$MgSO_4 \cdot 7H_2O$的用量来将就S的用量，因为植物吸收的Mg的量要比S多，如果降低硫的用量势必会造成Mg的缺乏。而经过种植实践证明，过多的S对植物生长并没有太大的危害性。

步骤6：将确定的各种盐类的用量从mmol/L转换为mg/L来表示，即为工作营养液浓度。

经过上述步骤确定出来的营养液配方只是大量营养元素的用量，而微量元素的用量并不包括进去。现在除了一些作物对某些微量元素用量有特殊需要外，一般的微量元素用量可采用较为通用的配方来提供。

例2：山崎肯哉根据植物吸收营养液中养分和水的比值来确定营养液配方的方法。

山崎肯哉认为，栽培植物环境条件的改变，会引起植物体内吸收各种营养元素的数量和比例的变化，因此依靠化学分析的结果往往会有很大差异。他还认为，正常生长的植物其吸水和吸肥的过程是同步的，即吸收一定量水的同时，也将这部分水中的营养元素同时吸收到体内。这样就可以通过测定植物生长过程中吸收水的数量来反映利用水培来种植植物时营养液中养分的变化情况，利用原先加入、未种植作物前的营养液中营养元素的数量与种植一段时间之后营养液中剩余的营养元素的数量之间的差值来确定出植物对各种营养元素的吸收量。实践证明这种方法是可行的。

以山崎肯哉确定黄瓜的营养液配方为例来说明这种确定营养液配方的方法和步骤（表3-7）。

表3-7 山崎肯哉以植物吸水和吸肥的关系确定黄瓜营养液配方的步骤和方法

步骤	内容	营养元素						吸肥量（g）与吸水量（L）的比值
		氮	磷	钾	钙	镁	硫	
1	正常生长的黄瓜每株一生吸收营养元素的数量（n值，mmol/株）	2 253.8	173.4	1 040.2	606.8	346.8	未测	53.27
2	每株黄瓜一生吸水量（w值）为173.36L时各营养元素的n/w值（mmol/L）	13.0	1.0	6.0	3.5	2.0	—	2 131.4
3	确定配方中各种肥料的用量 （mmol/L）							
	Ca（NO$_3$）$_2$·4H$_2$O　15mmol	NO$_3^-$：7.0	—		3.5	—	—	0.826
	KNO$_3$　6mmol	NO$_3^-$：6	—	6		—	—	0.606
	NH$_4$H$_2$PO$_4$　1mmol	NH$_4^+$：1	1			—	—	0.114
	MgSO$_4$·7H$_2$O　2mmol					2	2	0.492
4	合计　营养元素毫摩尔数（mmol/L）	14.0	1.0	6.0	3.5	2.0	2.0	28.5
5	配方肥料用量（g/L）							2.038

步骤1、步骤2：首先用一种目前较为良好的平衡营养液配方（所谓的通用配

方）来种植黄瓜，在正常生长的情况下，每隔一段时间（间隔1～2周）用化学分析方法测定营养液中各种大量营养元素的含量，同时测定植株的吸水量，直至种植结束时将植物吸收营养元素和水的数量累加，以此算出植物一生中营养元素的吸收量（n值，mmol表示）和吸水量（w值，L表示）的比值n/w值。在本例中，每株黄瓜一生的吸水量为173.36L，吸收的N、P、K、Ga、Mg的量分别为2 253.8mmol、173.4mmol、1 040.2mmol、606.8mmol和346.8mmol，这样可算得这几种营养元素的吸肥量与吸水量的比值（n/w）分别为13mmol/L、1mmol/L、6mmol/L、3.5mmol/L和2mmol/L（这些数值取近似值即可，不必十分准确）。

n/w值反映的是植物吸水量和吸肥量之间的相互关系，即吸收1L水时也就同时吸收了这升水中含有的各种营养元素的量。如上所述，黄瓜吸收1L水就吸收了13mmol的氮（N）、1mmol的磷（P）、6mmol的钾（K）、3.5mmol的钙（Ca）、2mmol的镁（Mg）。以n/w值来表示的植物吸收营养元素的量和吸水的关系实际上是一种浓度的意义，也即可以说n/w实际上就是反映植物生长过程需要的营养液的浓度。

步骤3、步骤4：选择合适的化合物作为肥源，并按分析测定的n/w值来确定其用量；在考虑选择合适的化合物作为肥源时也要像例1所提到的方法，尽量先用副成分少的化合物作为肥源。在确定各种营养元素化合物用量时首先满足的是只有提供一种养分的盐类的用量，例如Ca营养只由$Ca(NO_3)_2 \cdot 4H_2O$来提供，黄瓜要求的Ca为3.5mmo/L，这就要求$Ca(NO_3)_2 \cdot 4H_2O$的用量也要3.5mmol/L才能满足此要求，而且也带入7mmol/L的N（NO_3^--N）；再用KNO_3来提供K的需要量（6mmol/L），即KNO_3用量为6mmol/L，且此时KNO_3带入6mmol/L的N（NO_3^--N）；用$NH_4H_2PO_4$来提供黄瓜需要的1mmol/L的K，即$NH_4H_2PO_4$用量为1mmol/L，此时又带入1mmol/L的N（NH_4^+-N），这样由上述三种化合物带入的氮量为14mmol/L，比实际植物需要量的13mmol/L多了1mmol/L，由于植物对氮，特别是硝态氮有较多的奢侈吸收，因此多出的1mmol/L N对黄瓜的生长并无太大影响，实践证明也是如此。最后用$MgSO_4 \cdot 7H_2O$来提供植物需要的2mmol/L Mg，同时又带入2mmo/L的S。而山崎肯哉在确定此黄瓜配方时没有测定S的用量，因此没有S的n/w值。一般认为，在确定Mg用量时以$MgSO_4 \cdot 7H_2O$的形态加入所带入营养液的S对植物生长的影响不大。

步骤5：将确定的各种盐类的用量从mmol/L换算为g/L表示的工作浓度。

（2）营养液配方的化学平衡性。这里所指的营养液配方的化学平衡性问题主要是指营养液配方中的有些营养元素的化合物当其离子浓度达到一定的水平时就会相互作用而形成难溶性化合物而从营养液中析出，从而使得营养液中某些营养元素的有效性降低，以致影响到营养液中这些营养元素之间的相互平衡。

任何平衡的营养液配方中都含有植物所必需的16种营养元素，在这些营养元素之间，Ca^{2+}、Mg^{2+}、Fe^{2+}等阳离子和PO_4^{3-}、SO_4^{2-}、OH^-等阴离子之间在一定条件下会形成溶解度很低的难溶性化合物沉淀，例如$CaSO_4$、$Ca_3(PO_4)_2$、$FePO_4$、$Fe(OH)_3$、$Mg(OH)_2$等。在溶液中是否会形成这些难溶性化合物（或称难溶性电解质）是根据溶度积法则来确定的。所谓的溶度积法则是指存在于溶液中的两种能够相互作用形成难溶性化合物的阴阳离子，当其浓度（以mol为单位）的乘积大于这种难溶性化合物的溶度积常数（S_p）时，就会产生沉淀，否则，就没有沉淀的产生。难溶性化合物的溶度积常数（S_p）可在有关的化学手册中查得。溶度积常数可表示为：

$$S_p - A_x B_y = \left[A^{m+} \right]^x \times \left[B^{n-} \right]^y$$

式中：S_p——溶度积常数；

$\quad\quad\quad$ A——阳离子的摩尔数（mol）；

$\quad\quad\quad$ B——阴离子的摩尔数（mol）；

$\quad\quad\quad$ x、y——难溶性化合物中阳离子和阴离子的数目；

$\quad\quad\quad$ m、n——阳离子和阴离子的价数；

$\quad\quad\quad$ $A_x B_y$——难溶性化合物的分子式。

例如，$Ca_3(PO_4)_2$在水中会解离为Ca^{2+}和PO_4^{3-}，则$Ca_3(PO_4)_2$的溶度积常数为：$\left[Ca^{2+} \right]^3 \times \left[PO_4^{3-} \right]^2 = S_p - Ca_3(PO_4)_2 = 2 \times 10^{-29}$。

根据营养液配方中的离子浓度，利用溶度积法则即可很方便地计算出该配方是否存在着产生难溶性化合物沉淀的可能。

几乎是任何平衡的营养液配方中都存在着以下产生沉淀的可能：Ca^{2+}与SO_4^{2-}相互作用产生$CaSO_4$沉淀；Ca^{2+}与磷酸根（PO_4^{3-}或HPO_4^{2-}）产生$Ca_3(PO_4)_2$或$CaHPO_4$沉淀；Fe^{3+}与PO_4^{3-}产生$FePO_4$沉淀以及Ca^{2+}、Mg^{2+}与OH^-产生$Ca(OH)_2$和$Mg(OH)_2$沉淀。这些沉淀的产生与阴阳离子的浓度有关，而有些阴离子如磷酸根、氢氧根的浓度高低与溶液的酸碱度又有很大的关系。因此要避免在营养液中产生难溶性化合物就要采取适当降低阴阳离子浓度的方法来解决，或者通过适当降低溶液的pH值使得某些阴离子的浓度降低的方法。

现以阿农-霍格兰（Arnon-Hoagland）番茄营养液配方（表3-5，简称A-H配方）为例来说明产生难溶性化合物的可能性。

①Ca^{2+}与SO_4^{2-}产生$CaSO_4$沉淀的可能性。由表3-5可知，A-H配方中SO_4^{2-}浓度为2mmol（即2×10^{-3}mol），Ca^{2+}的浓度为3mmol（即3×10^{-3}mol），根据溶度积法则计算得：$\left[Ca^{2+} \right] \times \left[SO_4^{2-} \right] = \left[3 \times 10^{-3} \right] \times \left[2 \times 10^{-3} \right] = 6 \times 10^{-6}$；查$CaSO_4$的溶度积常数为：$S_p - CaSO_4 = 9.1 \times 10^{-6}$。

将营养液配方中Ca^{2+}与SO_4^{2-}的溶度积与$CaSO_4$的溶度积常数比较可知：$\left[Ca^{2+} \right] \times \left[SO_4^{2-} \right] = 6 \times 10^{-6} < S_p - CaSO_4 = 9.1 \times 10^{-6}$，即说明A-H配方中不会产生$CaSO_4$沉淀。

②Ca^{2+}与磷酸根离子（HPO_4^{2-}、PO_4^{3-}）产生磷酸钙沉淀的可能性。溶液中的磷酸根离子可以解离为不同价数的离子并遵循着下列的平衡关系：

$$H_2PO_4^- \underset{H^+}{\overset{OH^-}{\rightleftharpoons}} HPO_4^{2-} \underset{H^+}{\overset{OH^-}{\rightleftharpoons}} PO_4^{3-}$$

也就是说，溶液中3种磷酸根离子的浓度是受到酸碱度的影响，不同pH值条件下溶液中的磷酸根离子的分布情况如图3-5所示，而这3种磷酸根离子中只有二价和三价的形态与Ca^{2+}才会形成沉淀。$CaHPO_4$和$Ca_3(PO_4)_2$都是难溶性化合物，其溶度积常数分别为S_p-$CaHPO_4$=1×10^{-7}和S_p-$Ca_3(PO_4)_2$=2×10^{-29}。一价磷酸根（$H_2PO_4^-$）形成的$Ca(H_2PO_4)_2$是水溶性的，其溶解度很大（25℃时溶解度为15.4%）。

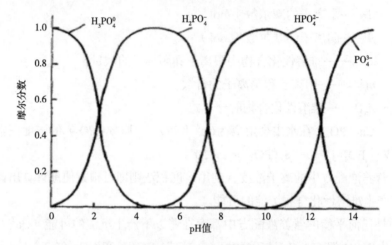

图3-5　溶液酸碱度（pH值）对磷酸离子类型分布的影响
（来源：刘士哲，2001）

不同价数的磷酸根离子浓度与介质pH值的关系可用下列3个公式来表示：

$$\lg \frac{[H_3PO_4]}{[H_2PO_4^-]} = 2.15 - pH$$

$$\lg \frac{[H_2PO_4^-]}{[HPO_4^{2-}]} = 7.20 - pH$$

$$\lg \frac{[HPO_4^{2-}]}{[PO_4^{3-}]} = 12.35 - pH$$

式中，离子之间的比值分别为各离子占有磷酸根总浓度的百分数之比；2.15、7.20和12.35分别为离子生成常数。

当溶液的pH值等于上面3个公式的离子生成常数时，每个式中的2种离子的比例各占50%。如pH=12.35时，$\lg\dfrac{\left[HPO_4^{2-}\right]}{\left[PO_4^{3-}\right]}=12.35-12.35=0$，即$\dfrac{\left[HPO_4^{2-}\right]}{\left[PO_4^{3-}\right]}=1$，也即 $\left[HPO_4^{2-}\right]=\left[PO_4^{3-}\right]$。说明此时溶液中$HPO_4^{2-}$和$PO_4^{3-}$这两种离子浓度相等，即溶液中各有50%的$\left[HPO_4^{2-}\right]$和$\left[PO_4^{3-}\right]$。通过利用上面的公式可以计算出在一定的pH值条件下溶液中各种价态磷酸根离子的百分比，也可据此计算出产生难溶性磷酸盐的可能性。

从表3-5可知A-H配方中含Ca^{2+}为3mmol，含P为2mmol，以此为例来讨论在pH值为6.0时是否存在产生磷酸钙沉淀的可能性问题。

首先必须判断此时形成的磷酸根离子的价态，然后计算在pH=6.0时各种磷酸根离子浓度水平。从图3-5和上面3种磷酸根离子与pH值关系的公式中，可以知道，在pH值为6.0时，不可能会有磷酸（H_3PO_4）存在，只有在pH≤2.15时才有可能；同时也不可能有PO_4^{3-}离子存在，只在pH≥12.35时才有可能。因此，在pH=6.0时，溶液中存在的磷酸根离子就只有$H_2PO_4^-$和HPO_4^{2-}两种。通过下式计算可得：

$$\lg\frac{\left[H_2PO_4^-\right]}{\left[HPO_4^{2-}\right]}=7.2-pH=7.2-6.0=1.2$$

即：$\dfrac{\left[H_2PO_4^-\right]}{\left[HPO_4^{2-}\right]}=15.849$

而pH=6.0时，$\left[H_2PO_4^-\right]+\left[HPO_4^{2-}\right]=100\%$

解上面两个方程可得：

$\left[H_2PO_4^{2-}\right]=94.1\%$，$\left[HPO_4^{2-}\right]=59\%$，即当pH=6.00时，A-H配方中的磷酸根离子中有5.9%是以$\left[HPO_4^{2-}\right]$的形态存在的，而另外的94.1%是以$\left[H_2PO_4^-\right]$的形态存在的。

A-H配方中$\left[HPO_4^{2-}\right]$的浓度=2mmol×5.9%=0.118mmol，而Ca^{2+}的浓度为3mmol，计算得Ca^{2+}与HPO_4^{2-}的溶度积为：

$\left[Ca^{2+}\right]\times\left[HPO_4^{2-}\right]=\left[3.0\times10^{-3}\right]\times\left[0.118\times10^{-3}\right]=3.54\times10^{-7}$

查表得$CaHPO_4$的溶度积常数S_p-$CaHPO_4=1.0\times10^{-7}$，与此时A-H配方的Ca^{2+}与HPO_4^{2-}的溶度积相比较可知：

$\left[Ca^{2+}\right]\times\left[HPO_4^{2-}\right]=3.54\times10^{-7}>S_p$-$CaHPO_4=1.0\times10^{-7}$

这表明A-H配方中Ca^{2+}与磷酸根解离形成的HPO_4^{2-}的溶度积大于$CaHPO_4$的溶度积常数，所以A-H配方配制的营养液在pH=6.0时会产生$CaHPO_4$沉淀。而要防止沉淀的产生，可以采用降低溶液pH值或降低Ca或P用量的方法来解决。现介绍这两种方法在具体操作之前的计算方法：

①通过降低溶液pH值来防止磷酸钙沉淀产生的方法。降低溶液pH值使A-H配方所配制的营养液不致于产生沉淀，实际上就是通过降低pH值来降低溶液中HPO_4^{2-}的浓度（或HPO_4^{2-}占磷酸根离子总浓度的百分比）。假设不产生沉淀时HPO_4^{2-}占有的最小百分比为x，而此时HPO_4^{2-}与Ca^{2+}的浓度的乘积最大只能与$CaHPO_4$的溶度积常数相等，则由：

$$[3 \times 10^{-3}] \times [2 \times 10^{-3}] \times x = S_p\text{-}CaHPO_4 = 1 \times 10^{-7}，算得：x = 0.016\ 7 = 1.67\%$$

即A-H配方中的2mmol磷酸盐只能有1.67%解离为HPO_4^{2-}，否则就会产生沉淀。这时，计算在此比率下溶液的pH值控制值。按照公式：

$$\lg \frac{[H_2PO_4^-]}{[HPO_4^{2-}]} = 7.20 - pH，得：\lg \frac{98.33}{1.67} = 7.20 - pH$$

解得：$pH = 7.20 - \lg \dfrac{98.33}{1.67} = 7.20 - 1.77 = 5.43$

即只有控制溶液的pH<5.43才能够保证A-H配方配制的营养液不会产生$CaHPO_4$沉淀。

②通过降低Ca、P浓度来防止沉淀产生的方法。一个平衡配方在未经过实践证明是否可行的情况下，不要随便较大幅度地改变某一种化合物的用量，否则可能破坏原来配方的生理平衡性。降低Ca、P的浓度来防止产生磷酸钙沉淀的方法是通过按一定比例全面降低配方中所有化合物的用量来实现的，而不是降低含Ca和含P化合物单一的或这两种物质的用量。采用这种方法时可试着将营养液配方降低数个级差，然后分别计算在不同级差的剂量下Ca和P的溶度积，以确定不会产生沉淀的浓度水平。

例如A-H配方，在0.8、0.6和0.5个剂量水平下配制的营养液的Ca和P的用量分别为2.4mmol和1.6mmol、1.8mmol和1.2mmol以及1.5mmol和1.0mmol，此时Ca^{2+}和HPO_4^{2-}的溶度积分别为：

在0.8剂量下：$[2.4 \times 10^{-3}] \times [1.6 \times 10^{-3}] \times 5.9\% = 2.27 \times 10^{-7} > S_p\text{-}CaHPO_4 = 1 \times 10^{-7}$

在0.6剂量下：$[1.8 \times 10^{-3}] \times [1.2 \times 10^{-3}] \times 5.9\% = 1.27 \times 10^{-7} > S_p\text{-}CaHPO_4 = 1 \times 10^{-7}$

在0.5剂量下：$[1.5 \times 10^{-3}] \times [1.0 \times 10^{-3}] \times 5.9\% = 8.85 \times 10^{-8} < S_p\text{-}CaHPO_4 = 1 \times 10^{-7}$

由此可见，在pH值为6.00时，降低A-H配方的用量要在0.5剂量水平下才不会产生磷酸钙沉淀，即使在0.6或0.8剂量时仍然会产生磷酸钙的沉淀。而实际生产中也证明，用A-H配方在1/2剂量所配制的营养液来种植植物时，表现为生长正常。

（3）Fe^{3+}与磷酸盐产生$FePO_4$沉淀的可能性。多数营养液配方铁营养的供应形态是植物易吸收的二价Fe^{2+}，而存在于营养液中的Fe^{2+}极易被空气中的氧气氧化为

Fe^{3+}。在一定条件下（如Fe^{3+}和PO_4^{3-}浓度高或介质pH值较高时）也会形成$FePO_4$沉淀而使铁营养失效。

$FePO_4$的溶度积常数$S_p\text{-}FePO_4=1.3\times10^{-22}$，可见它是一种极难溶解的难溶性物质，即在很低的$Fe^{3+}$和$PO_4^{3-}$浓度下都可能形成$FePO_4$沉淀。$FePO_4$在水中会有微量的解离：

$$FePO_4 \rightleftharpoons Fe^{3+} + PO_4^{3-}$$

此时解离的Fe^{3+}和PO_4^{3-}的摩尔浓度是相等的，即$[Fe^{3+}]=[PO_4^{3-}]$，因此，$S_p\text{-}FePO_4=[Fe^{3+}]\times[PO_4^{3-}]=[Fe^{3+}]^2=[PO_4^{3-}]^2=1.3\times10^{-22}$

即：$[Fe^{3+}]=[PO_4^{3-}]=1.14\times10^{-11}$mol/L或更高浓度时就会有$FePO_4$沉淀的产生，也就是说只有$Fe^{3+}$和$PO_4^{3-}$的浓度低于$1.14\times10^{-11}$mol/L时才可避免$FePO_4$沉淀的产生。

在pH=6.0时，A-H配方配制的营养液是否会有$FePO_4$沉淀的产生呢？

利用磷酸盐的解离与溶液pH值的关系可以计算出在pH=6.0时有5.9%解离为HPO_4^{2-}，而此时HPO_4^{2-}解离为PO_4^{3-}的比例为：

$$\lg\frac{\left[HPO_4^{2-}\right]}{\left[PO_4^{3-}\right]}=12.35-pH=12.35-6.00=6.35$$

即：$$\frac{\left[HPO_4^{2-}\right]}{\left[PO_4^{3-}\right]}=2.34\times10^6$$

$$\left[PO_4^{3-}\right]=4.46\times10^{-7}\left[HPO_4^{2-}\right]=4.46\times10^{-7}\times5.9\%\times2\times10^{-3}=5.3\times10^{-11}$$

在A-H配方中，如果铁元素的用量为2.8mg/L，即Fe浓度为5×10^{-5}mol/L，假设所有的Fe^{2+}均被氧化为Fe^{3+}或是加入营养液中的Fe为Fe^{3+}，此时，$[Fe^{3+}]\times[PO_4^{3-}]=5.0\times10^{-5}\times5.3\times10^{-11}=2.65\times10^{-15}>S_p\text{-}FePO_4=1.3\times10^{-22}$，即在pH值为6.0时，A-H配方中肯定会造成$FePO_4$的沉淀而致使作物出现缺铁症状。

但事实上，在pH值为6.0时A-H配方配制的营养液中即使Fe浓度为2.8mg/L时，营养液中也不会出现$FePO_4$的沉淀，为什么呢？这主要是由于营养液中Fe的供应现多采用有机络合物来络合铁离子，使得Fe^{2+}不易被氧化，而且不易与PO_4^{3-}起化学反应而沉淀，从而使得Fe在营养液中可以保持较高的有效性。

（4）Ca、Mg形成氢氧化物沉淀的可能性。Ca、Mg形成氢氧化物沉淀的可能性主要是在营养液呈较强的碱性时才会发生。

$Ca(OH)_2$和$Mg(OH)_2$的溶度积常数分别为：

$S_p\text{-}Ca(OH)_2=5.5\times10^{-6}$，$S_p\text{-}Mg(OH)_2=1.8\times10^{-11}$

以A-H配方1剂量为例，Ca的浓度为3mmol/L，Mg的浓度为2mmol/L，计算在什么样的pH值条件下才会产生Ca（OH）$_2$和Mg（OH）$_2$的沉淀？

S_p-Mg（OH）$_2$=［Mg^{2+}］×［OH$^-$］^{2}=1.8×10^{-11}，当［Mg^{2+}］=2mmol/L=2×10^{-3} mol/L时，［Mg^{2+}］×［OH$^-$］^{2}=［2×10^{-3}］×［OH$^-$］^{2}=1.8×10^{-11}

即：［OH$^-$］^{2}=1.8×10^{-11}/［2×10^{-3}］=9×10^{-9}

算得，［OH$^-$］=9.49×10^{-5}

表明只有当营养液中的OH$^-$浓度达到或超过9.49×10^{-5}mol/L时，才会使A-H配方的Mg^{2+}形成Mg（OH）$_2$沉淀。pOH=-lg［OH$^-$］=-lg［9.49×10^{-5}］=4.02，换算成pH值来表示：pH=14.00-pOH=14.00-4.02=9.98，即在pH≥9.98才会形成Mg（OH）$_2$沉淀。

类似上述计算可知，在pH≥12.63才会形成Ca（OH）$_2$沉淀。

一般情况下，配方中的化合物所产生的生理碱性极少会达到这么高的pH值。只有在用碱液中和营养液的生理酸性时，如果所用的碱液浓度太高，而且加入碱液之后没能够及时在营养液中搅拌分散，就有可能出现营养液中局部碱性很强、pH值过高而产生沉淀的可能。为解决这一问题，在加碱液中和酸性时，要用浓度较稀的碱液，而且在加入碱液时要及时进行搅拌。

（三）营养液氮源的选择

植物在生长过程中根系可以吸收硝态氮（NO$_3^-$-N）、铵态氮（NH$_4^+$-N）、亚硝态氮（NO$_2^-$-N）和少量的小分子有机态氮。一般以吸收铵态氮和硝态氮为主，亚硝态氮吸收量大时对植物有毒害作用。因此，着重讨论铵态氮和硝态氮作为无土栽培的氮源问题。

植物对铵态氮和硝态氮的吸收速率都是很快的，而且吸收到体内的这两种氮源都可以迅速被同化为氨基酸和蛋白质，也就是说铵态氮和硝态氮具有同样的生理功效。Arnon（1937）认为，无论给植物提供铵态氮还是硝态氮都可作为其良好生长的氮源。而苏联的著名农业化学家普良尼斯尼可夫更是得出明确的结论，假如为每一种氮源（这里指铵态氮和硝态氮）提供最适的条件，那么在原则上它们具有同样的营养价值，而如果在某条件下比较这两种氮源对植物的优越性，则需视提供的条件是什么，有时铵态氮要好一些，而有时硝态氮要好一些。

以往的许多科学工作者认为，铵态氮要比硝态氮更容易被植物吸收利用。植物吸收的铵态氮在体内转变为NH$_3$后直接参与氨基酸和蛋白质的合成，而硝态氮被吸收后在体内还需要在硝酸还原酶的作用下先还原为NH$_3$，然后才能进入氮的同化过程中，从节约能源的角度来考虑，似乎铵态氮还比硝态氮来得好。

但实际上，铵态氮和硝态氮对植物生长的影响是不相同的。换言之，植物之间存在着对这两种氮的喜好程度不同，就有所谓的"喜铵植物"和"喜硝植物"之分。

许多研究人员在比较这两种氮源对于植物生长和产量的影响时发现，以铵态氮和硝态氮这两种氮源来进行营养液栽培植物时有时作物在以硝态氮为主要氮源时有适量铵态氮供应的情况下生长最好，而且其生长情况不仅受氮源比例的影响，而且受光照和通气等环境条件的影响。例如，位田和永井（1981）利用不同比例的硝态氮和铵态氮作为氮源，研究在不同光照条件下对鸭儿芹产量的影响，结果表明，适当加入铵态氮可提高产量，但当铵态氮用量过高时，其产量均下降（表3-8），但大多数作物一般都表现出硝态氮作为氮源时生长得较好。这可能是由于铵态氮对大多数植物有不同程度的毒害作用。日本的植物营养学家坂村彻认为，铵态氮和硝态氮的营养效果是一致的，而在实际生产应用中，它们对于作物生长的差异是由于其盐类的伴随离子所引起的性质差异所造成的。

表3-8 不同氮源比例与日照强度对鸭儿芹产量的影响（g/株）

NO_3^--N与NH_4^+-N 浓度比（mmol/L）	光照强度（lx）					
	12 000		6 000		3 000	
	产量	相对百分率（%）	产量	相对百分率（%）	产量	相对百分率（%）
10∶0	9.80	100	8.14	100	6.42	100
6∶4	9.99	101	10.02	123	8.93	139
5∶5	11.94	121	10.10	124	8.89	138
4∶6	12.59	128	10.28	126	9.00	140
2∶8	10.14	103	9.79	120	5.73	89

铵态氮和硝态氮的伴随离子不同，其盐类性质的差异主要表现在它们所产生的生理酸碱性和它们本身的离子特性上。铵态氮源都是生理酸性的，例如NH_4Cl、$(NH_4)_2SO_4$，甚至NH_4NO_3，特别是NH_4Cl和$(NH_4)_2SO_4$的生理酸性更强，这是由于多数植物优先选择吸收NH_4^+，而伴随离子的Cl^-、SO_4^{2-}、NO_3^-的吸收速率较慢，同时植物在吸收NH_4^+之后根系大量分泌出H^+，使得介质的pH值下降。吴正宗（1989）利用不同比例的铵态氮和硝态氮作为氮源来种植小白菜时，铵态氮用量超过20%，在种植后的第5d就表现出营养液的pH值下降，但当生长至20d以后，pH值又开始上升（图3-6），这可能是此时铵态氮已被作物较多地吸收的缘故。而NH_4^+是一价阳离子，对二价的阳离子如Ca^{2+}、Mg^{2+}等具有拮抗作用，因此，在以铵盐作为氮源时易使植物出现缺钙或缺镁的症状。例如，番茄生长在铵盐为氮源的营养液中，易出现果实缺钙的"脐腐病"，而且介质中生理酸性所产生的高浓度H^+对植物Ca^{2+}的吸收也有很强的拮抗作用，如果生理酸性过强，甚至可能造成对植物根系的直接伤害，产生根系腐烂的现象。硝态氮源除了NH_4NO_3之外，其余的均为生理碱性盐，例如$Ca(NO_3)_2$、$NaNO_3$、KNO_3等。植物优先吸收硝酸盐中伴随的阳离子，而NO_3^-吸收

的速率较慢，同时植物在选择吸收硝酸盐时根系会分泌出OH^-，使得介质的pH值上升，其结果可能造成某些营养元素在高pH值下产生沉淀而使得有效性降低，如Fe、Mn、Mg等元素。在生产中，最常见的是使用硝酸盐作为氮源时植株的缺铁和缺镁症状的产生。但一般情况下，铵态氮源所产生的生理酸性较强，而且变化幅度也较大，而硝态氮所产生的生理碱性较弱且变化较缓慢，也容易控制。

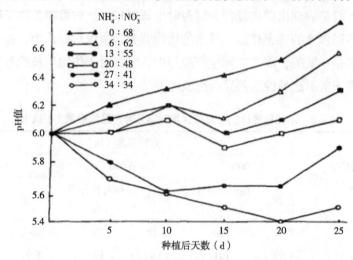

图3-6　不同氮源比例对小白菜生长期中营养液pH值的影响
（来源：刘士哲，2001）

　　许多研究证明，如果采取适当的措施来克服这两种氮源所产生的不良影响，其营养价值可表现得相当。这些措施包括中和生理酸碱性，在NO_3^--N作氮源时适当增加螯合铁用量，在NH_4^+-N作氮源时增加Ca^{2+}的用量等。简清溪等（1987）的研究表明，用尿素〔$(NH_2)_2CO$〕和硝酸铵（NH_4NO_3）作为氮源（铵态氮占总氮量的75%）水培番茄，其产量与用$Ca(NO_3)_2$和KNO_3为氮源的处理相当，没有显著差异。这主要是在种植过程中控制营养液的pH值在6.5±0.5的范围，同时在营养液中比原配方增加25%的Ca^{2+}的缘故。

　　如果仔细研究目前世界上所用的营养液配方时就会发现，大多数配方都是采用硝态氮作为氮源。既然铵态氮和硝态氮具有相同的营养价值，为什么不用铵态氮而用硝态氮呢？这主要是硝态氮所引起的生理碱性较为缓慢且易于控制，植物对于NO_3^--N的过量吸收也不会对植物本身造成伤害，而铵态氮引起的生理酸性较为迅速且难以控制，植物吸收NH_4^+-N过多则易出现中毒的症状。因此，利用硝态氮作为氮源是较为安全的。

　　用硝酸盐作为氮源时，由于植物对NO_3^--N普遍存在着"奢侈吸收"的问题——即吸收进入植物体内的NO_3^--N数量远远超过其生理活动所需的数量。这就会使得许多植物特别是绿叶类和根茎类蔬菜类作物的硝酸盐含量大大超过WHO/FAO的容许标准（432mg/kg，鲜重），从而影响到人体的健康。如何降低产品的硝酸盐含量，近年来越来越受到人们的关注。在无土栽培中控制农产品硝酸盐的含量可采取下列一些措施。

（1）以铵代硝或以脲代硝。通过在营养液中以铵态氮或酰胺态氮来全部或部分代替原有配方中的硝酸盐，再通过控制营养液的pH值变化和适当增加Ca^{2+}、K^+等的供应量，使作物生长正常，产量不致于降低。池田和大泽（1983）用不同比例的铵态氮和硝态氮作为氮源种植莴苣、白菜、菠菜和小芜菁时发现，在NO_3^--N与NH_4^+-N比例越低，即铵态氮用量越高的情况下，这几种蔬菜中的硝酸盐含量越低，而完全用铵态氮作为氮源时，几种蔬菜的硝态氮含量低至痕量（表3-9）。刘士哲等（1998）用全部硝态氮、2种部分铵态氮和全部酰胺态氮的4种营养液配方来种植芥菜和生菜的试验结果表明，通过加入适量的铵态氮来代替硝态氮可大大降低蔬菜的硝酸盐含量，而全部用酰胺态氮作为氮源的话，虽然蔬菜的硝酸盐含量大大降低，但此时作物的产量也较大幅度地降低。如何通过增加营养液的铵态氮或酰胺态氮用量而降低作物体内硝酸盐含量而又不影响产量，是值得进一步研究的。

表3-9 营养液NO_3^--N与NH_4^+-N的浓度及其比例对几种蔬菜
叶片NO_3^--N含量（%，干物重）的影响

NO_3^--N与NH_4^+-N 浓度比（mmol/L）	莴苣	白菜	菠菜	小芜菁
3.0：0	1.62	1.77	0.96	1.08
2.5：0.5	1.42	1.88	0.77	1.07
2.0：1.0	1.01	1.95	0.68	0.69
1.5：1.5	0.72	1.37	0.37	0.79
1.0：2.0	0.59	1.02	0.21	0.56
0.5：2.5	0.26	0.51	0.10	0.20
0：3.0	痕量	痕量	痕量	痕量

（2）收获前断氮的方法。对于大多数专性喜硝的作物（如菠菜等），因其耐受铵毒的能力较弱，即使通过控制pH值变化的方法也难以令其在铵态氮作为氮源的营养条件下生长良好。这就要采用在收获之前中断或减少氮素的供应数量，以达到降低产品中硝酸盐含量的目的。华南农业大学无土栽培技术研究室近年来的试验表明，通过在收获前一周中断氮素的供应，可把生菜和菜心等叶菜类的硝酸盐含量降低到432mg/kg的水平以下，而且此时的蔬菜产量并没有明显的降低。

中国农业科学院蔬菜花卉研究所尝试着用有机肥来作为肥源而不施用化学肥料来种植作物的"有机生态型无土栽培"，可以在一定程度上降低产品的硝酸盐含量。但许多研究者认为，利用有机肥作为作物生长全部营养的来源常常会出现营养元素和不同生长时期的供应不平衡，而且有机肥中养分的释放过程难以调控，特别

是生长期长的作物，在生长中后期常出现脱肥的现象。况且有机肥最终都必须经分解以无机的形态被作物吸收，作物直接利用有机态养分的数量很少。因此，有机肥作为肥源在无土栽培中只能作为一定量的补充，而不能完全代替化学肥料。

（四）营养液的酸碱度

1. 酸碱度的概念

酸碱度是溶液的一个非常重要的化学性质，它的高低可能会影响到营养液中某些盐分的有效性，甚至可能对植物的生长直接产生不良的影响，因此，了解溶液的酸碱性对于无土栽培生产有着十分重要的意义。

溶液的酸碱度是指溶液中氢离子（H^+）或氢氧根离子（OH^-）浓度（以mol/L表示）的多少。一般采用索仑生（Sörensen）提出的用H^+浓度的负对数来表示溶液的酸碱度。这个负对数值称为氢离子指数或pH值，这里的p是指负对数的意思，即$pH=-lg[H^+]$。

因为纯水有很微弱的导电能力，这说明水也能够微弱的电离。

$$H_2O \rightleftharpoons H^+ + OH^-$$

在25℃时，纯水的离子积常数$K_{W(H_2O)}=[H^+] \times [OH^-]=1 \times 10^{-14}$，即$[H^+]=[OH^-]=1 \times 10^{-7}$mol/L。说明此时溶液中的$H^+$离子浓度与$OH^-$离子浓度相等，均为$1 \times 10^{-7}$mol/L，也即有$1 \times 10^{-7}$mol/L的水解离为$H^+$和$OH^-$。

纯水的离子积常数$K_{W(H_2O)}$会随温度的升高而升高。例如在100℃时$K_{W(H_2O)}=7.4 \times 10^{-13}$mol/L。一般以25℃时$K_{W(H_2O)}=1 \times 10^{-14}$mol/L作为计算的标准。

如果溶液中H^+浓度增加，例如在纯水中加入酸，这时溶液中的H^+离子和OH^-离子的浓度就不相等，因为溶液中H^+浓度与OH^-浓度的乘积总是为1×10^{-14}，即$[H^+] \times [OH^-]=1 \times 10^{-14}$，所以在溶液$H^+$离子浓度提高时，必定会使$OH^-$离子浓度降低。类似地，如果溶液中$OH^-$离子浓度提高，会使溶液的$H^+$离子浓度降低。这两种离子在溶液中的关系也符合离子积常数法则。

例如在纯水中加入H_2SO_4使溶液的$[H^+]$提高到1×10^{-4}mol/L，这时$[H^+] \times [OH^-]=1 \times 10^{-14}$，故此时$[OH^-]$浓度为：$[OH^-]=1 \times 10^{-14}/1 \times 10^{-4}=1 \times 10^{-10}$mol/L。再如纯水中加入NaOH使溶液中的$OH^-$离子浓度提高到$[OH^-]=1 \times 10^{-5}$mol/L，而$[H^+] \times [OH^-]=1 \times 10^{-14}$，即$[H^+] \times [1 \times 10^{-5}]=1 \times 10^{-14}$，也即$[H^+]=1 \times 10^{-14}/1 \times 10^{-5}=1 \times 10^{-9}$mol/L。

从上面的例子可以看到，溶液中的H^+离子浓度和OH^-离子浓度之间存在着严格的比例关系，知道一种离子的浓度，另一种离子的浓度也可以反映出来。一般用pH值来表示溶液中H^+和OH^-离子之间的关系，这时称为酸度；偶尔也有人用pOH来表示，这时称为碱度。

溶液中H^+离子浓度越高，酸性越强，碱性越弱，pH值越小，pOH值越大，反之，OH^-离子浓度越高，碱性越强，酸性越弱，pH值越高，pOH值越小。溶液酸碱性的这种关系如图3-7所示。

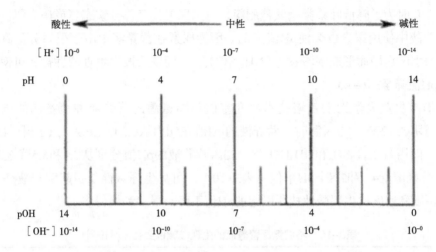

中性溶液：$[H^+]=10^{-7}mol/L$，即$[H^+]=[OH^-]$，pH=7

酸性溶液：$[H^+]>10^{-7}mol/L$，即$[H^+]>[OH^-]$，pH<7

碱性溶液：$[H^+]<10^{-7}mol/L$，即$[H^+]<[OH^-]$，pH>7

图3-7　$[H^+]$、$[OH^-]$、pH、pOH与溶液酸、碱性的关系
（来源：刘士哲，2001）

2.营养液中酸碱度的变化及控制

营养液的酸碱度在种植植物的过程中常会由以下原因而引起变化。

（1）营养液中生理酸性盐和生理碱性盐的用量和比例不同而产生的。其中以氮源和钾源的化合物所引起的生理酸碱性变化最大。在营养液中以碱金属或碱土金属的硝酸盐为氮源的均会表现出生理碱性，其中$NaNO_3$最强，KNO_3和$Ca(NO_3)_2$次之。如果营养液配方中这些盐类的使用量较大，则可以表现出较强的生理碱性。例如，日本园试配方的氮源为KNO_3和$Ca(NO_3)_2$，在种植作物时营养液的pH值变幅为6.4~7.8，对于多数作物的正常生长均不会产生大的不良影响，但如果是对铁较敏感的作物如空心菜和芥菜等，则会因pH值稍高而出现缺铁失绿症状。

以铵态氮作为氮源时，如$(NH_4)_2SO_4$、NH_4Cl和NH_4NO_3等都会表现出生理酸性，使得介质的pH值下降。这几种生理酸性盐中，以NH_4Cl和$(NH_4)_2SO_4$表现得最强，而NH_4NO_3表现得稍弱。如果营养液完全以$(NH_4)_2SO_4$作为氮源可使pH值降至3.0以下，NH_4NO_3也可降至4.0以下。NH_4Cl与$(NH_4)_2SO_4$的结果类似，而且由于NH_4Cl含有较多的Cl^-，对某些"忌氯作物"的生长和品质有不良影响，应在无土栽培生产实际中避免使用它作为氮源。如全部采用铵态氮作为氮源，则由此而产生的生理酸性足以低至直接伤害植物根系的水平。而目前大多数的配方，除了针对喜酸性环境的作物如茶树、凤梨科作物等的特殊营养液配方之外，很少全部使用铵态氮为氮源的配方。

有些配方（如华南农业大学空心菜专用配方）使用尿素这种酰胺态氮作为部分氮源，有时为了降低叶菜类硝酸盐肥料，也用尿素代替部分铵态氮或硝态氮。这时在营养液中使用尿素也会使pH值降低。因为尿素在营养液中由于根系分泌脲酶对尿素的水解作用而形成碳酸铵 [$(NH_4)_2CO_3$]。而碳酸铵为生理酸性盐，可使营养液的pH值降至3.0～4.0。

华南农业大学无土栽培技术研究室以不同氮源的营养液种植番茄的试验表明，当用$Ca(NO_3)_2$为氮源时，营养液的pH值在5d内从6.5升至6.9，只上升0.4个pH单位，而用$(NH_4)_2SO_4$和NH_4NO_3时，5d内营养液的pH值分别从7.4和6.5降至2.8和3.7，分别降低4.6和2.8个pH单位（表3-10）。可见生理碱性盐引起营养液pH值上升的幅度和速度比生理酸性盐所引起的pH值下降小得多和慢得多。

表3-10 不同氮源营养液的生理酸碱性变化（pH值）

试验日期	氮源		
	$Ca(NO_3)_2$	NH_4NO_3	$(NH_4)_2SO_4$
11月5日（定植）	6.5	6.5	7.4
11月6日	6.4	6.3	6.5
11月7日	6.5	6.1	5.4
11月8日	6.7	5.8	3.1
11月9日	6.7	5.5	2.9
11月10日	6.9	3.7	2.8

在选择营养液所用的盐类中，还有一个很值得重视的是钾盐的生理酸碱性问题。无土栽培常用KNO_3、K_2SO_4、KH_2PO_4作为钾源，而由于KCl含有较多的Cl^-离子，故一般不用或少用KCl作为钾源。KNO_3为生理碱性，K_2SO_4为强生理酸性盐，而KH_2PO_4的生理酸碱性表现得不明显。由于多数作物吸收的钾量较多，其吸收数量比氮还多，吸收钾的速率较快，往往造成"奢侈吸收"，如果完全采用K_2SO_4作为钾源，则可使营养液的pH值下降到3.0以下。华南农业大学无土栽培技术研究室把日本园试配方中的KNO_3用等钾量的K_2SO_4代替，所缺氮量不作补充，在3L营养液中种植3株已在园试配方营养液中生长3周的空心菜，经过6d的生长之后，吸收了116mg K（相当于3mmol K），此时营养液pH值从种植时的6.4降至2.8，下降3.6个pH单位；而在园试配方的营养液pH值从6.4升至6.9，只上升0.5个pH单位，可见K_2SO_4的生理酸性是很强的。

（2）每株植物所占有营养液体积的大小也影响到营养液的pH值变化。由植物根系对营养液中离子的选择吸收而表现出的生理酸碱性的变化需要一定过程，如果每株占有营养液的体积越大，则其pH值的变化速率也就越慢，变化幅度也就越小。反之亦然。这就是为什么在种植系统中营养液总量较多的深液流水培技术（DFT）中营养液的pH值变化（其他性质也是如此）比种植系统中营养液总量少得多的营养液膜技术（NFT）来得小的根本原因。

（3）营养液的更换频率也影响到其pH值的变化。通过营养液的更换可以减轻pH值变化的强度和延缓其变化的速度。更换的频率越高，则营养液可经常保持在一个较小的pH值变化幅度内，但在生产中通过更换营养液来控制其pH值的变化是很不经济的，而且费时费力，很不实际。只有在进行严格的科学试验时才会用到这种方法。

（4）配制营养液的水质也影响到其pH值的变化。如果使用硬水来配制营养液，由于硬水中含有较多的Ca^{2+}、Mg^{2+}、CO_3^{2-}、HCO_3^-等离子，如不对营养液配方进行适当的调整，会使得配制的营养液pH值升高。这可通过适当调整配方中的Ca^{2+}、Mg^{2+}用量以及用稀酸液中和的方法来进行控制，而在软水地区则不会出现这种情况。

在种植植物的过程中对营养液的pH值进行控制的方法主要有以下两种。

①酸碱中和的方法。在种植过程中发现营养液的pH值偏离植物生长要求的合适pH值范围，可用稀酸或稀碱溶液来中和营养液，使其pH值恢复到合适的水平。中和调节之后的营养液经一段时间的种植，其pH值仍会继续变化，因此，在整个作物的生长期内要经常进行酸碱的中和调节，而且加入的酸碱用量如果过多，还可能影响到作物的生长。这是一种"治标"的方法。

②调整营养液配方的方法。通过调整营养液配方中所使用的生理酸性盐和生理碱性盐的种类、用量和相互之间的比例，使得营养液在种植作物的过程中其本身的酸碱度的变化可以稳定在一个适宜作物生长的范围之内，这样就可以省却或减少用酸碱中和的麻烦，也可避免由于过量的酸液或碱液加入营养液中造成的对作物生长不良影响的可能。

营养液的pH值变化是以所用盐类的种类、用量和比例以及水的性质（硬度）等为物质基础，以植物根系的选择性吸收为主导而产生的结果。这不是一个简单的物理化学过程，而是一个十分复杂的生物化学过程，且不同的植物类型的表现不一样，因此，无法从理论上计算和设计出一个pH值稳定的营养液配方。目前只能依靠经验，在前人配方的基础上，利用已有的各种生理酸性和生理碱性盐被植物根系选择性吸收后的变化规律，通过一系列的植物吸收试验来调整出一个有着较为稳定pH值变化范围的良好配方。

在进行营养液配方的调整时，首先要很好地掌握各种盐类的化学性质和生理生化反应性质，以把握这些盐类溶解于水中以及被植物选择性吸收之后的pH值变化趋势。氮源肥料中的$(NH_4)_2SO_4$、NH_4NO_3、NH_4Cl是弱碱强酸的化合物，在水溶液中发生水解作用而表现出弱酸性，为水解酸性盐，而且也是生理酸性盐。NH_4Cl和$(NH_4)_2SO_4$的生理酸性较强，而NH_4NO_3的生理酸性较弱。氮源肥料的$NaNO_3$、$Ca(NO_3)_2$、KNO_3是强酸强碱盐，在水溶液中不起水解作用，为化学中性盐，但它们都是生理碱性盐，以$NaNO_3$的生理碱性最强，KNO_3次之，$Ca(NO_3)_2$稍弱。磷源肥料中K_2HPO_4、KH_2PO_4、Na_2HPO_4、NaH_2PO_4是强碱弱酸的化合物，而$NH_4H_2PO_4$、$(NH_4)_2HPO_4$是弱碱弱酸的化合物，由于水解作用形成的NH_4OH的电离常数（pK_b）为4.75，而$H_2PO_4^-$和HPO_4^{2-}的电离常数（pKa）分别为2.12和7.21，因此，$NH_4H_2PO_4$水解后表现为弱酸性，而$(NH_4)_2HPO_4$则表现为弱碱性。但一般来说，磷酸盐的生理酸碱性反应不强烈，而且磷酸盐对于溶液pH值的变化具有一定的缓冲能力。特别是磷酸的钾、钠盐的缓冲作用较明显，可通过用磷酸一氢盐和磷酸二氢盐的不同比例配合（KH_2PO_4∶K_2HPO_4）对于稳定营养液初始的pH值有一定作用，但经种植植物吸收之后，其缓冲作用逐渐降低。无土栽培所用的钾源中K_2SO_4、KNO_3和KCl（很少用于营养液配制）均为强碱强酸的化合物，为化学中性盐，KNO_3为生理碱性盐，而K_2SO_4和KCl为生理酸性盐。

在了解营养液配方中各种盐类物质的性质之后就可根据实际情况，结合前人的配方进行适当的改进。例如，绝大多数的营养液配方是针对软水而设计的，如果是在硬水的条件下使用，一方面需要根据硬水硬度的大小适当降低配方中Ca、Mg等的用量，另一方面可考虑提高生理酸性盐的用量，降低生理碱性盐的用量，以控制营养液pH值的上升。有些营养液配方可能对某些作物合适，而对另一些作物则不一定合适。例如，日本园试配方在种植生菜时是合适的，而用于种植芥菜、空心菜时就不太合适。这主要是园试配方配制的营养液在种植作物的过程中，用于配方中生理碱性盐的用量较大，pH值的变化会趋向上升，变幅在6.4~7.8，而pH值在高于7.0时，芥菜、空心菜易表现出缺铁。为了能够控制营养液的pH值不致于过高，可以考虑将生理碱性盐的KNO_3全部或部分被生理酸性的K_2SO_4和弱生理酸性的NH_4NO_3代替（这2种盐分别起到补充被代替的KNO_3中K和N的作用），并将代替的数量设几个级差，经过种植植物的试验之后，以确定出究竟KNO_3代替的数量达到什么样的水平才符合所要求的pH值变化范围。试验结果为，园试配方的pH值变幅为6.4~7.8，全部KNO_3被K_2SO_4代替的营养液pH值为2.8~6.4，取代一半KNO_3用量时pH值变幅为6.0~6.6，取代1/3 KNO_3用量时pH值变幅为6.3~7.2，这样就可根据需要来确定KNO_3的取代量。如种植芥菜可选择1/3或1/2 KNO_3被K_2SO_4和NH_4NO_3取代，都可取得较好的生长效果。

五、营养液的配制技术

进行无土栽培作物时，要在选定营养液配方的基础上，正确地配制营养液。一种均衡的营养液配方，都存在着相互之间可能产生沉淀的盐类，只有采用正确的方法来配制营养液，才可保证营养液中的各种营养元素能有效地供给作物生长所需，才可取得栽培的高产优质。而不正确的配制方法，一方面可能会使某些营养元素失效，另一方面可能会影响到营养液中的元素平衡，严重时会伤害作物根系，甚至造成作物死亡。因此，要掌握正确的营养液配制方法，这是无土栽培作物的最起码的要求。

（一）配制原则

营养液配制的原则是确保在配制和使用营养液时不会产生难溶性化合物的沉淀。因为每一种营养液配方中都有相互之间会产生难溶性物质的盐类，例如，任何的均衡营养液平衡中都含有可能产生沉淀的Ca^{2+}、Fe^{2+}、Mn^{2+}、Mg^{2+}等阳离子和SO_4^{2-}、$H_2PO_4^-$等阴离子，当这些离子在浓度较高时会互相作用而产生化学沉淀形成难溶性物质。但如果选用的是均衡的营养液配方且遵循正确的配制方法，最终配制出来的工作营养液是不会有难溶性物质沉淀的。要做到这一点，就必须充分了解营养液配方中各种化合物的性质及相互之间产生的化学反应过程，在配制过程中运用难溶性物质溶度积法则，以确保不会产生沉淀。

（二）配制技术

1. 原料及水中的纯度计算

由于配制营养液的原料大多使用工业原料或农用肥料，常含有吸湿水和其他杂质，纯度较低，因此，在配制时要按实际含量来计算。例如，营养液配方中硝酸钾用量为0.5g/L，而原料硝酸钾的含量为95%，通过计算得到实际原料硝酸钾的用量应为0.53g/L。

微量元素化合物常用纯度较高的试剂，而且实际用量较小，可直接称量。

在软水地区，水中的化合物含量较低，只要是符合前述的水质要求，可直接使用。而在硬水地区，由于水中所含的Ca^{2+}、Mg^{2+}等离子较多，因此在使用前要分析水中元素的含量，以便在配制营养液时按照配方中的用量计算实际用量时扣除水中所含的元素含量。在实际操作过程中，根据硬水中所含Ca^{2+}、Mg^{2+}数量的多少，将它们从配方中扣除，例如，配方中的Ca、Mg分别由$Ca(NO_3)_2 \cdot 4H_2O$和$MgSO_4 \cdot 7H_2O$来提供，这时计算实际的$Ca(NO_3)_2 \cdot 4H_2O$和$MgSO_4 \cdot 7H_2O$的用量要把水中所含的Ca、Mg扣除，而此时扣除Ca后的$Ca(NO_3)_2$中氮用量减少，这部分减少的氮可用硝酸（HNO_3）来补充，加入的硝酸不仅起到补充氮源的作用，而且可以中和硬水的碱性。扣除硬水中Mg的$MgSO_4 \cdot 7H_2O$实际用量，也相应地减少硫酸根（SO_4^{2-}）的用量，但由于硬水中本身就含有较大量的硫酸根，所以一般不需要另外补充，如果有必要，可加入少量硫酸（H_2SO_4）来补充。

在中和硬水的碱性时，如果由于加入补充氮源的硝酸后仍未能够使水中的pH值降低至理想的水平时，可适当减少磷酸盐的用量，而用磷酸来加入以中和硬水的碱性。

通过测定硬水中各种微量元素的含量，与营养液配方中的各种微量元素用量比较，如果水中的某种微量元素含量较高，在配制营养液时可不加入，而不足的则要加入补充。

由于在不同的硬水地区水的硬度不同，含有的各种元素的数量不一样，因此要根据实际情况来进行营养液配方的调整。

2. 营养液的配制方法

在实际生产应用上，营养液的配制方法可采用先配制浓缩营养液（或称母液）然后用浓缩营养液配制工作营养液；也可以采用直接称取各种营养元素化合物直接配制工作营养液。可根据实际需要来选择一种配制方法。但不论是选择哪种配制方法，都要在配制过程中以不产生难溶性物质沉淀为总的指导原则来进行。

（1）浓缩营养液（母液）稀释法。首先把相互之间不会产生沉淀的化合物分别配制成浓缩营养液，然后根据浓缩营养液的浓缩倍数稀释成工作营养液。

①浓缩营养液的配制。在配制浓缩营养液时，要根据配方中各种化合物的用量及其溶解度来确定其浓缩倍数。浓缩倍数不能太高，否则可能会使化合物过饱和而析出，而且在浓缩倍数太高时，溶解较慢，操作不方便。一般以方便操作的整数倍数为浓缩倍数，大量元素一般可配制成浓缩100倍液、200倍液、250倍液或500倍液，而微量元素由于其用量少，可配制成500倍液或1 000倍液。

为了防止在配制营养液时产生沉淀，不能将配方中的所有化合物放置在一起溶解，而应将配方中的各种化合物进行分类，把相互之间不会产生沉淀的化合物放在一起溶解。一般将一个配方的各种化合物分为不会产生沉淀的3类，这3类化合物配制的浓缩液分别称为浓缩A液、浓缩B液和浓缩C液（或称为A母液、B母液或C母液）。其中：

浓缩A液——以钙盐为中心，凡不与钙盐产生沉淀的化合物均可放置在一起溶解。

浓缩B液——以磷酸盐为中心，凡不与磷酸盐产生沉淀的化合物可放置在一起溶解。

浓缩C液——将微量元素以及起稳定微量元素有效性（特别是铁）的络合物放在一起溶解。由于微量元素的用量少，因此其溶解倍数可较高。

表3-11为华南农业大学叶菜类配方的浓缩营养液的各种化合物分类及用量。其他配方可以此为例进行分类。

表3-11　华南农业大学叶菜类配方用量

分类	化合物	用量（mg/L）	浓缩250倍用量（g/L）	浓缩500倍用量（g/L）	浓缩1 000倍用量（g/L）
A液	$Ca(NO_3)_2 \cdot 4H_2O$	472	118.0	236	
	KNO_3	202	50.5	101	
	NH_4NO_3	80	20.0	40	
B液	KH_2PO_4	100	25.0	50	
	K_2SO_4	174	43.5	87	
	$MgSO_4 \cdot 7H_2O$	246	61.5	123	
C液	$FeSO_4 \cdot 7H_2O$	27.80			27.80
	EDTA-2Na	37.20			37.20
	H_3BO_3	2.86			2.86
	$MnSO_4 \cdot 4H_2O$	2.13			2.13
	$ZnSO_4 \cdot 7H_2O$	0.22			0.22
	$CuSO_4 \cdot 5H_2O$	0.08			0.08
	$(NH_4)_6Mo_7O_{24} \cdot 4H_2O$	0.02			0.02

配制浓缩营养液的步骤：按照要配制的浓缩营养液的体积和浓缩倍数计算出配方中各种化合物的用量后，将浓缩A液和浓缩B液中的各种化合物称量后分别放在一个塑料容器中，溶解后加水至所需配制的体积，搅拌均匀即可。在配制C液时，先取所需配制体积80%左右的清水，分为两份，分别放入两个塑料容器中，称取$FeSO_4 \cdot 7H_2O$和EDTA-2Na分别加入这两个容器中，溶解后，将溶有$FeSO_4 \cdot 7H_2O$的溶液缓慢倒入EDTA-2Na溶液中，边加边搅拌；然后称取C液所需的其他化合物，分别放在小的塑料容器中溶解，然后分别缓慢地倒入已溶解$FeSO_4 \cdot 7H_2O$和EDTA-2Na的溶液中，边加边搅拌，最后加清水至所需配制的体积，搅拌均匀即可。

为了防止长时间贮存浓缩营养液产生沉淀，可加入1mol/L H_2SO_4或HNO_3酸化至溶液的pH值为3～4；同时应将配制好的浓缩母液置于阴凉避光处保存。浓缩C液最好用深色容器贮存。

②稀释为工作营养液。利用浓缩营养液稀释为工作营养液时，应在盛装工作营养液的容器或种植系统中放入需要配制体积的60%～70%的清水，量取所需浓缩A液的用量倒入，开启水泵循环流动或搅拌使其均匀，然后再量取浓缩B液所需用量，用较大量的清水将浓缩B液稀释后，缓慢地将其倒入容器或种植系统中的清水入口处，让水泵将其循环或搅拌均匀，最后量取浓缩C液，按照浓缩B液的加入方法加入容器或种植系统中，经水泵循环流动或搅拌均匀即完成工作营养液的配制（图3-8）。

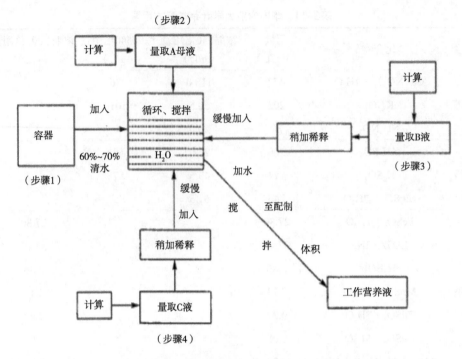

图3-8　利用配制浓缩营养液稀释为工作营养液的流程
（来源：刘士哲，2001）

（2）直接称量配制法。在大规模生产中，因为工作营养液的总量很多，如果配制浓缩营养液后再经稀释来配制工作营养液势必需要配制大量的浓缩营养液，这将给实际操作带来很大不便，因此，常常称取各种营养物质来直接配制工作营养液。

具体的配制方法为：在种植系统中放入所需配制营养液总体积60%～70%的清水，然后称取钙盐及不与钙盐产生沉淀的各种化合物（相当于浓缩A液的各种化合物）放在一个容器中溶解后倒入种植系统中，开启水泵循环流动，然后再称取磷酸盐及不与磷酸盐产生沉淀的其他化合物（相当于浓缩B液的各种化合物）放入另一个容器中，溶解后用较大量清水稀释后缓慢地加入种植系统的水源入口处，开动水泵循环流动。再取两个容器分别称取铁盐和络合剂（如EDTA-2Na）置于其中，倒入清水溶解（此时铁盐和络合剂的浓度不能太高，为工作营养液中浓度的1 000～2 000倍），然后将溶解的铁盐溶液倒入装有络合剂的容器中，边加边搅拌。最后另取一些小容器，分别称取除了铁盐和络合剂之外的其他微量元素化合物置于其中，分别加入清水溶解后，缓慢倒入已混合铁盐和络合剂的容器中，边加边搅拌，然后将已溶解所有微量元素化合物的溶液用较大量清水稀释后从种植系统的水源入口处缓慢倒入种植系统的贮液池中，开启水泵循环至整个种植系统的营养液均匀为止。一般在单棚面积为0.03hm²的大棚或温室，需开启水泵循环2～3h才可保证营养液已混合均匀。这种配制工作营养液的操作流程如图3-9所示。

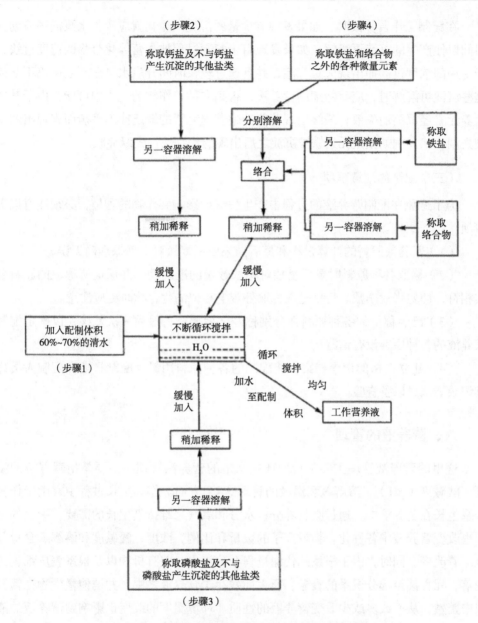

图3-9　称取营养物质直接配制工作营养液的流程
（来源：刘士哲，2001）

在直接称量营养元素化合物配制工作营养液时要注意，在贮液池中加入钙盐及不与钙盐产生沉淀的盐类之后，不要立即加入磷酸盐及不与磷酸盐产生沉淀的其他化合物，而应在水泵循环大约30min或更长时间之后再加入。加入微量元素化合物时也要注意，不应在加入大量营养元素之后立即加入。

以上两种配制工作营养液的方法可视生产上的操作方便与否来进行，有时可将这两种方法配合使用。例如，配制工作营养液的大量营养元素时采用直接称量配制法，而微量元素的加入可采用先配制浓缩营养液再稀释为工作营养液的方法。

在配制工作营养液时，如果发现有少量的沉淀产生，就应延长水泵循环流动的时间以使产生的沉淀再溶解。如果发现由于配制过程加入营养化合物的速度过快，产生局部浓度过高而出现大量沉淀，并且通过较长时间开启水泵循环之后仍不能使这些沉淀再溶解时，应重新配制营养液，否则在种植作物的过程中可能会由于某些营养元素经沉淀而失效，最终出现营养液中营养元素的缺乏或不平衡而表现出的生理失调症状。例如微量元素铁被沉淀之后出现的作物缺铁失绿症状。

（三）配制的注意事项

为了避免在配制营养液的过程中产生失误而影响到作物的种植，必须注意以下事项。

（1）营养液原料的计算过程和最后结果要反复核对，确保准确无误。

（2）称取各种原料时要反复核对称取数量的准确性，并保证所称取的原料名实相符，切勿张冠李戴。特别是在称取外观上相似的化合物时更应注意。

（3）已经称量的各种原料在分别称好之后要进行最后一次复核，以确定配制营养液的各种原料没有错漏。

（4）建立严格的记录档案，将配制的各种原料用量、配制日期和配制人员详细记录下来，以备查验。

六、营养液的管理

这里的营养液管理主要是指循环式水培的营养液管理，主要是指营养液的浓度、酸碱度（pH）、溶解氧和温度的管理这4个方面。作物生长过程中，由于作物根系生长在营养液中，通过吸收养分、水分和氧气来维持其生长的需要，吸收的过程也改变营养液中各种化合物或离子的数量和比例，浓度、酸碱度和溶解氧含量等也随着改变。同时，由于根的代谢过程会分泌出一些有机物以及根系表皮细胞的脱落、死亡甚至部分根系的衰老、死亡而残存于营养液之中，并诱使微生物在营养液中繁殖，从而或多或少改变营养液的性质。环境温度的改变也影响到营养液的液温变化。因此，要对营养液这些性质有所了解，才能够有针对性地对影响营养液性质的诸多因素进行监测和有效控制，以使其处于作物生长所需的最适范围之内。

（一）浓度

由于作物生长过程不断地吸收养分和水分，加上营养液裸露于空气中水分的蒸发，会引起其浓度、组成的不断变化，因此需要对营养液的养分含量和水分的存有量进行监测和补充。

水分的补充视作物蒸腾耗水的多少来确定。植株较大、天气炎热、干燥的气候条件下，耗水量多，这时补充的水分也较多。补充水分时，可在贮液池中画好刻度，将水泵停止供液一段时间，让种植槽中过多的营养液全部流至贮液池之后，如发现液位降低到一定程度就必须补充水分至原来的液位水平。

营养液浓度在作物吸收降低到一定的水平时，就要补充养分。而养分的补充与否以及补充数量的多少，要根据在种植系统中补充水分之后所测得的营养液浓度来确定。营养液的浓度以其总盐分浓度即电导率来表示。除了严格的科学试验之外，在生产中一般不进行营养液中单一营养元素含量的测定，而且在养分的补充上，也不是单独补充某种营养元素，在补充养分时要根据所用的营养液配方全面补充。至于所用的营养液浓度降低至什么样的水平才需要进行养分的补充，这要根据所选用的营养液配方和种植作物种类及栽培设施来具体确定。

不同作物对营养液的浓度要求不同，这与作物的耐肥性有关。一般情况下，茄果类和瓜果类要求的营养液浓度要比叶菜类的高。但每一种作物都有一个适宜的浓度范围，绝大多数作物的适宜浓度范围为0.5～3.0ms/cm，最高不超过4.0ms/cm。

在不同生育时期，作物对营养液浓度的要求也不一样。一般而言，苗期植株小，浓度可较低，生育盛期植株大，吸收量多，浓度应较高。以番茄为例，在开花之前的苗期，适宜的浓度为0.8～1.0ms/cm，开花至第一穗果实结果时期的适宜浓度为1.0～1.5ms/cm，而在结果盛期的适宜浓度为1.5～2.2ms/cm。也有人认为，在结果期的浓度可调整到2.5～3.5ms/cm。

对于高浓度的营养液配方（总盐分浓度>1.5‰左右），在补充养分时可以确定当总盐分浓度降低至原来配方浓度的1/3～1/2的范围为下限。通过定期测定营养液的电导率，如果发现营养液的总盐浓度下降到1/3～1/2剂量时就补充养分至原来的初始浓度。养分的补充应根据对营养液电导率的实测值来确定。不同的作物以及同一作物的不同生育期由于对营养的消耗速率不同，而且选用的无土栽培技术不一样，每株作物平均占有营养液量也不同，因此，补充营养的间隔时间也有差异。一般要求定期（间隔1～2d）测定营养液的浓度，以了解种植系统中浓度的变化情况。

对于低浓度的营养液配方（总盐分浓度<1.5‰左右），可以通过经常监测营养液的浓度，然后每隔较短的时间（3～4d）就补充一次养分，补充时将种植系统中的营养液浓度调节到原来的水平。也可以采取另外一种方法来补充，即营养液浓度下降到配方浓度的1/2时，即补充至原来的水平。在补充养分时可根据所用配方不同浓度级差的电导率值与浓度级差的关系，计算出需要补充的营养相当于剂量的百分数，据此计算出各种化合物的用量。另外，还有一种更为简便的养分补充方法，即确定营养补充的下限之后（例如原始营养液剂量的40%），当营养液浓度下降到此浓度或以下时就补充原来初始浓度1个剂量的营养，也即种植系统中经过补充养分后的营养液浓度要比初始的营养液浓度来得高。由于作物对养分浓度有一定的范围要求，而且所用的营养液配方的浓度原来就较低，因此，对作物的正常生长不会产生什么不良影响，而且操作时较简单、方便。

（二）酸碱度的调节

营养液在未种植作物之前的酸碱度主要是受营养液配方中的各种化合物的化学酸碱性的影响，如果选用的配方中的各种化合物之间的化学酸碱性配合比例和数量较合适，一般不会过于偏离作物生长所要求的pH值范围。但当营养液用于种植作物时，由于作物根系对营养液中的各种离子进行吸收，营养液中的不同盐类的生理酸碱性反应的表现不一样，势必会影响到营养液的酸碱性变化。究竟营养液酸碱度的变化如何，则应视营养液配方的不同而定。如一个营养液配方中的硝酸盐如KNO_3、$Ca(NO_3)_2$的用量较多，则这个配方的营养液大多呈生理碱性；反之，如果配方中NH_4NO_3、$(NH_4)_2SO_4$等铵态氮和尿素［$(NH_2)_2CO$］以及K_2SO_4为氮源和钾源的用量较多，则这个配方的营养液大多呈生理酸性。一般地生理碱性来得慢且变化幅度来得小，没有那么剧烈，也较易控制。在实际生产过程中最好是先用一些生理酸碱性变化较平稳的营养液配方，以减少调节pH值的次数。这是进行营养液酸碱度控制最根本的办法。

种植作物过程中，如果营养液的pH值上升或下降到作物最适的pH值范围之外，就要用稀酸或稀碱溶液来中和调节。pH值上升时，可用稀硫酸（H_2SO_4）或稀硝酸（HNO_3）溶液来中和。用稀HNO_3中和时，HNO_3中的NO_3^-会被植物吸收利用，但要注意当中和营养液pH值的HNO_3用量太多则可能会造成植物氮素过多的现象；用H_2SO_4中和时，尽管H_2SO_4中的SO_4^{2-}也可作为植物的养分被吸收，但吸收量较少，如果中和营养液pH值的H_2SO_4用量太大时可能会造成SO_4^{2-}的累积。在实际生产中大多采用H_2SO_4来进行中和，也可用HNO_3，选用哪种酸液可根据实际情况而定。

当营养液的pH值下降时，可用稀碱溶液如氢氧化钠（NaOH）或氢氧化钾（KOH）来中和。用KOH时带入营养液中的K^+可被作物吸收利用，而且作物对K^+有着较大量的奢侈吸收的现象，一般不会对作物生长有不良影响，也不会在溶液中产生大量累积的问题；而用NaOH来中和时，由于Na^+不是必需的营养元素，因此会在营养液中累积，如果量大的话，还可能对作物产生盐害。由于KOH的价格较NaOH昂贵，在生产中仍常用NaOH来中和营养液酸性。

在用稀酸或稀碱来进行营养液pH值的调节时，可先用理论计算出稀酸或稀碱的用量。但是经理论计算出的稀酸、稀碱的用量并不能够作为实际营养液pH值调节的操作用量，因为营养液中存在着高价弱酸强碱盐，如KH_2PO_4、$NH_4H_2PO_4$和$Ca(HCO_3)_2$等，这些盐类在营养液中的解离是分步进行的，对酸有一定的缓冲作用，如：$KH_2PO_4 \underset{+H^+}{\overset{+OH^-}{\rightleftharpoons}} K_2HPO_4 \underset{+H^+}{\overset{+OH^-}{\rightleftharpoons}} K_3PO_4$。因此，不能够以理论计算出的中和酸碱性所需的稀酸或稀碱的数量作为实际中和所需的数量，应以实际营养液酸碱中和滴定的方法来确定其用量。具体的方法为：量取一定体积（如10L）的营养液于一个容器中，用已知浓度的稀酸或稀碱来中和营养液，用酸度计监测中和过程营养液的pH值变化，当营养液的pH值达到预定的pH值时，记录所用的稀酸或稀碱溶液的用量，并用下列公式计算所要进行pH值调节的种植系统所有营养液中和所需的稀酸或稀碱的总用量。

$$\frac{V_1}{v_1} = \frac{V_2}{v_2}$$

式中：V_1——从种植系统中量取的营养液体积（L）；

$\quad\quad v_1$——中和从种植系统中量取的营养液体积所消耗的稀酸或稀碱的用量（mL）；

$\quad\quad V_2$——整个种植系统中所有营养液的体积（L）；

$\quad\quad v_2$——中和整个种植系统中所有营养液所消耗的稀酸或稀碱的用量（mL）。

进行营养液酸碱度调节所用的酸或碱的浓度不能太高，一般可用1～3mol/L的浓度，加入时要用水稀释后才加入种植系统的贮液池中，并且要边加边搅拌或开启水泵进行循环。要防止酸或碱溶液加入过快、过浓，否则可能会使局部营养液过酸或过碱，而产生$CaSO_4$、$Fe(OH)_3$、$Mn(OH)_2$等的沉淀，从而产生养分的失效。

（三）溶解氧

植物根系生长发育中，其呼吸过程要消耗氧气，为使其能正常生长就需要有足够的氧气供应。根系生长的环境与地上部生长的环境有很大区别，地上部的生长一般不会出现氧气供应不足的问题，而无土栽培植物根系生长的环境可以是在类似土壤的生长基质中，也可以是在与土壤环境截然不同的营养液中。因此，在无土栽培中根系氧的供给是否充分和及时往往会成为妨碍作物生长的限制因子。

植物根系氧的来源有两种：一是通过吸收溶解于营养液中的溶解氧来获得；二是通过存在于植物体内的氧气的输导组织由地上部向根系的输送来获得。通过吸收溶解于营养液的溶解氧来满足生长的需要是无土栽培植物最主要的氧的来源，如果不能够使营养液中的溶解氧提高到作物正常生长所需的合适水平，则植物根系就会表现出缺氧而影响到根系对养分的吸收以及根系和地上部的生长。植物从地上部向根系输送氧气以满足根呼吸所需的氧气供应途径并非所有植物都具备这一功能。一般可将植物根系对淹水的耐受程度的不同分为3类：一是沼泽性或半沼泽性植物，这些植物长期生长在淹水的沼泽地，体内存在着氧气的输导组织，例如水稻、豆瓣菜、水芹、茭白、空心菜等；二是耐淹的旱地植物，这些植物主要是生长在旱地，但当它们根系受水淹时根的结构会产生一些结构性的改变而形成氧气的输导组织或增加根系的吸收面积以增加对水中溶解氧的吸收。例如豆科绿肥的田菁、合萌、芹菜等。现在对这些植物还研究得较少，曾有人研究发现，当番茄处于低营养液含氧量栽培时，可以形成氧气的输导组织。华南农业大学无土栽培技术研究室用节瓜的水培和土壤栽培比较，在水培中根系的结构会变得比土壤栽培的疏松，细胞变大，这可能对增加根系氧的吸收及根内氧的扩散有好处；三是不耐淹的旱生植物，这类植物体内不具有氧气的输导组织，在淹水的条件下也难以发生根系结构向着有利于氧气吸收的方向改变，也不会由于淹水而诱导出输送氧的组织。例如大多数的十字花科作物和许多的豆科作物，它们对营养液栽培中低氧环境较为敏感，解决好营养液中溶解氧的供应就显得非常重要，有时甚至是无土栽培是否取得成功的关键。

1. 营养液中的溶解氧浓度

营养液中的溶解氧是指在一定温度、一定大气压条件下单位体积营养液中溶解的氧气（O_2）的数量，以mg/L来表示。而在一定温度和一定压力条件下单位营养液中能够溶解的氧气达到饱和时的溶解氧含量称为饱和溶解度。由于在一定温度和压力条件下溶解于溶液中的空气，其氧气占空气的比例是一定的，因此也可以用空气饱和百分数（%）来表示此时溶液中的氧气含量，相当于饱和溶解度的百分比。营养液中溶解氧的多少是与温度和大气压力有关的，温度越高、大气压力越小，营养液的溶解氧含量越低；反之，温度越低、大气压力越大，其溶解氧的含量越高。这就是在夏季高温季节水培植物根系容易产生缺氧的一个原因。

营养液的溶解氧可以用测氧仪来测得，也可以用化学滴定的方法来测得。用测氧仪来测定的方法简便、快捷，而用化学滴定的方法测定手续很繁琐。用测氧仪测定溶液的溶解氧时一般测定溶液的空气饱和百分数（Air saturated，%），然后通过溶液的液温与氧气含量的关系（表3-12）查出该溶液液温下的氧含量，并用下列公式计算出此时营养液中实际的氧含量。

$$M_0 = M \times A$$

式中：M_0——在一定温度和大气压力下营养液的实际溶解氧含量（mg/L）；

M——在一定温度和大气压力下营养液中的饱和溶解氧含量（mg/L）；

A——在一定温度和大气压力下营养液中的空气饱和百分数（%）。

表3-12 不同温度（℃）条件下溶液中饱和溶解氧含量（1个标准大气压下）

温度（℃）	溶解氧（mg/L）	温度（℃）	溶解氧（mg/L）	温度（℃）	溶解氧（mg/L）
0	14.62	5	12.80	10	11.33
1	14.23	6	12.48	11	11.08
2	13.84	7	12.17	12	10.83
3	13.48	8	11.87	13	10.60
4	13.13	9	11.59	14	10.37

（续表）

温度（℃）	溶解氧（mg/L）	温度（℃）	溶解氧（mg/L）	温度（℃）	溶解氧（mg/L）
15	10.15	24	8.53	33	7.30
16	9.95	25	8.38	34	7.20
17	9.74	26	8.22	35	7.10
18	9.54	27	8.07	36	7.00
19	9.35	28	7.92	37	6.90
20	9.17	29	7.77	38	6.80
21	8.99	30	7.63	39	6.70
22	8.83	31	7.50	40	6.60
23	8.68	32	7.40		

2. 植物对溶解氧浓度的要求

不同的作物种类对营养液中溶解氧浓度的要求不一样，耐淹水的或沼泽性的植物，对营养液中的溶解氧含量要求较低；而不耐淹的旱地作物，对于营养液中的溶解氧含量的要求较高。而且同一植物的一天中，在白天和夜间对营养液中溶解氧的消耗量也不尽相同，晴天时，温度越高，日照强度越大，植物对营养液中溶解氧的消耗越多；反之，在阴天、温度低或日照强度小时，植物对营养液中的溶解氧的消耗越少。一般地，在营养液栽培中维持溶解氧的浓度在4～5mg/L的水平（相当于在15～27℃时营养液中溶解氧的浓度维持在饱和溶解度的50%左右），大多数的植物都能够正常生长。

3. 营养液溶解氧的补充

（1）植物对氧的消耗量和消耗速率。植物根系对营养液中溶解氧的消耗量及消耗速率的大小取决于植物种类、生育时期以及每株植物平均占有的营养液量的多少。生长过程耗氧量大的植物、处于生长旺盛时期以及每株植物平均占有的营养液液量少的，则营养液中的溶解氧的消耗速率就大；反之，就小。一般地，甜瓜、辣椒、黄瓜、番茄、茄子等瓜菜或茄果类作物的耗氧量较大，而空心菜、生菜、菜心、白菜等叶菜类的耗氧量较小。据山崎肯哉测定，网纹甜瓜在夏季种植时，在始花期白天每株每小时的耗氧量为12.6mg，而在果实膨大、网纹形成期为40mg。如果在种植系统中每株甜瓜平均占有的营养液量为15L，而在25℃时营养液的饱和溶解氧含量为8.38mg/L，即此时每株甜瓜占有的营养液饱和溶解氧总量=8.38mg/L×15L=125.7mg，如果这时营养液中的氧含量只达空气饱和百分数的80%，也即此时每株甜瓜的实际占有的营养液溶解氧的量=125.7mg×80%=100.6mg，如果不考虑甜瓜在吸收氧过程中空气中的氧向营养液中补充的数量，这时始花期消耗到溶解氧含量低于饱和溶解氧含量的50%所用的时间=（100.6mg/株×50%）÷12.6mg/（株·h）=3h，也即经过大约3h，就可将原来营养液中相当于饱和溶解氧含量80%的溶解氧降低至饱和溶解氧含量50%以下。相同的计算，在果实膨大、网纹形成时期大约为1h即可降低至饱和溶解氧含量的50%以下。

华南农业大学无土栽培技术研究室的资料表明，秋植番茄白天每株每小时的耗氧量在始花期为3.4mg，在盛果期则为15.8mg。如果在深液流水培中，每株番茄占有的营养液量为15L，则在20℃时营养液的饱和溶解氧含量为9.17mg/L，此时每株番茄占有的营养液饱和溶解氧的总量=9.17mg/L×15L=137.6mg，如果这时营养液中的溶解氧含量只达饱和溶解氧的80%，也即此时每株番茄实际占有的溶解氧的总量=137.6mg×80%=110.0mg。类似上例计算可知，在始花期和盛果期分别经过12h和2.6h之后，营养液中相当于饱和溶解氧含量的80%就会降低至饱和溶解氧含量的50%以下。

从上面的例子可以看到，不同作物和同一作物的不同生育时期的耗氧量和耗氧速率是不一样的，要根据具体的情况来确定补充营养液溶解氧含量的间隔。

（2）补充营养液溶解氧的途径。营养液溶解氧的补充实质上就是营养液液相的界面与空气气相界面之间的破坏而让空气进入营养液的过程。在一定的温度和压力条件下，液—气界面被破坏得越剧烈，进入营养液的空气数量就越多，溶于营养液的氧气也越多。

补充营养液溶解氧的途径主要是来源于空气向营养液的自然扩散和通过人工的方法来增氧这两种。通过自然扩散而进入营养液的溶解氧的速度很慢，数量少。在20℃左右，液深在5~15cm，依靠自然扩散进入营养液中的溶解氧只相当于饱和溶解氧含量的2%左右。从上述两个作物消耗营养液溶解氧速率的例子可以知道，除了在作物较小的苗期之外，靠自然扩散进入营养液的溶解氧远远达不到作物生长的要求。因此，要用人工增氧的方法来补充作物根系对氧的消耗，这是水培技术种植成功与否的一个重要环节。人工增氧的方法主要有以下4种：一是进行营养液的搅拌。通过机械的方法来搅动营养液而打破营养液的气—液界面，让空气溶解于营养液之中，这种方法有一定效果，但很难具体实施，因为种植植物的营养液中有大量的根系存在，一经搅拌极易伤根，会对植物的正常生长产生不良的影响；二是用压缩空气泵将空气直接以小气泡的形式在营养液中扩散以提高营养液溶解氧含量。这种方法的增氧效果很好，但在规模化生产上要在种植槽的许多地方安装通气管道及起泡器，施工难度较大，成本较高，一般很少采用。这种方法主要用在进行科学研究的小盆钵水培上；三是用化学增氧剂加入营养液中增氧的方法。在日本，有一种可控制双氧水（H_2O_2）缓慢释放氧气的装置，将这种装置装上双氧水之后放在营养液中即可通过氧气的释放来提高营养液的溶解氧。这种方法虽然增氧的效果不错，但价格昂贵，在生产上难以采用，现主要用于家用的小型装置中；四是进行营养液的循环流动的方法。通过水泵将贮液池中的营养液抽到种植槽中，然后让其在种植槽流动，最后流回贮液池中形成不断的循环。在营养液循环过程中通过水流的冲击和流动来提高溶解氧含量。不同的无土栽培技术，其设施的设计不同，因此，营养液循环的增氧效果也不一样。可在循环管道中加上空气混入器，增加营养液循环流动时的落差和将营养液在种植槽中喷出时尽可能地分散以及适当增加水泵的压力等方法来提高营养液中溶解氧含量。

（3）循环流动的增氧效果。无土栽培设施的设计不同，水泵循环时间的不同以及营养液液层深度的不同，循环流动的增氧效果也不一样，生产者要根据其设施的不同灵活掌握循环流动的时间。下面是两个循环流动来增氧的例子，可给出一些启示。

①华南农业大学无土栽培技术研究室用小型深液流水培装置做的试验结果。利用长×宽×高=150cm×100cm×12cm的种植槽来种植8株番茄，每个种植槽中可盛营养液100L，液深7cm，每株番茄实际占有营养液12.5L。8月27日定植，11月11日开始收获（种植槽中生长75d），此时番茄根系已布满全槽。营养液的循环流动采用15W小水泵进行，水泵流量为6L/h，试验前连续开启水泵12h到第2d（11月11日）8：00关闭水泵，此时营养液中的溶解氧含量达饱和溶解氧含量的92%，到14：00水泵已关闭6h，测得此时营养液中的溶解氧含量相当于饱和溶氧量的30%，平均每小时下降10.3%；而在14：00开启水泵恢复循环2.5h之后（16：30），营养液的溶解含量上升至饱和溶解氧含量的91%，平均每小时增加24.4%。通过这样的循环流动所增加的溶解氧的速率大大超过番茄的耗氧速度，完全可以满足其正常生长的需要。

②日本板木利隆在一个总液量为1 400L、液深12cm的深液流水培系统中种植50株黄瓜，平均每株占有营养液28L，水泵流量为23L/min，每小时1 400L（即每小时可将种植系统的营养液循环一次）。9月1日播种，10月20日进入收获期，此时种植槽中已长满根系，在10月20日15：00将水泵关闭停止循环48h，一直到10月22日11：00再恢复循环流动8h，每隔4h测定一次营养液的溶解含量（表3-12）。结果表明，在停止循环流动8h之后，营养液中的溶解氧含量从饱和溶解氧含量的70%降至54%，即从6.3mg/L降为4.5mg/L，下降1.8mg/L，即下降28.6%；随着停止循环流动时间的延长，营养液的溶解氧含量继续下降，在24h以后至48h为止，其下降速度有所减缓，在28h以后，营养液中的溶解氧含量降低至饱和溶解氧含量的10%以下。而实际上，在停止循环流动8h之后营养液中的溶解氧含量已降低到可能会影响黄瓜生长的水平。在48h之后开启水泵循环流动8h，营养液中的溶解氧含量就从饱和溶解氧含量的2%上升到73%，即从0.18mg/L上升到6.45mg/L，上升97.2%，说明在这个试验循环流动的情况下，增氧速度大大超过黄瓜的耗氧量。营养液循环流动的增氧效果见表3-13。

表3-13　营养液循环流动的增氧效果

溶液中含氧量 （饱和溶解度的%）	70	61	54	45	37	25	20	11	6	6	5	4	2	58	73
经过的时间（h）	0	4	8	12	16	20	24	28	32	36	40	44	48	52	56
循环流动起止标志	开始停止流动 ──────────────────────→ 恢复流动 →														
液温	21℃　　　　　　　　　22℃														
槽内总液量及流速	总液量1 400L，液层深12cm，每分钟进出23L，每小时1 400L														
种植作物日期与长势	黄瓜9月1日播种，10月20日进入收瓜期，已在种植槽内长满根系														
测定日期	10月20日15：00起停止流动，22日11：00起恢复流动														

（四）营养液的更换

经过一段较长时间种植作物的营养液，要将它排掉，重新更换新配制的营养液。因为长时间种植作物的营养液会由于各种原因而造成营养液中积累过多有碍于作物生长的物质，当这些物质积累一定程度时就会妨碍作物的生长，严重时可能会影响到营养液中养分的平衡、病菌的繁衍和累积、根系的生长甚至植株的死亡。而且这些物质在营养液中的累积也会影响到用电导率仪测定营养液浓度的准确性，因此，在一定种植时间之后需更换。

究竟营养液使用多久之后需要更换呢？这可以通过测定营养液的总盐分浓度或主要营养元素的含量来判断，也可以根据经验来判断。当用电导率仪测定营养液的浓度时，不仅植物必需的营养元素浓度反映到电导率值的变化上，而且其他的具有导电性的非营养物质也反映出来，因此，长时间使用的营养液用电导率仪来测定其浓度就变得不够准确。在连续测定营养液一段时间之后，如果发现补充营养几次之后，虽然植物仍可正常生长，但营养液的电导率值一直处于一个较高的水平而不降低，这说明此时营养液中非营养成分的物质可能积累得较多。当然，更加准确地了解营养液中的养分含量情况，用化学分析测定营养液中大量营养元素N、P、K的含量是最准确的。如果这些大量营养元素含量很低，而营养液的电导率又很高，说明此时营养液中含有非营养成分的盐类较多，营养液需要更换。

如果在营养液中积累了大量的病菌而致使种植作物已经开始发病，而此时的病害已难以用农药来进行控制时，就需要马上更换营养液，更换时要对整个种植系统进行彻底的清洗和消毒。

如果没有进行大量营养元素分析的仪器设备等条件，可以根据经验的方法来确定营养液的更换时间。种植作物的营养液要尽可能选用较为平衡的营养液配方，这样在种植过程中就不需要经常性地用稀酸或碱来中和。一般地，在软水地区，生长期较长的作物（每茬3～6个月，如黄瓜、甜瓜、番茄、辣椒等）在整个生长期中可以不需要更换营养液，水分和养分消耗之后只要补充即可；当然，如果病菌大量累积而引起作物发病且难以用农药控制的情况除外。而生长期较短的作物（每茬1~2个月，如许多的叶菜类），一般不需要每茬都更换，可连续种植3~4茬才更换一次营养液，在前茬作物收获后将种植系统中的残根及其他杂物清理掉之后再补充养分和水分即可种植下一茬作物。这样可以节约养分和水分的用量。

（五）营养液温度的控制

除了在较现代化的温室种植以及北方寒冷的冬天外，我国目前进行的无土栽培生产大多采用一些较为简易的设施来进行，一般没有温度的调控设备，难以人为地控制营养液的温度。但如果利用设施的结构和材料以及增设一些辅助设备，可在一定程度上来控制营养液的温度。利用泡沫塑料或水泥砖砌等保温隔热性能较好的材料来建造种植槽，冬季温度较低时可起到营养液的保温作用，而在夏季高温时可以隔绝太阳光的直射而使营养液温度不致于过高。同时设地下贮液池和增加每株植物平均占有的营养液量，利用水这种热容量较大的物质来阻止液温的急剧变化。华南农业大学无土栽培技术研究室在广州地区夏季于塑料拱棚内用深液流无土栽培设施种植芥菜的结果表明，当棚内最高气温达到40℃时，营养液的液温一般不会超过30℃。

在有条件的地方也可以设增温或降温装置。可在地下贮液池中安装热水管或冷水管道，利用锅炉或厂矿的余热来加温，也可以通过电加热装置来增温，但成本较高。降温时可通过利用抽取温度较低的地下水来进行。

七、废液处理和利用

随着人们环境保护意识的增强，对无土栽培系统中所排出废液的处理和再利用日益重视。荷兰政府规定2000年以后，温室生产要做到"封闭式"，即废物废液不准向外排放；日本在1999年的无土栽培学会年会上对此进行了专场讨论。我国农业环境污染非常严峻，水体的富营养化和土壤盐渍化严重地威胁着农业的可持续发展。无土栽培废液不加处理就排放或不进行有效的利用，将对环境产生很大压力。

（一）废液处理

无土栽培系统中排出的废液，并非含有大量的有毒物质而不能排放，主要是因为大面积栽培时，大量排出的废液将会影响地下水水质，如大量排向河流或湖泊将会引起水的富营养化。另外，即使有基质栽培的排出废液量少，但随着时间的推移，也将对环境产生不良的影响。因此，一般认为重复循环利用或回收作肥料等是比较经济且环保的方法，然而在此之前必须进行以下处理。

1. 杀菌和除菌

根系病害和其他各种病原菌都会进入营养液中,必须要进行杀菌和除菌之后才能再利用。一般营养液杀菌和除菌的方法有如下几种。

(1)紫外线照射。紫外线可以杀菌,日本研发出一种"流水杀菌灯",适用于NFT和岩棉培等营养液流量少的无土栽培系统,可有效地抑制番茄青枯病和黄瓜蔓枯病的蔓延。

(2)加热。把废液加热,利用高温来杀菌。如番茄青枯病菌在60℃、10min就可杀死,而根腐病要80~95℃、10min才能杀死。但大量废液加热杀菌处理费用较高。

(3)过滤。用1m以上的沙层让营养液慢慢渗透通过,在欧洲生产上使用沙石过滤器除去废液中的悬浮物,如图3-10所示;再结合紫外线照射,可杀死废液中的细菌。

(4)拮抗微生物。用有益微生物来抑制病原菌的生长,原理与病虫害的生物防治相同。

(5)药剂。药剂杀菌效果非常好,但应注意安全生产和药剂残留的不良影响。

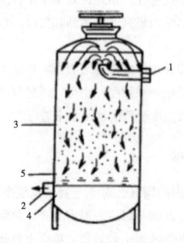

1.进液口;2.出液口;3.过滤器壳体;4.过滤器单元;5.过滤介质

图3-10　沙石过滤器构造
(来源:郭世荣,2003)

2. 除去有害物质

在栽培过程中,根系会分泌一些对植物生长有害的物质累积在营养液中,一般可用上面提到的过滤法或膜分离法除去。膜分离法是利用一种特殊的膜,加上一定的压力使水从膜内渗出,有害物质、盐类物质等大分子不能通过此膜。

3. 调整离子组成

进行营养成分测定,根据要求进行调整,再利用。

（二）废液有效利用

废液经处理后收集起来，进行再利用。

1. 再循环利用

处理过的废液可以用于同种作物或其他作物的栽培。例如，日本设计出一套栽培系统，营养液先进入果菜类蔬菜的栽培循环，废液经处理后进入叶菜类蔬菜栽培循环，废液再处理最后进入花菜等蔬菜栽培循环。

2. 作肥料利用

最常见的是处理后的废液作土壤栽培的肥料，但应注意与有机肥合理搭配使用。

3. 收集浓缩液再利用

用膜分离法或多次使用后通过自然蒸发把废液浓缩收集起来，在果菜类结果期使用，可以提高营养液的养分浓度，从而提高果实品质。

第二节　营养液及植株的化学分析

在无土栽培中，由于受温度、湿度和光照等环境条件以及植物种类和不同生长发育阶段的影响，植物对营养液中各种营养元素和水分的吸收经常发生变化，导致营养液在浓度、组成和pH值等方面发生变化。因而有必要通过营养液及植株的化学分析对营养液进行检测和调控，这已成为无土栽培生产管理中的主要工作之一。

一、水及营养液的化学分析

在未种植作物之前或在种植作物的过程中分析水中的某些元素或其他性质，以确定所选用的水源是否适用于无土栽培。而营养液的化学分析是指当营养液使用一段时间之后，用化学分析的方法测定其浓度变化以及主要营养元素如N、P、K、Ca、Mg、Fe等浓度的变化，通过分析可计算出营养液中各种营养元素的含量，通过比较新配制的营养液中所含的各种营养元素的含量与植物生长一段时间之后所测定的含量，就可确定出植株吸收的数量，从而确定向营养液中补充营养元素的具体数量，以达到调节营养液浓度的目的。此外，有时还要测定Na^+、SO_4^{2-}、Cl^-等离子在营养液中累积的数量，以确定是否过量致足以影响到植物正常生长的水平。在营养液酸碱度方面，测定溶液pH值以掌握营养液酸碱度变化情况，并以此测定结果为依据来调节营养液的酸碱度。

（一）水及营养液的采样

对水及营养液取样分析时，应注意所取的样本要具有代表性，以正确反映其实际情况。在取水样时，要在一天中分不同时段各采取一定量的水样，然后根据需要进行分批测定或将这些不同时段所采集的水样合并后作为混合样。在取水培营养液样本时，应对营养液进行充分的循环，使得营养液均匀后才取样。用已洗净的容器直接从贮液池中采集，也可在种植槽中采集，并重复多次取样分析。从基质培的基质中取样时，则应用专门的挤压器或用手挤压基质，随机多点取样。用手取样挤压时，最好戴上用蒸馏水清洗过的橡胶手套，每取一个样后都必须用蒸馏水清洗一次手套。所取样品数量的多少，应视分析项目而定，以满足各项分析测定之用为原则。

（二）营养液的酸碱度和电导率测定

1.酸碱度的测定

营养液的酸碱度用pH值表示。当营养液呈中性时，则H^+离子和OH^-离子浓度相等，此时pH值为7.0；当OH^-离子占优势时，pH>7.0，营养液呈碱性；反之，H^+离子占优势时，pH<7.0，营养液呈酸性。由于营养液与基质的反应和作物对营养液中阴阳离子的不平衡吸收，使得pH值经常发生变化，营养液pH值的过高或过低，均会直接或间接地影响作物的生长，因此，在无土栽培管理过程中，经常测定营养液或基质的pH值并对其进行调整是很有必要的，它是无土栽培生产中的一项日常管理工作。

（1）中和滴定法。利用标准浓度的酸液或碱液来对所测定的样品进行中和滴定，根据消耗的酸液或碱液的数量来计算出水或营养液的pH值。

（2）电位法。电位法是利用pH值玻璃电极为指示电极，用甘汞电极或银—氯化银电极为参比电极的酸度计（pH计）测定水或营养液pH值的方法。当参比电极和指示电极插入水或营养液时，构成一电池反应，两者之间产生一个电位差，由于参比电极的电位是固定的，因而参比电极与指示电极之间的电位差的大小决定于溶液中H^+的活度。而H^+的活度的负对数即为pH值。因此，通过测定电位差可换算成pH值。酸度计（pH计）可直接读出溶液的pH值。这种方法测得的pH值准确可靠，操作非常方便，是最常用的pH值测定方法。

长期闲置的玻璃电极在使用前需放在水中或0.1mol/L NaCl溶液中浸泡12～24h，以活化玻璃电极。使用时先轻轻震动电极，使电极内的溶液流入球泡部分，防止气泡的存在。如电极表面沾有油污，可用酒精浸泡，最后用清水冲洗干净。

甘汞电极应经常从侧口补充饱和KCl溶液和KCl固体，使用一段时间后或使用时发现pH计上零点调节不灵，应检查其电阻，如果电阻太大（一般为5 000～10 000Ω），则表示电极失效，应更换。

（3）比色法。通过不同的混合指示剂与水或营养液反应产物所产生不同的颜色，用肉眼观察来确定水或营养液酸碱度的一种方法。混合指示剂是用2种或2种以上的指示剂按一定的比例混合溶解而成，它们在不同酸碱条件下会发生解离，从而生成不同的颜色变化，这样就可根据水或营养液在加入混合指示剂后颜色的变化情况来判别此时的pH值。每一种指示剂都有其一定的变色范围，不同指示剂的变色范围是不相同的，如将几种pH值变色范围的指示剂混合在一起，则可测得较宽的pH值变色范围。

（4）pH值永久色阶比色法。利用一些溶液中有颜色的无机盐按照一定的浓度配制成溶液来模拟在酸碱混合指示剂存在下不同pH值时溶液的颜色，从而相互比较而得到溶液的pH值。这种方法操作简单，而且准确性较高。

2. 电导率的测定

营养液中的无机盐是强电解质，具有导电作用，其导电能力的强弱可用电导率表示。在一定浓度范围内，溶液的含盐量与电导率呈正相关。含盐量越高，溶液电导率越大，因此，营养液电导率的数值能反映出营养液中盐分含量的高低。

（三）营养液中主要营养元素的化学分析

1. 氮

（1）硝态氮。采用酚二磺酸法测定硝态氮。酚二磺酸在无水条件下与硝酸根反应，然后在碱性条件下分子重排，生成黄色的络合物，在一定浓度下，硝酸根离子的浓度与络合物的颜色深浅呈正比，因此可在分光光度计上直接测定NO_3^--N的浓度。

此外，还可采用硝酸根电极法测定溶液中NO_3^--N的浓度，请参阅有关书籍。

（2）铵态氮。

①蒸馏法。溶液中的铵离子加碱反应形成氨，经蒸馏之后让氨逸出，通过加入甲基红—溴甲酚绿指示剂的硼酸溶液吸收氨，然后用标准酸液滴定吸收液即可测得NH_4^+-N含量。

②纳氏试剂比色法。在碱性溶液中，营养液中的铵离子与纳氏试剂生成碘化氨基氧化汞黄色化合物。其反应如下：

$$4KI+HgCl_2 \rightarrow K_2[HgI_4]+2KCl$$

$$2K_2[HgI_4]+NH_3+3KOH \rightarrow [Hg_2O \cdot NH_2]I+7KI+2H_2O$$

在一定浓度范围内，黄色的深浅与营养液中铵离子的含量成正比，在分光光度计下比色，即可得出营养液中铵离子的含量。

2. 磷

采用钼锑抗比色法测定磷。在一定酸度和三价锑离子存在的条件下，溶液中的磷与钼酸铵形成锑磷钼混合杂多酸，在常温下，锑磷钼杂多酸被抗坏血酸还原为磷钼黄。溶液中的磷含量与形成的磷钼黄的浓度呈正相关关系，由此可用比色法测定溶液中磷的含量。

3.钾

采用火焰光度法测定钾。火焰光度计是测定钾等待测元素通过火焰激发为光谱能量强度的仪器。测定时用压缩空气使待测溶液喷成雾状，并与乙炔混合后燃烧，溶液中的钾离子燃烧受热后会发射出特定波长的光，用滤光片分离选择后，由光电池把火焰中发出的这种波长的光转变成光电流，再由检流计测定出电流的强度，光电流的大小与溶液中钾离子含量呈正相关关系，再从同样条件下测定的标准溶液所做的曲线上查出相应的浓度。

4.钙、镁、铁

采用原子吸收分光光度法测定钙、镁、铁。原子吸收分光光度法是应用原子吸收光谱来进行分析的一种方法。分析时，从光谱辐射出具有钙、镁等待测元素的特征谱线的光，通过待测样品所产生的原子蒸气时，被蒸气中待测元素的基态原子所吸收，由辐射特征、谱线特征、谱线光度、减弱的程度来测定待测样品中元素含量。若溶液中存在干扰离子如Al^{3+}、PO_4^{3-}和Si^{2+}等对Ca^{2+}、Mg^{2+}有干扰，可加入释放剂$LaCl_3$或$SrCl_2$来消除干扰。

（四）营养液中氯的测定

1.滴定法

在中性至弱碱性的范围内（pH值为6.5～10.5）以铬酸钾为指示剂，用硝酸银滴定氯化物时，由于氯化银的溶解度小于铬酸银的溶解度，氯离子首先被完全沉淀出来后，然后铬酸盐以铬酸银的形式被沉淀，产生砖红色，以此指示滴定终点。

$$Ag^+ + Cl^- \rightarrow AgCl\downarrow$$
$$2Ag^+ + CrO_4^{2-} \rightarrow Ag_2CrO_4\downarrow（砖红色）$$

2.比浊法

氯离子与硝酸银形成白色沉淀，当沉淀的数量较少时，白色沉淀在硝酸的酸性溶液中表现出胶状的混浊。在一定浓度范围内，氯离子浓度越高，形成胶状混浊物越多，溶液越混浊。通过与已知氯离子浓度的标准对比即可得知待测液中氯离子的浓度。该方法的准确性稍差，但操作简单，不需要特别的仪器即可进行。

二、植株的化学分析

植株的化学分析就是在植物生长的某一时期取植株的全部或部分组织进行化学分析。按其目的可分为营养诊断分析和产品分析两类。营养诊断分析是研究植株对各营养元素的吸收、分配来判断养分状况;而产品分析则是分析产品的有关成分,借以评定产品的营养价值或品级。分析结果均对配制营养液所需肥料种类、用量、作物各生长阶段所需营养元素的比例及配方的确定、对产品的品质影响等具有重要的指导意义,有助于诊断元素的不足或过量,指导营养液配方的调整。

（一）植株的采样

植物样品的采集在植物的化学分析中是一件重要的工作,如果样品缺乏代表性,分析做得再好也是徒劳,甚至还可能导致错误的判断。采样包括采样时期和采样部位的选择,对分析结果的准确性有重要影响。采样时期可根据分析项目而定。例如需要分析某种蔬菜所需营养元素的比例和用量,就应按各类蔬菜生长发育特点,分期取样,对于果菜类,可在幼苗期、开花期、果实着色期和果实成熟期取样;而对于叶菜类,可在幼苗期、生长中期、产品器官形成期取样。取样部位亦因分析项目不同而有所差异。例如,品质分析与营养元素含量分析有所不同。一般采取可食部位,例如果菜类的果实作为样品。取样时,应注意有虫害、病害或机械损伤的植株不能作为样品。至于取样的量,应在有代表性的前提下,以方便处理和满足分析工作的需要来确定。

（二）植株的主要元素或化合物含量分析

1. 样品的制备和保存

采集的植株样品需在102～105℃下烘15～45min杀青,以使细胞组织失活(松软组织烘15min左右,致密坚实的组织烘30min左右),然后降温至60～70℃烘干。干燥的样品可用研钵或带刀片的(用于茎叶样品)或齿状的(用于种子样品)磨样机粉碎,并全部过筛。分析样品的细度须视称样量的大小而定,通常可用孔径为1mm的筛。如称样仅1～2g者,宜用0.5mm筛;称样量小于1g者,须用0.25mm或0.1mm筛。磨样和过筛都必须考虑不要污染样品,特别是要做微量元素含量分析时,如测定Fe、Mn的样品,不能接触铁器;测定Cu、Zn用的样品不能接触黄铜和镀锌的器械。一般以玛瑙球磨或玛瑙研钵粉碎为好,特别的不锈钢磨或瓷研钵也可选用。样品过筛后须充分混匀,保存于磨口的广口瓶中,贴上标签。

2. 植株N、P、K含量的测定

（1）样品的消煮。采用浓H_2SO_4-H_2O_2消煮法消煮样品。植株样品中的氮、磷大多数是以有机态的形式存在,钾则主要以离子态的形式存在。样品在浓H_2SO_4溶液中,经脱水炭化、氧化等一系列作用,同时氧化剂H_2O_2在热浓H_2SO_4溶液中分解出具有强烈氧化作用的初生态氧,它分解H_2SO_4所没有破坏的有机物,使有机氮、磷转化为铵盐和磷酸盐,这样就可在同一消煮液中测定氮、磷、钾。

（2）全氮的测定。采用半微量凯氏蒸馏定氮法测定全氮,方法原理同营养液铵态氮测定。

（3）全磷的测定。采用钒钼黄比色法测定全磷。经H_2SO_4-H_2O_2消煮分解后的待测液中的正磷酸盐能和偏钒酸盐在酸性条件下作用形成黄色的钒钼酸盐，其黄色的深浅与待测液中的磷含量成正比，并且这种黄色物质很稳定，可用比色法来测定。

（4）全钾的测定。采用火焰光度法测定全钾，方法原理同营养液中钾的测定。

3. 钙、镁、铁的测定

采用原子吸收分光光度法测定钙、镁、铁，方法原理同营养液Ca、Mg、Fe的测定。

4. 灰分元素的测定

植物体内含有多种元素，在高温和氧存在条件下，大部分金属和硅元素以氧化物形式存在于灰分中。通常可以利用元素与特殊试剂的专一性反应，产生特定的结晶或颜色，来定性判断元素的存在。将植物样品在高温（550℃左右）的马福炉中灼烧，使碳水化合物等有机物分解挥发，留下不燃烧的均属于矿质元素。将灰分溶于5% HCl中充分振荡均匀后过滤进行测定。

（三）产品主要品质性状分析

1. 维生素C的测定

采用2,6-二氯靛酚滴定法测定维生素C。维生素C分子中有烯二醇结构存在，具有还原性，可将蓝色染料2,6-二氯靛酚还原为无色的化合物。2,6-二氯靛酚具有酸碱指示和氧化还原指示的两种特性：在碱性介质中呈深蓝色，在酸性介质中呈浅红色；氧化态时呈深蓝色（在碱性介质中）或浅红色（在酸性介质中），还原态时为无色。由此可用蓝色染料2,6-二氯靛酚碱性的标准液滴定含有维生素C的植物样品酸性浸出液由无色刚变为浅红色时即为滴定终点，由染料的用量即可计算出植物样品中的维生素C含量。

2. 粗纤维的测定

采用酸碱洗涤法测定粗纤维。将粉碎的植物样品用酸液和碱液水解，其中酸液可除去样品中的淀粉、果胶质和部分半纤维素，碱液可除去蛋白质、脂肪及部分半纤维素和木质素，最后将经过酸碱水解之后得到的样品残渣烘干称重，再经灰化后称灰分含量，然后把残渣烘干重量减去灰分重量，即可得到植物样品的粗纤维含量。

3. 还原糖含量的测定

采用铜还原直接滴定法测定还原糖含量。斐林试剂由硫酸铜溶液（A液）和氢氧化钠与酒石酸钾钠溶液（B液）组成。还原糖可使斐林试剂还原为Cu_2O沉淀，而本身被氧化为戊糖酸。在沸热条件下，用还原糖滴定一定量斐林试剂时，铜的酒石酸络盐被还原糖还原，产生红色沉淀。滴定时以亚甲基蓝为氧化还原指示剂，稍过量的还原糖可使蓝色的氧化型亚甲基蓝还原为无色的还原型，此时即为滴定终点。还原糖与斐林试剂反应的完全程度与滴定时的条件有很大的关系，故须严格按照操作规定来进行。

4. 水溶性总糖含量的测定

采用酸水解—铜还原直接测定法测定水溶性总糖含量。利用酸液把双糖、多糖等非还原性的糖水解为还原性的单糖，然后利用上述还原性糖与斐林试剂反应的原理来测定糖的含量。

5. 硝态氮含量的测定

采用紫外分光光度法测定硝态氮含量。植物样品浸提液中的NO_3^--N对波长为220mn的紫外光有一最大的吸收峰，对275nm波长的紫外光也有一弱吸收峰。利用这一特性，通过紫外分光光度计就可测定待测样品的硝态氮含量。但植物样品的浸提液中存在着许多干扰紫外光吸收的物质，可通过下列方法来消除：首先是植物色素的干扰，可在浸提样品时加入一定量的活性炭或高岭土即可消除色素，而此时浸提液的硝态氮并不会被活性炭或高岭土吸附；还需用硫酸银溶液排除Cl^-、OH^-和有机质的干扰；用硫酸铜溶液排除HCO_3^-、CO_3^{2-}、OH^-等的干扰；最后再将加入的Ag^+、Cu^{2+}等用碳酸氢钙溶液除去。

第三节　无土栽培的固体基质

在各种无土栽培生产技术中，或多或少地要用到固体基质。在有固体基质的无土栽培类型中，固体基质是根系生长的场所，是这些无土栽培技术类型的基础；而在无固体基质的无土栽培类型中，无论是水培中的营养液膜技术、深液流技术还是浮板毛管水培技术或者是喷雾培技术，都要在育苗时使用固体基质，在定植时用少量的固体基质来固定和支撑植物。因此，固体基质在无土栽培生产中起着重要的作用。

有固体基质的无土栽培类型由于植物根系生长的环境较为接近天然土壤，因此在生产管理中较为方便，而且具有设备简单、一次性投资较少、性能相对较稳定、经济效益较好等特点，近10多年来，随着具有良好性能的新型固体基质的开发利用以及在生产上工厂化育苗技术的推广，我国的固体基质栽培的面积不断扩大。

无土栽培的固体基质种类繁多，包括河沙、石砾、蛭石、珍珠岩、岩棉、泥炭、锯木屑、炭化稻壳（砻糠灰）、多孔陶粒、泡沫塑料等。

一、固体基质的作用与选用原则

（一）作用

1. 固定支撑植物的作用

这是无土栽培中所有的固体基质最主要的一个作用。固体基质的使用使得植物能够保持直立而不至于倾倒，同时给植物根系提供一个良好的生长环境。

2. 持水作用

任何固体基质都有保持一定水分的能力，只是不同基质的持水能力有差异，而这种持水能力的差异可因基质的不同而差别甚大。例如，颗粒粗大的石砾其持水能力较差，只能吸持相当于其体积10%～15%的水分，而泥炭则可吸持相当于其本身重量10倍以上的水分，珍珠岩也可以吸持相当于本身重量3～4倍的水分。不同吸水能力的基质可以适应不同种植设施和不同作物类别生长的要求。一般要求固体基质所吸持的水分要能够维持在两次灌溉间歇期间作物不会失水而受害，否则将需要缩短两次灌溉的间歇时间，但这样可能造成管理上的不便。

3. 透气作用

固体基质的另一个重要作用是透气。因为植物根系生长过程的呼吸作用需要有充足的氧气供应，因此，保证固体基质中有充足的氧气供应对于植物的正常生长起着举足轻重的影响。如果基质过于紧实、颗粒过细，可能造成基质中透气性不良。固体基质中持水性和透气性之间存在着对立统一的关系，即固体基质中水分含量高时，空气含量就低，反之，空气含量高时，水分含量就低。因此，良好的固体基质必须是能够较好地协调空气和水分两者之间的关系，也即在保证有足够的水分供应给植物生长的同时也要有充足的空气空间，这样才能够让植物生长良好。

4. 缓冲作用

缓冲作用是指固体基质能够给植物根的生长提供一个较为稳定环境的能力，即当根系生长过程中产生一些有害物质或外加物质可能会为害到植物正常生长时，固体基质会通过其本身的一些理化性质将这些为害减轻甚至化解。并非任何一种固体基质都具有缓冲作用，有相当一部分固体基质是不具备缓冲作用的。作为无土栽培使用的固体基质并不要求具有缓冲作用。

具有物理化学吸收能力的固体基质都有缓冲作用。如泥炭、蛭石等就具有缓冲作用。一般把具有物理化学吸收能力、有缓冲作用的固体基质称为活性基质。而没有物理化学吸收能力的固体基质就不具有缓冲能力，如河沙、石砾、岩棉等就不具有缓冲作用。这些不具有缓冲能力的固体基质称为惰性基质。生长在固体基质中的根系在生长过程中会不断地分泌出有机酸，根表细胞的脱落和死亡以及根系释放出的CO_2如果在基质中大量累积，会影响根系的生长；营养液中生理酸性或生理碱性盐的比例搭配不完全合理的情况下，由于植物根系的选择吸收而产生较强的生理酸性或生理碱性，从而影响植物根系的生长。而具有缓冲作用的基质就可以通过基质的物理的或化学的吸收能力将上述的这些为害植物生长的物质吸附起来，没有缓冲作用的固体基质就没有此功能，因此，根系的生长环境的稳定性就较差，这就需要种植者密切关注基质中理化性质在种植过程中的变化，特别是选用生理酸碱性盐类搭配合适的营养液配方，使其保持较好的稳定性。

具有缓冲作用的固体基质在生产上的另一个好处是可以在基质中加入较多的养分，让养分较为平缓地供给植物生长所需，即使加入基质中的养分数量较多也不致于引起烧苗的现象，这就给生产上带来一定的方便。但具有缓冲作用的固体基质也有一个弊端，即加入基质中的养分由于被基质所吸附，究竟这些被吸附的养分何时释放出来供植物吸收、释放出来的数量究竟有多少等都无从了解，因此，在定量控制植物营养需求时就造成一定困难。但总的来说，具有缓冲作用的固体基质要比无缓冲作用的来得好一些，使用上较为方便，种植过程的管理要简单一些。

（二）理化性质

固体基质之所以具备上述的一些作用，是因为其本身所具有的理化性质所决定的。不同固体基质的物理性质和化学性质不一样，只有较为深刻地认识它们，才能够根据某一基质的性质进行合理利用，摒弃短处，充分利用长处，发挥良好的作用。

1.物理性质

在无土栽培中，对作物生长影响较大的基质物理性质主要包括容重、密度、总孔隙度、持水量、大小孔隙比以及颗粒粒径大小等。

（1）容重。指单位体积固体基质的重量，以g/L、g/cm^3或kg/m^3来表示。具体测定某一种固体基质的容重时可用一个已知体积的容器（如量筒或带刻度的烧杯等）装上待测定的基质，再将基质倒出后称其重量，以基质的重量除以容器的体积即可得到这种基质的容重。为了比较几种不同基质的容重，应将这些基质预先放在阴凉通风的地方风干水分后再测定。因为含水量不同，基质的容重存在着很大差异。不同基质组成不同，因此在容重上有很大差异（表3-14）；同一种基质由于受到颗粒粒径大小、紧实程度等的影响，其容重也有一定差别。例如新鲜蔗渣的容重为$0.13g/cm^3$，经过9个月堆沤分解，原来粗大的纤维断裂，容重则增加至$0.28g/cm^3$。

表3-14　几种常用固体基质的容重和密度

基质种类	容重（g/cm^3）	密度（g/cm^3）
土壤	1.10～1.70	2.54
沙	1.30～1.50	2.62
蛭石	0.08～0.13	2.61

（续表）

基质种类	容重（g/cm³）	密度（g/cm³）
珍珠岩	0.03 ~ 0.16	2.37
岩棉	0.04 ~ 0.11	
泥炭	0.05 ~ 0.20	1.55
蔗渣	0.12 ~ 0.28	

基质的容重可以反映基质的疏松、紧实程度。容重过大，则基质过于紧实，通气透水性能较差，易产生基质内渍水，对作物生长不利；而容重过小，则表示基质过于疏松，通气透水性能较好，有利于作物根系伸展，但不易固定植物，易倾倒，在管理上增加困难。但如果基质的物理性能较好，如岩棉的纤维较牢固，不易折断，而且高大的植株采用引绳缠蔓的方式使植株向上生长，则容重可小一些。一般地，基质的容重在0.1 ~ 0.8g/cm³范围内，作物的生长效果较好。

（2）密度。指单位体积固体基质的质量，以g/L、g/cm³或kg/m³来表示。密度与容重是不同的概念，其区别在于容重所指的单位体积基质中包括孔隙所占有的体积也计算在内，而密度的单位体积就是基质本身的体积，而不包括空气或水分所占有的体积。密度的测定较为麻烦，特别是容重小的基质，测定就更为麻烦。可采用密度瓶法来测定，在实际生产中一般不测定基质的密度。

（3）总孔隙度。总孔隙度是指基质中包括通气孔隙和持水孔隙在内的所有孔隙的总和。它以占有基质体积的百分数（%）来表示。总孔隙度大的基质，其水和空气的容纳空间就大，反之则小。

基质的总孔隙度可以下列公式来计算：

$$总孔隙度(\%) = \left(1 - \frac{容重}{密度}\right) \times 100$$

由于基质的密度测定较为麻烦，可按下列方法进行粗略估测。

取一已知体积（V）的容器，称其重量（W_1），在此容器中加满待测的基质，再称重（W_2），然后将装有基质的容器放在水中浸泡一昼夜（加水浸泡时要让水位高于容器顶部，如果基质较轻，可在容器顶部用一块纱布包扎好，称重时把包扎的纱布取掉），称重（W_3），然后通过下式来计算这种基质的总孔隙度（重量以g为单位，体积以cm³为单位）。

$$总孔隙度(\%) = \frac{(W_3 - W_1) - (W_2 - W_1)}{V} \times 100$$

总孔隙度大的基质较轻，基质疏松，较为有利于作物根系生长，但固定和支撑作物的效果较差，容易造成植物倒伏。如岩棉、蛭石、蔗渣等的总孔隙度在

90%~95%；而总孔隙度小的基质较重，水、气的总容量较少，如沙的总孔隙度约为30%。因此，为了克服某一种单一基质总孔隙度过大或过小所产生的弊病，在实际应用时常将2~3种不同颗粒大小的基质混合制成复合基质来使用。

（4）大小孔隙比。基质的总孔隙度只能反映一种基质中水分和空气能够容纳的空间的总和，它不能反映基质中水分和空气各自能够容纳的空间。

大孔隙是指基质中空气所能够占据的空间，也称通气孔隙；而小孔隙是指基质中水分所能够占据的空间，也称持水孔隙。通气孔隙和持水孔隙所占基质体积的比例（%）的比值称为大小孔隙比。用下式表示：

$$大小孔隙比 = \frac{通气孔隙所占比例 (\%)}{持水孔隙所占比例 (\%)}$$

要测定大小孔隙比就要先测定基质中大孔隙和小孔隙各自所占的比例，其测定方法如下。

取一已知体积（V）的容器，装入固体基质后按照上述的方法测定其总孔隙度后，将容器上口用一已知重量的湿润纱布（W_4）包住，把容器倒置，让容器中的水分流出，放置2h左右，直至容器中没有水分渗出为止，称其重量（W_5），通过下式计算通气孔隙和持水孔隙所占的比例（重量以g为单位，体积以cm³为单位）。

$$通气孔隙 (\%) = \frac{W_3 + W_4 - W_5}{V} \times 100$$

$$持水孔隙 (\%) = \frac{W_5 - W_2 - W_4}{V} \times 100$$

一般地，通气孔隙是指孔隙直径在0.1mm以上、灌溉后的水分不能被基质的毛细管吸持在这些孔隙中而在重力的作用下流出基质的那部分空间；而持水孔隙是指孔隙直径在0.001~0.100mm范围内的孔隙，水分在这些孔隙中会由于毛细管作用而被吸持在基质中，因此，也称毛管孔隙；存在于这些孔隙中的水分称为毛管水。

固体基质的大小孔隙比能够反映出基质中的水、气之间的状况，即如果大小孔隙比大，则说明基质中空气容积大而持水容积较小；反之，如果大小孔隙比小，则空气容积小而持水容积大。大小孔隙比过大，则说明通气过盛而持水不足，基质过于疏松，种植作物时每天的淋水次数要增加，这给管理上带来不便；而如果大小孔隙比过小，则持水过多而通气不足，易造成基质内潴水，作物根系生长不良，严重时根系腐烂死亡，而有机基质中的氧化还原电位（Eh）下降，更加剧了对根系生长的不良影响。一般来说，固体基质的大小孔隙比在1.0：（1.5~4.0）的范围内作物均能较好的生长。

（5）颗粒大小。固体基质颗粒的大小（即粗细程度）是以颗粒直径（mm）来表示的。它直接影响到其容重、总孔隙度、大小孔隙度及大小孔隙比等其他物理性状。同一种固体基质其颗粒越细，则容重越小，总孔隙度越大，大孔隙容量越小，小孔隙容量越大，大小孔隙比越小；反之，如果颗粒越粗，则容重越大，总孔隙度越小，大孔隙容量越大，小孔隙容量越小，大小孔隙比越大。因此，为了使基质既能够有足够大的通气孔隙以满足植物根系吸收氧气的要求，又能够在基质中吸持一定量的水分供植物根系对水分的要求，还能够满足管理上方便的要求，基质的颗粒不能太粗大，也不能过于细小，应适中为度。也就是说，如果不能够选择一个颗粒粗细适中的基质，就尽量选择不同粗细的基质互相搭配，以保证基质中通气和持水容量均保持在一个较为适中的水平。

　　由于不同的固体基质性质各异，同一种基质颗粒粗细程度不一，其物理性状也有很大不同，在具体使用时应根据实际情况来选用。表3-15为几种常用固体基质的物理性状，供参考。

表3-15　几种常用固体基质的物理性状

基质种类	容重（g/cm³）	总孔隙度（%）	大孔隙（通气孔隙）（%）	小孔隙（持水孔隙）（%）	大小孔隙比
菜园土	1.10	66.0	21.0	45.00	0.47
河沙	1.49	30.5	29.5	1.0	29.50
煤渣	0.70	54.7	21.7	33.0	0.64
蛭石	0.13	95.0	30.0	65.0	0.46
珍珠岩	0.16	93.2	53.0	40.0	1.33
岩棉	0.11	96.0	2.0	94.0	0.02
泥炭	0.21	84.4	7.1	77.3	0.09
锯木屑	0.19	78.3	34.5	43.8	0.79
炭化稻壳（砻糠灰）	0.15	82.5	57.5	25.0	2.30
蔗渣（堆沤6个月）	0.12	90.8	44.5	46.3	0.96

2. 化学性质

　　对种植在基质中的作物有较大影响的基质的化学性质主要有基质的化学组成和由此所产生的基质的化学稳定性、酸碱度、物理化学吸附能力（阳离子交换量）、缓冲能力和电导率等。

　　（1）基质的化学稳定性。固体基质的化学稳定性是指基质发生化学变化的难易程度。化学变化会引起基质中的化学组成以及原有的比例或浓度发生改变，从而影响到基质的物理性状和化学性状，同时也有可能影响加入基质中的营养液的组成和浓度的变化，影响到原先化学平衡的营养液，进而影响到作物的生长。因此，无土栽培所用的固体基质一般要求有较强的化学稳定性，以避免对外加营养液的干扰，保证作物生长的正常进行。

基质的化学稳定性因其化学组成的不同而有很大差异。由无机矿物构成的基质，如果其组分由长石、云母、石英等矿物组成，则化学稳定性较强；而如果是由角闪石、辉绿石等矿物组成的，则次之；而以白云石、石灰石等碳酸盐矿物组成的，则化学稳定性最差。前两类基质用于无土栽培作物时，性质较为稳定，一般不会影响到营养液的化学平衡，而由石灰石和白云石等碳酸盐矿物为主组成的基质，常会在加入营养液之后，矿物中的碳酸盐溶解出来，pH值升高，同时溶解出来的 CO_3^{2-}、HCO_3^- 与营养液中的 Ca^{2+}、Mg^{2+}、Fe^{2+} 等离子作用而产生沉淀，从而严重影响到营养液中的元素平衡。

由有机的植物残体构成的基质，如泥炭、锯木屑、甘蔗渣、炭化稻壳等，由于其化学组分很复杂，往往会对营养液的组成有一定影响，同时也会影响到植物对营养液中某些元素的吸收。

从有机残体内存在的物质影响其化学稳定性来划分其化学组成的类型，大致可分为三大类：一是易被微生物分解的物质，如碳水化合物中的单糖、双糖、淀粉、半纤维素和纤维素以及有机酸等；二是对植物生长有毒害作用的物质，如酚类、单宁和某些有机酸等；三是难以被微生物分解的物质，如木质素、腐殖质等。含有上述第一类物质较多的有机残体（如新鲜蔗渣、稻秆等）作为基质时，在使用初期会由于微生物活动而引起剧烈的生物化学变化，从而严重影响到营养液的化学平衡，最为明显的是引起植物氮素的严重缺乏。含有第二类物质多的有机残体（如松树的锯木屑等）作为基质时，这些基质中所含有的对植物有毒害作用的物质会直接伤害根系。而含有上述第三类物质的有机残体作为基质时，其化学稳定性最强，使用时一般不会对植物有不良影响，如泥炭以及经过一段时间堆沤之后的蔗渣、锯木屑、树皮等。因此，在使用上述第一类、第二类物质较多的有机残体作为基质时要经过堆沤处理之后才可以使用。堆沤的目的就是使原来在基质中易分解的或是有毒的物质转变为微生物难分解的、无毒的物质。

有机残体中易被微生物分解的物质如果含量较高，在作为基质使用时，会由于微生物的活动而很快把原有的物质结构破坏，在物理性状上表现出基质结构变差、通气不良、持水过盛等现象，因此，在选用时也要注意。

（2）基质的酸碱性（pH值）。不同化学组成的基质，其酸碱性可能各不相同，既有酸性的，也有碱性和中性的。例如石灰质矿物含量高的基质，其pH值较高，泥炭一般为酸性。基质过酸或过碱一方面可能会直接影响到作物根系的生长，另一方面可能会影响到营养元素的平衡、稳定性和对作物的有效性。因此，在使用一种材料作为基质前必须先测定其酸碱度（pH值），如发现其过酸（pH<5.5）或过碱（pH>7.5）时则需采取适当的措施来调节。

（3）阳离子代换量。基质的阳离子代换量（Cation Exchange Capacity，CEC）

是以每100g基质能够代换吸收阳离子的毫摩尔数（mmol/100g）来表示。不同的基质其阳离子代换量有很大差异，有些基质的阳离子代换量可能很大，而有些基质几乎没有阳离子代换量。阳离子代换量大的基质由于会对阳离子产生较强烈的吸附，所以对所加入营养物质的组成和比例会产生很大影响，影响到营养液的平衡，这样所加入营养物质的组成和浓度会在基质中未被作物吸收前就产生较大的变化，使得难以了解基质中易被植物吸收的那部分养分的实际数量，也就较难对所需的养分浓度和组成进行有效控制，这是其不利的一面；但它也有有利的一面，既可以在基质中保存较多的养分，减少养分随灌溉水而损失，提高养分的利用效率，同时也可以缓冲基质中由于营养液的酸碱反应或由于作物根系对离子的选择性吸收而产生的生理酸碱性，以及由于根系分泌所产生的酸碱性或由于基质本身的变化而产生的酸碱性变化。因此，在使用某种基质之前必须对阳离子代换能力有所了解。现将几种常用固体基质的阳离子代换量列于表3-16，供参考。

表3-16　常用固体基质的阳离子代换量

基质种类	阳离子代换量（mmol/100g）
高位泥炭	140～160
中位泥炭	70～80
蛭石	100～150
树皮	70～80
河沙、石砾、岩棉等惰性基质	0.1～1.0

（4）基质的pH值缓冲能力。基质的pH值缓冲能力是指在基质中加入酸碱物质后，基质所具有缓和酸碱（pH值）变化的能力。不同基质的缓冲能力不同，基质缓冲能力的大小主要受到基质的阳离子代换量大小和化学组成的影响。如果基质的阳离子代换量大，其缓冲能力就较强，反之，则缓冲能力就较弱。如果基质含有较多的腐殖质，则缓冲能力也较强，而如果基质含有较多的有机酸，则对碱的缓冲能力较强，对酸性没有缓冲能力。如果基质含有较多的钙盐和镁盐，则对酸的缓冲能力较大，但对碱没有缓冲能力。一般来说，植物性残体为基质的都有一定缓冲能力，但因材料不同而有很大差异，如泥炭的缓冲能力比堆沤的蔗渣来得大；而矿物性基质有些有很强的缓冲能力如蛭石，但大多数矿物性基质没有缓冲能力或缓冲能力很小。

基质缓冲性能的大小只能通过在基质中逐步加入一系列定量的酸或碱后测定其pH值的变化情况，以酸或碱用量与pH值做滴定曲线（图3-11），从而判断基质的缓冲能力。它无法用理论计算的方法来求得。

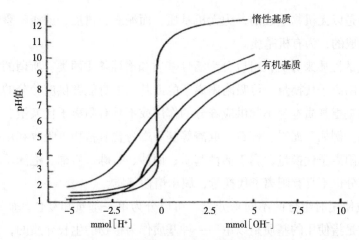

图3-11 有机基质和惰性基质的滴定曲线
（来源：刘士哲，2001）

（5）基质的电导率。基质的电导率是指在未加入营养液前基质原有的电导率。它反映基质中所含有的可溶性盐分浓度的大小，它直接影响到营养液的组成和浓度，也可能影响到作物的生长。有些植物性基质含有较高的盐分，例如砻糠灰、某些树种的树皮等，海沙也含有较多的氯化钠，故电导率也较高。

（三）选用原则

1. 基质的适用性

一般要求基质：①容重小，粒径适当，总孔隙度大。②吸水、持水能力强，颗粒内小孔隙多，颗粒间大孔隙少。③基质大小孔隙比例合适，水气比例协调，化学性质稳定。④酸碱度适当，不含有毒物质。

2. 栽培设施形式

（1）槽栽可用炉渣、河沙、蛭石、珍珠岩、锯末、石砾、生物有机肥料。

（2）袋栽可用锯末、泥炭、珍珠岩混合基质。

（3）滴灌栽培可用岩锦。

3. 根据实际情况选择基质

以河沙、炉渣、草炭、锯末等基质栽培较多。

二、各种基质的性能

（一）无土栽培基质的分类

从无土栽培基质的来源分类，可以分为天然基质、人工合成基质两类。如沙、石砾等为天然基质，而岩棉、海绵、多孔陶粒等则为人工合成基质。

从基质的组成来分类，可以分为无机基质和有机基质两类。沙、岩棉、蛭石和珍珠岩等都是以无机物组成的，为无机基质；而泥炭、树皮、蔗渣、砻糠灰等是以有机残体组成的，为有机基质。

从基质的性质来分类，可以分为活性基质和惰性基质两类。所谓的活性基质是指基质具有阳离子代换量、可吸附阳离子的或基质本身能够供应养分的基质；所谓的惰性基质是指基质本身不起供应养分的作用或不具有阳离子代换量、难以吸附阳离子的基质。例如，泥炭、蛭石、蔗渣等基质本身含有植物可吸收利用的养分并且具有较高的阳离子代换量，属于活性基质；而沙、石砾、岩棉、泡沫塑料等基质本身不含有养分也不具有阳离子代换量，属于惰性基质。

从基质使用时组分的不同来分类，可以分为单一基质和复合基质两类。所谓的单一基质是指使用的基质是以单一一种基质作为植物的生长介质的，如沙培、砾培、岩棉培使用的沙、石砾和岩棉，都属于单一基质。所谓的复合基质是指由两种或两种以上的单一基质按一定比例混合制成的基质，例如，蔗渣—沙混合基质培中所使用的基质是由蔗渣和沙按一定比例混合而成的。现在，无土栽培生产上为了克服单一基质可能造成的容重过小、过大、通气不良或通气过盛等弊端，常将几种单一基质混合制成复合基质来使用。一般在配制复合基质时，以2种或3种单基质复合而成为宜，因为如果种类过多的单一基质混合，则配制过程较为麻烦。

（二）常用基质的性能

1. 沙

沙的来源广泛，在河流、大海、湖泊的岸边以及沙漠等地均有大量分布。价格便宜。不同地方、不同来源的沙，其组成成分差异很大。一般含二氧化硅在50%以上。沙没有阳离子代换量，容重为$1.5 \sim 1.8 g/cm^3$。使用时以选用粒径为$0.5 \sim 3.0 mm$的沙为宜。沙的粒径大小应相互配合适当，如太粗易产生基质中通气过盛、保水能力较低，植株易缺水，营养液的管理麻烦；而如果太细，则易在沙中潴水，造成植株根际的涝害。较为理想的沙粒粒径大小组成应为：>4.7mm的占1%，$2.4 \sim 4.7 mm$的占10%，$1.2 \sim 2.4 mm$的占26%，$0.6 \sim 1.2 mm$的占20%，$0.3 \sim 0.6 mm$的占25%，$0.1 \sim 0.3 mm$的占15%，$0.07 \sim 0.12 mm$的占2%，0.01mm的占1%。

用作无土栽培的沙应确保不含有有毒物质。例如，海滨的沙子通常含有较多氯化钠，在种植前应用大量清水冲洗干净后才可使用。在石灰性地区的沙子往往含有较多石灰质，使用时应特别注意。一般地，碳酸钙的含量不应超过20%，但如果碳酸钙含量高达50%以上，而又没有其他基质可供选择时，可采用较高浓度的磷酸钙溶液进行处理。具体的处理方法为：将含有$45\% \sim 50\%$ P_2O_5的重过磷酸钙 $[CaH_4(PO_4)_2 \cdot H_2O]$ 2kg溶解于1 000L水中，然后用此溶液来浸泡所要处理的沙子，如果溶液中的磷酸含量降低很快，可再加入重过磷酸钙，一直加至溶液中的磷含量稳定在不低于10mg/L时为止。此时将浸泡沙子的重过磷酸钙溶液排掉并用清水冲洗干净即可使用。如果没有重过磷酸钙，也可以用4kg的过磷酸钙溶解在1 000L水中，将沉淀部分去除，取上清液来浸泡处理。也可以用0.1%～0.2%的磷酸二氢钾（其他的磷酸盐也可用）水溶液来处理，但成本较高。用磷酸盐处理石灰质沙子主要是利用磷酸盐中的磷酸根与石灰质沙子表面形成一层溶解度很低的磷酸钙包膜而封闭沙子表面，以防止沙子在作物生长过程中释放出较多石灰质物质而使作物生长环境的pH值过高。在经过一段时间的使用之后，包被在沙子表面的磷酸钙膜可能会受到破坏而使石灰质物质溶解出来，这时应重新用磷酸盐溶液处理。

现在，沙漠、沿海地区仍有一些用沙子作为基质的生产设施。例如广东省的一些地方用沙作为基质槽培营养液滴灌种植的基质，生产效果不错；美国伊利诺伊斯州和中东地区等还有使用。用沙作为基质的主要优点在于其来源容易、价格低廉、作物生长良好，但由于沙的容重大，给搬运、消毒和更换等管理工作带来很大不便。

2. 石砾

石砾的来源主要是河边石子或石矿场的岩石碎屑。由于其来源不同，化学组成和性质差异很大。一般在无土栽培中应选用非石灰质石砾，如花岗岩等石砾。如万不得已要用石灰质石砾，可用上述介绍的磷酸盐溶液处理的方法来进行石砾的表面处理。

石砾的粒径应选在1.6～20.0mm范围内，其中总体积一半的石砾直径为13mm左右。石砾应较坚硬，不易破碎。选用的石砾最好为棱角不太锋利的，特别是株型高的植物或在露天风大的地方更应选用棱角较钝的石砾，否则会使植物茎部划伤。石砾本身不具有阳离子代换量，通气排水性能良好，但持水能力较差。

由于石砾的容重大（1.5～1.8g/cm³），给搬运、清理和消毒等日常管理工作带来很大麻烦，而且用石砾进行无土栽培时需建一个坚固的种植槽（一般用水泥砖砌而成）来进行营养液的循环。正是这些缺点，使石砾栽培在现代无土栽培中用得越来越少。特别是近20～30年来，一些轻质的人工合成基质如岩棉、海氏砾石（多孔陶粒）等的广泛应用，逐渐代替沙、石砾作为基质，但石砾在早期无土栽培生产上起过重要作用，且在当今深液流水培技术中，用作定植杯中固定植株的物体还是很适宜的。

3. 蛭石

蛭石为云母类硅质矿物，它的颗粒由许多平行的片状物组成，片层之间含有少量水分，当蛭石在1 000℃炉中加热时，片层中的水分变成水蒸气，把片层爆裂开来，形成小的、多孔的海绵状的核。经高温膨胀后的蛭石其体积为原矿物的16倍左右，容重很小（0.09～0.16g/cm³），孔隙度大（达95%）。无土栽培用的蛭石都应是经过上述高温膨胀处理过的，否则它的吸水能力将大大降低。

蛭石的pH值因产地不同、组成成分不同而稍有差异。一般均为中性至微碱性，也有些是碱性的（pH值在9.0以上）。当其与酸性基质如泥炭等混合使用时不会出现问题。如单独使用，因pH值太高，需加入少量酸进行中和后才可使用。

蛭石的阳离子代换量很高，达100mmol/100g，并且含有较多的钾、钙、镁等营养元素，这些养分是作物可以吸收利用的，属于速效养分。

蛭石的吸收能力很强，每立方米的蛭石可以吸收100～650kg水。无土栽培用的蛭石的粒径应在3mm以上，用作育苗的蛭石可稍细些（0.75～1.00mm）。但蛭石较容易破碎，而使其结构受到破坏，孔隙度减小，因此在运输、种植过程中不能受到重压。蛭石一般使用1～2次之后，其结构就变差，需重新更换。

4. 珍珠岩

珍珠岩是由一种灰色火山岩（铝硅酸盐）加热至1 000℃左右时，岩石颗粒膨胀而形成的。它是一种封闭的轻质团聚体，容重小（0.03～0.16g/m³），孔隙度约为93%，其中空气容积约为53%，持水容积约为40%。

珍珠岩没有吸收性能，阳离子代换量<1.5mmol/100g，pH值为7.0～7.5。珍珠岩的成分为：二氧化硅（SiO_2）74%、氧化铝（Al_2O_3）11.3%、氧化铁（Fe_2O_3）2%、氧化钙（CaO）3%、氧化锰（MnO）2%、氧化钠（Na_2O）5%、氧化钾（K_2O）2.3%。珍珠岩中的养分多为植物不能吸收利用的形态。

珍珠岩是一种较易破碎的基质，在使用时主要有两个问题值得注意：一是珍珠岩粉尘污染较大，使用前最好先用水喷湿，以免粉尘纷飞；二是珍珠岩在种植槽或与其他基质组成混合基质时，在淋水较多时会浮在表面上，这个问题没有办法解决。

5. 片岩

园艺上用的片岩是在1 400℃高温炉中加热膨胀而制成的。容重为0.45～0.85g/cm³，孔隙度为50%～70%，持水容积为4%～30%。片岩的化学组成为：二氧化硅（SiO_2）52%、氧化铝（Al_2O_3）28%、氧化铁（Fe_2O_3）5%、其他物质15%。片岩的结构性良好，不易破碎。

6. 火山熔岩

火山熔岩是火山喷发出的熔岩经冷却凝固而成。外表为灰褐色或黑色，多为多孔蜂窝状的块状物，经打碎之后即可使用。其容重为0.7～1.0g/cm³，粒径为3～15mm时，其孔隙度为27%，持水容积为19%。

火山熔岩的主要化学组成为：二氧化硅（SiO_2）51.5%、氧化铝（Al_2O_3）18.6%、氧化铁（Fe_2O_3）7.2%、氧化钙（CaO）10.3%、镁（Mg）9.0%、硫（S）0.2%、其他碱性物质3.3%。

火山熔岩结构良好，不易破碎，但持水能力较差。

7. 岩棉

岩棉用于工业的保温、隔热和消音材料，已有很长的历史。用于无土栽培则是始于1969年丹麦的Hornum Research Station。从此以后应用岩棉种植植物的技术就先后传入瑞典、荷兰。现在荷兰的3 500多公顷蔬菜无土栽培中有80%是利用岩棉作为基质的。当今世界上许多国家已广泛应用岩棉栽培技术，不仅在蔬菜、苗木、花卉的育苗和栽培上使用，而且在组织培养试管苗的繁殖上也有使用。使用育苗基质对出口盆景、花卉尤其有好处，因为许多国家海关不允许带有土壤的植物进口，用岩棉就可以保证不带或少带土传病虫害。我国生产的岩棉主要是工业用的，现在南京、沈阳等地已试生产农用岩棉。

岩棉是由60%辉绿石、20%石灰石和20%焦炭混合，然后在1 500～2 000℃高温炉中熔化，将熔融物喷成直径为0.005mm细丝，再将其压成容重为80～100kg/m³的片，接着在冷却至200℃左右时加入一种酚醛树脂以减少岩棉丝状体的表面张力，使生产出的岩棉能够较好地吸持水分。因岩棉制造过程是在高温条件下进行的，因此，它是进行过完全消毒的，不含病菌和其他有机物。经压制成型的岩棉块在种植作物的整个生长过程中不会产生形态上的变化。

现在世界上使用最广泛的一种岩棉是丹麦Grodenia公司生产的，商品名为格罗丹（Groden）。它的主要成分（表3-17）多数是植物不能吸收利用的。

表3-17　岩棉的化学组成

成分	含量（%）	成分	含量（%）
二氧化硅（SiO_2）	47	氧化钠（Na_2O）	2
氧化钙（CaO）	16	氧化钾（K_2O）	1
氧化铝（Al_2O_3）	14	氧化锰（MnO）	1
氧化镁（MgO）	10	氧化钛（TiO）	1
氧化铁（Fe_2O_3）	8		

岩棉的外观是白色或浅绿色的丝状体，孔隙度大，可达96%，吸收力很强。在不同水吸力下岩棉的持水容重不同（表3-18）。岩棉吸水后，会根据厚度的不同，含水量从下至上而递减；相反，空气含量则自上而下递增。岩棉块水分垂直分布情况见表3-19。

表3-18　岩棉孔隙容积和不同吸水力下的持水容积

项目	相当于基质容积的百分数（%）
孔隙容积	97.8
pF 0.57时的持水容积	90.8
pF 1.05时的持水容积	38.6
pF 1.52时的持水容积	2.2

表3-19　岩棉块中水分和空气的垂直分布状况

自下而上的高度（cm）	孔隙容积（%）	持水容积（%）	空气容积（%）
1.0	96	92	4
5.0	96	85	11
7.5	96	78	18
10.0	96	74	22
15.0	96	74	42

未使用过的新岩棉pH值较高，一般pH值在7.0以上，但在灌水时加入少量酸，1～2d之后pH值就会很快降低。在使用前也可用较多的清水灌入岩棉中，把碱性物质冲洗掉之后使pH值降低。pH值较高的原因是岩棉中含有少量碱金属和碱土金属氧化物（Na_2O、K_2O、CaO、MgO等）。岩棉在中性或弱酸弱碱条件下是稳定的，但在强酸强碱下岩棉的纤维会逐渐溶解，而且岩棉同天然石棉是不同的，它不像石棉那样会对人体健康产生危害。据欧洲隔热材料制造协会（European Thermal Insulation Manufacturers Association，ETMA）报道，石棉对人体有害是由于石棉纤维由非单纤维组成，可以纵向分裂成许多更为细长的纤维，被人体吸入后不易分解排除而累积；而岩棉纤维为单纤维，较为粗短，只能横向断裂，不会纵向分裂为更细的纤维，即使人体吸入也易排出。至今还未发现岩棉有害健康的报道。

岩棉在无土栽培中主要有三个方面的用途：一是用岩棉进行育苗；二是用在循环营养液栽培中，如营养液膜技术（NFT）中植株的固定；三是用在岩棉基质的袋培滴灌技术中。

8. 膨胀陶粒

膨胀陶粒又称多孔陶粒、轻质陶粒或海氏砾石（Haydite），它是用陶土在1 100℃陶窑中加热制成的，容重为1.0g/cm³。膨胀陶粒坚硬，不易破碎。陶粒最早是作为隔热保温材料来使用的，后由于其通透性好而应用于无土栽培中。

膨胀陶粒的化学组成和性质受陶土成分的影响，其pH值变化在4.9～9.0，有一定的阳离子代换量（CEC为6～21mmol/100g）。例如，有一种由凹凸棒石（一种矿物）发育的黏土制成的、商品名为卢索尔（Lusol）的膨胀陶粒，其pH值为7.5～9.0，阳离子代换量为21mmol/100g。

膨胀陶粒作为基质的排水通气性能良好，而且每个颗粒中间有很多小孔可以持水。常与其他基质混用，单独使用时多用在循环营养液的种植系统中，也有用来种植需要通气较好的花卉，如兰花等。

膨胀陶粒在较为长期的连续使用之后，颗粒内部及表面吸收的盐分会造成通气和养分供应上的困难，且难以用水洗涤干净。另外，由于膨胀陶粒的多孔性，长期使用之后有可能造成病菌在颗粒内部积累，而且在清洗和消毒上较为麻烦。

9. 树皮

树皮是木材加工过程的副产品，在盛产木材的地方常用来代替泥炭作为无土栽培的基质。

树皮的化学组成随树种的不同差异很大。一种松树皮的化学组成为：有机质含量为98.0%，其中，蜡树脂为3.9%、单宁木质素为3.3%、淀粉果胶4.4%、纤维素2.3%、半纤维素19.1%、木质素46.3%、灰分2.0%。这种松树皮的C/N比值为135，pH值为4.2 ~ 4.5。

有些树皮含有有毒物质，不能直接使用。大多数树皮中含有较多的酚类物质，这对植物生长是有害的，而且树皮的C/N比值都较高，直接使用会引起微生物对速效氮的竞争作用。为了克服这些问题，必须将新鲜的树皮进行堆沤处理，堆沤处理的时间至少应在1个月以上，最好有2 ~ 3个月时间的堆沤处理。因为有毒的酚类物质的分解至少需30d才行。

经过堆沤处理的树皮，不仅可使有毒的酚类物质分解，本身的C/N比值降低，而且可以增加树皮的阳离子代换量，CEC可以从堆沤前的8mmol/100g提高到堆沤之后的60mmol/100g。经过堆沤后的树皮，其原先含有的病原菌、线虫和杂草种子等大多会被杀死，在使用时不需进行额外消毒。

树皮的容重为0.4 ~ 0.5g/cm³。树皮作为基质使用时，在使用过程中会因有机物质的分解而使其容重增加，体积变小，结构受到破坏，造成通气不良，易积水于基质中。这时，应更换基质。但基质结构变差往往需要1年或1年以上的时间。

利用树皮作为无土栽培的基质时，如果树皮中氯化物含量超过2.5%，锰含量超过20mg/kg，则不宜使用，否则可能对植物生长产生不良的影响。

10. 锯木屑（木糠）

锯木屑是木材加工的下脚料。各种树木的锯木屑成分差异很大。一种锯木屑的化学成分为：碳48% ~ 54%、戊聚糖14%、纤维44% ~ 45%、树脂1% ~ 7%、灰分0.4% ~ 2.0%、含氮0.18%，pH值为4.2 ~ 6.0。

锯木屑的许多性质与树皮相似，但通常锯木屑的树脂、单宁和松节油等有害物质含量较高，而且C/N比值很高，因此锯木屑在使用前一定要经过堆沤处理，堆沤时可加入较多的速效氮混合到锯木屑中共同堆沤，堆沤需要较长的时间（至少需要2 ~ 3个月）。

锯木屑作为无土栽培的基质，在使用过程中分解较慢，结构性较好，一般可连续使用2 ~ 6茬，每茬使用后应加以消毒。作为基质的锯木屑不应太细，小于3mm的锯木屑所占的比例不应超过10%，一般应有80%的颗粒在3.0 ~ 7.0mm。

11. 甘蔗渣

甘蔗渣来源于甘蔗制糖业的副产品。在我国南方地区如广东省、海南省、福建省、广西壮族自治区等有大量来源。以往的甘蔗渣多作为糖厂燃料而烧掉，现在利用蔗渣作为造纸、蔗渣纤维板、糠醛生产上的原料用量在逐年增加，但仍是以燃烧掉的数量最多，且作为燃料而不能够消耗糖厂所有的蔗渣，因此，用其作为无土栽培基质的来源很丰富。

新鲜蔗渣的C/N比值很高，可达170左右，不能直接作为基质使用，必须经过堆沤处理后才能够使用。堆沤时可采用两种方法：一是将蔗渣淋水至最大持水量的70%～80%（用手握住把蔗渣至刚有少量水从手指缝渗出为宜），然后将其堆成一堆并用塑料薄膜覆盖即可；二是称取相当于需要堆沤处理蔗渣干重的0.5%～1.0%的尿素等速效氮肥，溶解后均匀地撒入蔗渣中，再加水至蔗渣最大持水量的70%～80%，然后堆成一堆并覆盖塑料薄膜即可。加入尿素等速效氮肥可以加速蔗渣的分解速度，加快其C/N比值的降低，经过一段时间堆沤的蔗渣，其C/N比值以及物理性状都发生很大变化（表3-20）。在堆沤过程中应将覆盖的塑料薄膜打开、翻堆后重新覆盖塑料薄膜，使其堆沤分解均匀。

表3-20　蔗渣堆沤之后物理化学性质的变化

堆沤时间	全碳（%）	全氮（%）	C/N比值	容重（g/L）	通气孔隙（%）	持水孔隙（%）	大小孔隙比	pH值
新鲜蔗渣	45.26	0.27	169	127.0	53.5	39.3	1.36	4.68
堆沤3个月	44.01	0.31	142	118.5	45.2	46.2	0.98	4.86
堆沤6个月	42.96	0.36	119	115.5	44.5	46.3	0.96	5.30
堆沤9个月	34.30	0.61	56	205.0	26.9	60.3	0.45	5.67
堆沤12个月	31.33	0.61	49	278.5	19.0	63.5	0.30	5.42

使用经过堆沤处理的蔗渣进行盆栽番茄幼苗的试验，结果表明（表3-21），经过12个月堆沤处理的蔗渣，已不会出现微生物对基质中速效氮的竞争吸收问题，而经过不到12个月堆沤处理的蔗渣则需要多施入一些速效氮肥才能够消除微生物固定速效氮的影响。

表3-21　不同堆沤处理的蔗渣在不同施氮水平下番茄幼苗干物重（g/株）[1]

施肥处理	泥炭（CK）	新鲜蔗渣	堆沤3个月蔗渣	堆沤6个月蔗渣	堆沤9个月蔗渣	堆沤12个月蔗渣
基本肥[2]	2.502[b]	0.137[h]	0.551[g]	0.759[f]	1.383[e]	2.385[bc]
追氮水平Ⅰ[3]		0.514[g]	1.084[e]	1.922[f]	2.607[b]	1.912[cd]
追氮水平Ⅱ[3]		1.867[cd]	2.517[b]	3.470[a]	1.954[cd]	1.796[d]

注：①表中所列数据右上角带有相同字母的表示差异不显著

②基本肥用量（g/L）：NH_4NO_3 1.0、KH_2PO_4 2.0、K_2SO_4 0.2

③追氮水平Ⅰ和Ⅱ：在基本肥水平上多施NH_4NO_3 1.0g/L和2.0g/L

从表3-19、表3-20的试验结果还可以看到，蔗渣堆沤时间太长（超过6个月以上），蔗渣会由于分解过度而产生通气不良的现象，且对外加速效氮的耐受能力差（堆沤12个月的追氮水平Ⅰ和Ⅱ的产量均下降），所以在实际应用时以堆沤3~6个月为好。经过堆沤和增施氮肥处理，蔗渣可以变成与泥炭基质种植效果相当的良好基质，这为南方发展基质栽培提供一个条件。

如果用蔗渣作为育苗基质，蔗渣应较细，最大粒径不应超过5mm，用作袋培或槽培的蔗渣，其粒径可稍粗大，但最大也不宜超过15mm。

12. 泥炭

泥炭是迄今为止被世界各国普遍认为是最好的一种无土栽培基质。特别是工厂化无土育苗中，以泥炭为主体，配合沙、蛭石、珍珠岩等基质，制成含有养分的泥炭钵（小块），或直接放在育苗穴盘中育苗，效果很好。除用于育苗之外，在袋培营养液滴灌中或在槽培滴灌中，泥炭也常作为基质，植物生长良好。

泥炭在世界上几乎各个国家都有分布，但分布的很不均匀，主要以北方的分布为多，南方只是在一些山谷的低洼地表土层下有零星分布。据国际草炭学会的估计（1980），现在世界上的泥炭总量超过420万km^2，几乎占陆地面积的3%，也有些人估计的低一些，约10亿m^3。

我国北方出产的泥炭质量较好，这与北方的地理和气候条件有关。因为北方雨水较少，气温较低，植物残体分解速度较慢；相反，南方高温多雨，植物残体分解较快，只在低洼地有少量形成，很少有大面积的泥炭蕴藏。

根据泥炭形成的地理条件、植物种类和分解程度的不同，可将泥炭分为高位泥炭、中位泥炭和低位泥炭三大类。

（1）高位泥炭。分布于低位泥炭形成的地形的高处，以苔藓植物为主。其分解程度低，氮和灰分元素含量较少，酸性较强（pH值在4~5）。容重较小，吸水、通气性较好，一般可吸持相当于其自身重量10倍以上的水分。此类泥炭不宜作肥料直接使用，宜作肥料的吸持物，如作为畜舍垫栏材料。在无土栽培中可作为混合基质的原料。

（2）中位泥炭。介于高位泥炭与低位泥炭之间的过渡性类型的泥炭。其性状介于两者之间，也可以用于无土栽培中。

（3）低位泥炭。分布于低洼积水的沼泽地带，以苔藓、芦苇等植物为主。其分解程度高，氮和灰分元素含量较少，酸性不强，养分有效性较高，风干粉碎后可直接作肥料使用。容重较大，吸水、通气性较差，有时还含有较多的土壤成分。这类泥炭宜直接作为肥料来施用，不宜作为无土栽培的基质。

以上三类泥炭的一些物理性状见表3-22。

泥炭的容重较小，生产上常与沙、煤渣、蛭石等基质混合使用，以增加容重，改善结构。

表3-22 不同类型泥炭的一些物理性状

泥炭类型	容重 （g/L）	总孔隙度 （%）	空气容积 （%）	易利用水容积 （%）	吸水力 （g/100g）
高位泥炭 （藓类泥炭）	42	97.1	72.6	7.5	992
	58	95.9	37.2	26.8	1 159
	62	95.6	25.5	34.6	1 383
	73	94.9	22.2	35.1	1 001
中位泥炭 （白泥炭）	71	95.1	57.3	18.3	869
	92	93.6	44.7	22.2	722
	93	93.6	31.5	27.3	754
	96	93.4	44.2	21.0	694
低位泥炭 （黑泥炭）	165	88.2	9.9	37.7	519
	199	88.5	7.2	40.1	582
	214	84.7	7.1	35.9	487
	265	79.9	4.5	41.2	467

13. 砻糠灰（炭化稻壳、炭化砻糠）

砻糠灰是将稻壳进行炭化之后形成的，也称为炭化稻壳或炭化砻糠。

炭化稻壳容重为0.15g/cm³，总孔隙度为82.5%，其中大孔隙容积为57.5%，小孔隙容积为25.0%，含氮0.54%，速效磷66.0mg/kg，速效钾0.66%，pH值为6.5。如果炭化稻壳使用前没有经过水洗，炭化形成的碳酸钾（K_2CO_3）会使其pH值升至9.0以上，因此使用前宜用水冲洗。

炭化稻壳因经过高温炭化，如不受外来污染，则不带病菌。炭化稻壳的营养含量丰富，价格低廉，通透性良好，但持水孔隙度小，持水能力差，使用时需经常淋水。另外，在砻糠灰制作过程中稻壳的炭化不能过度，否则受压时极易破碎。

14. 菇渣

菇渣是种植草菇、香菇、蘑菇等食用菌后废弃的培养基质。刚种植过食用菌的菇渣一般不能够直接使用，要将菇渣加水至其最大持水量的70%～80%，再堆成一堆，盖上塑料薄膜，堆沤3～4个月，摊开风干，然后打碎，过5mm筛，筛去菇渣中粗大的植物残体、石块和棉花等即可使用。

菇渣容重约为0.41g/m³，持水量为60.8%，菇渣含氮1.83%，含磷0.84%，含钾1.77%。菇渣中含有较多石灰，pH值为6.9（未堆沤的更高）。

菇渣的氮、磷含量较高，不宜直接作为基质使用，应与泥炭、蔗渣、沙等基质按一定比例混合制成复合基质后来使用。混合时菇渣的比例不应超过40%～60%

（以体积计算），当然，如果菇渣的养分含量较低，可适当提高其比例。

15. 煤渣

煤渣为烧煤之后的残渣。工矿企业的锅炉、食堂以及北方地区居民的取暖等，都有大量的煤渣，其来源丰富。

煤渣容重约为0.70g/cm³，总孔隙度为55.0%，其中通气孔隙容积占基质总体积的22.0%，持水孔隙容积占基质总体积的33.0%。含氮0.18%，速效磷23.0mg/kg，速效钾204.0mg/kg，pH值为6.8。

煤渣如未受污染，不带病菌，不易产生病害，含有较多微量元素，如与其他基质混合使用，种植时可以不加微量元素。煤渣容重适中，种植作物时不易倒伏，但使用时必须经过适当的粉碎，并过5mm筛。适宜的煤渣基质应有80%的颗粒在1~5mm。

16. 泡沫塑料

现在使用的泡沫塑料主要是聚苯乙烯、尿甲醛和聚甲基甲酸酯，尤以聚苯乙烯最多。这些泡沫塑料可取自塑料包装材料制造厂家的下脚料。国外有些厂家有专门出售供无土栽培使用的泡沫塑料。

泡沫塑料的容重小，为0.10~0.15g/cm³。有些泡沫塑料可以吸收大量水分，而有些则几乎不吸水。如1kg尿甲醛泡沫塑料可吸持12kg水。

泡沫塑料非常轻，用作基质时必须用容重较大的颗粒如沙、石砾来增加容重，否则植物难以固定。由于泡沫塑料的排水性能良好，它可以作为栽培床下层的排水材料。若用于家庭盆栽花卉（与沙混合），则较为美观且植株生长良好。

17. 复合基质

复合基质是指两种或两种以上的单一基质按一定比例混合而成的基质。在园艺上最早采用复合基质的是德国Frushtofer，他在1949年用一半泥炭和一半底土黏粒，混合以氮、磷、钾肥，再经加石灰调节pH值为5~6即成。他将之称为Eindeitserde，即"标准化土壤"之意。现在欧洲仍有几家公司出售这种基质，它可用在多种植物的育苗和全期生长上。

20世纪50年代，美国广泛使用的UC系列复合基质，是由100%泥炭至100%细沙的比例范围内配比的5种基质组成，其中用得最多的是一半泥炭与一半沙配成的基质。20世纪60年代，康奈尔大学研制的复合基质A和复合基质B，也得到广泛使用。其中，复合基质A是由一半泥炭和一半蛭石混合而成，而复合基质B是由珍珠岩代替蛭石混合而成。这两种基质系列现在仍在美国和欧洲国家广泛使用，并以多种商品形式出售。

除了一些单位生产供应少量花卉营养土外，我国现在还较少有商品化生产出售的无土栽培复合基质。生产上多数是根据种植作物的要求以及可以利用的材料不同，以经济实用为原则，自己动手配制复合基质。例如，用粒径1~3mm煤渣或粒径1~3mm沙砾与稻壳各半来进行无土育苗。华南农业大学无土栽培技术研究室研制的蔗渣—矿物复合基质是用50%~70%蔗渣与30%~50%沙、石砾或煤渣混合而成。无论是育苗还是全期生长，效果良好。

配制复合基质时所用的单一基质以2~3种为宜。制成的复合基质应达到容重适宜，增加孔隙度，提高水分和空气含量的要求。在配制复合基质中可以预先混入一定量肥料。肥料用量为：三元复合肥料（15-15-15，$N-P_2O_5-K_2O$）以0.25%的比例对水混入，或用硫酸钾0.50g/L、硝酸铵0.26g/L、过磷酸钙1.50g/L、硫酸镁0.25g/L加入。也可以按其他营养配方加入。

配制好的复合基质，在使用前必须测定其盐分含量，以确定该基质是否会产生肥害。基质盐分含量可通过用电导率仪测定基质中溶液的电导率来测得。具体方法为：取风干的复合基质10g，加入饱和硫酸钙溶液25mL，振荡浸提10min，过滤，取其滤液来测电导率。将测定的电导率值与下列安全临界值比较以判断所配制的复合基质的安全性如何（表3-23）。

表3-23 基质电导率对作物生长的影响

电导率（ms/cm）	对植物的安全程度
<2.6	各种作物均无害
2.6~2.7	某些作物（菊花等）会受轻害
2.7~2.8	所有植物根受害，生长受阻
2.8以上	植物不能生长

如果需要进一步证明配制的复合基质的安全性，可用该基质种植作物，从作物生长的外观上来判断基质是否对作物产生危害。如在种植过程中发现在正常供水情况下作物叶片出现凋萎现象，则说明该基质中的盐分可能太高，不能使用。

三、无土栽培基质的消毒处理和更换

用作无土栽培生产的基质在经过一段时间的使用之后，由于空气、灌溉水、前作种植过程滋生以及基质本身带有等各种来源所带入基质中的病菌会逐渐增多而使后作作物产生病害，严重时会影响后作作物的生长，甚至造成大面积的传播以致整个种植过程的失败，因此，固体基质在使用一段时间之后要进行消毒处理或更换。

（一）无土栽培基质的消毒处理

目前国内外对固体基质消毒处理的方法主要采用蒸汽消毒和化学药剂消毒两大类方法来进行。

1. 蒸汽消毒

利用高温的蒸汽（80~95℃）通入基质中以达到杀灭病原菌的方法。在有蒸汽加温的温室可利用锅炉产生的蒸汽来进行基质消毒。消毒时将基质放在专门的消毒厨中，通过高温的蒸汽管道通入蒸汽，密闭20~40min，即可杀灭大多数病原菌和虫卵。在进行蒸汽消毒时要注意每次消毒的基质体积不可过多，否则可能造成基质内部有部分在消毒过程中温度未能达到杀灭病虫害所要求的高温而降低消毒的效果。另外还要注意的是，进行蒸汽消毒时基质不可过于潮湿，也不可太干燥，一般基质含水量为35%~45%为宜。过湿或过干都可能降低消毒的效果。蒸汽消毒的方法简便，但在大规模生产中的消毒过程较麻烦。

2. 化学药剂消毒

利用一些对病原菌和虫卵有杀灭作用的化学药剂来进行基质消毒的方法。一般而言，化学药剂消毒的效果不及蒸汽消毒的效果好，而且对操作人员有一定副作用，但由于化学药剂消毒方法较为简便，特别是大规模生产上使用较方便，因此使用很广泛。现介绍几种常用的化学药剂消毒方法。

（1）甲醛消毒。甲醛俗称福尔马林。进行基质消毒时将浓度为40%左右的甲醛溶液稀释50~100倍，把待消毒的基质在干净的、垫有一层塑料薄膜的地面上平铺一层约10cm厚，然后用花洒或喷雾器将已稀释的甲醛溶液将这层基质喷湿，接着再铺上第二层，再用甲醛溶液喷湿，直至所有要消毒的基质均匀喷湿甲醛溶液为止，最后用塑料薄膜覆盖封闭1~2昼夜后，将消毒的基质摊开，暴晒至少2d，直至基质中没有甲醛气味方可使用。利用甲醛消毒时由于甲醛有挥发性强烈的刺鼻性气味，因此，在操作时工作人员必须戴上口罩做好防护性工作。

（2）溴甲烷消毒。溴甲烷在常温下为气态，作为消毒用的溴甲烷为贮藏在特制钢瓶中、经加压液化的液体。它对于病原菌、线虫和许多虫卵具有很好的杀灭效果。槽式基质培在许多时候可在原种植槽中进行。方法是：将种植槽中的基质稍加翻动，挑除植物残根，然后在基质面上铺上一根管壁上开有小孔的塑料施药管道（可利用基质培原有的滴灌管道），盖上塑料薄膜，用黄泥或其他重物将薄膜四周密闭，用特别的施入器将溴甲烷通过施药管道施入基质中，以每立方米基质用溴甲烷100~200g施入，封闭塑料薄膜3~5d，打开塑料薄膜让基质暴露于空气中4~5d，以使基质中残留的溴甲烷全部挥发后才可使用。袋式基质栽培在消毒时要将种植袋中的基质倒出来，剔除植物残根后将基质堆成一堆，然后在堆体的不同高度用施药管插入基质中施入溴甲烷，施完所需用量之后立即用塑料薄膜覆盖，密闭3~5d，将基质摊开，暴晒4~5d方可使用。

使用溴甲烷进行消毒时基质的湿度要求控制在30%~40%，太干或过湿都将影响到消毒效果。溴甲烷具有强烈刺激性气味，并且有一定毒性，使用时如手脚和面部不慎沾上溴甲烷，要立刻用大量清水冲洗，否则可能会造成皮肤红肿，甚至溃烂，这一点要特别注意。

（3）氯化苦消毒。氯化苦是一种对病虫有较好杀灭效果的药物。外观为液体。消毒时可将基质逐层堆放，然后加入氯化苦溶液的方法进行，即将基质先堆成大约30cm厚，堆体的长和宽可随意，然后在基质上每隔30～40cm的距离打一个深10～15cm的小孔，每孔注入5～10mL氯化苦，然后用一些基质塞住这些放药孔，等第一层放完药之后，再在其上堆放第二层基质，然后再打孔放药，如此堆放3～4层之后用塑料薄膜将基质盖好，经过1～2周的熏蒸之后，揭去塑料薄膜，把基质摊开晾晒4～5d后即可使用。

（4）高锰酸钾消毒。高锰酸钾是一种强氧化剂，只能用在石砾、粗沙等没有吸附能力且较容易用清水清洗干净的惰性基质的消毒上，而不能用于泥炭、木屑、岩棉、蔗渣和陶粒等有较大吸附能力的活性基质或者难以用清水冲洗干净的基质上。因为这些有较大吸附能力或难以用清水冲洗的基质在用高锰酸钾溶液消毒后，由基质吸附的高锰酸钾不易被清水冲洗出来而积累在基质中，这样有可能造成植物的锰中毒，或高锰酸钾对植物的直接伤害。用高锰酸钾进行惰性或易冲洗基质的消毒时，先配制好浓度约为1/5 000的溶液，将要消毒的基质浸泡在此溶液10～30min后，将高锰酸钾溶液排掉，用大量清水反复冲洗干净即可。高锰酸钾溶液也可用于其他易清洗的无土栽培设施、设备的消毒中，如种植槽、管道、定植板和定植杯等。消毒时也是先浸泡，然后用清水冲洗干净即可。用高锰酸钾浸泡消毒时要注意其浓度不可过高或过低，否则其消毒效果均不好，而且浸泡的时间不要过久，否则会在消毒的物品上留下黑褐色的锰的沉淀物，这些沉淀物再经营养液浸泡之后会逐渐溶解出来而影响植物生长。一般控制在浸泡时间不超过40min至1h。

（5）次氯酸钠或次氯酸钙消毒。这两种消毒剂是利用它们溶解在水中时产生的氯气来杀灭病菌的。

次氯酸钙是一种白色固体，俗称漂白粉。次氯酸钙在使用时用含有有效氯0.07%的溶液浸泡需消毒的物品（无吸附能力或易用清水冲洗的基质或其他水培设施和设备）4～5h，浸泡消毒后要用清水冲洗干净。次氯酸钙也可用于种子消毒，消毒浸泡时间不要超过20min。但不可用于具有较强吸附能力或难以用清水冲洗干净的基质上。

次氯酸钠的消毒效果与次氯酸钙相似，但它的性质不稳定，没有固体的商品出售，一般可利用大电流电解饱和氯化钠（食盐）的次氯酸钠发生器来制得次氯酸钠溶液，每次使用前现制现用。使用方法与次氯酸钙溶液的消毒相似。

（二）无土栽培基质的更换

当固体基质使用一段时间之后，由于各种来源的病菌大量累积、长期种植作物之后根系分泌物和烂根等的积累以及基质使用一段时间后基质的物理性状变差，特别是有机残体为主体材料的基质，由于微生物的分解作用使得这些有机残体的纤维断裂，从而造成基质的通气性下降、保水性过高等不利因素的产生而影响到作物生长时，要进行基质的更换。

在不能进行连作的作物种植中，如果后作仍种植与前作同种或同一类作物时，应采取上述的一些消毒措施来进行基质消毒，但这些消毒方法大多数不能彻底杀灭病菌和虫卵，要防止后作病虫害的大量发生，可进行轮作或更换基质。例如前作作物为番茄，后作如要继续种植番茄或其他茄科作物如辣椒、茄子等，可能会产生大量病害，这时可进行基质消毒或更换，或者后作种植其他作物，如黄瓜、甜瓜等，但较为保险的做法是把原有的基质更换掉。

更换掉的旧基质要妥善处理以防对环境产生二次污染。难以分解的基质如岩棉、陶粒等可进行填埋处理，而较易分解的基质如泥炭、蔗渣、木屑等，可经消毒处理后，配以一定量的新材后反复使用，也可施到农田中作为改良土壤之用。

究竟何时需要更换基质，很难有一个统一的标准。一般使用一年或一年半至两年的基质多数需要更换。

第四节　有机生态型无土栽培

世界各国发展无土栽培应用于生产，都是从砾耕循环水开始的，成本较高。20世纪70年代初发展了营养液膜系统（NFT），使西欧的无土栽培取得一定的进展。与此同时，为了进一步降低无土栽培的成本，各种人工基质相继被开发和应用。丹麦开发了岩棉，使西欧的无土栽培获得迅猛的发展，并且至今仍然认为岩棉是最好的基质。加拿大因木材工业发达，则以锯末为基质；以色列以火山岩为基质，效果都很好。为了降低基质栽培的成本，基质栽培绝大多数是营养液不循环利用的，即灌溉后允许多余的营养液排出去。目前世界上90%的无土栽培是基质栽培。

各种水培设施系统和基质栽培设施系统都各有特点，都在某个时期对某个地区或国家的无土栽培起过推动作用。但纵观无土栽培的发展史，那些真正能被生产者接受，并具有强劲的生命力，在生产上能获得大面积应用，并继而推动无土栽培向前发展的无土栽培系统，都是些既简单又实用的无土栽培系统，如槽培、袋培和岩棉栽培系统等。因为无土栽培是一种栽培技术和生产手段，其目的是生产，而不是好看。

无土栽培在我国的发展，其情形也不例外。在20世纪80年代中期，农业部把无土栽培列为重点攻关课题，组织全国攻关。在"七五"期间，无土栽培系统的研究主要集中在引进和比较各种无土栽培系统的优劣，至"七五"期末，我国基本形成了北方以基质栽培为主，江浙东南沿海地区以NFT栽培为主，华南热带地区以深水培为主的无土栽培发展格局。无土栽培这一农业高新技术在我国从无到有，获得一定发展。但无论是北方的基质栽培，还是东南沿海的NFT栽培和华南的深水培，都是用营养液来灌溉作物根系的。植物需要的16种营养元素，除了碳、氢、氧是从空气和水中获得外，其余的13种元素如大量元素氮、磷、钾、钙、镁、硫和微量元素铁、硼、锰、锌、铜、钼和氯，都是用化肥配制的营养液。营养液的配制和管理需要具有一定文化水平并受过专门训练的技术人员来操作，它难以被一般生产者掌握。在我国，一些配制营养液用的专用化肥，如硝酸钙、硝酸钾、硫酸镁以及微量元素肥料，不像普通化肥那样容易获得，而且成本较高。另外，营养液中硝态氮（$N-NO_3^-$）的含量占总氮量的90%以上，导致蔬菜产品中硝酸盐含量过高，不符合绿色食品的生产标准。所有这些因素，都限制了无土栽培这一高新农业技术在我国的进一步普及和推广应用。因此，研究简单易行有效的基质栽培施肥技术，是加速无土栽培在我国推广应用的关键。

要简化基质栽培施肥技术，首先要考虑改变通常的用化肥配制营养液来灌溉作物的做法，而应采用施肥效果与用营养液相当、养分含量充分、不带病菌虫卵、无污染、来源广泛和价格低廉的固体有机肥。按照这个思路，"八五"期间中国农业科学院蔬菜花卉研究所无土栽培组经过几年的探索，研究开发出一种以高温消毒鸡粪为主，适量添加无机肥料的配方施肥来代替用化肥配制营养液的有机生态型无土栽培技术。消毒鸡粪来源于大型养鸡场，经发酵、高温烘干后无菌、无臭味，其营养成分的含量如下：氮4.21%~5.22%，磷1.51%~2.30%，钾1.62%~1.94%，钙6.16%~7.68%，镁0.86%~1.34%，铁0.2%，此外还含有硼、锰、铜、锌、钼等微量元素。由于消毒鸡粪中营养元素的含量较低而且很不平衡，为了获得理想的栽培效果，消毒鸡粪应与其他有机肥（如豆饼、向日葵秆粉等）或无机肥（如硫铵、磷二铵、三元复合肥和蛭石复合肥等）混合使用。

一、有机生态型无土栽培的特点

有机生态型无土栽培技术是指不用天然土壤而使用基质，不用传统的营养液灌溉植物根系而使用有机固态肥并直接用清水灌溉作物的一种无土栽培技术。因而有机生态型无土栽培技术仍具有一般无土栽培的特点，例如提高作物的产量与品质，减少农药用量，产品洁净卫生，节水、节肥、省工，可利用非耕地生产蔬菜等。此外，它还具有如下特点。

（一）用有机固态肥取代传统的营养液

传统无土栽培是以各种无机化肥配制成一定浓度的营养液，以供作物吸收利用。有机生态型无土栽培则是以各种有机肥或无机肥的固体形态直接混施于基质中，作为供应栽培作物所需营养的基础，在作物的整个生长期中，可隔几天分若干次将固态肥直接追施于基质表面，以保持养分的供应强度。

（二）操作管理简单

传统无土栽培的营养液，它需要维持各种营养元素的一定浓度及各种元素间的平衡，尤其是要注意微量元素的有效性。有机生态型无土栽培因采用基质栽培及施用有机肥，不仅各种营养元素齐全。其中微量元素更是供应有余。因此，在管理上主要着重考虑氮、磷、钾三要素的供应总量及其平衡状况，大大地简化操作管理过程。

（三）大幅度降低无土栽培设施系统的一次性投资

由于有机生态型无土栽培不使用营养液，从而可全部取消配制营养液所需的设备、测试系统、定时器、循环泵等设施。

（四）大量节省生产费用

有机生态型无土栽培主要施用消毒的有机肥，与使用营养液相比，其肥料成本降低60%～80%，从而大大节省无土栽培的生产开支。

（五）对环境无污染

在无土栽培的条件下，灌溉过程中20%左右的水或营养液排到系统外是正常现象，但排出液中盐浓度过高，则会污染环境。有机生态型无土栽培系统排出液中硝酸盐的含量只有1～4mg/L，对环境无污染，而岩棉栽培系统排出液中硝酸盐的含量高达212mg/L，对地下水有严重污染。由此可见，应用有机生态型无土栽培方法生产蔬菜，不但产品洁净卫生，而且对环境也无污染。

（六）产品质优可达"绿色食品"标准

从栽培基质到所施用的肥料，均以有机物质为主，所用有机肥经过一定加工处理（如利用高温和嫌氧发酵等）后，在其分解释放养分过程中，不会出现过多的有害无机盐，使用的少量无机化肥，不包括硝态氮肥，在栽培过程中也没有其他有害化学物质的污染，从而可使产品达到A级或AA级"绿色食品"标准。

现将传统营养液无土栽培与有机生态型无土栽培的试验结果列于表3-24。

表3-24　两种无土栽培类型的比较

无土栽培类型	传统无机营养液				有机生态固体肥		
试验单位	华中农业大学（1994年）				中国农业科学院蔬菜花卉研究所（1996年）		
基质组成	天然有机物（可耗尽有限资源泥炭、锯木屑）				农产有机物（可再生无限资源），数种作物秸秆、炉煤残渣		
营养供应	无机营养液Cooper（L/株）				有机或无机固体肥		
	30	45	60	75	全有机	有机+无机	全无机
栽培基础与结果　每株番茄　三要素养分供应量（g）　氮	6.243 6	9.365 4	12.487 2	15.609 0	11.100 0	11.821 4	11.200 0
磷	1.993 5	2.990 3	3.897 0	4.983 8	3.358 3	3.810 7	3.714 2
钾	10.147 0	15.221 0	20.294 0	25.368 0	4.400 0	10.778 6	13.800 0
行×株距（m）	0.25×0.40				0.24×0.257		
栽培面积（m²）	0.10				0.061 68		
栽培基质（m³）	0.020				0.007 142 8		
产量（kg）	1.233	2.115	2.043	2.081	3.059 3	3.141 3	3.263 1
每亩*　栽培面积（m²）	300.0				172.8		
面积利用率（%）	45.0				25.92		
需基质量（m³）	60				20		
基质每立方米供栽培面积（m²）	5.0				8.64		
基质厚度（m）	0.20				0.115 74		
栽培株数	3 000				2 800		
产量（kg）	2 433.09	6 345.00	6 129.00	6 243.00	8 566.04	8 795.50	9 136.75
基本设施	储液罐、定时器、循环泵、输液管道、pH计、养分测定仪、栽培槽等				连接自来水管道、水表、普通灌溉带、栽培槽		
能源要求	需电源（不能连续断电4h）				不需电源		
技术要求	需专业培训，文化水平要求较高				经一般讲解就可掌握		
产品质量	不能达到绿色食品标准				全施有机肥，可达绿色食品AA级		
综合评价	主要依靠：机械仪表（设施）、化工（营养液原料）、采矿（泥炭、蛭石）、能源（电力）等产业部门才能进行生产，是无机耗能型的农业				基本上是利用农业本部门的副产品及废弃物进行有机物质的生物转化，仅水管等来自外部门，是有机生态型的农业		

注：* 1亩≈667m²，全书同

综上所述，有机生态型无土栽培具有投资省、成本低、用工少、易操作和产品高产优质的显著特点。它把有机农业导入无土栽培，是一种有机与无机农业相结合的高效益、低成本的简易无土栽培技术，非常适合我国目前的国情。自从该技术推出以来，深受广大生产者的青睐。目前已在北京、新疆、甘肃、广东、海南等地有较大面积的应用，起到良好的示范作用，获得较好的经济效益和社会效益。

二、有机生态型无土栽培技术的实施

（一）配制适合生态农业要求的栽培基质

有机生态基质的原料资源丰富易得，处理加工简便，农产有机物可就地取材，如玉米、向日葵秸秆，农产品加工后的废弃物如椰壳、蔗渣、酒糟，木材加工的副产品如锯末、树皮、刨花等，都可按一定配比混合后使用。为了调整基质的物理性能，可加入一定量无机物质，如蛭石、珍珠岩、炉渣、沙等，加入量依调整需要而定。有机物与无机物之比按体积计可自（2：8）～（8：2），混配后的基质容重在0.30～0.65g/cm³，每立方米基质可供净栽培面积9～6m²用（即栽培基质的厚度为11～16cm）。常用的混合基质有：4份草炭：6份炉渣；5份沙：5份椰子壳；5份葵花秆：2份炉渣：3份锯末；7份草炭：3份珍珠岩等。基质的养分水平因所用有机物质原料不同，可有较大差异，以氮、磷、钾三要素为主要指标，每立方米基质内含有全氮（N）0.6～1.8kg，全磷（P_2O_5）0.4～0.6kg、全钾（K_2O）0.8～1.6kg。生态栽培基质的更新年限因栽培作物不同为3～5年。含有葵花秆、锯末、玉米秆的混合基质，由于在作物栽培过程中基质本身的分解速度较快，所以每种植一茬作物，均应补充一些新的混合基质，以弥补基质量的不足。

（二）建造有机生态无土栽培设施系统

1. 栽培槽

有机生态型无土栽培系统采用基质槽培的形式（图3-12）。在无标准规格的成品槽供应时，可选用当地易得的材料建槽，如木板、木条、竹竿甚至砖块，实际上只建没有底的槽框，所以不须特别牢固，只要能保持基质不散落到走道上就行。槽框建好后，在槽的底部铺一层0.1mm厚的聚乙烯塑料薄膜，以防止土壤病虫传染。槽边框高15～20cm，槽宽依不同栽培作物而定。如黄瓜、甜瓜等蔓茎作物或植株高大需有支架的番茄等作物，其栽培槽标准宽度定为48cm，可供栽培两行作物，栽培槽距0.8～1.0m。如生菜、油菜、草莓等植株较为矮小的作物，栽培槽宽度可定为72cm或96cm，栽培槽距0.6～0.8m，槽长应依保护地棚室建筑状况而定，一般为5～30m。

2. 供水系统

在有自来水基础设施或水位差1m以上储水池的条件下，按单个棚室建成独立的供水系统。除管道用金属管外，其他器材均可用塑料制品以节省资金。栽培槽宽48cm，可铺设滴灌带1～2根；栽培槽宽72～96cm，可铺设滴灌带2～4根。

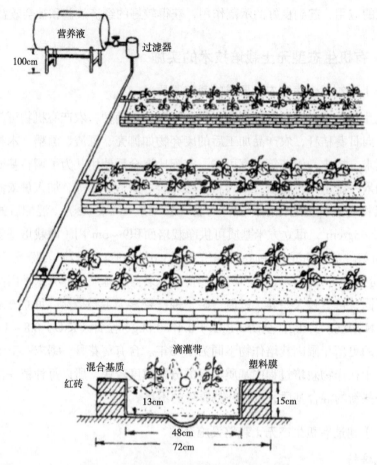

图3-12 有机生态型无土栽培设施构造示意图
（来源：蒋卫杰，2001）

（三）制定有机生态型无土栽培的操作管理规程

1. 栽培管理规程

主要根据市场需要、价格状况，确定适合种植的蔬菜种类、品种搭配、上市时期，拟定播种育苗、种植密度、株型控制等技术操作规程表。

2. 营养管理规程

肥料供应量以氮、磷、钾三要素为主要指标，每立方米基质所施用的肥料内应含有：全氮（N）1.5 ~ 2.0kg，全磷（P_2O_5）0.5 ~ 0.8kg，全钾（K_2O）0.8 ~ 2.4kg。这一供肥水平，足够一茬番茄亩产8 000 ~ 10 000kg的养分需要量。为了在作物整个生育期内均处于最佳供肥状态，通常依作物种类及所施肥料的不同，将肥料分期施用。应在向栽培槽内填入基质之前或前茬作物收获后、后茬作物定植前，先在基质中混入一定量肥料（如每立方米基质混入10kg消毒鸡粪、1kg磷二铵、1.5kg硫铵和1.5kg硫酸钾）作基肥。这样番茄、黄瓜等果菜在定植后20d内不必追肥，只需浇清水，20d后每隔10~15d追肥1次，均匀地撒在离根5cm以外的周围。基肥与追肥的比例为（25:75）~（60:40），每次每立方米基质追肥量：全氮（N）80~150g，全磷（P_2O_5）30~50g，全钾（K_2O）50~180g。追肥次数以所种作物生长期的长短而定。

3. 水分管理规程

根据栽培作物种类确定灌水定额，依据生长期中基质含水状况调整每次灌溉量。定植前一天，灌水量以达到基质饱和含水量为度，即应把基质浇透。作物定植以后，每天灌溉次数不定，每天1次或2~3次，保持基质含水量达60%~85%（按占干基质计）即可。一般在成株期，黄瓜每天每株浇水1~2L，番茄0.8~1.2L，甜椒0.7~0.9L。灌溉的水量必须根据气候变化和植株大小进行调整，阴雨天停止灌溉，冬季隔ld灌溉1次。

三、有机生态型无土栽培对作物产量与品质的影响

1990年秋，郑光华等人进行番茄、黄瓜、甜瓜3种作物的消毒有机肥应用效果试验，试验面积共200m^2。试验结果表明，番茄施消毒有机肥与土壤栽培相比增产78.95%，与营养液栽培相比增产61.18%；黄瓜施消毒有机肥与日本烟草公司的营养液栽培自动控制系统相比增产63.04%，也比用蛭石复合肥的产量高；甜瓜施用消毒有机肥比蛭石肥增产17.65%。

在1990年试验的基础上，汪浩等又在1991年春季进行大面积的卡鲁索番茄生产试验，试验面积共7 200m^2，其中消毒鸡粪栽培面积4 400m^2，营养液栽培面积2 800m^2。试验结果是，消毒鸡粪栽培番茄的前期产量较营养液栽培的番茄产量每平方米低57g，但是中期产量、后期产量和总产量每公顷分别高出10 005kg、18 540kg和27 960kg。由此可见。消毒鸡粪是一种缓效肥料，能够获得番茄的高产。同时，用消毒鸡粪种植蔬菜可以获得优质产品，大多数蔬菜作物在施用消毒有机肥后，其维生素C、可溶性固形物和糖的含量均有不同程度的提高。

四、有机生态型无土栽培的发展前景

有机生态型无土栽培技术为我国首创，目前已在广州、深圳、北京、甘肃、山西等地有较大面积的应用，取得良好的经济效益和社会效益，为我国无土栽培的发展开辟一条新的途径。但毕竟该技术研究年限尚短，从表面上看有机生态型无土栽培设施极其简单，给人的感觉似乎没有传统营养液无土栽培设备复杂、技术深奥。实际上，目前只有用有机生态型无土栽培，才能生产出"有机食品"，也就是中国绿色食品发展中心规定的"绿色食品"；用化肥配制营养液来生产蔬菜，不符合"绿色食品"的生产要求，只能是花钱多，产品质量低，事倍功半。另外，经过

多年的研究、比较、总结、归纳而成的现可在生产上应用的有机生态型无土栽培系统，其内涵要比营养液无土栽培深刻得多。众所周知，有机物质的生物转化及其养分供应远较无机物质要复杂得多。因此，有机生态型无土栽培技术仍有待于更深入研究、提高和完善，从而创造出更高的产量纪录（表3-25）。

表3-25　有机生态无土栽培春茬番茄现在产量及预期产量

不同时期番茄生产水平（t/hm²）	每平方米株数	构成番茄产量的生物学要素			
		株留穗数	穗结果数	株结果数	果重（g）
现已达到127.5~138.0	4.2	7~8	3.29~3.57	23~25	135~150
近期稍加调整可达180.0~195.0	4.2	10	3.20~3.50	32~35	140~150
两三年后经改进可能达到225.0~270.0	3.8~4.2	12	3.50~4.20	42~50	140~155

注：①近期调整是指：在现有栽培管理基础上，主要是增加株留穗数、株结果数及供水标准的调整

②两三年后改进是指：在已达到近期调整的栽培技术的基础上，改进养分供应的量及方式，并增施二氧化碳；改进调温、控温设施，使栽培生长期达180d左右（由定植起计），以及应用生物辅助授粉及促熟采收等技术措施

③在3~5年内如能加强研究有机生态基质组成，建立生长条件的光、温、水、肥自测、自控系统以及番茄生长的生物标准定量化与寻求更好的番茄新品种等工作，有可能单产达到375t/hm²

在许多发展中国家和地区，由于资产、器材和技术等条件的限制，只有大力推广有机生态型无土栽培，才是由传统农业向现代农业转变的途径。有机生态型无土栽培，由于它适应当前生态农业及绿色食品发展的需要，必将有广阔的发展前景。

第四章　无土栽培的设施及管理

第一节　无土栽培的设施

一、塑料薄膜小拱棚

塑料薄膜拱棚的种类，按棚的高矮分为塑料小棚、中棚和大棚。

（一）小拱棚的类型和结构

1. 拱圆形小拱棚

生产上应用最多的类型，主要采用毛竹片、竹竿、荆条或$\phi 6 \sim 8mm$的钢筋等材料，弯成宽$1 \sim 3m$，高$1.0 \sim 1.5m$的弓形骨架，骨架用竹竿或8#铅丝连成整体，上覆盖$0.05 \sim 0.10mm$厚聚氯乙烯或聚乙烯薄膜，外用压杆或压膜线等固定薄膜而成。小拱棚的长度不限，多为$10 \sim 30m$。

通常为了提高小拱棚的防风保温能力，除了在田间设置风障之外，夜间可在膜外加盖草苫、草袋片等防寒物。

2. 双斜面小棚

棚面为三角形，一般棚宽$2.0m$，棚高$1.5m$，可以平地覆盖，也可以做成畦框后再覆盖。

（二）小拱棚的性质

1. 光照

塑料薄膜小拱棚的透光性能比较好，春季棚内的透光率最低在50%以上，光照强度达5万lx以上。一般拱圆形小拱棚光照比较均匀，但当作物长到一定高度时，不同部位作物的受光量具有明显的差异。

2. 温度

（1）气温。一般条件下，小拱棚的气温增温速度较快，最大增温能力可达20℃左右，在高温季节容易造成高温危害；但降温速度也快，有草覆盖的半拱圆形小棚的保温能力仅有6~12℃。

（2）地温。小拱棚内地温变化与气温变化相似，但不如气温剧烈。从日变化看，白天土壤是吸热增温，夜间是放热降温，其日变化是晴天大于阴（雨）天，一般棚内地温比露地高5~6℃。

（3）湿度。由于塑料薄膜的气密性较强，一般棚内相对湿度可达70%~100%；白天通风时，相对湿度可保持在40%~60%，平均比外界高20%左右。

（三）小拱棚的应用

1.春提早、秋延后或越冬栽培耐寒蔬菜

早春可提前栽培，晚秋可延后栽培，耐寒的蔬菜可用小拱棚保护越冬。种植的蔬菜主要以耐寒的叶菜为主。

2.春提早定植果菜类蔬菜

主要栽培作物有番茄、青椒、茄子、西葫芦、矮生菜豆、草莓等。

3.春育苗

可为塑料薄膜大棚或露地栽培的春茬蔬菜、花卉、草莓及西瓜、甜瓜等育苗。

二、中拱棚

中拱棚的面积和空间比小拱棚大，人可在棚内直立操作，是小棚和大棚的中间类型，常用的中拱棚主要为拱圆形结构。

（一）中拱棚的结构

拱圆形中拱棚一般跨度为3~6m。在跨度6m时，以高度2.0~2.3m、肩高1.1~1.5m为宜；在跨度4.5m时，以高度1.7~1.8m、肩高1.0m为宜；在跨度3m时，以高度1.5m、肩高0.8m为宜；长度可根据需要及地块长度确定。

（二）中拱棚的性能与应用

中拱棚的性能介于小拱棚与塑料薄膜大棚之间。可用于果类蔬菜及草莓和瓜果的春早熟或秋延后生产，也可用于采种及花卉栽培。

三、塑料薄膜大棚

（一）塑料薄膜大棚的类型

按棚顶形状可以分为拱圆形和屋脊形，按骨架材料则可分为竹木结构、钢架混凝土柱结构、钢架结构、钢竹混合结构等。按连接方式可分为单栋大棚、双连栋大棚及多连栋大棚。

（二）塑料薄膜大棚的结构

塑料薄膜大棚应具有采光性能好，光照分布均匀；保温性好，保温比适当；棚型结构抗风（雪）能力强，坚固耐用；易于通风换气，利于环境调控；利于园艺作物生长发育和人工作业；能充分利用土地等特点。

塑料薄膜大棚的骨架是由立柱、拱杆（拱架）、拉杆（纵梁、横拉）、压杆（压膜线）等部件组成，俗称"三杆一柱"。

1. 竹木结构单栋大棚

跨度为8～12m，高2.4～2.6m，长40～60m，每栋生产面积333.0～666.7m^2。由立柱（竹、木）、拱杆、拉杆、吊柱（悬柱）、棚膜、压杆（或压膜线）和地锚等构成。

（1）立柱。立柱起支撑拱杆和棚面的作用，纵横成直线排列。其纵向每隔0.8～1.0m一根立柱，与拱杆间距一致，横向每隔2m左右一根立柱，立柱的粗度为ϕ5～8cm，中间最高，一般2.4～2.6m，向两侧逐渐变矮，形成自然拱形。

（2）拱杆。拱杆是塑料薄膜大棚的骨架，决定大棚的形状和空间构成，还起支撑棚膜的作用。拱杆可用直径3～4cm的竹竿或宽约5cm、厚约1cm的毛竹片按照大棚跨度要求连接构成。

（3）拉杆。起纵向连接拱杆和立柱，固定立杆，使大棚骨架成为一个整体的作用。通常用直径3～4cm的细竹竿作为拉杆，拉杆长度与棚体长度一致。

（4）压杆。压杆位于棚膜之上两根拱架中间，起压平、压实绷紧棚膜的作用。压杆可用光滑顺直的细竹竿为材料，也可以用8#铅丝或尼龙绳（ϕ3～4mm）代替，目前有专用的塑料压膜线，可取代压杆。

（5）棚膜。棚膜可用0.10～0.12mm厚的聚氯乙烯（PVC）或聚乙烯（PE）薄膜以及0.08～0.10mm的醋酸乙烯（EVA）薄膜。

（6）铁丝。铁丝粗度为16#、18#或20#，用于捆绑连接固定压杆、拱杆和拉杆。

（7）门、窗。门的大小要考虑作业方便，太小不利于进出；太大不利于保温。塑料薄膜大棚顶部可设出气天窗，两侧设进气侧窗，也就是上述的通风口。

2. 钢架结构单栋大棚

特点是坚固耐用，中间无柱或只有少量支柱，空间大，便于作物生育和人工作业，但一次性投资较大。

因骨架结构不同可分为单梁拱架、双梁平面拱架、三角形（由三根钢筋组成）拱架。通常大棚宽10～12m，高2.5～3.0m，长度50～60m，单栋面积多为666.7m^2。

钢架大棚的拱架多用ϕ12～16mm圆钢或直径相当的金属管材为材料，双梁平面拱架有上弦、下弦及中间的腹杆连成架结构，三角形拱架则有三根钢架及腹杆连接架结构。这类大棚强度大，钢性好，耐用年限可长达10年以上，但用钢才较多，成本较高。钢架大棚需注意维修、保养，每隔2～3年应涂防锈漆，防止锈蚀。

3. 钢竹混合结构大棚

每隔3m左右设一平面钢筋拱架，用钢筋或钢管作为纵向拉杆，每隔约2m一道，将拱架连接在一起。在纵向拉杆上每隔1.0～1.2m焊一短的立柱，在短立柱顶上架设竹拱杆与钢拱架相间排列。其他如棚膜、压杆（线）及门窗等均与竹木或钢筋结构大棚相同。

（1）GP系列镀锌钢管装配式大棚。由中国农业工程研究设计院研制成功，并在全国各地推广应用。骨架采用内外壁热浸镀锌钢管制造，抗腐蚀能力强，使用寿命10～15年，抗风荷载31～35kg/m²，抗雪荷载20～24kg/m²。代表性的GP-Y8-1型大棚，其跨度8m，高度3m，长度42m，面积336m²；拱架以1.25m薄壁镀锌钢管制成。纵向拉杆也用薄壁镀锌钢管，用卡具与拱架连接，薄膜采用卡槽及蛇形钢丝弹簧固定，还可外加压膜线，作辅助固定薄膜之用，该棚两侧还附有手摇式卷膜器，取代人工扒缝放风。

（2）PGP系列镀锌钢管装配式大棚。由中国科学院石家庄农业现代化研究所设计，并在全国各地推广应用。结构强度大，使用寿命15～20年，抗风荷载37.5～56.0kg/m²，棚面拱形，矢跨比1：（4.6～15.5），棚面坡度大，不易积雪。

（三）塑料薄膜大棚的性能

1. 大棚内的温度

（1）气温。大棚的覆盖材料——塑料薄膜具有易于透过短波辐射和不易透过长波辐射的特征，塑料薄膜大棚又是个半封闭的系统，在密闭的条件下，棚内空气与棚外空气很少交换，因此晴好天气下大棚内白天的温度上升迅速，而且晚间也有一定的保温作用，这种效应称作"温室效应"，是大棚内的气温一年四季通常高于露地的原因所在。

①气温的日变化。与外界基本相同，即白天高，夜间低。每天日出后1～2h棚温迅速升高，7：00—10：00回升最快，在不通风情况下，平均每小时升温5～8℃，最高温出现在12：00—13：00，15：00前后温度开始下降，平均每小时下降5℃左右，夜间气温下降缓慢，平均每小时下降2℃左右。一般比外界增温8～10℃。

逆温现象：使用聚乙烯或聚氯乙烯薄膜覆盖时，在3—10月夜间往往出现此现象。即棚内气温低于露地，这种现象多发生在晴天夜间，天上有薄云覆盖，薄膜外面凝聚少量水珠时出现。"逆温"的成因有不同的观点，一般认为晴天大棚内昼夜温差大，塑料薄膜特别是聚氯乙烯薄膜的长波辐射透过率高，所以大棚内气温下降很快。当夜间天空有薄云时，露地的长波辐射还受到大气反辐射的影响，上下层气流的运动，可以使地面损失的热量得到一定补充，密闭塑料大棚内没有这种气流的运动，致使棚内气温低于露地。

②气温的季节变化。大棚一年中的温度变化可分为4个阶段。第一阶段11月中旬至翌年2月中旬为低温期，月均温在5℃以下，棚内夜间经常出现0℃以下低温，喜温蔬菜发生冻害，耐寒蔬菜也难以生长。第二阶段2月下旬至4月上旬为温度回升期，温度逐渐回升。此时月均温在10℃左右，耐寒蔬菜可以生长，在本阶段后期则生长迅速，但前期仍有0℃低温，因此果菜类蔬菜多中期（3月中下旬至4月初）开始定植，但此时生长仍较慢。第三阶段4月中旬至9月中旬为生育适温期，此时棚内月均温在20℃以上，是喜温的花、菜、果的生育适期，但要注意7月可能出现的高温危害。第四阶段9月下旬至11月上旬为逐渐降温期，温度逐渐下降，此时月均温在10℃左右，喜温的园艺作物可以延后栽培，但此阶段后期最低温度常出现0℃以下，因此应注意避免发生冻害。

③气温的分布。大棚内的不同部位由于受外界环境条件的影响不同，因此存在着一定温差。一般白天大棚中部气温偏高，北部偏低，相差2～5℃。夜间大棚中部略高，南北两侧偏低。在放风时，放风口附近温度较低，中部较高。在没有作物时地面附近温度较高；在有作物时，上层温度较高，地面附近温度较低。

（2）地温。与气温相比，地温的变化滞后于气温。从地温的日变化看，晴天上午太阳出来后，地表温度迅速升高，14：00左右达最高值；15：00后地温开始下降。随土层加深，日最高地温出现时间延后，一般地表5cm处日最高地温出现时间在15：00左右，距地表10cm处日最高地温出现时间在17：00左右，距地表20cm处日最高地温出现时间在18：00左右。阴天大棚内地温的日变化较小，且日最高地温出现时间较早。

2. 大棚内的光照

光照的强度与薄膜的透光率、太阳高度、天气状况、大棚方位及大棚结构等有关，同时也存在季节变化和光照不均现象。

（1）光照的季节变化。由于不同季节的太阳高度角不同，因此，大棚内的光照强度和透光率也不同。一般南北延长的大棚，其光照强度由冬→春→夏的变化不断增强，透光率也不断提高，而随着季节由夏→秋→冬，其光照不断减弱，透光率也下降。

（2）大棚的方位及结构对光照的影响。方位不同，太阳直射光线的入射角不同，因此，透光率不同。一般东西延长的大棚比南北延长的大棚透光率高。一般竹木结构大棚透光率为62.5%，钢材结构大棚透光率为72.0%。因此，应尽量利用坚固而截面小的材料做骨架，以减少遮光。

（3）透明覆盖材料对大棚光照的影响。不同透明覆盖材料的耐老化性、无滴性、防尘性等不同，其透光率存在差异，目前用的聚乙烯或聚氯乙烯薄膜干洁时的可见光透光率均在90%左右。使用后，透光率大大下降，尤其聚氯乙烯薄膜。据测定，因薄膜老化可使透光率降低20%～40%，因尘土可使透光率降低14.3%，因太阳光反射可损失10%～20%，因水滴可损失20%，大棚的透光率一般只有50%左右，采用双层，则透光率更低。

（4）光照分布。从垂直方向看，越靠近地面，光照越弱，据测定，距棚顶30cm处的照度为露地61%，中部距地面150cm处为34.7%，近地面24.5%。从水平方向看，两侧靠近侧壁处光照较强，中部较弱，上午东侧光照较强，西侧光照较弱，午后则相反。

3. 大棚内的湿度

日变化表现在，早晨日出前大棚内相对湿度可达100%，日出后棚温升高，空气相对湿度下降，12：00—13：00为一天中空气相对湿度最低的时刻，在密闭的塑料大棚内达70%～80%，通风情况下，可达50%～60%，午后气温降低，空气相对湿度又增加，午夜又达100%。绝对湿度则随着午前温度升高，作物蒸腾的增大而增加，在密闭条件下，中午达最高值，早晨降到最低值。

空气湿度也存在着季节变化，从大棚湿度的季节变化看，一年中大棚内空气湿度以早春和晚秋最高，夏季由于温度高和通风换气，空气相对湿度较低。一般来说，大棚属于高温环境，作物容易发生各种病害，生产上应采取放风排湿、升温降湿，抑制蒸发和蒸腾（地膜覆盖、控制灌水、滴灌、渗灌、使用抑制蒸腾剂等），采用透气性好的保温幕等措施，降低大棚内空气相对湿度。

4. 大棚内的气体

大棚是半封闭系统，其中最突出的不同点有两个方面，其一是作物光合作用重要原料的CO_2浓度的变化规律与棚外不同；其二是有害气体（NH_3、NO_2、C_2H_4、Cl_2等）的产生多于棚外。

（1）CO_2。通常大气中的CO_2平均浓度大约为330μL/L（0.65g/m³空气），而白天植物光合作用吸收量为4～5g/（m²·h）。因此，在无风或风力较小的情况下，作物群体内部的CO_2浓度常常低于平均浓度。特别是在半封闭的大棚内，如果不进行通风换气或增施CO_2，就会使作物处于长期的饥饿状态，从而严重影响作物的光合作用和生育。

据测定，栽培黄瓜的大棚内早晨日出前的CO_2浓度最高，可达600μL/L，但在植株较大的情况下，日出后30～60min，CO_2浓度就会降至300μL/L以下，通风前则降至200μL/L以下。此后由于通风，棚内CO_2浓度可基本保持在300μL/L左右。日落后，CO_2浓度又逐渐增加，直到次日早晨又达到最高值。大棚内的CO_2浓度日变化是较大的，露地CO_2浓度则无此变化。

大棚内CO_2的浓度分布也不均匀，白天气体交换率低且光照强的部位，CO_2浓度低。据测定，白天作物群体内CO_2浓度可比上层低$50\sim65\mu L/L$，但夜间或光照很弱的时刻，由于作物和土壤呼吸作用放出CO_2，因此作物群体内部气体交换率低的区域CO_2浓度高。在没有人工增施CO_2的密闭大棚内，如果土壤和作物呼吸放出的CO_2量低于作物光合吸收的CO_2量，棚内的CO_2浓度就会逐渐降低；相反，如果土壤和作物呼吸放出的CO_2量高于作物光合吸收的CO_2量，棚内的CO_2浓度就会逐渐升高。

（2）有害气体。由于大棚是半封闭系统，因此如果施肥不当或应用的农用塑料制品不合格，就会积累有毒气体。大棚中常见的有害气体主要有NH_3、NO_2、C_2H_4、Cl_2等，在这些有毒气体中，NH_3、NO_2气体的产生原因主要是一次性施用大量的有机肥、铵态氮肥或尿素，尤其是在土壤表面施用大量的未腐熟有机肥或尿素。C_2H_4、Cl_2主要是不合格的农用塑料制品中挥发出的。

（四）塑料薄膜大棚的应用

1. 育苗

（1）早春果菜类蔬菜育苗。

（2）花卉和果树的育苗。

2. 蔬菜栽培

（1）春季早熟栽培。一般果菜类蔬菜可比露地提早上市$20\sim40d$，主要栽培作物有黄瓜、番茄、青椒、茄子、菜豆等。

（2）秋季延后栽培。一般可使果菜类蔬菜采收期延后$20\sim30d$，主要栽培的蔬菜作物有黄瓜、番茄、菜豆等。

（3）春到秋长季节栽培。早春定植及采收与春季早熟栽培相同，采收期直到9月末，可在大棚内越夏，作物种类主要有茄子、青椒、番茄等茄果类蔬菜。

3. 花卉、瓜果和某些果树栽培

可利用大棚进行各种草花、盆花和切花栽培，也可利用大棚进行草莓、葡萄、樱桃、猕猴桃、柑橘、桃等果树和甜瓜、西瓜等瓜果栽培。

四、温室

（一）温室的类型

1. 温室类型的演化和发展

大体可分为以下5种型式。

（1）原始型。土洞子、火室、暖窖、纸窗温室。

（2）土温室型。二折式玻璃温室，鞍山一面坡日光温室。

（3）改良型。北京改良式，鞍山、哈尔滨式，天津三折式。

（4）发展型。塑料薄膜节能日光温室。

（5）现代型。大型连栋温室。

2.温室类型的划分

（1）按照温室透明屋面的型式划分。可分为单屋面温室、双屋面温室、拱圆屋面温室、连接屋面温室、多角屋面温室等。

（2）按温室骨架的建筑材料划分。可分为竹木结构温室、钢筋混凝土结构温室、钢架结构温室、铝合金温室等。

（3）按温室透明覆盖材料划分。可分为玻璃温室、塑料薄膜温室和硬质塑料板材温室等。

（4）按温室能源划分。可分为加温温室和日光温室，加温温室又有地热能温室、工厂余热温室、人工能源加温温室等。

（5）其他。按温室的用途可分为花卉温室、蔬菜温室、果树温室、育苗温室等。

（二）单屋面温室

1.单屋面温室的结构

（1）单屋面玻璃温室。

自20世纪50年代后期至70年代在生产中应用较多，但进入20世纪80年代以来，逐渐被塑料薄膜日光温室所取代。

（2）单屋面塑料薄膜温室。包括加温温室和日光温室。目前日光温室已成为我国温室的主要类型。

日光温室优型结构与普通结构有许多差别，突出特点有：①具有良好的采光屋面，能最大限度地透过阳光。②保温和蓄热能力强，能够在温室密闭的条件下，最大限度地减少温室散热，温室效应显著。③温室的长、宽、脊高和后墙高、前坡屋面和后坡屋面等规格尺寸及温室规模要适当。④温室的结构抗风压、雪载能力强。温室骨架要求既坚固耐用，又尽量减少其阴影遮光。⑤具备易于通风换气、排湿降温等环境调控功能。⑥整体结构有利于作物生育和人工作业。⑦温室结构要求充分合理地利用土地，尽量节省非生产部分的占地面积。⑧在满足上述各项要求的基础上，建造时应因地制宜，就地取材，注重实效，降低成本。

2.日光温室优型结构的参数确定

日光温室结构参数主要包括温室跨度、高度、前后屋面角度、墙体和后屋面厚度、后屋面水平投影长度、防寒沟尺寸、温室长度等。根据日光温室优型结构应具备的特点，日光温室优型结构的参数确定应重点考虑采光、保温、作物生育和人工作业空间等问题。

①温室跨度。指从温室北墙内侧到南向透明屋面底角间的距离。温室跨度的大小，对于温室的采光、保温、作物的生育以及人工作业等都有很大影响。在温室高度及后屋面长度不变的情况下，加大温室跨度，会导致温室前屋面角度和温室相对空间的减小，从而不利于采光、保温、作物生长发育及人工作业。

目前认为日光温室的跨度以6~8m为宜，若生产喜温的园艺作物，北纬40°~41°以北地区以采用6~7m跨度最为适宜，北纬40°以南地区可适当加宽。

②温室高度。是指温室屋脊到地面的垂直高度。跨度相等的温室，降低高度会减小温室透明屋面角度和比表面积以及温室空间，不利于采光和作物生育；增加高度会增加温室透明屋面角度和比表面积以及温室空间，有利于温室的采光和作物生育。据计算，在温室跨度为6m，温室高度为2.4~3.0m范围以内，高度每降低10cm，其透明屋面角度大体降低1°，这样，2.4m高温室与3.0m高温室相比，其太阳辐射能减少7%~9%。但如果温室过高，不仅会增加温室建造成本，而且还会影响保温。因此，一般认为6~7m跨度的日光温室，在北纬40°以北，如生产喜温作物，高度以3.0~3.8m为宜；北纬40°以南，高度以3.0~3.2m为宜。若跨度>7m，高度也相应再增加。

③温室前、后屋面角度。前屋面（又称前坡）角度指温室前屋面底部与地平面的夹角，这个角度对透光率影响很大，在一定范围内，增大前屋面与地面交角会增加温室的透光率。

对于北纬32°~43°地区来说，要保证"冬至"（太阳高度角最小日）日光温室内有较大的透光率，其温室前屋面角度（屋脊至透明屋面与地面交角处的连线）应确保为20.5°~31.5°。

日光温室后屋面角度（后坡角）是指温室后屋面与后墙顶部水平线的夹角。后屋面角度以大于当地"冬至"正午时刻太阳高度角5°~8°为宜。在北纬32°~43°地区，后屋面仰角应为30°~40°，纬度越低后屋面角度要大一些，反之则相反。温室屋脊与后墙顶部高度差应在80~100cm。这样可使寒冷季节有更多的直射光照射到后墙及后屋面上，有利于增加墙体及后屋面蓄热和夜间保温。

④温室墙体和后屋面的厚度。日光温室的墙体和后屋面既可起到承重作用，又可起到保温蓄热作用。因此，在设计建造日光温室墙体和后屋面时，墙体最好是内层采用蓄热系数大、外层采用导热率小的异质材料，如内侧石头或砖墙，外侧培土或堆积秸秆、柴草等，有条件可采用空心墙或珍珠岩、炉渣、聚苯板等夹心墙，也成为异质复合墙体。

⑤后屋面水平投影长度。由于温室后屋面常采用导热率低的不透明材料，而且较厚，因此其传热系数远比前屋面小。后屋面越长，晚间保温越好。但后屋面过长，冬季太阳高度角较小时，就会出现遮光现象，而使温室后部出现大面积阴影，影响作物的生长发育。另外，后屋面过长也会使前屋面采光面减小，透光率降

低，从而使白天温室内升温慢。根据计算认为，在北纬38°～43°地区，温室高度在3.0～3.5m范围内，后屋面水平投影长度以1.0～1.6m为宜。

3. 几种日光温室优型结构类型

（1）第一代节能型日光温室。

①半拱圆形竹木结构日光温室。代表类型为两种：一种为短后坡高后墙砖混复合墙体竹木结构日光温室；另一种为短后坡高后墙夯实土墙竹木结构日光温室。

由于这种温室缩短了后屋面，增加了前屋面长度，提高了后墙和中脊高度，因此采光面积加大，透光量显著增加，尤其是显著增加了后墙下面的光照，在春末、夏初温室后部栽培床面也能照射到直射光，从而提高了温室内的土地利用率。

②鞍Ⅱ型日光温室。由鞍山市园艺研究所设计的一种无柱拱圆结构的日光温室，前屋面为钢架结构，无立柱，后墙为砖与珍珠岩组成的异质复合墙体，后屋面也为复合材料构成。采光、增温和保温性能良好，便于作物生长和人工作业。

（2）第二代节能型日光温室。

①沈Ⅰ型日光温室。由沈阳农业大学设计，为无柱式第二代节能型日光温室。在结构上有如下特点：跨度7.5m，脊高3.5m，后屋面仰角30.5°，后墙高度2.5m，后坡水平投影长度1.5m，墙体内外侧为37cm砖墙，中间夹9～12cm厚聚苯板，后屋面也采用聚苯板等复合材料保温，拱架采用镀锌钢管，配套有卷帘机、卷膜器、地下热交换等设备。

②改进翼优Ⅱ型节能日光温室。跨度8m，脊高3.65m，后坡水平投影长度1.5m；后墙为37cm厚砖墙，内填12cm厚珍珠岩；骨架为钢筋悬架结构。结构性能优良，在严寒季节最低温度时刻，室内外温差可达25℃以上。这样，在华北地区正常年份，温室内最低温度一般可在10℃以上，10cm深地温可维持在11℃以上，可基本满足喜温果菜冬季生产。

（三）单屋面温室的性能

1. 光照

（1）光照强度。通常在直射光的入射角为0°，新的干洁的塑料薄膜（聚乙烯或聚氯乙烯）的透光率可达90%左右，但在实际应用中，新薄膜覆盖后，透光率便不断下降。

（2）光照时数。由于日光温室在寒冷季节多采用草苫和纸被等覆盖保温，而这种保温覆盖物多在日出以后揭开，在日落之前盖上，从而减少了日光温室内的光照时数。

（3）光照分布。一般日光温室的北侧光照较弱、南侧较强，温室上部靠近透明覆盖物表面处光照较强，下部靠近地面处光照较弱；东西靠近山墙处，在午前和午后分别出现三角形弱光区，午前出现在东侧，午后出现在西侧，而中部全天无弱光区。

（4）光质。日光温室以塑料薄膜为透明覆盖材料，与玻璃相比光质优良，其紫外线的透过率比玻璃高，因此园艺作物产品维生素C含量及含糖量高，果实花朵颜色鲜艳，外观品质也比单屋面玻璃温室好。但不同种类的薄膜光质有差别，聚乙烯膜的紫外光透过率最多，在270~380mm，紫外光区可透过80%~90%，而聚氯乙烯薄膜由于添加紫外光吸收剂，因此紫外光透过率较低。

2. 温度

（1）气温的季节变化。日光温室内的冬季天数可比露地缩短3~5个月，夏季天数可比露地延长2~3个月，春、秋季天数可比露地分别延长20~30d，在北纬41°以南地区，保温性能好的优型日光温室几乎不存在冬季，可以四季生产蔬菜。

（2）气温的日变化。日光温室内气温的日变化规律与外界基本相同，即白天气温高，夜间气温低。通常在早春、晚秋及冬季的日光温室内，晴天最低气温出现在揭草苫后0.5h左右，温度达到最高值（偏东温室略早于12：00，偏西温室略晚于12：00）；14：00后气温开始下降，14：00—16：00盖草苫时，平均每小时降温4~5℃，盖草苫后气温下降缓慢，16：00至次日8：00降温5~7℃。阴天室内的昼夜温差较小，一般只有3~5℃，晴天室内昼夜温差明显大于阴天。

（3）气温的分布。白天上部温度高于下部，中部温度高于四周，夜间北侧温度高于南侧。此外，温室面积越小，低温区所占比例越大，温度分布就不均匀。一般水平温差为3°~4°，垂直温差为2°~3°。

（4）地温的变化。与大棚地温的变化相似。

3. 空气湿度

（1）空气湿度大。日光温室内空气绝对湿度和相对湿度比露地高。但空气湿度过大，加上弱光，易引起徒长，影响开花结实，还易引起病害发生。因此，栽培上，要注意防止空气湿度过大。

（2）空气相对湿度的日变化大。白天中午前后，温室内的气温高，空气相对湿度较小，通常在60%~70%。夜间由于气温迅速下降，空气相对湿度也随之迅速增高，可达到饱和状态。

（3）局部湿差大。设施越高大，其容积也越大，使得空气相对湿度及其日变化较小，但局部湿差较大；反之，空气相对湿度不仅易达到饱和，而且日变化也剧烈，但局部湿度较小。

（4）作物易于沾湿。由于空气相对湿度大，作物表面结露、吐水、日光温室覆盖物表面水珠凝结下滴及室内产生雾等原因，作物表面常常沾湿。

4. 土壤环境

（1）设施内土壤水分与盐分运移方向与陆地不同。由于温室是一个封闭（不通风时）的或半封闭（通风时）的空间，自然降水受到阻隔，土壤受自然降水自上而下的淋溶作用几乎没有，使土壤中积累的盐分不能被淋洗到地下水中。由于设施内温度高，作物生长旺盛，土壤水分自下而上的蒸腾作用比露地强，根据"盐随水走"的规律，也加速了土壤表层积聚较多的盐分。

（2）土壤盐渍化。土壤盐渍化是指土壤中由于盐类的聚集而引起土壤溶液浓度的提高，这些盐类随土壤蒸发而上升到土壤表面，从而在土壤表面聚集的现象。土壤盐渍化是设施栽培中的一种十分普遍现象，其危害极大，不仅会直接影响作物根系的生长，而且通过影响水分、矿质元素的吸收、干扰植物体内正常生理代谢而间接地影响作物生长发育。

土壤盐渍化现象发生主要有两个原因：第一，设施内温度较高，土壤蒸发量大，盐分随水分的蒸发而上升到土壤表面；同时，由于大棚长期覆盖薄膜，灌水量又少，加上土壤没有受到雨水的直接冲淋，于是，这些上升到土壤表面（或耕作层内）的盐分难以流失。第二，大棚内作物的生长发育速度较快，为了满足作物生长发育对营养的要求，需要大量施肥，但由于土壤类型、土壤质地、土壤肥力以及作物生长发育对营养元素吸收的多样性、复杂性，很难掌握其适宜的肥料种类和数量，所以常常出现过量施肥的情况，没有被吸收利用的肥料残留在土壤中，时间一长就大量累积。

土壤盐渍化随着设施利用时间的延长而提高。肥料的成分对土壤中盐分的浓度影响较大。氯化钾、硝酸钾、硫酸铵等肥料易溶解于水，且不易被土壤吸附，从而使土壤溶液的浓度提高；过磷酸钙等不溶于水，但容易被土壤吸附，故对土壤溶液浓度影响不大。

（3）土壤有机质含量高。包含有机质总量和易氧化的有机质含量高，土壤松结态腐殖质含量高，胡敏酸比例也高，说明有机质的质量提高，这对作物生长发育是有利的。沈阳农业大学园艺学院研究证明，蔬菜产量和易氧化有机质含量间呈显著正相关（$r=0.763$）。

（4）设施土壤N、P、K浓度变化与陆地不同。由于设施内土壤有机质矿化率高，N肥用量大，淋溶又少，所以残留量高。设施内土壤全P的转化率比露地高2倍，对P的吸附和解吸量也明显高于露地，P大量富集。最后导致K的含量相对不足，N/P失衡，这些都对作物生育不利。

（5）土壤酸化。由于化学肥料的大量施用，特别是氮肥的大量施用，使得土壤酸度增加。因为，氮肥在土壤中分解后产生硝酸留在土壤中，在缺乏淋洗条件的情况下，这些硝酸积累导致土壤酸化，降低土壤的pH值。

由于任何一种作物，其生长发育对土壤pH值都有一定要求，土壤pH值的降低势必影响作物的生长。同时，土壤酸度的提高，还能制约根系对某些矿质元素（如磷、钙、镁等）的吸收，有利于某些病害（如青枯病）的发生，从而对作物产生间接危害。

（6）连作障碍。设施中连作障碍是一个普遍存在的问题，这种连作障碍主要包括以下几个方面。第一，病虫害严重。设施连作后，由于其土壤理化性质的变化以及设施温湿度的特点，一些有益微生物（如铵化菌、硝化菌等）的生长受到抑制，而一些有害微生物则迅速得到繁殖，土壤微生物的自然平衡遭到破坏，这样不仅导致肥料分解过程的障碍，而且病害加剧；同时，一些害虫基本无越冬现象，周年危害作物。第二，根系生长过程中分泌的有毒物质得到积累，进而影响作物的正常生长。第三，由于作物对土壤养分吸收的选择性，土壤中矿质元素的平衡状态遭到破坏，容易出现缺素症状，影响产量和品质。

（7）土壤生物环境特点。由于设施内的环境比较温暖湿润，为一些土壤中的病虫害提供了越冬场所，土传病、虫害严重，使得一些在露地栽培可以消灭的病虫害，在设施内难以绝迹。例如根结线虫，温室土壤内一旦发生就很难消灭。黄瓜枯萎病的病原菌孢子在土壤中越冬，设施土壤环境为其繁衍提供了理想条件，发生后也难以根治。

当设施内作物连作时由于作物根系分泌物质或病株的残留，引起土壤中生物条件的变化，也会引起连作障碍。

（四）双屋面温室

主要由钢筋混凝土基础、钢材骨架、透明覆盖材料、保温幕和遮光幕以及环境控制装置等构成。

双屋面单栋温室比较高大，一般都具有采暖、通风、灌溉等设备，有的还有降温以及人工补光等设备，因此具有较强的环境调节能力，可周年应用。双屋面单栋温室的规格、形式较多，跨度小者3～5m，大者8～12m，长度由20～50m不等，一般2.5～3.0m需设一个人字梁和间柱，脊高3～6m，侧壁高1.5～2.5m。

（五）现代化温室（连接屋面温室）

现代化温室主要指大型的（覆盖面积多为100m²），环境基本不受自然气候的影响、可自动化调控、能全天候进行园艺作物生产的连接屋面温室，园艺设施的最高级类型。荷兰是现代化温室的发源地，代表类型为芬洛型（Venlo）温室。

1.现代化温室的类型

现代化温室按屋面特点主要分为屋脊型连接屋面温室和拱圆型连接屋面温室两类。屋脊型连接屋面温室主要以玻璃作为透明覆盖材料，其代表为荷兰的芬洛型温室，大多数分布在欧洲，以荷兰面积最大，居世界之首。拱圆型连接屋面温室主要以塑料薄膜为透明覆盖材料，主要分布在法国、以色列、美国、西班牙、韩国等。

2. 现代化温室的生产系统

（1）屋脊型连接屋面温室。以荷兰温室为代表的屋脊型连接屋面温室，由下列系统组成。

①框架结构。

A.基础。由预埋件和混凝土浇筑而成，塑料薄膜温室基础比较简单，玻璃温室较复杂，且必须浇筑边墙和端墙的地固梁。

B.骨架。荷兰温室骨架一类是柱、梁或拱架都用矩形钢管、槽钢等制成，经过热浸镀锌防锈蚀处理，具有很好的防锈能力；另一类是门窗、屋顶等为铝合金型材，经抗氧化处理，轻便美观、不生锈、密封性好，且推拉开启省力。

C.排水槽。又叫"天沟"，它的作用为将单栋温室连接成连栋温室，同时又起到收集和排放雨（雪）水的作用。排水槽自温室中部向两端倾斜延伸，坡降多为0.5%。

②覆盖材料。屋脊型连接屋面温室的覆盖材料主要为平板玻璃，塑料板材和塑料薄膜。近年来新研究开发的聚碳酸酯板材（PC板），兼有玻璃和薄膜两种材料的优点，且坚固耐用不易污染，是理想的覆盖材料，唯其价格昂贵，还难以大面积推广。

③自然通风系统。有侧窗通风、顶窗通风或两者兼有三种类型。

④加热系统。现代化温室因面积大，没有外覆盖保温防寒，只能依靠加温来保证寒冷季节园艺作物正常生产。加温系统采用集中供暖分区控制，有热水管道加温和热风加温两种加温方式。

热水管道加温主要是利用热水锅炉，通过加热管道对温室加温。

热风加热主要为利用热风炉，通过风机将热风送入温室加热。该系统由热风炉、送气管道（一般用聚乙烯薄膜作管道）、附件及传感器等组成。

⑤帘幕系统。帘幕系统具有双重功能，即在夏季可遮挡阳光，降低温室内的温度，一般可遮阴降温7℃左右；冬季可增加保温效果，降低能耗，提高能源的有效利用率，一般可提高室温6~7℃。

⑥计算机环境测量和控制系统。计算机环境测控系统，创造符合园艺作物生育要求的生态环境，是获得高产、优质产品不可缺少的手段。调节和控制的气候目标参数包括温度、湿度、CO_2浓度和光照等。

⑦灌溉和施肥系统。完善的灌溉和施肥系统，通常包括水源、贮水及供给设施、水处理设施、灌溉和施肥设施、田间网络、灌水器如滴头等。

⑧二氧化碳气肥系统。大型温室多采用二氧化碳发生器，将煤油或天然气等

碳氢化合物通过充分燃烧产生CO_2的贮气罐或贮液罐安放在温室内，直接输送CO_2到温室中。CO_2一般通过电磁阀、鼓风机和管道，输送到温室各个部位。为了控制CO_2浓度，需在室内安置CO_2气体分析仪等设备。

⑨温室内常用作业机具。

A.土壤和基质消毒机。土壤和基质的消毒方法主要有物理和化学两种。

物理方法包括高温蒸汽消毒、热风消毒、太阳能消毒、微波消毒等，其中高温蒸汽消毒较为普遍。采用土壤和基质蒸汽消毒机消毒，在土壤或基质消毒之前，需将待消毒的土壤或基质疏松好，用帆布或耐高温的厚塑料薄膜覆盖在待消毒的土壤或基质表面上，四周要密封并将高温蒸汽输送管放置到覆盖物之下，每次消毒的面积同消毒机锅的能力有关，要达到较好的消毒效果，每平方米土壤每小时需要50kg的高温蒸汽。

采用化学方法消毒时，土壤消毒机可使液体药剂直接注入土壤到达一定深度，并使其汽化和扩散。

B.喷雾机械。在大型温室中，使用人力喷雾难以满足规模化生产需要，故需采用喷雾机械防治病虫害。

（2）拱圆型连接屋面温室。目前我国引进和自行设计的拱圆型连接屋面温室较多，这种温室的透明覆盖材料采用塑料薄膜，因其自重较轻，所以在降雪较少或不降雪的地区，可大量减少结构安装件的数量，增大薄膜安装件的间距。

（3）华北型连栋塑料温室。我国自行设计建造的华北型连栋塑料温室，其骨架由热浸镀锌钢管及型钢构成，透明覆盖材料为双层充气塑料薄膜。温室单间跨度为8m，共8连跨（可任意增加），开间3m，天沟高度最低2.8m，拱脊高4.5m，建筑面积为2 112m^2。东西墙为充气卷帘，北墙为砖墙，南侧墙为进口PC板。温室的抗雪压每平方米为30kg，抗风能力为28.3m/s。

第二节 无土栽培的设置形式

一、基质栽培

在一定容器内，作物通过基质固定根系，并通过基质吸收营养液和氧气。基质栽培根据基质性质，分为无机基质栽培和有机基质栽培两大类。常见的无机基质有河沙、炭渣、泡沫塑料、岩棉、珍珠岩、蛭石。常见的有机基质有草炭、锯末、稻壳、树皮、糠醛渣。基质栽培形式主要有岩棉栽培、袋培、槽培。

二、半基质半水膜栽培

栽培容器内，基质、空间和营养液各占一定空间比例，其特点是保持了全基质栽培的供液缓冲作用，又能使营养液与空气得到充分供应和满足。

三、水培

作物根系悬挂栽培容器的营养液中，营养液的流动要畅通，循环供液，以解决营养液中氧气不足。

四、喷雾栽培

将营养液以喷雾的方式直接喷到植物根系上，使营养液与空气都能得到良好的供应。

第三节　常用水培生产设施及管理

水培的主要特征是植物的根系不是生活在固体基质中，而是生活在营养液中。要使水培能够成功，其设施必须具备4项基本功能。一是能装营养液而不致漏掉，二是能锚定植株并使根系浸润到营养液，三是使营养液和根系处于黑暗之中，四是使根系获得足够的氧。

从这些要求出发，人们创造出许多形式的水培设施。经过世界各地的长期实践是行之有效的。用于大规模生产的水培设施，概括起来有两大类型：一是深液流技术（Deep Flow Technique，DFT）；二是营养液膜技术（Nutrient Film Technique，NFT）。这两大类型的主要区别在于前者所用营养液的液层较深，植株悬挂于液面上，其重量由定植网框或定植板块所承载，根系垂入营养液中；后者所用液层很浅，植株置放于盛液槽的底部，其重量由槽底承载，根系平展于槽的底部，让营养液以很薄的一层流过。水培的两大类型各有优缺点，宜根据不同地区的经济、文化、技术水平的实际来选用。

一、深液流技术

深液流是最早开发成可以进行农作物商品生产的无土栽培技术。从20世纪30年代至今，世界各国对其做了不少改进，已成为一种有效实用的、具有竞争力的水培生产设施类型，在日本已十分普及，并被认为是比较适用于第三世界的类型。在我国广东应用过程中江门市、珠海市、深圳市、广州市等地先后用当地材料建成达1万多平方米深液流水培生产线，正常地生产出番茄、黄瓜、辣椒、苦瓜、节瓜、丝瓜、甜瓜、哈密瓜、西瓜等果菜类和莴苣、茼蒿、菜薹（菜心）、小白菜、芹菜、芥菜、空心菜、细香葱等叶菜类，认为这一类型的水培设施较适合我国现阶段的经济、文化、技术水平。

深液较浅液稳定，有利于作物的生长，可缓解供电的要求，且管理人员比较容易把握。悬杯式定植，有半水气培的性质，较易解决根部的水气矛盾。用水泥结构建造，材料易得，一般农村都可自建，且坚固耐用，后续更新附件少，管理较简化。生长期长的果菜类和生长期短的叶菜类都可栽培。营养成分利用充分，不污染环境。

（一）特征

1. 深

指所用的营养液的液层较深，相应的盛载营养液的种植槽也较深。根系伸展到较深的液层中，意味着每株占有的液量较多。由于液量多而深，营养液的浓度包括总盐分、各养分、溶存氧等）、酸碱度、温度以及水分存量都不易发生急剧变动，为根系提供一个较稳定的生长环境，这是深液流水培的突出优点。

2. 悬

就是植株悬挂于营养液的水平面上，使植株的根颈（植物主茎的基部发根处）离开液面，而所伸出的根系又能接触营养液。这是由深液层所引起的必然要求，因根颈被浸没于营养液中就会腐烂而导致植株的死亡（沼泽植物和具有形成氧气输导组织功能的植物除外）。悬挂植株是一项很考究的技术，做得好否，影响到栽培植物的长势优劣甚至死活，必须认真对待。

3. 流

就是营养液要循环流动。流动最初的目的是增加营养液的溶存氧。现已明确流动还有其他作用。例如，消除根表有害的代谢产物（最明显的是生理酸碱性）的局部累积，消除根表与根外营养液的养分浓度差，使养分能及时送到根表，更充分地满足植物的需要，促使因沉淀而失效的营养物重新溶解，以阻止缺素症的发生。所以即使是栽培沼泽性植物或能形成氧气输导组织的植物，也有必要使营养液循环流动。

（二）设施的结构

深液流水培设施由盛载营养液的种植槽、悬挂植株的定植网框或定植板块、地下贮液池、营养液循环流动系统四大部分组成。由于建造材料不同和设计上的差异，已有多种类型问世。例如，日本就有两大类型，一种是全用塑料制造，由专业工厂生产成套设备投放市场供用户购买使用，用户不能自制（日本的M式及协和式等）；另一种是水泥构件制成的，用户可以自制（日本神园式）。经实践证明，神园式比较适合中国国情。现将改进型神园式深液流水培设施作介绍（图4-1）。

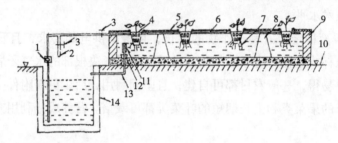

1.水泵；2.充氧支管；3.流量控制阀；4.定植杯；5.定植板；6.供液管；7.营养液；8.支承墩；
9.种植槽；10.地面；11.液层控制管；12.橡皮塞；13.回流管；14.贮液池

图4-1A 改进型神园式深液流水培设施组成示意图（纵切面）
（来源：连兆煌，1994）

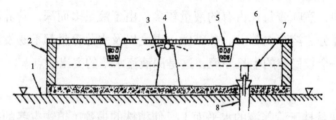

1.地面；2.种植槽；3.支承墩；4.供液管；5.定植杯；6.定植板；7.液面；8.回流及液层控制装置

图4-1B 改进型神园式深液流水培设施组成示意图
（来源：连兆煌，1994）

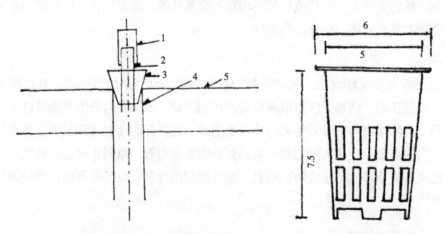

1.可升降的套于硬塑管外的橡皮管；2.硬塑管；
3.橡皮塞；4.回流管；5.种植槽底

图4-1C 液层控制装置示意图　　　　**图4-1D 定植杯示意图（单位：cm）**
（来源：连兆煌，1994）　　　　　　　　（来源：连兆煌，1994）

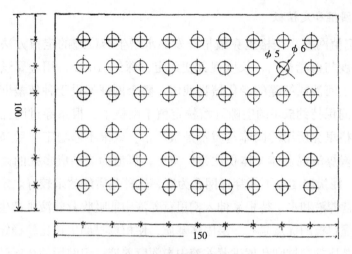

图4-1E 定植板平面图（单位：cm）

（来源：连兆煌，1994）

1. 种植槽

一般种植槽宽60～90cm，连同槽壁外沿不宜超过100cm，以便操作，槽内深12～15cm，槽长10～20cm。原来神园式种植槽是用水泥预制板块加塑料薄膜构成，为半固定的设施，现将其改成水泥砖结构永久固定的设施。

（1）水泥预制板加塑料薄膜型（原神园式）。先制好水泥预制板块，高25～30cm，厚度根据能挡着营养液的横向压力而定，长度视施工方便而定。在平整压实的地面上，将板块的1/2高度埋入地中，然后按设计规定的长宽筑成一个水泥板块的槽框，槽底为平整压实的土面，槽内深度相当于水泥板块高度的1/2（12.5～15.0cm），槽内再垫两层聚乙烯薄膜（下层厚0.4mm，上层厚0.1mm，上层每种一茬换一新膜），即成为一种半永久的种植槽。其样式与图4-1A是相同的，这种槽的优点是可以拆卸搬迁。但要使用两层塑料薄膜，费用较高，而且不耐用，如在种植中途破损易造成营养液渗漏，给管理上添麻烦。

（2）水泥砖结构型（华南改进型）。槽底用5cm厚的水泥混凝土结成，然后在槽底的基础上用水泥砂浆将火砖结合成槽周框，再用高标号耐酸抗腐蚀的水泥砂浆抹面，以达防渗防蚀的效果（图4-1A、图4-1B）。这种槽可以省去内垫塑料薄膜，直接盛载营养液进行栽培。新建成的槽需用稀硫酸浸洗，除去碱性后才开始使用。不用内垫塑料薄膜直接在水泥砖结构种植槽内栽培，能否成功关键在于选用耐酸抗腐蚀的水泥材料，现在国产材料是可以达到要求的。这种槽的优点是农户可自行建造，管理方便，耐用性强，且造价上从长远来说并不比垫塑料薄膜型高。其缺点是不能拆卸搬迁，是永久性建筑，槽体比较沉重，必须建在比较坚实的地基上，否则会因地基下陷造成断裂渗漏。因此在设计上建造时要选好地点，槽的间距、宽窄、长短、深浅等要审慎设计，一经建成就难以更改。

2. 定植网框和定植板

（1）定植网框。是格里克最早开发的水培生产设施的定植方法。用木料制成框围，宽度与槽宽相同，长度视方便而定，深5～10cm，用金属丝织成的网作底，网上铺上河沙或细碎的老化植物残体。整个网框架设于种植槽壁的顶部，网底与液面之间保持约5cm的空隙。植株定植于网框中，根系穿过网孔进入槽里的营养液中。格里克所用的固体基质不是很严格，效果不够稳定。后来古明斯卡制定了一种泥炭煤渣混合体（体积比为1：1），煤渣为烧结成多孔的硬块，粒径为0.5～1.0cm，泥炭碎度以不易穿过网孔为度，这种基质的效果较好。定植初期应向固体基质浇营养液和水，待根系伸入槽里营养液中能吸收营养液维持生长才停止浇液浇水。网框定植的优点是有一层固体基质，使植株早期生长比较稳定。其缺点是细碎的固体基质常穿过网孔掉进营养液中搅浑营养液；织网用的金属丝或塑料丝都有一定延伸性，固体基质在网上吸水后重量加大，常常造成弧形向下弯，使网底与液面之间的距离不一致，幼苗伸出的根系吸收营养液会有先有后，形成大小苗，生产不齐；所用固体基质必须铺满整个槽面，以防止光线透入槽内，因而用量较多，每种一茬就要更换一次，耗料费工大。现在已很少使用这类网框定植，只有种植块根作物如马铃薯等才考虑使用这种方法。

（2）悬杯定植板。用硬泡沫聚苯乙烯板块制成，板厚2～3cm，板面开若干个定植孔（图4-1E）。神园式原来主要作种植果菜用，故其定植孔开得比较少。也有试验证明这种设施同样很适用于种植叶菜类，所以定植板开的定植孔比较多，这种定植板可兼作定植果菜和叶菜之用，种果菜时将一部分定植孔用活塞塞着即可。定植孔的孔径为5～6cm，种果菜和叶菜都可通用。定植孔内嵌一只定植杯，杯为塑料制成，高7.5～8.0cm，杯口的直径与定植孔相同，杯口外沿有一宽约5mm的唇，以卡在定植孔上，不至于掉进槽底。杯的下半部及底部开有许多孔，孔径约3mm（图4-1D）。定植板的宽度与种植槽外沿宽度一致，使定植板的两边能架在种植槽的槽壁上，这样可使定植板连同嵌入板孔中的定植杯悬挂起来（图4-1A）。定植板的长度一般为150cm，视工作方便而伸缩，定植板一块接一块地将整条种植槽盖住，使光线透不进槽内。悬杯定植板定植方式，植株的重量为定植板和槽壁所承担。当槽内液面低于槽壁顶部时，定植板底面与液面之间形成一段空间，为空气中的氧向营养液中扩散创造了条件。在槽宽80～100cm，而定植板的厚度维持2.0～2.5cm不变时，需在槽的宽度中央架设支承物以支持定植板的重量，使定植板不会由于植株长大增重而向下弯成弧形。支持物可用截锥体水泥墩制成，沿槽的宽度中线每隔70cm左右设置1个，墩上架一条硬塑料供液管，一方面起供液作用，另一方面起支持定植板重量的作用（图4-1A、4-1B）。水泥墩的截锥底面直径为10cm，顶面直径为5cm，墩的高度加上供液管的直径应等于种植槽内壁的高度，墩顶面要有一小凹坑，使供液管放置其上时不会滑落。架在墩上的供液管应紧贴于定植板底，以承受定植板的重力而保持其水平状态。在槽壁顶面保证是水平状态下，定植板的板底连同定植杯的杯底与液面之间各点都应是等距的，以使每株植株接触到液面的机会均等。要避免有些植株已触到营养液，而另一些则仍然悬在空间而造成生长不均。悬挂定植板用的定植杯的高度应在7.5～8.0cm，以使除去嵌入定植孔部分外，尚有5cm的杯身伸入定植板下面的空间中。这样当定植初期根系未伸出杯外，要求升高液面使杯底能浸入1～2cm，以便幼苗及时吸收水分时，液面与板底之间仍可保持3～4cm的空间，以保证幼苗根系既能吸收水分与营养，又有一个较通气的环境。随着根系深入营养液深处，液面相应调低，空间得以扩大，露于空气中的根段就较大，这对解决根系呼吸需氧是相当有用的。这种定植方法克服了M种植方法的许多缺点，是3种方法中最好的一种。这种定植方法由于悬挂作用，植株和根系的绝大部分重量不是压于种植槽的底部。许多根系悬浮于液中，不会形成厚实的根垫而阻塞根系底部的营养液的流通。形成厚实的根垫以致根垫底部严重缺氧而坏死是营养液膜技术（NFT）的一个突出缺点，采用悬挂方法有利于克服这个缺点。华南农业大学作物营养与施肥研究室在广东推广1万多平方米的无土栽培面积，大部分是悬挂式定植的深液流水培，从而说明这种方法是可行的。即使用来栽培像豌豆等十分需氧的豆类，也能使其顺利形成根瘤和正常生长发育。

（3）地下贮液池。地下贮液池是作为增大营养液的缓冲能力，为根系创造一个较稳定的生存环境而设的。有些型号的深液流水培设施不设地下贮液池，而直接从种植槽底部抽出营养液进行循环，日本M式水培设施就是这样，这无疑可节省用地和费用，但也失去了地下贮液池所具有的许多优点。

地下贮液池的功能主要有：①增大每株占有营养液量而又不致使种植槽的深度建得太深，使营养液的浓度、pH值、溶存氧、温度等较长期地保持稳定。②便于调节营养液的状况，例如调节液温等。如无贮液池而直接在种植槽内增减温度，势必要在种植槽内安装复杂的管道，既增加费用也造成管理不便。又如调pH值，如无贮液池，势必将酸碱母液直接加入槽内，容易造成局部过浓的危险。

地下贮液液的容积，可按每个植株适宜的占液量来推算。大株型的番茄、黄瓜等每株需15～20L，小株型的叶菜类每株3L左右。算出全温室（大棚）的总需液量后，按1/2存于种植槽中，1/2存于地下贮液池。一般1 000m²的温室需设30m³左右的地下贮液池。

建造材料应选用耐酸抗蚀型的水泥为材料，池壁砌砖，池底为水泥混凝土，池面应有盖子，保持池内黑暗以防藻类滋生。

（4）营养液循环系统。包括供液管道、回流管道与水泵及定时控制器，所有管道均用硬塑料制成。

①供液管道。由水泵从贮液池中将营养液抽起后，分成两条支管，每支管各自

有阀门控制。一条转回贮液池上方，将一部分营养液喷回池中作增氧用；若要清洗整个种植系统时，此管可作彻底排水之用。另一条支管接到总供液管上，总供液管再分出许多分支通向每条种植槽边，再接上槽内供液管。槽内供液管为一条贯通全槽的长塑料管，其上每隔一定距离开有喷液小孔，使营养液均匀分布于全槽。槽内供液管安放的位置，有一种是放在槽底为营养液浸泡，此法不好，既失去瀑射增氧效果，又容易被根系堵塞，应将供液管架设于液面上。供液管同时有支承定植板的作用。

在槽宽为80～90cm的种植槽内的供液管，用ϕ25mm的聚乙烯硬管制成，每距45cm开一对孔径为2mm的小孔，位置在管的水平直径线以下的两侧，小孔至管圆心线与水平直径之间的夹角为45°，每条种植槽的供液管在其进槽前设有控制阀门，以便调节流量。

②回流管道与种植槽内液面控制管（图4-1A、4-1B、4-1C）。在种植槽的一端底部设一回流管，管口与槽底面持平，管下段埋于地下外接到总回流管上去。槽内回流管口如无塞子塞着，进入槽内的营养液可彻底流回贮液池中。为使槽内藏住一定深度的营养液，要用一段带橡胶塞的液面控制管（图4-1C）塞着回流管口。当液面由于供液管不断供液而升高，超过液面控制管的管口时，便通过管口回流。另可在液面控制管的上段再套上一段活动的胶管，将其提高，液面随之升高，将其压低，液面随之下降。液面控制管外再套上一个宽松的围堰圆筒（用塑料制成，筒内径比液面控制管大1倍即可），筒高要超过液面控制管管口，筒脚有锯齿状缺刻，使营养液回流时不能从液面流入回流管口，迫使营养液从围堰脚下缺刻通过才转入回流管口，这样可使供液管喷射出来的富氧营养液驱赶槽底原有的比较缺氧的营养液回流，同时围堰也可阻止根系向回流管口生长。若将整个带橡皮塞的液面控制管取走，槽内的营养液便可彻底排清。

每条槽的回流管道与总回流管道的直径，应根据进液量来确定。回流管的最大直径应满足及时排走需回流的液量，以避免槽内进液大于回液而泛滥。

③营养液循环流动用的水泵。应选具有抗腐蚀性能的型号。每1 000m^{2}温室应用1台ϕ50mm、22kW的自吸泵，并配以定时控制器，以按需控制水泵的工作时间。将温室内全部种植槽分为4组，每组有一供液控制阀，分组轮流供液，以保证供液时从小孔中射出的小液流有足够的压力，提高增氧效果。

3. 栽培管理技术要点

栽培管理技术的基础是作物栽培学，由于它是无土栽培，从而产生一个与土壤环境有很大区别的环境，也就牵涉到许多植物营养化学的专业知识。当今大学专业教育分为栽培专业与植物营养专业，所掌握的知识各有侧重，而在栽培管理的实践中必须有全面的知识，这就要求不同专业的技术人员注意补缺，才能做好栽培管理工作。现以全水泥结构种植槽加悬杯定植板这种设施为对象，来介绍栽培管理技术要点。

（1）种植槽的准备。

①新建种植槽的处理。新建成的水泥结构种植槽和贮液池，会有碱性物渗出，要用稀硫酸或磷酸浸渍中和。开始时先用水浸渍数天洗刷去大部分碱性物，然后再放酸液浸渍，开始时酸液调至pH值为2左右，浸渍时pH值会升高，应继续加酸进去，浸渍到pH值稳定在6～7，排去浸渍液，用清水冲洗2～3次即可。种植后应密切监测营养液的变化，及时采取措施处理。

②换茬阶段的清洗与消毒。

A.将定植板上的定植杯连残茬捡出，集中到清洗池中，倒出杯中的残茬和小石砾，清走石砾中的残茬，再用水冲洗石砾和定植杯，尽量将细碎的残根冲走，然后用含0.3%～0.5%有效氯的次氯酸钠或次氯酸钙溶液浸泡消毒，浸泡1d后将石砾及杯捞起，用清水冲洗掉消毒液待用。如当地小石砾价格很便宜，用过的小石砾可丢弃，以省清洗消毒费用，只捡回定植杯重新使用。

B.硬泡沫塑料定植板的清洗与消毒。用刷子在水中将贴在板上的残根冲刷掉，然后将定植板浸泡于含0.3%～0.5%有效氯的次氯酸钠或次氯酸钙溶液中，浸透后捞起，一块块叠好，再用塑料薄膜盖好，保持湿润30min以上，然后用清水冲洗待用。

③种植槽、贮液池及循环管道的消毒。用含0.3%～0.5%有效氯的次氯酸钠或次氯酸钙溶液喷洒槽池内外所有部位使湿透（每平方米约用250mL），再用定植板和池盖板盖好保持湿润30min以上，然后用清水洗去消毒液待用。全部循环管道内用含0.3%～0.5%有效氯的次氯酸钠或次氯酸钙溶液循环流过30min，循环时不必在槽内留液层，让溶液喷出后即全部回流，并可分组进行，以节省用液量。

（2）栽培管理。

①栽培作物种类的选定。未实践过用水培技术种植作物的人，开始进行水培工作时，应选用一些较易适应水培种植的作物种类来种植，如番茄、节瓜、直叶莴苣、空心菜、鸭儿芹、菊花等，以取得水培的成功。在没有控温的大棚内种植，要选用完全适应当季生长的作物来种植，切忌不顾条件地搞反季节种植，不要误解无土栽培技术有反季节的功能。

②秧苗准备与定植。

A.育苗。用穴盘育苗法育出幼苗（育苗穴盘的穴孔应比定植杯口径略小）。

B.移苗入定植杯。准备好稳苗用的非石灰质的小石砾（粒径以大于定植杯下部小孔为度），在定植杯底部先垫入1～2cm的小石砾，以防幼苗的根茎直压到杯底，然后从育苗穴盘中将幼苗带基质拔出移入定植杯中（不必松去根上的基质），再在幼苗根团上覆盖一层小石砾稳定幼苗。稳苗材料必须用小石砾，因其没毛管作用，可防营养液上升而结成盐霜之弊（盐霜可致茎基部坏死）。不能用毛管作用很强的材料（很细碎的泥炭、植物残体等）来稳定幼苗，因这类材料易结成盐霜。

C.过渡槽内集中寄养。幼苗移入定植杯后，本可随即移入种植槽上的定植板孔中，成为正式定植，但定植板的孔距是按植株长大后需占的空间而定的，遇上幼苗太细，很久才长满空间。为了提高温室及水培设施的利用率，将已移入定植杯内的很细小的幼苗，密集置于一条过渡槽内，不用定植板直接置于槽底，做过渡性寄养。槽底放入营养液1~2cm深，使能浸泡杯脚，幼苗即可吸收水分和养分，迅速长大并有一部分根伸出杯外，待长到足够大的株型时，才正式移植到种植槽的定植板上。移入后很快就长满空间（封行）达到可收获的程度，大大缩短了占用种植槽的时间。这种集中寄养的方法，对生长期较短的叶菜类是很有用的，对生长期很长的果菜类用处不大。

D.正式定植后槽内液面的要求。植有幼苗的定植杯移入种植槽上的定植板孔以后，即为正式定植。此时幼苗的根尚未伸出杯底或只有几条伸出，这就要将槽内液面调至能浸泡杯脚1~2cm处，使每一植株有同等机会及时吸收水分和养分。这是保证植株生长均匀，不致出现大小苗现象的关键措施。但也不能将液面调得太高以致贴着定植板底，妨碍氧向液中扩散，同时也会浸泡植株的根茎使其窒息坏死。当植株发出大量根群深入营养液后，液面随之调低，以离开杯脚。

（3）营养液的配制与管理。

①营养液配方的选用。这是初次自主进行无土栽培实践的人最捉摸不定的问题之一。常误解为每一种植物都要有一个专用的营养液配方。事实上并非如此，应认识到植物的营养规律是有共性的。一种在实践中反复证明是行之有效的配方，不仅仅适用于标明其名称的菜种，也可适用于许多同其类似的菜种，所以有所谓通用型（或称广谱型）营养液配方的称呼。人们常称美国霍格兰营养液和日本园试配方为通用型配方。当然也不能说通用配方就适用于任何植物，因为植物营养规律中既有共性，也有特性。当今已发表的营养液配方名单上，每一大类的植物都有一些代表种榜上有名，如无完全对号的配方，选用相近类型的就可以。

②种植槽内液面的调节。这是悬杯式深液流水培技术中十分重要的环节，弄不好会伤害根系，应十分注意。

在定植开始时，液面要浸泡定植杯底1~2cm，当根系大量伸入营养液后，液面应随之调低，使有较多根段露于空气中，以利呼吸而节省循环流动充氧的能耗。在这种情况下，露于潮湿空气中的根段会重新发生许多根毛（有些植物不怎么发生，有些植物特别容易发生，肉眼看得很清楚），这些有许多根毛的根段不能再被营养液浸泡太久，否则就会坏死而伤及整个根系，所以液面不能无规则地任意升降。原则上液面降低以后，若上部的根段已产生大量根毛时，液面就维持稳定在这个水平。还要注意使存留于槽底的液量有足够植株2~3d吸水的需要，不能降得很浅维持不了植株1d的吸水量。生产上还应注意水泵出了故障或电源中断不能供液的问题。

（4）建立科学、高效率的管理制度。这是社会化大生产所必需的。每个技术部门和每项技术措施都要有专人负责，明确岗位责任，建立管理档案，列出需要记录的项目，制成表格和工作日记，逐项进行登记。这样才能对生产中出现的问题作科学的分析，从而使其得到有效的解决。科学的管理制度是先进的科学技术发挥作用的必要保证，没有科学的管理制度，再先进的科学技术也难在提高生产力上发挥作用。在我国长期自给经济基础形成的思想意识影响下，往往忽视科学的管理制度，因此在学习、引进先进的科学技术以提高生产力时，必须同时加以解决这一问题。

二、营养液膜技术

营养液膜技术（Nutrient Film Technique）简称为NFT，是一种将植物种植在浅层流动的营养液中的水培方法。它是由英国温室作物研究所库柏（A. J. Cooper）在1973年发明的，1979年以后，该技术迅速在世界范围内推广。美国的Grane，英国的Adams、印度的Douglas等人曾对NFT的构造及日常管理等方面进行过许多改进。据1980年的资料记载，当时已有68个国家正在研究和应用该技术进行无土栽培生产。

NFT的设施是第一次投资最少、施工最易的一种无土栽培设施。但由于其耐用性差，后续的投资和维修工作频繁。其特点是液层浅，较好地解决了根系需氧问题。也因液层浅而带来了诸因素稳定性差的缺点。要克服这个缺点，管理工作要做得更精细，管理人员的技术水平要求也更高。要使管理工作既精细又不繁重，势必要采用自动控制装置，从而需增加设备和投资，使推广受阻。应该根据当地的实际条件去权衡利弊以决定对NFT的取舍。

（一）特征

传统的无土栽培技术一般设置较深的种植槽，并在槽中放入固体基质或营养液来栽培作物。种植槽用水泥、砖、木板或金属等材料制成，既笨重又昂贵，同时根系的需氧问题较难解决。NFT是针对这些问题而设计的，它不用固体基质，且营养液仅为数毫米深的浅层在槽中流动，作物根系一部分浸泡在浅层营养液中，另一部分则暴露于种植槽内的湿气中，只要维持浅层的营养液在根系周围循环流动，就可较好地解决根系呼吸对氧的需求。并且NFT的种植槽是用轻质的塑料薄膜制成的，使设备的结构更轻便简单，大大降低了投资成本。

（二）设施的结构

NFT的设施主要由种植槽、贮液池和营养液循环流动装置3个主要部分组成（图4-2）。此外，还可以根据生产实际和资金的可能性，选择配置一些其他辅助设施，如浓缩营养液贮备罐及自动投放装置，营养液加温、冷却装置等。现将NFT的主要设施及附加装置概述如下。

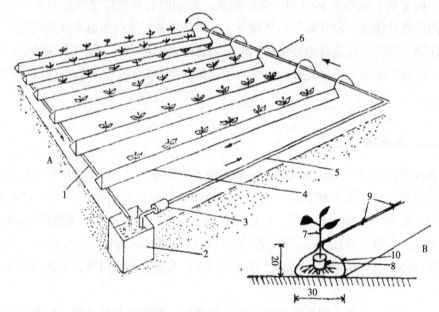

1.回流管；2.贮液池；3.泵；4.种植槽；5.供液主管；6.供液；
7.苗；8.育苗钵；9.木夹子；10.聚乙烯薄膜

图4-2　营养液膜设施组成示意图（单位：cm）
（来源：连兆煌，1994）

1.种植槽

NFT的种植槽按种植作物种类的不同可分为两类：一是株型较高大的作物用的，二是株型较矮小的作物用的。

（1）大株型作物用的种植槽。是一种用0.1～0.2mm厚的面白底黑的聚乙烯薄膜临时围合起来的等腰三角形槽，槽长20～25cm，槽底宽25～30cm，槽高20cm。即取一幅宽75～80cm，长21～26m的上述薄膜，铺在预先平整压实的、且有一定坡降的（1∶75左右）地面上，长边与坡降方向平行。定植时将带育苗钵的幼苗置于膜宽幅的中央排成一行，然后将膜的两边拉起，使膜幅中央有20～30cm的宽度紧贴地面，拉起的两边合拢起来用夹子夹着，成为一条高20cm的等腰三角形槽。植株的茎叶从槽顶的夹缝中伸出槽外，根部置于不透光的槽内底部（图4-2B）。

营养液要从槽的高端流到低端，故槽底下的地面必须在坡降1∶75的要求下压实平顺，不能有坑洼，以免槽内积水。

用硬板（木材或塑料）垫槽，可调整坡降，坡降不要太小，也不要太大，以营养液能在槽内流动顺畅为好。

营养液在槽内要以浅层流动，液层深度不宜超过10mm。在槽底宽为25～30cm，槽长不超过25m的槽内，每分钟注入2～4L营养液是适宜的。

为改善作物的吸水和通气状况，可在槽内底部铺垫一层无纺布，它可以吸水并使水扩散，而根系又不能穿过它，然后将植株定植于无纺布上。其作用主要是：①浅层营养液直接在塑料薄膜上流动会产生乱流，在植株幼小时，营养液会流不到根系中去，造成缺水。无纺布可使营养液扩散到整个槽底部，保证植株吸到水分。②根系直接贴着塑料薄膜生长，植株长到足够大时，根量多，重量大，形成一个厚厚的根垫与塑料薄膜贴得很紧，营养液在根的底部流动不畅，造成根垫底下缺氧，容易出现坏死。有一层根系穿不过的无纺布，根只能长在无纺布上面，根与塑料薄膜之间隔一层无纺布，营养液可在其间流动，解决了根垫底部缺氧问题。③无纺布吸持相当水量，当停电断流时，可缓解作物缺水而迅速出现萎蔫的危险。

（2）小株型作物用的种植槽。株型较小的作物种植密度应增加，才能保证单位面积有较高的产量。可采用多行并排的密植种植槽。这种槽是用玻璃钢制成的波纹瓦或水泥制成的波纹瓦作槽底。波纹瓦的谷深2.5～5.0cm，峰距视株型的大小而伸缩，波纹瓦宽度为100～120cm，可种6～8行，按此即可算出峰距的大小，全槽长20m左右，坡降1：75。波纹瓦接连时，叠口要有足够深度而吻合，以防营养液漏掉。一般槽都架设在木架或金属架上，高度以方便操作为度。由于波纹瓦的沟谷是敞开的，要加一块板盖遮住，使其不透光。板盖用硬泡沫塑料板制作，上面钻有小孔作定植幼苗之用，孔距按种植的株行距来定，板盖的长宽与波纹瓦槽底相匹配，厚度2cm左右（图4-3）。

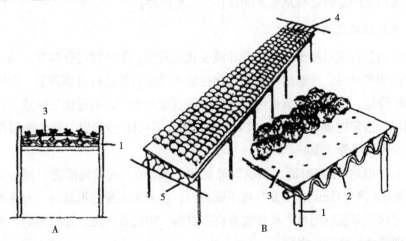

A.横切面；B.侧俯视；1.支架；2.塑料波纹瓦；3.定植板盖；4.供液；5.回流

图4-3 小株作物用营养液膜种植槽
（来源：连兆煌，1994）

2. 贮液池

设于地平面以下，容量以足够供应整个种植面积循环供液之需为度。大株作物如番茄、黄瓜等以每株5L计算，小株作物每株1L。虽然增加贮液量有利于营养液的稳定，但建设投资也增加。

3. 循环流动系统

主要由水泵、管道及流量调节阀门等组成。

（1）水泵。应选用耐腐蚀的自吸泵或潜水泵。水泵的功率大小应与整个种植面积营养液循环流量相匹配。如功率太小，流量不足，有些种植槽得不到供液或各槽供液量达不到要求；如功率太大，造成浪费，也可能因压力太大损坏管道。

（2）管道。均应采用塑料管道，以防止腐蚀。管道安装时要严格密封，最好采用芽接而不用套接。同时尽量将管道埋于地面以下，一方面方便工作，另一方面避免日光照射而加速老化。

管道分两种，一是供液管，从水泵接出主管，在主管上接出支管。其中一条支管引回贮液池上，使一部分抽起来的营养液回流贮液池中，一方面起搅拌营养液作用使之更均匀并增加液中溶存氧，另一方面可通过其上的阀门调节输往种植槽方向去的流量。在支管上再接许多毛管输到每条种植槽的高端，每槽的毛管设流量调节阀，然后在毛管上接出小输液管引入种植槽中。大株型种植槽每槽设几条直径为2~3mm的小输液管，管数以控制到每槽每分钟流入2~4L的流量为度。多设几条小输液管的目的是在其中有1~2条堵塞时，还有1~2条畅通，以保证不会缺水。小株型种植槽每个坡谷都设两条小输液管，保证每坡谷都有液流，流量每谷每分钟2L。二是回流管。种植槽的低端设排放口，用管道接到集液回流主管上，再引回贮液池中。集液回流的主管要有足够大的口径，以免滞溢。

4. 其他辅助设施

NFT因营养液用量少，致使营养液变化比较快，需经常进行调节。为减轻劳动强度并使调节及时，可选用一些自动化控制的辅助设施进行自动调节。但即使不用这些辅助设施，用人工调节也可以同样进行正常的生产，不过比较麻烦。辅助设施包括间歇供液定时器、电导率（EC）自控装置、pH自控装置、营养液温度调节装置和安全报警器等（图4-4）。

（1）间歇供液定时器。间歇供液是NFT水培特有的管理措施。例如每小时内供液15min，停止45min，如此日夜不断进行，由人工来操作很麻烦，若在水泵上安装一个定时器来控制间歇供液就省去许多麻烦。定时器应是比较准确的，设定间歇的时间要符合作物生长实际。

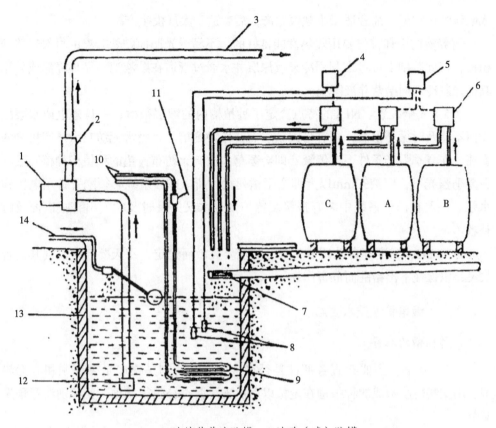

A、B.浓缩营养液贮罐；C.浓酸（碱）贮罐

1.泵；2.定时器；3.供液管；4.pH控制仪；5.EC控制仪；6.注入泵；7.营养液回流；
8.EC及pH感应器；9.加温或冷却管；10.暖气（冷水）来回管；11.暖气（冷水）控制阀；
12.水泵滤网；13.贮液池；14.水源及浮球

图4-4　营养液膜技术营养液自动控制装置示意图
（来源：连兆煌，1994）

（2）电导率（EC）自控装置。由电导率（EC）传感器和控制仪表及浓缩营养液罐（分A、B两个）加注入泵组成。当EC传感器感应到营养液的浓度降低到设定的限度时，就会由控制仪表指令注入泵将浓缩营养液注入贮液池中，使营养液的浓度恢复到原来的浓度。反之，如营养液的浓度过高，则会指令水源阀门开启，加水稀释营养液使其达到规定的浓度。

（3）pH自控装置。由pH传感器和控制仪表及带注入泵的浓酸（碱）贮存罐组成。其工作原理与EC自控装置相似，只不过加入贮液池中的是浓酸（一般为硝酸或磷酸）或浓碱（一般用氢氧化钠，有时也用氢氧化钾）。

（4）营养液的加温和冷却装置。液温太高或太低都会抑制作物的生长，通过调节液温以改善作物的生长条件，比对大棚或温室进行全面加温或降温要经济得多。

营养液加温可采用电热管进行，也可采用热水锅炉将暖气通过不锈钢螺旋管导入贮液池中加温，前者适于小规模生产，后者适于大规模生产。

营养液的冷却首先要用隔热性能良好的、不易受光照而剧烈升温的材料建造种植槽，在此基础上可考虑利用冷泉或深层井水通过管道在贮液池中循环降温或采用其他强制冷却剂给营养液降温。

（5）安全装置。NFT的特点决定了种植槽内的液层很薄，一旦停电或水泵故障而不能及时循环供液，很容易因缺水而使作物萎蔫。有吸水无纺布做槽底衬垫的番茄，在夏季强光条件下，停液2h即会萎蔫。没有无纺布衬垫的种植槽种植叶菜，在夏季强光下，停液30min以上即会干枯死亡。所以NFT系统必须配置备用电机和水泵。还要在循环系统中装有报警装置，发生水泵失灵时及时发出警报以便及时补救。

EC、pH、温度等自动调节装置的质量要灵敏而稳定，每天要经常监视其是否失灵，以保证不出错乱而危害作物。

（三）栽培管理技术要点

1. 种植槽的准备

（1）新槽。主要检查各部件是否符合要求，特别是槽底是否平顺和有无渗漏。用塑料薄膜构成的种植槽在定植以后出现渗漏，补救很麻烦，要特别注意预先防范。

（2）换茬后重新使用的槽。使用前注意检查有无渗漏，并要注意消毒。

2. 育苗与定植

（1）大株型种植槽的育苗与定植。因NFT的营养液层很浅，定植时作物的根系都置于槽底，故定植的苗都需要带有固体基质或有多孔的塑料钵以锚定植株。育苗时就应用固体基质制成育苗块（一般用岩棉块）或用多孔塑料钵育苗，定植时不要将固体基质块或多孔塑料钵脱去，连苗带钵（块）一起置于槽底。

大株型种植槽的三角形槽体封闭较高，故所育成的苗应有足够的高度才能定植，置于槽内时苗的茎叶能伸出三角形槽顶的缝隙以上。

（2）小株型种植槽的育苗与定植。用海绵块育苗，海绵块径粗、长度应使将来置于定植孔中时，能靠着定植板盖而不致倒卧于槽底。也可用无纺布卷成或岩棉切成方条块育苗。在育苗条块的上端切一小缝隙，将催芽的种子置于其中，密集育成2~3叶的苗。然后移入板盖的定植孔中。定植后要使育苗条块触及槽底而幼叶伸出板面之上。

3. 营养液的配制与管理

（1）营养液的配制。参考相关章节中的有关内容。

（2）供液方法。NFT的供液方法是比较讲究的。因为它的特点是液层要很浅，不超过10mm。这样浅的液层，其中含有的养分和氧很容易被消耗到很低的程度。当营养液从槽头一端输入，流经一段相当长的路程（以限在25m计）以后，其中许多植株吸收了其养分和氧（以番茄为例，株距40cm则有60株/槽），这样从槽头的一株起，依次到槽尾的一株时，营养液中的氧和养分所剩不多，造成槽头与槽尾的植株生长差异很大。当输液量小于一定极值时就会发生这种情况（图4-5、图4-6）。从图4-6可以看出，番茄在少量供液的情况下产量明显低于多量供液的。从图4-5还可以看出，在槽长21m的情况下，草莓每分钟供液1L，已能保持最后一株能获得溶存氧浓度为6mg/L的营养液，对番茄来说则要每分钟供液2L，对黄瓜来说则要每分钟供液5L。当然这与植株的种植密度有关，增加密度就保持不了这种程度，减少密度即使不供那么多营养液也可保持这种程度。说明NFT的供液量与多因素有关。

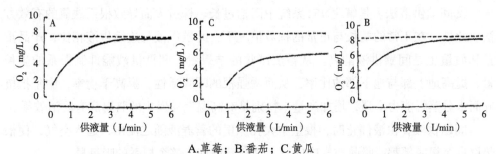

A.草莓；B.番茄；C.黄瓜

虚线：入口处的液中含氧量；实线：出口处的液中含氧量，管长21.5m

图4-5　供液量与液中含氧量关系

（来源：连兆煌，1994）

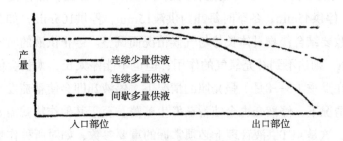

图4-6　不同供液量与番茄产量关系

（来源：连兆煌，1994）

在槽长不超过25m，植株60株左右时（以番茄为例），连续供液2～4L/min，可以足够植株生长的需要。如果槽长超过30m，植株多于70株，则每分钟供液2～4L是不够的。但又不能再加大供液量，因加大供液量会使根系全浸泡在液中，失去从空气中吸氧的机会，且根又压于槽底，不似深液流水培那样根系是悬挂起来的，这样既不是营养液膜水培，也不是深液流水培，根系的供氧问题也未能很好解决。因此，NFT在槽长超过30m而植株又较密的情况下，要采用间歇供液法去解决根系需氧的问题。这样，NFT的供液方法就派生为两种，即连续供液法和间歇供液法。

①连续供液法。NFT的根系吸收氧气的情况可分为两个阶段，即从定植后到根垫开始形成，根系浸渍于营养液中，主要从营养液中吸收溶存氧，这是第一阶段。随着根量的增加，根垫形成后有一部分根露在空气中，这样就从营养液和空气两方面吸收氧，这是第二阶段。第二阶段的出现快慢，与供液量多少有关。供液量多，根垫要达到较厚的程度才能露于空气中，从而进入第二阶段较迟；供液量少，则很快就进入第二阶段。第二阶段是根系获得较充分氧源的阶段，应促其及早出现。

连续供液的供液量，可在每分钟2～4L的范围内，随作物的长势而变化。原则上白天、黑夜均需供液。如夜间停止供液，则抑制作物对养分和水分的吸收（减少吸收15%～30%），可导致作物减产。

②间歇供液法。是解决NFT系统中因槽过长、株过多而导致根系缺氧的有效方法。此外，在正常的槽长与正常的株数情况下，间歇供液与连续供液相比，产品重量和质量也是间歇供液的高。从番茄试验的结果看，间歇供液能抑制根系的生长量，提高地上部与地下部的比率，从而增强根的呼吸活性，提高干物率，中午抵抗叶面水分蒸腾能力增强，增加产量，特别是对高温期易发生的脐腐病有防治效果。

间歇供液在供液停止时，根垫中大孔隙里的营养液随之流出，通入空气，使根垫里直至根底部都能吸收空气中的氧，这样就增加了整个根系的吸氧量。

间歇供液开始的时期，以根垫形成初期为宜。根垫未形成（即根系较少，没有积压成一个厚层）时，间歇供液没有什么效果。

间歇供液的程度，如在槽底垫有无纺布的条件下种植番茄，夏季时每小时内供液15min，停供45min；冬季时每2h内供液15min，停供105min，如此反复日夜供液。这些参数要结合作物具体长势与气候情况而调整。停止供液的时间不能太短，如小于35min，则达不到补充氧气的作用；但也不能停太长，太长会使作物缺水而萎蔫。一般在夏季（5—8月）强光照的情况下，停液2h即会使番茄发生萎蔫；在冬季弱光照的情况下，停液4h也会使番茄发生萎蔫。至于其他作物就需要结合当地实际测试出来，这是NFT供液管理上必须掌握的重要参数，如对所种作物在什么情况下会发生萎蔫一无所知，就很难做到科学管理，甚至会突发作物失水枯死而失败的局面。

（3）液温的管理。各种作物对液温的要求是有差异的，但为了管理上的方便，控制在某一范围内即可。以夏季不超过28～30℃，冬季不低于12～15℃为宜。

由于NFT的种植槽（特别是塑料薄膜构成的三角形沟槽）隔热性能差，再加上用液量少，因此液温的稳定性也差，容易出现同一条槽内头尾液温有明显差别（表4-1）。从表4-1可以看出，进液口与出液口之间的温度相差可达6℃，使本来已经调整到适合作物要求的液温（15.4℃）到了槽的末端就变成明显低于作物要求的水平（9.6℃），这明显与供液量有关。可见，NFT要特别注意液温的管理。原则上NFT系统应配置营养液的加温降温设备，并在循环营养液的各个环节上采取稳定液温的措施。例如，在种植槽上使用一些泡沫塑料增强槽的稳温性能，将管道尽可能埋于地下，贮液池建于室内等。

表4-1　进液口与出液口温度差异情况

供液量	1月中旬平均值						4月中旬平均值					
	最低温度（℃）			最高温度（℃）			最低温度（℃）			最高温度（℃）		
	入口	出口	差	入口	出口	差	入口	出口	差	入口	出口	差
0.2L/min	15.4	9.6	-5.8	21.9	23.2	+1.3	16.7	12.9	-3.8	25.3	26.8	+1.5
0.5L/min	15.4	11.8	-3.6	21.9	23.0	+1.1	16.7	14.3	-2.4	25.3	26.6	+1.3
2.0L/min	15.4	14.2	-1.2	21.9	22.5	+0.6	16.7	15.8	-0.9	25.3	26.1	+0.8
4.0L/min	15.4	14.6	-0.8	21.9	22.3	+0.4	16.7	16.1	-0.6	25.3	25.8	+0.5
		14.0			28.3			10.3			34.6	

在具体管理上，如在气温变化剧烈的季节，应该在容许的范围内，尽可能增大供液量。即使从供给养分和氧的需要上来看，不需要供液那么多，但为了稳定液温的需要也应这样做（只要是无害的）。

第四节　常用固体基质培生产设施及管理

一、砾培

砾培是无土栽培初期阶段的主要形式。第二次世界大战在无法农耕的海岛上生产军需鲜菜，以及20世纪50—60年代日本普及无土栽培的初期，都是从砾培开始的。在当时，砾培被公认为是无土栽培技术上有实用效果的典型。这是一种封闭循环的系统，其关键部件是一组不漏水的种植槽，槽内装满营养液易于流过的惰性石砾层，砾石的直径一般大于3mm，种植槽定期漫灌营养液，然后排出回流至贮液池（图4-7A）。由于营养液循环使用，水和养分的利用都很经济。后来，因惰性优质砾石来源困难，加上设施是永久性装置，建造费用太高，而且石砾的运输、清洗和消毒等工作十分繁重且费用高，因而逐渐演变成近代各种无土栽培方式。但在一些火山岩等砾石资源丰富的地区，仍不失为一种简便有效的无土栽培方式。

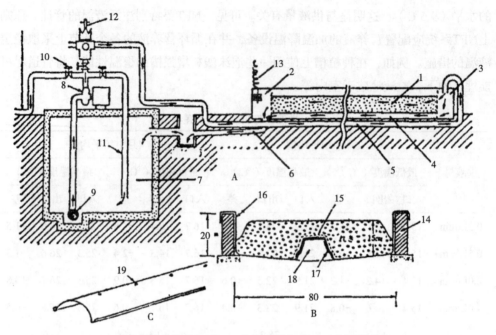

A.砾培种植系统纵切面；B.种植槽横切面；C.半圆排灌管

1.石砾层；2.排液缓冲间；3.灌液缓冲间；4.灌排管；5.供液管；6.回流管；7.贮液池；8.泵；
9.水泵滤网；10.阀门；11.分液管；12.转换式供液阀；13.传感器；14.槽壁；15.尼龙纱网；
16.黑色塑料膜；17.半圆排灌管；18.排灌通道；19.小孔

图4-7　砾培种植系统（单位：cm）
（来源：连兆煌，1994）

（一）基质

砾培所用的石砾以用花岗岩碎石最为理想。要求质硬而未风化，棱角较钝，粒径在5～15mm范围内，其中13mm左右的占1/2左右，容重为1.5g/cm³左右，总孔隙为40%，持水孔隙占7%左右较为理想。这样，既能保水，又能维持良好的排水通气性。在选用石砾时，应注意以下几个方面。

（1）尽量不选用石灰性的石砾。

（2）在不够理想的石砾中，即使是非石灰性的，也常具有一定的置换、吸附、溶出多种离子的性质，因而干扰营养液的稳定，引起作物缺素症的发生。处理方法是将石砾用清水洗净，首先除去混入的腐殖质和黏土，然后用营养液浸渍循环多次，并测定流出的营养液中的P、K、Ca、Mg、Fe和pH值等的变化，如变化较大，则要再换新的营养液循环，直至营养液的组成趋于稳定时才可使用。

（3）采用石灰性石砾时，要做专门的处理。因石灰质石砾中的碳酸钙能与营养液中的可溶性磷酸盐作用，生成不溶性的$Ca_3(PO_4)_2$，严重降低了营养液中有效磷的浓度。可用浓度为0.5～5.0g/L的重过磷酸钙溶液浸泡石砾数小时，定时测定浸泡液的水溶磷的浓度，开始时会不断降低，当降到10mg/L以下时，需将旧浸泡液排去，换上新的，再浸泡、测定，直至浸泡液的水溶磷含量稳定在30mg/L和pH值在6.8左右时，将浸泡液排去，用清水清洗数次，即可使用。此时石砾的颗粒表面包上一层不溶性磷酸三钙，压制了碳酸钙的溶出。当经过多次使用，石砾表层的磷酸三钙层被磨损掉，碳酸钙重新暴露再起作用时，应重新浸泡处理。

（二）设施的结构与管理

1.设施的结构

包括种植槽、灌排液装置、循环系统等。

（1）种植槽。一般砾培多采用下方灌排营养液，因而，建造时常按此要求来设计（图4-7A）。

种植槽的宽度以80～100cm为宜；深度，两侧为15cm，中央为20cm，使槽底呈"V"形（图4-7B）。槽底伸向地下贮液池的一方，要有轻微的坡降。槽长以30m以内为宜，太长会影响营养液的排灌速度。槽的两端设有灌排液缓冲间，由灌排管与槽内相通。种植槽可用木板、水泥板、水泥混凝土制成。一般如用水泥板块砌成，需在槽内垫以厚度为0.3mm的黑色聚乙烯薄膜，才能使之不漏水。种植槽多数直接建于地面上，也有建在水泥墩柱上的，以方便作业。

（2）灌排液装置。按下方灌排液的要求，在种植槽的底部设置灌排管（灌液与排液都用同一条管）和在槽的两端设灌排缓冲间（图4-7A）。营养液由水泵供液管引到槽端后，先灌入灌液缓冲间，再灌入槽底的灌排管。此时排液缓冲间的排液口阀门关闭，营养液即迅速在槽内由下向上升高浸泡石砾，直至深度达到要求时，液面与排液缓冲间上的浮子开关接触，随即指令关闭水泵停止供液，同时指令排液阀门开启进行排液，将槽内全部积液排回地下贮液池中，不能有重力水积于槽底，此时，只有石砾颗粒持有一层水膜。整个灌液与排液过程要求在1h内完成（灌30min，排30min）。总的要求是速灌速排，彻底排。要做到这一点，灌排管要足够大。

灌排管为半圆形的，弦长80cm的半圆管（图4-7C），以弦在下、背在上的方法覆盖于槽底最低处的中间，管的两端延伸到全槽长，并紧接入槽两端的缓冲间隔墙底部的孔。灌排管可用陶质或塑料制成。陶质管分成小段，在槽底铺接成贯通全长的半圆管，每段接口处留一小缝隙，使营养液能上下进出。塑料管每段较长，在其背上每隔45cm开一个直径约1cm的孔穴使水上下进出。可在半圆管的两侧做成波纹状，波谷约0.5cm，使覆盖于槽底时不至贴得太紧密，以利灌排。灌排管覆盖好后，在其上盖一层尼龙纱网，以阻止细微石砾掉进管内或堵塞孔隙。

（3）贮液池。应建于地下，用钢筋混凝土建成，内部抹上耐酸抗腐蚀性强的水泥浆，池的容积约为石砾用量的75%，1 000m²的温室约需一个容量为25m³的贮液池。

（4）水泵、转换式供水阀与管道。水泵用扬程低，但扬水量大的自吸泵。为达到速灌速排的要求，336m²的大棚或温室以设置扬水量为200L/min的水泵为宜。一般选用口径为40mm、功率750W的水泵即可满足要求。

温室或大棚内的种植槽可分为4列（或其倍数）设置，可采用自动转换式供水阀（图4-8）使每列种植槽顺次供液。自动转换供水阀的四面开口的外壁内装有一个开口椀子，当水泵起动时，由于水压将椀子往上压，则营养液从一个方向开口的孔道中流出，当水泵停止时，椀子自动落下。但由于插销和制导的作用，椀子压上时，旋转45°，接通了开口部，停止时，又旋转45°，共旋转90°，以使4个出液口顺次开口。因此，可以安装自动控制装置来进行营养液的定时、定量的供给。

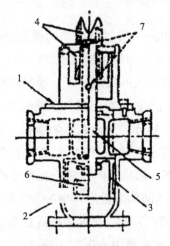

1.上盖；2.底盖；3.椀子；4.山形制导；5.旋转轴；6.椀子上的孔穴；7.转轴上的插销

图4-8 自动转换供水阀
（来源：连兆煌，1994）

各种配管，多用硬质聚氯乙烯管，以各种接头连接。水泵除与转换式供水阀连接外，还在接于转换式供水阀之前，分出一条支管作清洗贮液池时使用，以将清洗液排到室外去。此管在不清洗贮液池时，可引回贮液池内，让一部分营养液冲入贮液池中起搅拌作用。

2.管理

（1）营养液的配制与补充。

①配制。营养液的配制技术可参照相关章节。

②配方的选定。一般选用通用配方即可，但要注意石砾性质。如使用的是带有石灰质的，应选用偏酸的配方。如英国洛桑a配方、法国好酸作物配方、华南农业大学叶菜B配方等，都有限制pH值升高的作用。

③使用浓度。根据砾培的特点，石砾中所持的营养液量不多，加上植物的蒸腾作用使营养液的浓度很容易变浓，故总体的营养液不宜过浓。当选用总盐含量超

过2g/L的配方，应用其1/2剂量；或选用标准剂量总盐含量较低的配方，如山崎配方等。

④养分的补充。因使用的营养液起始浓度较稀，因此，补充养分要及时。如在使用1/2剂量的浓度下当其浓度降到起始浓度的70%时就要补回原来的浓度。如用山崎配方，其剂量原来就较低，应在每天加水时，以加营养液的方式补充水分（即作物1天内吸收水分$1m^3$，则加进$1m^3$的营养液去补充被吸收的水分）。

（2）灌排管理。

①灌排深度。营养液灌入种植槽内的液面应在基质表面以下2～3cm，不要漫浸基质表面，使基质表面保持干燥，以阻止藻类生长，阻止根系进入基质表层，从而避免受到强烈阳光照射时，因温度太高而灼伤，可减少水分损失和避免营养液浓度迅速变浓以致在表面形成盐霜。

②供液次数。受基质颗粒的大小和持水状态、作物种类和植株的大小、气候等几方面的因素所制约。要根据具体情况来确定。总的要求是有足够的水分供作物吸收和不致因水分消耗造成营养液浓度过高。砾培容易出现基质内部营养液浓度过高，应特别注意。一般比较标准的石砾（容重$1.5g/cm^3$左右，总孔隙度40%左右，持水率7%左右），在白天每隔3～4h灌排液1次。如基质总孔隙度50%左右，持水率13%左右时，则可每隔5～6h灌排液1次，不过供液次数也要结合气候与植株生长状况而调整。在基质处于能速灌速排、彻底排的状况下，供液次数以稍偏多些为宜。在定植幼苗初期，容许灌入营养液后不随即排去，保留1～2h再排去，以利缓苗发根。

（3）换茬时石砾的消毒。首先将石砾及种植槽内灌排管中的残根除去，否则会妨碍消毒液发挥作用。除根的工作量较大，但也要做。然后在贮液池中配制含0.3%～0.5%有效氯的次氯酸钠或次氯酸钙溶液，灌入种植槽内，且漫过石砾层表面，约浸泡30min，循环30min后排去，再用清水洗去残留消毒液。

（三）优缺点

1. 优点

能均匀地给作物供液，便于自动化操作管理，根系通气良好。适用于多种作物。不论在露地或大棚、温室内都可大规模进行。适于无法进行农耕，而石砾易于获得的不毛之地。肥料水分利用率高。

2. 缺点

设施的建造、维修费用较大。电磁阀门等自动阀门失灵常造成失误。根系易堵塞排液管，引起水分潴积，空气不流通，且使用多年后残根积累，须完全更换砾石。循环供液，一旦感染镰刀菌或轮枝菌等病菌，有很快传染的危险。

二、沙培

沙培系统的特征是沙粒基质能保持足够湿度，满足作物生长需要，又能充分排水，保证根际通气。但有时会因沙粒粒径过小，保湿量过大，而又不循环流动，导致溶氧供应量减少，通气不良的情况。因此，如何把握沙培不过干、不过湿是管理技术的关键。

（一）基质

沙培也可以看作砾培的一种，但其基质粒径比砾培小，且其保水性比砾培高，因此，营养液供液方式不是漫灌循环而是滴灌开放。营养液的管理要注意干湿适度。实际应用的沙粒以粒径0.02～2.00mm的细沙或粗沙最为理想。如生产上所用沙不符合要求，需作适当处理后方可使用。

（二）设施的结构与管理

1.种植槽

（1）固定式种植槽。可参照砾培的规格设置。传统的沙培槽多以水泥槽涂以惰性涂料而建造，以防止弱酸性营养液的腐蚀；也可用涂沥青的木板建造。最为简易的是用双层黑色聚乙烯薄膜（0.2mm厚）铺底，两侧以砖或水泥板或木板支撑。有些国家早期曾在地上挖一条沟槽，铺上薄膜，装上沙即可，但不易修补漏水洞，而且土传病菌易于侵入。沙培固定式种植槽构造如图4-9至图4-11所示。

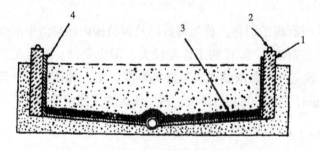

1.槽壁；2.供液管；3.粗沙；4.黑色塑料膜

图4-9　沙培槽横切面
（来源：连兆煌，1994）

沙培槽可低设或高设。低设槽直接建在地面上，而高设槽则设在60～70cm高的砖墩上，这样便于管理操作。槽底部最好设5∶2 000的坡降，以利于排液。由于沙培采用滴灌法供液，一般多余的营养液（供液量的8%～10%）不回收，因此应设置排液管，使多余的营养液排放到棚室外面。排液管依槽底形状不同而设置不同。"V"字形的槽底，排液管可设置在槽底中央（图4-9、图4-10）。如中间高两边低的槽，则设在槽外（图4-11），于道路边设一暗沟排液。设置槽中间的排液管可用多孔塑料管，管径4.0～7.5cm，孔隙朝下，即排水孔朝槽底。也可以从排水管腹部每隔40～50cm切割一道深入管径1/3的缝隙作为排水通路，缝隙朝底下，以防作物根系阻塞孔隙。

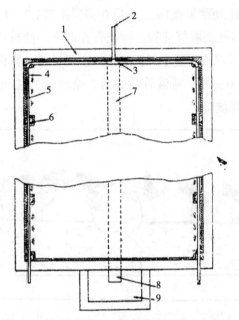

1.槽壁；2.供液主管；3.供液支管；4.供液毛管；
5.黑色塑料薄膜；6.支柱插孔；7、8.排液管；9.集液池

图4-10　沙培槽平切面
（来源：连兆煌，1994）

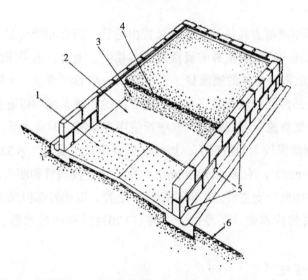

1.中间高两边低的槽底；2.塑料薄膜；3.沙层；4.粗沙砾；5.排液孔；6.地面

图4-11　槽底中间高两边低的沙培槽
（来源：连兆煌，1994）

（2）温室全地面沙培。这是美国Arizona州开发的，适于沙漠地区应用的一种沙培方式。即在整个温室地面上全部铺上沙，形成单一的沙培床。通常用0.15mm黑聚乙烯薄膜两层，作温室地面的衬里。床底做成坡降5：1 000，以利于排水。底层铺设薄膜时，连接处要重叠1m，然后在薄膜上按1.2～1.8m的间隔，平行排列直径为3.2～5.0cm的多孔塑料排液管，排液管孔向下。沙粒越细，排液管间隔越窄（图4-12）。排出的营养液在温室最低处汇入总排液管，再由此通往室外贮液池。废弃的营养液可作大田施肥。排液管放好后，全面铺上30cm厚的沙层，整平。沙床表面与床底要有同样坡降。

1.铺于地面的聚乙烯膜；2.渗水管；3.排水管

图4-12　温室全面铺沙床的沙培断面
（来源：连兆煌，1994）

2.滴灌系统

沙培通常都用滴灌方式供液。滴灌装置由毛管、滴管和滴头组成，每一植株有一个滴头，务求同一行的各植株的滴液量基本相同。毛管在水平床面长度不能超过15m，过长会造成末端植株的滴灌量少于进液口一端的滴液量，导致作物生长不一致。最近，有一种多孔的软壁管可替代上述复杂的滴灌系统，可直接铺在行间，从微孔内直接喷出细液流，湿润基质。软壁管使用寿命短，但成本低，使用方便。

在温室大棚面积较大的情况下，可分区设置供液主管道（ϕ32～50mm）、支管道（ϕ20～25mm），毛管（ϕ13mm），在毛管上接滴管和滴头。如温室长30m以上，则可在中部设分支主管道，向两侧延伸毛管，以使各部位供液量相近。

滴灌系统用的营养液，要经过一个装有100目纱网的过滤器，以防杂质堵塞滴头。

3.营养液的管理

由于沙培基质的缓冲能力较低，且是采用开放式滴灌供液，在基质中贮液不多而又不进行循环，以致使藏于基质中的营养液的浓度和酸碱反应会变化较大。因此，在选定营养液配方时，宜选生理反应比较稳定的、低剂量的配方。如配方是比较稳定的，但剂量较高，则可用其1/2的剂量。

由于采用营养液滴灌，致使供给作物的水分和养分是连在一起的。有时两者是一致的，有时是有差别的。通常会出现3种情况：①作物吸水与吸肥同步，这是经常性的。②作物吸水强于吸肥，这常在光照较强、天气干燥的情况下出现。这时要多灌水，以满足作物对水分的需要，同时不致造成在基质中积存较多的盐分。③作物吸肥强于吸水，这常在阴雨天气、湿度大的情况下出现。这时对水分来说可以多天不用灌液，但作物继续吸肥，会造成缺肥状况。因此，供液的次数应根据具体情况调整。

在正常情况下（吸水吸肥同步），可根据作物对水分的需要来确定供液次数。每天可滴灌2～5次，每次要灌足水分，允许有8%～10%的水排出，并以此来判断是否灌足。

每星期应对排水中的可溶盐总量测定两次（用电导率测定仪）。如可溶盐总量超过2 000mg/L时，则应改用清水滴灌数天，让可溶盐降低浓度。当出现低于滴灌用的营养液浓度后，应改回用营养液滴灌。

如遇连续低温阴雨天气，从对水分的需要来看，可能不需要天天多次滴灌。但从养分需要来看，有可能是需要滴灌的。此时可继续滴灌营养液，让新营养液替换掉已在沙中被作物消耗去养分的旧营养液，以保证作物对养分的需要。如遇到滴量不多就有不少水排出时，可将营养液的浓度提高（总营养盐浓度不要超过2.5g/L）再行滴灌。

4. 基质的消毒

一般每年进行1次，也可以1茬1次。以消除包括线虫在内的土传病虫害为主。常用消毒剂为1%福尔马林溶液，0.3%～1.0%次氯酸钙或次氯酸钠溶液。药剂在床上滞留24h后，用水清洗3～4次，直至完全将药剂洗去为止。此外，也可用溴甲烷熏蒸剂消毒。先用薄膜覆盖，然后将溴甲烷注入基质中，72h后揭除薄膜，效果很好。但需严格按照操作规程进行熏蒸消毒，防止人、畜受伤害。

（三）优缺点

1. 和砾培比较的优点

开放系统，培养液不循环，没有病菌互相传染的危险。沙比砾小，持水量较多，扩散范围大，根系能充分吸水吸肥，且根系水平方向伸展，排液管孔不易阻塞。每次都用新鲜营养液，较好地维持养分平衡，减少调控营养液的麻烦。开放系统的设备费较循环系统低，管理也比较容易。持水量较大，减少了供液次数，出现故障时，有充分时间来维修。

2. 和砾培比较的缺点

每茬之后沙的消毒比砾麻烦。滴灌系统滴头易堵塞。水和肥料的用量较砾培多，吸收利用率不如砾培高。易于产生盐类积聚。

三、岩棉培

岩棉培（Rockwool Culture）是1969年丹麦的格罗丹（Grodan）公司首先开发的。1980年以后，在以荷兰为中心的欧洲各国迅速普及，1986年荷兰应用该技术的种植面积已超过2 000hm^2，连NFT的起源地英国也转向岩棉培。日本最近几年无土栽培面积的增长，主要是岩棉培面积增加所致。我国广东省江门市于1988年从荷兰引进一套岩棉培生产线，面积1万m^2，其费用共需107万美元。同年江苏省南京市玻璃纤维研究设计院和江苏省农业科学院首次研究开发成功国产农用岩棉，为今后岩棉培的研究开发奠定了基础。

（一）特征

岩棉是一种用多种岩石熔融在一起，喷成丝状冷却后黏合而成的、疏松多孔可成型的固体基质，其特性已在前面讲述过。植物根系很容易穿插进去，透气、持水性能好。

岩棉培就是将植物种植于一定体积的岩棉块中，让作物在其中扎根锚定，吸水、吸肥。其基本模式是将岩棉切成定型的块状，用塑料薄膜包成一枕头袋块状，称为岩棉种植垫（图4-13）。种植时，在岩棉种植垫的面上薄膜划开一个小穴，种上带育苗块的小苗，并滴入营养液，植株即可扎根其中吸收水分和养分而长大。

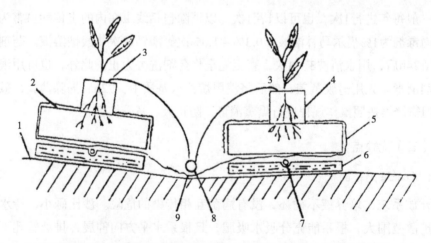

1.畦面塑料膜；2.岩棉种植垫；3.滴灌管；4.岩棉育苗块；5.黑白塑料膜；
6.泡沫塑料块；7.加温管；8.滴灌毛管；9.塑料膜沟

图4-13 开放式岩棉培种植畦及岩棉种植垫横切面

（来源：连兆煌，1994）

若将许多岩棉种植垫集合在一起，配以诸如灌溉、排水等装置附件，组成岩棉种植畦，即可进行大规模的生产。由于营养液利用方式的不同，岩棉培可分为开放式岩棉培和循环式岩棉培两种。

（二）开放式岩棉培

1. 开放式岩棉培的特点

供给作物的营养液不循环利用。通过滴灌滴入岩棉种植垫内的营养液，多余的部分从垫底流出而排到室外。

主要优点是：设施结构简单，施工容易，造价便宜，管理方便，不会因营养液循环而导致病害蔓延的危险。在土传病害多发地区，开放式岩棉培是很有成效的一种栽培方式。

主要缺点是：营养液消耗较多，多余的营养液弃之不用会造成对外界环境的污染（使外界环境氮磷营养富化）。

2. 开放式岩棉培的种植畦结构

（1）筑畦。将棚室内地面平整后，按规格筑成龟背形的土畦并将其压实（图4-14）。畦的规格根据作物种类而定。以种番茄为例，畦宽（畦沟到畦沟之间）150cm，畦高约10cm（畦沟底至畦面最高点），在距畦宽的中点左右两边各30cm处，开始平缓地倾斜而形成两畦之间的畦沟，畦长约30m，畦沟沿长边方向有一1：100的坡降，以利排水。整个棚室的地面都筑好压实的畦后，铺上一0.2mm厚的乳白色塑料薄膜，将全部畦连沟都覆盖，膜要贴紧畦和沟，使铺膜后仍显出畦和沟的形状。铺上乳白膜的作用，一是防止土中病虫和杂草的侵染；二是防止多余营养液渗入土中而产生盐渍化；三是增加光照反射率，使温室种植的高株型作物下部叶片光照强度提高，有利生长。

（2）岩棉种植垫的排列。

①岩棉种植垫规格的确定。涉及每株作物占有的营养面积或单位时间内拥有的营养液量。基质（这里具体指岩棉）所能持有的营养液量，是一个受到不少专家注意的问题，现在还在继续研究。目前大致提出一些范围，一般认为，形状以扁长方形较好，厚7～10cm，宽25～30cm，长90cm左右。以种番茄、黄瓜为例，据有关研究资料，番茄、黄瓜的日最大蒸腾量为3L/株，加上1/3的供液保证系数，则为4L/株。一般岩棉体的孔隙度为95%，其有利于作物生长的最大持水量应不超过其体积的60%。以上述两数值为基础，即可算出每株番茄需占有岩棉体的体积为6.7L，若以一个岩棉种植垫种两株作物为宜，则其体积应为13.4L。将这13.4L体积的岩棉体制成长×宽×厚=90cm×20cm×7.5cm的扁长方形即成。再用乳白色塑料薄膜将岩棉体整块紧密包裹，即成为适合于类似番茄、黄瓜等作物种植的岩棉种植垫。

②岩棉种植垫在畦上的排列。在畦背上一个接一个地放两行岩棉种植垫，垫的长边应与畦长方向一致。每一行都放在畦的斜面上，使垫向畦沟一侧倾斜，以利将来排水。岩棉种植垫与畦沟的距离比与畦中央的距离短，造成畦背上两行之间的距离较大，隔着畦沟的两行之间的距离较小（图4-14）。与大田种植不同的是，开放式岩棉种植畦是以畦背为行人工作通道，畦沟只作放置滴灌毛管及排去多余营养液之用，不做行人通道。

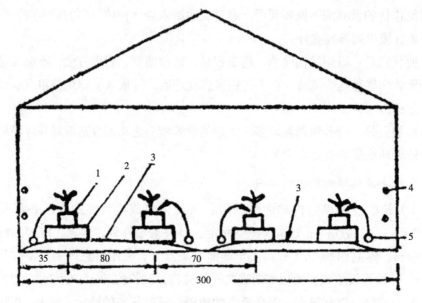

1.育苗岩棉块；2.岩棉种植垫；3.畦背；4.暖管；5.滴灌装置

图4-14　开放式岩棉培种植畦横切面（单位：cm）
（来源：连兆煌，1994）

在冬季比较寒冷的地区，可设根部加温装置（图4-13）。方法是在全都连接成行的岩棉种植垫底下，再垫一块硬泡沫塑料板，宽度与岩棉种植垫一致，厚约3cm，长度视工作方便而定，板宽的中央开一小凹沟，以放置加温管道。此时在泡沫塑料板与岩棉种植垫之间，隔一幅白面黑底的塑料膜（厚0.1mm），幅宽要能跨过畦沟，将畦沟连同其两侧的两行泡沫塑料板都能盖住，并能弯到贴紧畦沟底部保持畦沟仍显示成一条沟状，膜幅宽的两侧向上翻起，露出黑色的底面，并盖在岩棉种植垫上，将整个垫面盖住，仅在定植作物的位置划开一孔穴，造成垫面为黑色，以利吸收阳光的热量达到增加垫温的目的。

3.供液设施

开放式岩棉培都采用滴灌系统供液。滴灌系统是农业上一项专门的工程。要设计标准的滴灌系统，需要由专门的工程技术人员来担任。这里简单介绍一些基本概念及无土栽培需要的特殊要求和注意事项。

（1）滴灌系统的组成及种植畦间的布置。滴灌是通过滴头以小水滴（工程术语称为点水源）的方式慢速地（一个滴头每小时滴水量控制在2～8L）向作物供水的一种十分节省用水的灌溉方法。滴灌系统由液源、过滤器及其控制部件、塑料干管和支管、毛管、滴头管组成。滴灌系统的各部分及其布置部位如图4-15所示。

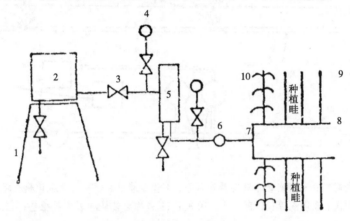

1.铁支架；2.高位营养液罐；3.阀门；4.压力表；5.过滤器；6.水表；
7.干管；8.支管；9.毛管；10.滴头管

图4-15 开放式岩棉培重力滴灌系统
（来源：连兆煌，1994）

①液源、过滤器及控制部件。液源有如下两种提供方式。

第一种方式如图4-15所示，设有大容量的营养液池，在池内配制好可直接供给作物吸收的工作营养液。其容量要达到能满足一定时间、一定面积所规定供液量的需要。这种液池供液可以靠重力作用（建于高处）将营养液压入一个具有大于100目过滤网的过滤器，滤去沉淀等杂物后再进入输液干管（过滤器是滴灌系统必不可少的部件），然后分流到各支管以至灌区。过滤器的前后都设有压力表和流量控制阀。这种依靠重力供液的方式，比较简单，对动力要求较低（只要有自来水即可），管理方便。这种大容量营养液池也可建于地面以下，这样就要增设一个一定功率的水泵，以将池中营养液泵向过滤器，然后分送到灌区。

第二种方式是只设浓缩营养液贮存罐（分A、B两种浓缩液），而不设大容量营养液池（图4-16）。在需供液时，用活塞式定量泵分别将A、B罐中的浓缩营养液输入水源管道中，与水源一起进入肥水混合器中，混合成任一设定浓度的工作营养液，然后像第一种方式一样通过过滤器过滤，再进入输送管道分送到灌区。这种液源提供方式，关键在于定量泵和水源流量控制阀及肥水混合器，这些设备必须是严密设计的自动控制系统，根据指令能准确输入浓缩液量和水量并使它们混合均匀成指定浓度的工作营养液。这是由专门工厂成套制造出来供选购使用的，一般非专门工厂很难自己制造。它是自动控制程度较高的系统，从而对管理人员的技术水平要求较高。

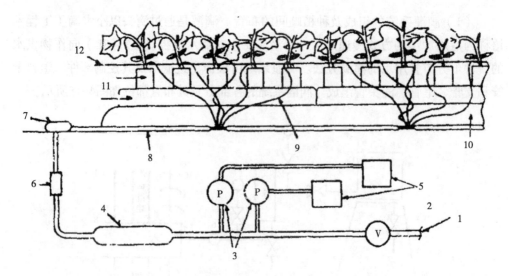

1.水源；2.电磁阀；3.浓缩营养液定量注入泵；4.营养液混合器；5.浓缩营养液罐；6.过滤器
7.流量控制阀；8.供液管；9.滴头管；10.畦；11.岩棉育苗块和岩棉种植垫；12.支持铁丝

图4-16　开放式岩棉培不设大容量营养液池滴灌系统示意图
（来源：连兆煌，1994）

②干管和支管。是液源通过过滤器后，分送到各种植行之前的第一级和第二级
管道，都是用硬塑料管制成，管径大小与所需的供液量是相适应的，其长度根据输
液距离而定。

③毛管。是进入种植行中去的管道。最末一级直接向植株滴液的滴头管，就接
在毛管上。毛管的直径通常为12～16mm，是用有弹性的塑料制成的，因连接滴头
管时是靠迫紧的方式嵌入的。每两行植株之间设一条毛管，长度与种植行一致，放
在畦沟内，利用一条毛管接出两行植株所需的滴头管。

④滴头管。是直接向植株滴液的最末一级管，用有弹性的硬塑料制成。其一端
嵌入毛管上，方法是先在毛管上钻一孔径略小于滴头管外径的小孔，然后将滴头管
迫紧嵌入孔中，要做到不易松脱和漏水。滴头管的另一端用小塑料棒架稳，插在每
株的定植孔上，滴液出口离基质面2～3cm，让营养液以很慢的速度滴出，落到定
植孔中。最常用的滴头流量为每小时2～4L。

滴头管有两种形式，一种叫发丝管。管内径很细，标准规格是0.500～
0.875mm，水通过时就会以液滴状滴出，所以这种发丝管本身就是一个滴头。其流
量受管的长度影响，长度越长，流量越小。这是滴头的最早形式。其缺点是整段管
的直径都那么细，用在营养液滴灌上，比较容易堵塞而又较难疏通。另一种滴头管
是用一条孔径较大（约4mm）的塑料管（称为水阻管）紧密套着一小段孔径很小
（0.5～1.0mm）的管，这段小孔径管就是滴头。水阻管一端嵌入毛管上，作滴头的
一端则架在定植孔上。这种有水阻管的滴头容易排除堵塞。

（2）对选用滴灌系统的要求。

①滴灌系统要可靠，尤其是自动调控营养液的浓度和酸碱度的装置必须是质量好，准确可靠的。如选购不了有质量保证的自动调控设备，则应采用人工调控。

②供液要及时，一方面是指滴灌系统设备能经常保持完好状态的质量保证及设备保养的严格要求，另一方面是指液源的贮备能维持多长的使用时间。例如，在不设大容量的营养液池的情况下，自来水的来源必须是保证不间断的。

③滴头流量要均匀。如不均匀会造成作物生长不齐，甚至会产生危害。滴头流量的均匀系数应达0.95以上。

④滴头要求抗堵塞性强，安装拆卸方便，容易清洗。

⑤过滤装置效果要好，应不易出现阻滞液流的状况，清洗方便。

（3）滴灌系统使用时的注意事项。

①避免使用有不溶性杂质的原料配营养液，营养液池和罐要经常清除杂质和沉淀物。

②在滴灌运行过程中，注意观察过滤器前后压力表的压差变化，如压差过大，超出设计要求，应及时清洗过滤器，以利水流畅通。

③定时检查和测定滴头的工作情况，以确定滴头是否堵塞和流量是否均匀。如果是带水阻管的小段滴头堵塞可用针进行疏通，如是发丝管类滴头堵塞，要拔下来用酸清洗，严重堵塞不易清洗的要更换新的。

④如用人工开闭阀供液的，在未供完液前，看守人不能离开岗位，以免过量供液。

4. 排液设施

开放式岩棉培的排液设施很简单。主要在岩棉种植垫的底部将塑料包装袋戳穿几个小孔，让多余的营养液流出。然后靠畦面斜坡的作用，使流出的营养液流到畦沟中，后集中流到设在畦横头的排液沟中去，最后将其引出室外。室外应设有集液坑，将流出的营养液集中起来，如很多，应设法将其送回大田，作大田作物施肥之用，不要污染环境。

5. 开放式岩棉培的育苗与定植

（1）岩棉块育苗。岩棉块育苗已被广泛应用于各种无土栽培之中，甚至有土栽培也开始应用。

育苗用岩棉块的形状和大小，可根据作物种类而定。一般有以下几种规格，即3cm×3cm×3cm、4cm×4cm×4cm、5cm×5cm×5cm、7.5cm×7.5cm×7.5cm、10cm×10cm×5cm等方块。较大的方块面上中央开有一个小方洞，用以嵌入一块小方块，小方洞的大小刚好与嵌入的小方块相吻合，叫做"钵中钵"。大块的岩棉块除上下两个面外，四周应用乳白色面不透光的塑料薄膜包上，防止水分蒸发和在四周积累盐分及滋生藻类。

育苗时先使用小岩棉块，在面上划开一小缝隙，将已催芽的种子嵌入缝隙中，然后密集置于一只可装营养液的箱子或水泥槽中。开始时先用稀薄营养液浇湿，保持湿润，待出苗后箱底维持0.5cm以下的液层，靠底部毛管作用供水供肥。如是番茄育苗，当第一片真叶张开后，将小育苗块移入大育苗块中（图4-17A），然后排在一起。随着番茄的长大，应按需要将育苗块拉开距离，以免幼苗之间相互遮阴。移入大育苗块后，箱底的液层可保持1cm深。营养液的浓度可用相应作物的营养液配方或通用配方的1/4～1/2剂量。如配方1剂量的总盐浓度在2.5g/L左右，则用1/4剂量；在1.5g/L左右，则用1/2剂量；如配方本来的剂量较低，即小于1.0g/L，则用全剂量。

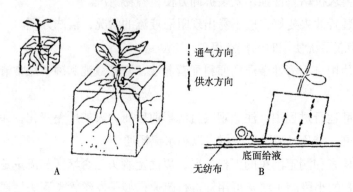

图4-17　岩棉块育苗
（来源：连兆煌，1994）

还有一种较理想的供液方法，即用一条2mm厚的亲水无纺布垫在育苗块底1cm左右的一边，再用滴灌的方法向无纺布滴液（图4-17B），然后利用无纺布的毛管作用将营养液传到岩棉块中去。此法的效果较浇液法和浸液法好。

（2）定植。将用岩棉块育成的苗，种植在已按规格排列好的岩棉种植垫上。即先将岩棉种植垫上面的包膜切开一个与育苗块底面积相吻合的定植孔，再引来滴灌系统的滴头管于其上，滴入营养液让整个岩棉种植垫吸足营养液，再在岩棉种植垫两端底部靠畦沟一边戳出几个小孔，使多余的营养液可流出。然后将带苗的育苗块安置在岩棉种植垫的定植孔上，再将滴头管的滴头架设于育苗块之上，使滴入的营养液滴到育苗块中后再流到种植垫中去。待根伸入种植垫后，再将滴头移到种植垫上，使营养液直接滴到种植垫。这样，定植程序即可完成，以后按需供液。

6. 供液量和供液浓度的设定

定时、定量、定浓度地给作物供应营养液，是可以通过由电脑控制的自动化装置去执行完成的。但何时、何量、何浓度的指令性参数是由人在掌握了诸多科学知识的基础上，进行综合运用而设计出来，然后以指令的形式输入电脑，电脑按照这些指令，指挥各种装置去执行、完成。没有指令性参数，电脑不可能自作主张去指令各装置工作。指令性参数设计得符合作物的客观实际需要，电脑指挥各装置自动完成的工作就会符合作物的需要，设计得不合理，电脑也会照此办理。

因此，设计出一套符合作物生长实际需要的、定时、定量、定浓度向作物供液的技术参数，是一项十分重要的工作，而且是一项复杂的工作。这要考虑到许多因素，运用许多学科长期积累的知识，并结合具体的实际情况加以综合判断，才能设计出比较理想的方案来。有了这种方案，即使不使用电脑控制的自动化装置，靠手工操作也可以完成满足作物需要的供液工作。因为目前的自动化装置，只起代人操作、减轻人的劳动强度、提高劳动效率的作用，手工操作只不过辛苦些、慢些而已。

然而，要设计出一个理想的很吻合作物实际的供液方案，就目前的科学知识水平和知识的积累来看，还不能做到。因为目前确定技术参数的依据不少是经验性的，或者是一个安全性的范围。例如，最基本的一个参数，岩棉基质中的水气比以何值最优，目前只提出含水量不应大于岩棉体积的80%，不应小于40%，而这中间的最优值还没有明确，这只是一种不使出现湿害或旱害的安全范围。应该理解这种状况，以便正确对待供液方案的设计。

（1）供液量的确定。无土栽培的供液量，有别于大田灌溉，是供水和供营养结合在一起的，要考虑到两方面的需要。这里侧重从供水的角度来介绍。

确定供水量受3个方面因素的制约。一是基质允许持水量，二是每株拥有基质的体积数，三是作物需水量。而作物需水量又受作物种类、生育期和光、温等影响。目前资料所提供的数据依据多是经验性的或是一个安全范围，要靠人们在实际中灵活运用。现列出一些基本数据供参考，并举例说明运用这些数据的思路。

①岩棉基质允许持水量。日本安井秀夫提出，岩棉体的持水量最大不应超过岩棉体积的80%，但考虑到水分因重力作用而在岩棉体中分为上、中、下三层不同状况，那么，如果按整体供水为80%，则下层便会出现超过80%的持水量，要保持下层的持水量不超过80%，则总供水量应该定为总体积的60%，这样就会出现下层为80%，中层为60%，上层为40%的状况。这种状况可协调岩棉体中的水气矛盾。安井秀夫实践过，认为对番茄是可行的。

②作物需水量。无土栽培条件下作物需水量的数据如表4-2所示。日本田中和夫调查了日本52户农家用开放式岩棉培种植番茄的成功事例。其滴灌营养液的用量数据如表4-3所示。

表4-2　几种作物不同生育期吸水量

作物种类	定植初期［L/（株·d）］	始花期以后［L/（株·d）］	收获盛期［L/（株·d）］
番茄	0.1～0.2	0.8～1.0	1.5左右
黄瓜	0.2～0.3	1.0左右	1.6左右
甜瓜	0.1～0.2	0.5左右	1.0左右
草莓	0.02左右	0.04左右	0.15左右

表4-3　开放式岩棉培番茄分月的滴灌供液量［L/（株·d）］

数值	1月	2月	3月	4月	5月	6月	7月	8月	9月	10月	11月	12月
平均值	0.79	0.74	0.84	1.14	1.52	1.53	1.64	1.85	1.48	1.05	0.81	0.67
标准差	0.28	0.25	0.25	0.27	0.46	0.38	0.41	0.33	0.14	0.23	0.22	0.23
样本数	13	11	13	17	18	20	13	8		11	16	20

　　这些数据都是一种粗略的参数，只能作为参考的基础，必须结合具体实际（株型大小、天气情况等）进行调整，而且调整的幅度可能是很大的。例如，据山崎资料，番茄收获盛期每株日吸水量1.5L，但这个"盛期"是个相当长的日子，株型不可能固定不变，同时也会有阴晴天之别，因此1.5L只是平均值，必然有变幅。据安井秀夫资料，番茄最大耗水量可达3L/（株·d），而田中的资料也表明会出现这样的值［1.64+3×0.41=2.87L/（株·d），按统计规则算出］，那么在什么情况下要用到这一数值，就要靠管理者随机应变了。可见现在掌握的数据是很粗略的，但至少可作参考。

　　③确定供水量的第一种方法——测量基质持水量法。以番茄为例，上述已明确每株番茄要拥有6.7L岩棉垫的体积，安全允许持水量为岩棉体积的60%，即每株番茄拥有基础营养液为4L，这4L是足够番茄吸水量最高峰时一天的需要。只要维持着这种持水状况，就可以保证番茄对水分的需要。原则上被番茄从中吸走多少水就补回多少水。如何确定番茄吸去多少水，应用水分张力计去测定岩棉种植垫内持水量即可知道。方法是，在种植范围内的多个不同位置，选定一些岩棉种植垫，在每一个垫的上、中、下三层各安放一支张力计，定时观测其刻度，算出其平均值。当其值显示基质的持水量低于原来的10个百分点（即从60%降至50%）时，就要补充水分。具体补水量为6.7L×10%=0.67L。若每个滴头的流量为2L/h，则需起动滴头工作20.1min。每天经常观测，一达到此限就补水。这种供水方法可以节省用液量，避免过量供液而造成外流污染环境。此法必须有可靠的水分张力计，有了张力计后，既可手工操作完成补液程序，也可串联于电脑控制的自动化装置上，代替手工操作。

　　④确定供水量的第二种方法——估计作物耗水量法。这是一种经验供水法。以番茄为例，参考山崎资料，番茄在始花期以后耗水量为0.8～1.0L/（株·d），始花期过后已有许多天的番茄，其株型也比较大，遇上晴天光照强的时候，可能耗水量倾向于>1.0L/（株·d），这样，管理者凭经验设定增加30%的保险数，则要1.33L/（株·d）。这一估计也有可能偏大，那也没什么危险，多余的液流走就是。定了每天总供水量后，分为几段时间去完成，一般分4～5次，从5:00—15:00分次进行。这种方法要由有经验的人来掌握，并经常观察作物的反应，以便及时增减供水量。

（2）供液浓度的确定。按照山崎的理论，作物吸水和吸肥之间是按比例进行的。它n/w值为依据制定的营养液配方，在被作物吸收的过程中，水和肥是一起吸完的（不妨称为水肥同步吸收型配方）。使用这种配方制作出来的营养液供给相应的作物，当作物吸收了1L营养液时，它既吸收了1L的水，也将这1L水中的1个剂量养分都吸收了。因此，使用山崎配方供液，只要将营养液的浓度控制在1个剂量的水平即可。山崎配方的优点在于不会因营养液本身浓度过高而造成基质中大量盐分的累积（外来盐分除外）。如果使用别的浓度比山崎配方高的营养液配方，应仿照山崎配方调整其浓度。例如，使用日本园试配方，其浓度比山崎的番茄配方大1倍，则对番茄来说，日本园试配方用1/2剂量为宜。日本田中和夫的经验也认为此浓度是较安全的。

（3）岩棉种植垫内聚积过多盐分的消除。由于种植时间长，营养液中的副成分残留于基质中，或使用的配方剂量较大，都会造成岩棉种植垫内盐分的聚积。聚积多了就使垫内营养液的浓度额外增大，危害作物的生长。故岩棉培在一定时候要用清水洗盐。方法是监测垫内营养液的电导率变化。一般每周取岩棉种植垫底部流出来的液样测定2～3次。如发现超过3.5ms/cm时，即要停止供营养液。在短时间内，滴入较多清水，洗去过多的盐分，当流出来的洗液的电导率降至接近清水时，重新改滴营养液。由于清水洗盐过程会使基质较长时间处于充满清水状态，会导致植株出现"饥饿"，故最好用稀营养液洗盐（1/4～1/2原用浓度），当流出来的洗液的电导率接近稀营养液时，重新改滴原营养液。

（三）循环式岩棉培

循环式岩棉培是为克服开放式岩棉培的缺点而设计的。所谓循环式，是指营养液被滴灌到岩棉中后，多余的营养液不是排掉弃去，而是通过回流管道，流回地下集液池中，供循环使用。其优点是不会造成营养液的浪费及污染环境，缺点是设计较开放式复杂，基本建设投资较高，容易传播根际病害，应因地制宜选用。

1. 循环式岩棉培的种植畦结构

（1）筑畦框。先用木板或硬泡沫塑料板在地面上筑成一个畦框，高15cm左右，宽32cm左右（以放得进宽为30cm的岩棉块及其包膜为度），长20～30m，框内地面筑成一条小沟，沟按1∶200坡降向集液池方向倾斜，整个地面要压实。然后铺上厚0.2mm的乳白色塑料薄膜，膜要贴紧地面的沟底，显出沟样，并能将放置于膜上的物件包起来（图4-18A）。

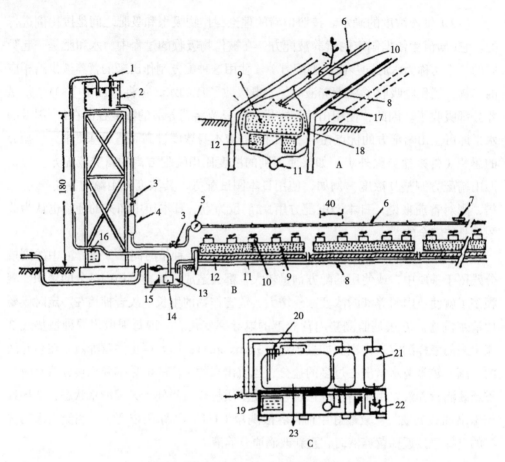

A.种植槽剖面；B.循环系统；C.液肥自动稀释装置

1.液面电感器；2.高架供液槽；3.阀门；4.过滤器；5.流量计；6.供液管；7.调节阀；8.聚乙烯薄膜
9.岩棉种植垫；10.岩棉育苗块；11.回流管；12.泡沫塑料块；13.集液池；14.水泵；15.球阀；
16.控制盘；17.畦框；18.无纺布；19.控制盘；20.液面电感器；21.母液罐；22.肥料溶解槽；

23.混合罐兼贮备营养液

图4-18　循环式岩棉培设施示意图（单位：cm）

（来源：连兆煌，1994）

（2）安置岩棉种植垫及排灌管。筑好畦框并铺以塑料薄膜后，在其上安置岩棉种植垫。岩棉种植垫的规格为，宽30cm，长91cm，高10cm，用无纺布包裹底部及两侧以防根伸到沟中去。在畦框底部的小沟中安置一条直径20mm的硬聚氯乙烯排水管，并将其接到畦外的集液池中。小沟两侧各安置一条高5cm、宽5cm、长与上述岩棉种植垫相同的硬泡沫塑料条块，作支承岩棉种植垫之用，使种植垫离开底部塑料薄膜，以防止营养液滞留时浸泡垫底。将岩棉种植垫置于硬泡沫塑料条块上，一个接一个排满全畦，垫与垫的相接处留一小缝隙，以便营养液排泄。在岩棉种植垫上安置一条直径20mm的软滴灌管，管身每隔40cm开一个孔径0.5mm的小孔，营养液从孔中滴出，每孔流量约30mL/min，滴灌管接通室外供液池。安置好这些装置后，将塑料薄膜包裹成图4-18A。

2. 循环系统的设置

整个系统见图4-18B。

（1）供液池。设置于高1.8m的高架上，依靠重力将营养液输给各种植畦。池内设液面电感器以控制池内液位，并在输出管上设置电磁阀及定时器以控制输液。

（2）过滤器。供液池出来的营养液要先经过过滤器过滤才流到各畦中去。

（3）畦内滴灌管。滴孔以慢速滴出营养液，透过岩棉种植垫，流到畦底的排水管中，然后流回集液池中。

（4）集液池。设于畦的一端的地下，将回流来的营养液集中起来供循环利用。也设液面电感器。

（5）水泵。设于集液池内。与液面电感器联系起来以控制水泵的启动与关闭。

3. 育苗与定植

参照开放式岩棉培。

4. 营养液的配制、补充、调节与更换

参照相关章节。

5. 循环供液系统的运行

采用24h内间歇供液法。即在岩棉种植垫已处于吸足营养液的状况下，以每株每小时滴灌2L营养液的速度滴液，滴够1h即停止滴液。待滴入的液都返回集液池，并抽上供液池后，又重新滴液（因岩棉种植垫已处于最大持水状态，按每株拥有的种植垫体积，其持液量可达22L，而每株1d才吸去1～2L，所以滴进去的营养液绝大部分都会返回集液池中）。自动控制运行时，过程是这样的，即在供液池已处于存有足够的营养液的情况下，传感器指令开启供液电磁阀，营养液即输到畦中滴液，达到1h时，定时器指令电磁阀关闭，停止供液。滴入畦中的液通过排液管集中到集液池中，当集液池的液位达到足够高度时，就会接触到液面电感器，便指令水泵启动抽液到供液池中。当供液池中的营养液达到足够高度，接触到液面电感器时，即指令水泵关闭，停止抽液，以免供液池中营养液外溢，同时指令供液电磁阀开启，又重新向种植畦中滴液。

也有认为可以白天12h内间歇供液的。可作比较试用。

（四）岩棉种植垫的再利用

岩棉种植垫种过一茬作物以后，是可以用来种第二茬作物的。荷兰在商业性生产中，证明在新旧岩棉上种植黄瓜，产量差别不大；英国试验也证明至少可用2年，超过2年则产量下降。因岩棉体变成紧实并已解体，通气性下降。

岩棉垫再利用时，原则上要进行消毒。具体做法可结合轮作来避免病害发生，以减少消毒的工作。例如，种过番茄以后，再种番茄时则必须进行消毒，如再种的是黄瓜，则可以不消毒。这要根据具体作物之间传染病害的可能性而定。

Runia（1986）详细研究了岩棉种植垫的消毒方法。即用篓子将岩棉种植垫装住，进行蒸气消毒。消毒时岩棉叠高不宜超过1.5m。岩棉裸露的需2h，包裹的需5h。消毒温度对大多数病菌来说70℃即可，对黄瓜病毒等则需100℃才能将其杀死。由于消毒费用太高，近年已研制一种低密度的、廉价的、一次性使用的岩棉供科研生产使用。

第五章　无土栽培的环境调节控制设施

自然环境往往是复杂多变的，四季与地域的变化，特别是冬季的低温寡照甚至完全不适宜作物的生长发育。为了打破自然的限制，利用温室等的透明覆盖材料与围护结构、环境调节控制设施把一定的空间与外界环境隔离开来，形成一个半封闭的系统。通过对半封闭系统的物质交换和能量调节来进一步改善或创造周年更适于作物无土栽培的生长环境，以期获得栽培作物速生、优质、高产、均衡和最大的经济效益。构成作物的综合环境，往往是由光、温、水、气、养分的组成与浓度等多种因子组成。

第一节　环境调节控制概述

一、环境调节控制的意义与作用

作物的生长发育主要取决于遗传与环境两大因素。遗传决定农业生产的潜势，而环境则决定这种潜势可能兑现的程度。作物对环境因素的要求，涉及光、温、水、气、肥等众多因子，同时，随着品种、生育阶段及昼夜生理活动中心的变化而不断变化。因此，作物对环境因子的要求，是由彼此关联的众多环境因子组成的综合环境动态模型决定的。

在地球自转和公转中，到达地面的太阳辐射有着昼夜、季节和地区的有序变化，同时也常伴随着天气等因素随机无序的变化。地表各种物质的热工性能不同，对辐射的吸收、反射、透射及自身的辐射能力各异。温度差是普遍存在的，只要有温差存在，热量总是自发地从高温物体传向低温物体。设施与大气间总是进行着物质交换与能量传递。因此，地表或设施提供的环境条件，也是一个相互关联的众多因子共同作用的综合动态环境系统决定的。

作物需要的综合环境动态模型受作物生命周期的制约。温室设施提供的综合环境动态系统是受自然环境及工程设施限制的。二者的统一，可充分发挥作物遗传学的潜力。在作物整个生育期中，温室设施的环境条件，往往不可能完全满足作物的需要。因此，必须根据作物需要的综合动态环境模型与外界气象条件，采取必要的综合环境调节措施，把多种环境因素，如日照、温度、湿度、CO_2浓度、气流速度、电导率等都维持在适于作物生长的水平，以期获得优质、高产和低耗的目的。

对无土栽培温室进行综合环境调节时，为了获得最大的经济效益，不仅要考虑室内外各种环境因子和作物生长发育情况，而且还要从栽培者经营总体出发，考虑各种生产资料投入的成本、市场价格变化、资金周转和栽培管理作业等，以最大经济效益为目标进行环境控制与管理。综合环境调节是以速生、优质、高产为目标进行监测、分析与调节控制。综合环境管理是在综合环境调节的基础上，随时根据市场变化与效益分析，对目标环境指标进行修订，以期获得最大的经济效益。在市场变化与竞争日趋激烈的情况下，种植者加强综合环境调节与管理是十分必要的。

二、环境工程设施设计的原理和基本要求

先进的生产技术与生产工艺总是通过一定的建筑结构、环境调控设施等硬件作为载体，并与优良的品种、科学的种植管理技术相结合而体现出来的。首先是利用围护结构把一定空间与外界环境隔离开，形成一个相对封闭的系统。这是区别于露地栽培达到改善和创造作物生长优良环境的先决条件。而环境工程则是在一定建筑设施的基础上，通过对半封闭系统的物质交换和能量调节来进一步改善和创造更佳的生长环境。二者相互制约，相辅相成。环境工程设施在设计、建造及运行管理时须符合以下原则和基本要求。

（一）安全可靠

在一定的设计使用年限和设计标准条件下，保证建筑结构和环境工程设施运行的安全性和可靠性。

（二）经济适用

一次投资和运行费用较低；节约土地、能源、人力等资源；便于机械化、自动化作业；能充分满足作物无土栽培管理要求。

（三）保护环境

环境问题是人类生存和经济、社会发展的基础。建筑与环境工程设施，应便于栽培环境废弃物的处理和再利用，避免环境污染与公害，保证无土栽培设施的可持续发展性。

第二节　常用环境调控设施的类型与性能

我国目前常用来作为无土栽培的环境调控设施有温室、日光温室、大棚、防雨棚和遮阳网覆盖等。

一、温室

用透光覆盖材料作外围护结构密封件，可让绝大部分太阳短波辐射透入，阻止绝大部分地面长波辐射透出，能起到蓄热升温与保温作用，可供冬季作物栽培的建筑设施统称为温室。

（一）温室分类

按无土栽培用途可分为：生产温室、试验研究温室、观赏温室与庭院温室。

按加温与否可分为：加温温室、不加温温室。

按室内的环境温度可分为：高温、中温、低温温室与冷室。高温温室冬季温度一般保持在18～33℃，主要用于热带、亚热带作物栽培；中温温室冬季一般保持在12～28℃，适于种植喜温瓜果类作物；低温温室冬季一般保持在5～18℃，主要用于种植叶菜类作物；冷室冬季一般保持在0～5℃，主要用于贮存暖温带及盆栽植物越冬之用。

按覆盖材料可分为：玻璃温室、硬质塑料或聚酯板温室、塑料薄膜温室。

玻璃透光性好、耐老化、耐腐蚀、防积尘、排凝结水等性能优良，但抗冲击性差、易破碎、重量大。玻璃温室钢材与密封件用量多，价格较普通塑料温室高1倍以上。常用的玻璃有普通平板玻璃、钢化玻璃、双层中空玻璃等。玻璃厚度一般为4～6mm，可见光透光率90%左右，紫外线透过率近于零。钢化玻璃除透光、保温、耐久同普通玻璃外，还具有抗弯、抗一定正面冲击、但不抗侧向冲击、不能切割、价格较高等。双层中空玻璃保温、隔热较好，但透光率约为两层玻璃透光率的乘积，价格昂贵。20世纪80年代我国建造玻璃温室较多。90年代以后，由于玻璃温室造价高，除部分引进荷兰大型玻璃温室外，国产玻璃温室发展较少。

硬质塑料或聚酯板温室的覆盖材料主要有：聚氯乙烯（Polyvinyl Chloride，PVC）、聚碳酸酯（Polycarbonate，PC）、玻璃纤维聚酯波纹板、PC双层或三层中空板。硬质塑料或聚酯板的重量轻、强度高、便于安装维护。其中PVC板价格便宜、透光率较高，但耐高温差，夏季密闭室温达50℃以上时，将产生永久变形。玻璃纤维聚酯板透光率年衰减率高达3%左右，使用寿命较短。近些年来研制的PC板，透光率高达90%以上，强度高、具有弹性，耐冲击，特别是双层或三层中空PC板，除具有质轻、透光率高、耐高温、阻燃、耐冲击、寿命长达15～20年，其传热系数K为1.5～2.5W/（m²·K），较玻璃、薄膜的传热系数减少50%以上，但相应的三层中空板价格较玻璃高5倍左右。

温室覆盖材料使用的塑料薄膜有：聚氯乙烯（PVC）膜、聚乙烯（Polyethylene，PE）膜、聚烯烃（Polyolefin，PO）膜［聚乙烯PE和聚酯酸乙烯（Ethylene Vinyl Acetate，EVA）多层复合］。单层薄膜厚度为0.10～0.15mm；双层充气膜厚度为0.20mm左右。PVC膜是最早用作温室的覆盖材料。PVC、PE膜透光率高达90%，柔韧轻质，不拘温室结构形式，均能做到覆盖方便；价格便宜，安装维护方便，结构与固定材料较省；近紫外线透过率比玻璃高；强度与耐候性差，一般的仅能使用1～2年。PVC膜远红外辐射透过率较PE膜低，保温性好，黏合容易，但易吸尘土，易结露，流滴性差，实际使用性能PE膜优于PVC膜。

近几年来研究开发的PO膜，内表面经流滴剂处理后，其透光率、流滴性、耐久性、抗拉伸强度、都优于PVC、PE膜。特别是PO膜中的内表面EVA层对流滴剂有很好的亲和力，防雾滴性能持久。防雾滴剂还可多次处理。另外，PO膜的外表面层为抗紫外线的防老化层，阻碍紫外线的透过，防止整个膜结构的老化，质量好的PO膜的寿命可达4～5年甚至更长。

（二）温室常用结构形式及性能特点

1. 单坡面温室

屋脊东西向，坡面朝南，北面用砖墙承重保温，如图5-1所示。在屋面设有苫箔、草帘保温。夏季竹帘遮阳。屋面用玻璃覆盖材料，透光、保温、抗风性能较好。一般跨度为6m左右。冬季管道煤火加温。主要用于北方冬季蔬菜或花卉越冬生产或春季提前育苗。单坡面玻璃温室，由于建造费用高，保温尚不足，在北方冬季不加温时，仍不能满足一般无土栽培作物生产要求。

2. 双坡面温室

如图5-2所示，双坡面及侧墙均为玻璃等硬质透光覆盖材料。主要特点是采光量大，通风效果良好，净空较高，栽培管理方便。缺点是散热面大，保温性差。主要用于南方科研、蔬菜育苗或花卉越冬栽培，真正在大规模生产上使用得较少。

3. 连栋温室

为了降低造价，增大温室规模，提高土地利用率，将两栋或两栋以上的单栋温室在屋檐处连在一起，去掉中间隔墙，加上天沟等就构成连栋温室，如图5-3所示。连栋温室造价低、占地省、保温性好、便于操作管理，但通风换气效果较差，特别是棚室内种植高大植株之后更差，应加强天窗与侧窗间的自然换气或增设机械强制换气。必要时夏季增设湿帘风机降温。连栋温室根据屋脊走向有东西与南北向布置。南北向布置，虽透光率较东西向小7%左右，但屋脊、天沟等为活阴影，光照分布较均匀，一般南北向布置为多。采用玻璃等硬质透光覆盖材料时，屋面采用双坡斜屋面。若采用塑料薄膜或PC波纹板与多层中空板时，则采用弧形屋面。为了使覆盖材料内表面的冷凝水便于流淌，屋面一般采用双弧在屋脊处交接，屋脊两侧形成较大流淌坡度。连栋温室跨度一般为6～9m、开间为3～4m、檐高2.5～3.5m、屋脊高4.5～5.5m。长季节栽培瓜果类蔬菜、高大苗木或在南方高温地区，连栋温室檐高宜取较大值。我国大部分地区气候大陆性强，冬季寒冷、夏季炎热。靠自然通风降温的连栋温室，以3～5栋连栋为宜。设有强制通风或湿帘风机降温的温室，连栋数不限，但栋长以40～50m为宜，此时通风降温设备利用率高，较为经济适用。

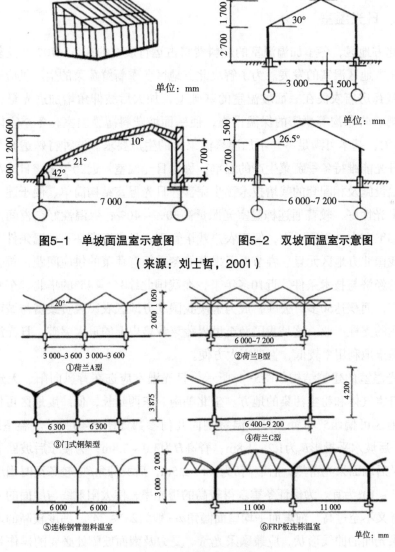

图5-1　单坡面温室示意图　　图5-2　双坡面温室示意图

（来源：刘士哲，2001）

图5-3　连栋温室示意图

（来源：刘士哲，2001）

随着无土栽培生产的产业化、现代化，我国大型连栋温室，特别是大型连栋塑料温室在华北、华中及华南地区得到迅速的发展。连栋温室多采用异型薄壁型钢、热浸镀锌，卷帘或转轴齿条开闭天、侧窗。环境调节控制，包括通风、降温、加温、遮阳、保温、灌溉施肥等实现自动化。高档温室还实现微电脑温度、湿度、光照、CO_2浓度、营养液温度、离子浓度等的数据采集、显示、存储、超限报警，以及以光照量为基准的智能化变温管理等。现代化的大型连栋温室，还可实现温室综合环境智能化控制，实现高产、优质、高效栽培。但一次投资与运行管理费用较高，特别是华中以北地区，冬季采暖费用高，一般用于专业化、集约化、创汇农业或特殊品种无土栽培的温室或试验示范温室。

二、日光温室

在北方地区，冬季加温温室的燃料费将占运行成本的30%～70%，这就大大限制我国北方地区温室的发展。为了解决北方地区冬季新鲜蔬菜的生产供应问题，辽宁省海城瓦房店农民在一面坡温室的基础上，加大后坡仰角增加进光量，同时增设保温被、防寒沟等严密的保温设施，使一面坡塑料薄膜温室，冬季室内气温达到8～28℃，基本可满足冬季不加温喜温果菜的生产要求。这种特殊透光与保温结构，靠日光能维持冬季蔬菜生产的温室，称为日光温室。近20年来，日光温室的结构、保温设施及相配套的栽培技术逐步完善。日光温室结构简单、便于建造、投资较省；采光性好，较普通连栋温室光照量高30%～40%；保温性好，夜间室内外温差可达25℃左右；面积适中，便于农户栽培管理。日光温室在不加温条件下，成功解决了我国北方地区元旦、春节喜温果菜等冬季新鲜蔬菜的供应问题，符合我国当前农村的经济与技术条件。近10多年来，在我国北纬34°～45°的华北、东北、西北地区推广，面积达50多万公顷，成为解决我国北方地区农民脱贫致富与城市菜篮子供应问题的支柱产业。这是我国乃至世界蔬菜栽培史上的重大突破。日光温室主要的缺点是土地利用率较低，管理不太方便。

日光温室的建筑结构如图5-4a所示。日光温室应选在背风向阳、无建筑物遮挡、无有害气体和粉尘污染的地方。坐北朝南、东西延长，低纬度地区可偏东5°，高纬度地区可偏西5°布置。日光温室剖面几何参数如图5-4b所示。温室跨度L为6～9m，后坡水平投影L_2为1.2～1.8m；脊高H为3.0～3.8m；为便于后坡面下管理人员行走及后墙面采光蓄热，后墙高h为1.8～2.5m，后坡仰角β应较冬至时当地太阳高度角大6°～10°为宜。为保证冬季获得较高的透光率，使太阳射线与屋面的入射角较小，屋脊又不至过高，前坡面平均屋面倾角α一般为26°～34°，纬度较高的地区取较大值。采光面的曲线形状，应兼顾采光量、受力及南面坡脚处必要的操作管理空间高度确定。温室长度60～80m为宜。现一般采用无立柱结构，操作管理方便。

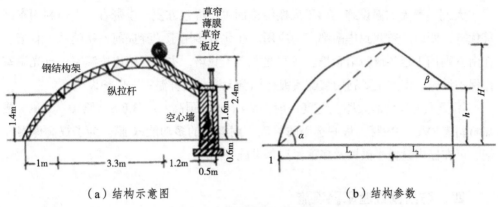

（a）结构示意图　　　　　　　　（b）结构参数

图5-4　日光温室结构示意图
（来源：刘士哲，2001）

日光温室后墙，除承重外，应有蓄放热与隔热保温功能。一般采用异质、多层复合墙体。内、外层可分别用240mm、120mm砖墙，中间填充100mm聚苯乙烯泡沫板，热阻可达3（m²·℃）/W以上。南屋面脚下可设置30~50cm深的防寒沟减少热能损失。温室屋面可设置多层纸被加苇箔、草帘等人工卷放保温，也可设置手、电两用机械卷放复合保温被。利用日光温室进行无土栽培，在土地瘠薄地区有着良好的发展前景。

三、塑料大棚

用塑料薄膜覆盖的拱型简易温室设施统称为塑料大棚，简称大棚。其骨架有竹木结构、钢筋焊接结构、钢筋混凝土或无碱玻纤钢筋混凝土结构、镀锌钢筋装配式结构等，如图5-5所示。

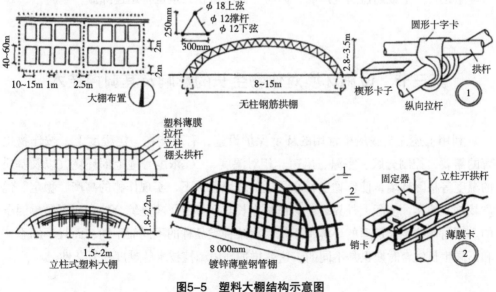

图5-5　塑料大棚结构示意图
（来源：刘士哲，2001）

大棚一般无加温设施。由于大棚结构简单、拆建方便、投资省、土地利用率高等优点，所以从东北到华南都广为应用。在北方多用于"春提前、秋延后"栽培。在南方则用于越冬或防雨栽培。我国北方无土栽培，主要利用连栋温室、日光温室作保护设施。南方主要利用装配式镀锌钢管大棚与连栋温室作保护设施。

用于无土栽培的大棚，跨度一般为6~10m，顶高2.3~3.0m，长30~50m。覆盖材料有PVC、PE膜，最好选用防雾滴、耐老化的多功能PO膜。为了提高保温性能，可在棚内设置小拱棚及多重保温幕设施等。

四、防雨棚或遮阳网设施

我国南方地处热带、亚热带地区，夏季多台风、暴雨、高温、强光照射，春季常出现持续阴雨天气，病虫害多发，使春、夏、秋蔬菜作物生长受到抑制成为淡季。利用大棚骨架，仅覆盖顶幕防雨水冲击，而四周边膜摘除通风降温，这是一种简易的防雨栽培设施。夏季晴天中午光照量将达到10万lx，薄膜减弱后也远远超过一般蔬菜对温度、光照的要求。经研究试验，南方夏季在防雨棚的基础上加设一道遮阳网，可使地表面上下各20cm的气温、基质温度及叶温下降8~13℃，有效地减轻高温、强光的为害，使夏季在防雨棚内进行蔬菜反季节无土栽培成为可能。

据试验，高温强光型天气，根据作物光饱和点要求，采用遮光率为50%~70%的黑色遮阳网增产效果显著；但对阴凉多雨天气，则采用遮光率为40%~50%的银灰色遮阳网为宜。另外，大棚遮阳网栽培，蔬菜的某些营养品质，如叶绿素、蛋白质、维生素C等有所下降，特别是硝酸盐含量将明显升高。经研究，在采收前5~7d，提前将遮阳网取下，使覆盖作物得到炼苗与绿化处理，即可使各种营养成分含量迅速赶上或超过露地产品，同时，硝酸盐积累量也将迅速降低。

第三节 设施环境对作物生长的影响及其调控技术

利用上述无土栽培中常用的环境保护设施，有可能在一定程度上，按作物生育的需要，控制光照、室温、风速、相对湿度、CO_2浓度等地上部环境，以及基质的温度等根际环境，使作物生长在最适的环境条件下，实现作物的高产、稳定、优质栽培。但是，实际上外界环境对作物生长与产量的影响是综合的，而不是单因子的。同时作物生长最适的环境，不仅因蔬菜种类品种的不同而不同，而且不同季节和不同生长发育时期也是不同的，这就增加环境调控技术的难度和复杂性。

一、光照及其调控技术

光照不仅影响光合作用，而且与蔬菜等作物的花芽分化，休眠和产品器官形成都有密切的关系。就光合作用而言，在一定范围内，光合作用随光强的增强而增加。但是在设施栽培下，往往透光率受影响，所以要充分考虑设施的采光性。

各种蔬菜对光照的要求不同。从光饱和点来看，要求强光的有番茄等，其光饱和点为6万~7万lx，而耐弱光的黄瓜、甜椒、生菜、芹菜等，光饱和点仅2万~3万lx。一般露地栽培条件下，夏季晴天光强可达10万lx，冬天为4万lx。但由于设施覆盖材料的透光性和作物叶片的相互遮阴等原因，有可能产生设施内由于光照不足而发生的生长障碍。因此，必须深入研究如何增加室内采光量的设施结构和相应的管理技术。

提高室内采光量，必须从覆盖材料的选择入手，要选用防尘、防滴、防老化的透光性强的覆盖材料。在设施构造方面，单栋式的比连栋式的采光性好。棚室的跨度、高度、倾斜角与采光量也有密切关系。因不同纬度下，太阳入射角不同，因此，要经过科学测算设计最佳的倾斜角。我国北方日光温室，为增加采光量，均在北墙内壁挂上一道2.0~2.5m高的聚酯镀铝镜面反光幕，可使距反光幕3m内的北侧黄瓜、番茄植株中下部光照强度增加10%~40%，对克服冬季或阴雨雾天光照不足的不利条件有显著效果。

栽培管理也影响作物的采光量，同一密度下，扩大行距，缩小株距，可提高蔓性作物中下部的采光量，即一窄畦栽一行比一畦栽两行的产量要高。摘除茄子、甜椒、黄瓜和番茄基部侧枝和老叶，也能改善光照条件。

厚度0.13mm以上的聚氯乙烯薄膜，为增加抗老化能力，往往添加紫外线吸收剂，致使室内紫外线透不进来。如茄子等紫色素的形成，是离不开紫外线的，在这种薄膜覆盖下，茄子就不着色。靠蜜蜂授粉的草莓，因缺少紫外线，蜜蜂不能活动，畸形果就增多。但是在具有紫外线吸收能力的薄膜覆盖下，能抑制菌核病和灰霉病菌的发生。

二、温度及其调控技术

（一）昼温

不同蔬菜作物都有其最适的温度范围，在白天有光照的条件下，给予最适温度管理，则光合作用活跃。多数作物的光合作用温度范围在15~33℃。光合作用最适温度依作物种类而异，如番茄25~26℃，黄瓜27~28℃，茄子29~30℃，甜椒30~32℃。

蔬菜的光合作用在一天当中以上午为强，下午逐渐减弱。因此在加温条件下，白天温度管理也应下午比上午低3~5℃。反之，则叶色变淡，叶肉变薄，植株出现徒长状况，尤其是冬季弱光季节，更要注意下午要降低室温，以抑制呼吸消耗。

白天的温度管理通常通过换气来调节，大棚开侧面，连栋式则开启凹谷部薄膜。也有设置自动开天窗和开侧窗的装置，或设置排风扇进行强制排气。

夏季高温季节室内降温问题，是温室大棚无土栽培管理中面临的一个难题。先进的调控方法是在北墙设水帘，南墙设置排气扇，当室温上升到设定值上限，就自动开启排风扇，将水帘滴下的水吸向南侧时气化吸热降温。这种装置的国产化产品已在北京农业工程大学通过鉴定，国内已具有生产能力，但造价昂贵，除试验研究和特需供应外，很少应用。另一种是将地下水吸至二重幕顶上，经浇流或喷雾降温。如为玻璃温室，则可将地下水引到屋脊上从玻璃屋面流下，能有效降低室温。此法相当简易可行。此外，浙江农业大学农机系已研究开发出一种夏季喷雾降温系统。

利用在棚室顶上覆盖芦苇帘或黑色遮阳网，乃是一种传统的简易的夏季遮阳降温方式。通常在35～40℃室温条件下，能降室温3～5℃。如配合排风扇则效果更佳。遮阳网对根际温度的降温效果相当明显，晴天中午可降低8～12℃。如果在种植床（畦）上覆银灰色或白色反光降温膜，还可以进一步降低根际温度。

现在，国外有些厂家生产出一种安在棚室内、可移动的塑料反光膜。这种薄膜可允许短波光进入大棚中，将长波光反射出棚室，从而起到降温作用。这种方法简单，安装容易，投资较少。

如何进一步降低夏季高温期的室温和根际温度，是发展南方地区夏季设施园艺与无土栽培的关键。目前我国正在组织这方面的攻关研究。

（二）夜温

蔬菜生长发育过程中，除昼间进行光合作用积累营养外，夜间还要继续进行从糖到蛋白质、氨基酸的合成和养分水分的继续吸收过程。这些代谢过程，都需要以糖为基质的呼吸作用提供能量为前提。

植物昼间合成的光合产物，到夜幕降临之后，就向果实、新叶、茎、根等非光合器官运转，这时的适温，多数植物是16～20℃。如果持续维持这个运转适温6～8h，白天合成的光合产物就消耗殆尽，植物体内碳水化合物就没有积累而呈饥饿状态。因此，后半夜的温度宜比上半夜低，以抑制呼吸作用的消耗，确保第二天早晨叶片中仍有一定量的碳水化合物浓度，才能使早上光合作用正常启动。

根据以上原理，夜温的管理，应分为前半夜（日落后4～5h）的促进物质运转期的管理和后半夜的抑制呼吸消耗期的管理。例如，黄瓜前夜温以15～18℃为宜，后夜温以10～12℃为宜，番茄则前夜温以12～14℃为宜，后夜温以9～11℃进行管理为宜。

由于夜间的物质代谢，呼吸作用与白天的光合产物之间存在着量的关系，因此昼间为晴天应比昼间为阴雨天时，夜温管理目标要高些，即阴雨天的夜间温度，由于白天光合积累少，温度也要低些管理最为理想。因此，根据白天采光量的比例来决定夜温设定值，叫做夜温的日辐射比例调控技术。目前已成为电子计算机进行综合环境自动调控技术中的主要支柱。

高夜温管理，虽促进养分的向上运转而使茎叶繁茂而一时增产，但是长期持续下去，势必影响光合产物向根系的运转分配，从而使根系活力下降，加速植株老化而最终导致减产。

生产实践中，夜温的调控，多依靠保温幕和暖风机的启动和关闭来进行。当傍晚室温逐渐下降到16～20℃时，就要关闭保温幕。上半夜的温度调控，通常以启动暖风机来调控。暖风机连接聚乙烯膜做成的圆筒形通道，将暖风送到全棚室，是一种热效率高、成本较低的加温装置，以柴油作为燃料。利用设置水管进行温水循环加温法，常在大型温室中应用，但热效率低，设备费用昂贵，优点是可以在全棚室均匀设置，温度分布均匀。我国北方的北京改良式温室，多在北墙内侧设置烟管道，直接烧煤利用煤热加温。此适于煤炭资源丰富地区应用，热效率更低。自世界石油危机以来，温室节能技术得到普遍的重视与研究。例如，利用太阳能进行地中蓄热、水蓄热进行温室加温，冬季利用地下水保温和热泵等节能方式进行温室加温等。

保温幕技术是一种简易实用的温室节能保温技术。保温幕通常用保暖性能强的聚氯乙烯或新近开发应用的镀铝聚酯膜、聚酯或聚丙烯为原料的无纺布等严寒期保温性更强的新型覆盖材料制成。此外，还可以实行大棚、温室内套小棚，进行多重覆盖栽培。使用的覆盖材料不仅要考虑其保温性，还要考虑其透光性。

夏季昼温过高引起作物的生长障碍，可以通过夜间的降温来消除。夜间棚室内的降温措施有开启排风扇，利用地下水通过管道在室内回流，或地下水通过棚顶幕上面回流等。

（三）根际温度

蔬菜生长环境中，气温和根温存在互补性。当气温低或室内加温不足时，仅仅确保根际温度在适宜范围内，蔬菜就能正常生长。一般来说，根际介质加温比室内暖气加温热损失少，节能效果好。

夏季高温季节，虽然气温很高，但如果对根际介质进行降温，尤其是无土栽培条件下，营养液等介质的冷却，具有显著的增产效果。

蔬菜作物定值时最低的根际介质温度界限是：番茄10℃，黄瓜13℃，茄子、甜椒为15℃。不过随着室温、苗的素质、品种及砧木间的差异而有所不同。

根际介质的温度管理，主要通过加温或降温和地面覆盖等措施来调节。加温方式有在营养液等介质中设置电加热器或埋设通以温水的黑色塑料水管回流加温等方法。但设置费工，成本也较高。

床面铺设地膜也能有效地调节根际温度。寒冷季节铺透明膜，弱光期铺白色反光膜，保温又防杂草可用黑膜，高温季节为降低根际温度可铺银灰色膜、镀铝聚酯和稻壳等，都有较好的调节效果。

三、湿度、通风环境及其调控技术

温室大棚在寒冷季节为了保温良好，都十分注意其密封性，特别是我国北方的塑料日光温室，在阴雨天和夜间很易造成室内相对湿度过高，致使作物生长软弱，易感染病害。

不同蔬菜作物对空气湿度的要求是不同的。例如，黄瓜和芹菜最耐湿，一般能耐80%～90%的空气相对湿度，番茄、茄子、辣椒等多数作物要求在70%左右，而西瓜、甜瓜最不耐湿，要求相对湿度在50%以下。

目前除人工气候室外，一般温室、大棚内均不安装加湿或除湿机。通常采用的简易加湿方法是对耐湿作物进行叶面喷水，为减低棚室内的湿度，均采用地面全面铺地膜的方式，或在畦间铺草或稻壳等材料以减少土壤表面水汽蒸发量，从而降低空气湿度。另外就是通过适时适当的通风换气来降低湿度。

通风有降温、防湿和促进CO_2向叶面附近运送的功能，所以，一定程度的风速是有利于作物的光合作用。据试验，风速在每秒0.3～0.8m范围内，光合作用随风速的增加而增强。但如果风速过大，植物为防止过度失水而徐徐关闭气孔，从而降低光合强度。设施栽培条件下，外部的风被阻挡在室外，容易造成不通风，湿度高、CO_2亏缺等，因此，维持室温在允许范围内，积极地进行通风换气，使室内外空气能进行交换是很必要的。所以，棚室通风换气窗的设置部位（天窗、地窗或边窗等）、换气窗的面积和通气入口的大小等，都要充分注意合理的设计。南方地区通气窗的设计，不仅要考虑冬季低温季节的保温与通气，还要充分考虑夏季高温季节的排风降温。同时在栽培技术上，要注意整枝、绑蔓、打老叶和调节株行距等，以创造有利于通风透光的栽培环境。

四、CO_2浓度及其调控技术

CO_2作为光合作用的原料，对作物的产量和品质有很大影响。大气中的CO_2浓度一般是比较稳定的，约0.03%（体积）。近年来，由于石油燃料过度使用而造成的废气污染，地球上出现因CO_2浓度增高而产生的温室效应，成为人们日益关注的社会问题，但从农作物生产来看，则有助于光合产物的增加和产量的提高。

大气中的CO_2扩散到叶绿体中参与光合过程，会受到一系列的阻力，包括大气层、叶子表面角质层、气孔、叶肉细胞都会对CO_2扩散到叶绿体的过程产生阻力。

光合强度与以上各种CO_2扩散阻力的总和成反比。因此，在作物栽培过程中，如何促进影响光合效率的CO_2的扩散，成为栽培管理中的重要一环。

栽培作物群体内的CO_2浓度，由于大气层CO_2扩散阻力的影响，总比大气中的低。在露地栽培条件下，由于风速的作用，群体内与群体外大气层的CO_2浓度差可以很快缩小，而设施栽培的密封性条件下，群体内CO_2浓度更低，同时，如进行土壤栽培，由于土壤中施入的有机肥，经微生物分解产生CO_2，在一定程度上可以增加作物体内CO_2浓度，但在无土栽培的设施中，没有从土壤中供给CO_2的可能，CO_2浓度低下的现象更加严重。

在设施内，每天早上日出后，作物即开始进行光合作用，室内CO_2浓度就开始逐渐降低。上午随着光强的增强，光合强度也逐渐增高，CO_2浓度也随之越来越低。一般在密封性很好的温室大棚内，棚室外的CO_2几乎不能进入室内，晴朗天气日出后1~2h，CO_2浓度就下降到限制光合作用正常进行的水平。据北方日光温室冬茬黄瓜揭苫后1.5h，室内CO_2浓度仅有0.007%（体积），呈严重亏缺状态，并一直持续到中午温室通风换气时为止。CO_2亏缺，不仅影响光合作用，而且影响根系生长，吸肥吸水能力衰退，影响作物的生长、产量和品质。

在相同温度和光强下，随着CO_2浓度的升高，光合强度也随之增强。当CO_2浓度下降到呼吸消耗超过光合产物合成量时，光合作用就不能进行。在叶面上CO_2收支为零时的CO_2浓度叫CO_2补偿点。大多数蔬菜的CO_2补偿点为0.006 0%~0.007 5%（体积）。在补偿点以上一定范围内，随CO_2浓度的增加，光合强度呈直线上升。当CO_2浓度达到一定水平以上，光合强度不再增加时的CO_2浓度，叫CO_2饱和点。各种蔬菜的CO_2饱和点在0.06%~0.13%（体积）。虽然CO_2饱和点因光强的增加而有所上升，但在一般栽培条件下，由于叶的遮光影响，CO_2饱和点大多在0.1%（体积）以下。CO_2浓度的增加，促进光合作用，根部也能得到更多的光合产物的分配，促进养分和水分的吸收而有利于作物的生长，作为光合代谢库的果实、花和根等的数量增加，提高作物的产量和品质。

在作物生长环境中，人为地增施CO_2以促进作物的生长和产量、品质提高的技术，称为CO_2施肥技术。目前已在黄瓜、甜椒和番茄等作物上实际应用。在我国北方日光温室中广为栽培的越冬黄瓜上已推广应用。

自秋至春越冬栽培的一茬，由于通风换气少，CO_2亏缺而造成产量品质下降的问题较突出，CO_2施肥可收到显著的效果。一般宜在定植后1个月，植株较健壮并开始生殖生长时进行。施用时间以日出后室内CO_2浓度开始下降至通风换气前，在这段时间施用1~2h即可。

表5-1为春季大棚黄瓜CO_2施肥效果。由此可见，CO_2施肥促进生长，特别是早期产量增加显著。但是，如果延迟换气，高室温条件下长期施用CO_2，则植株加速早衰老化，总产量下降。因此，要避免室温在30℃以上时施用。在晴天，施用的目

标浓度为0.08～0.10%（体积）已足够。在正确施用的情况下，一般可提高作物产量15%～20%。

表5-1　大棚春黄瓜CO_2施肥的效果

试验年份	处理	早期单株产量		单株总产量	
		果数（个）	果重（kg）	果数（个）	果重（kg）
1973	未施（CK）	12.1	12.1	31.7	32.1
	CO_2	15.9	15.3	36.1	36.9
	高温+CO_2	17.5	17.1	33.4	33.4
1977	未施（CK）	16.9	15.9	41.2	41.3
	CO_2	21.0	20.4	42.4	42.7
	高温+CO_2	33.0	22.5	39.3	39.6

注：CO_2施肥和未施（CK）区棚温均为28℃，进行常规通风换气。高温区为28～33℃，较其余两处理换气时天窗开1/3

作为CO_2源，应不含有其他有害的杂质。通常用液态CO_2，它来源于酒精厂的副产品、CO_2矿井或从石灰煅烧立窑排出的气体中回收提纯，还有利用碳酸氢铵和硫酸制取的。国外多用燃烧煤油、乙烷的CO_2发生器直接向室内供应，但有发生有害物质混入的危险。CO_2施用量可由定时器自动控制开闭时间来调节，但要经常用CO_2测定仪检测室内CO_2浓度。

五、综合环境调节与管理

在无土栽培设施中，依靠人的经验、智慧与能力进行的综合环境调节与管理称为初级阶段的综合环境管理。人们只是根据长期实践积累的丰富经验，看天、看地、看作物、看管理作业效果，进行经验积累的、定性的管理。在激烈竞争的设施栽培中，传统的环境调节与管理已远不能满足市场经济发展的需要。除借助一些仪器、设备、装置随时掌握多种环境的、作物的变化情况，决定随时采取必要的温度、光照、湿度、营养液施用等调节控制与管理外，还应根据生产资料、成本、市场与产品价格及劳力资金情况统筹计划，调节上市期与上市量，以获得较高的效益。

自然因素、作物长势与市场变化往往是错综复杂的。人的精力、运算与判断速度及记忆能力是很有限的。人并不善于长期应付许多重复、繁琐的工作。经验丰富、精明能干的生产能手，也难以始终如一的实现综合环境与市场预测、生产计划的科学管理。何况一般的生产人员就更难胜任。由于计算机应用技术的飞速发展，特别是单片机性能价格比的不断提高，使温室设施的综合环境调节控制提高到智能化水平。现代温室设施的综合环境管理，包括综合环境因子与生物信息的自动采集、处理、显示、存储，温度、湿度、光照、营养液配方等优化综合环境的调节与管理，异常情况的紧急处理与报警等。

中国农业大学和华南农业大学等单位研究、开发的微电脑数据采集与控制装置，即可实现温室上述要求的综合环境监测与智能化管理。

第六章　无土栽培蔬菜品种

第一节　果菜类

一、黄瓜

（一）津研4号

天津市蔬菜研究所选育。植株生长势中等，主蔓长约250cm，侧蔓短。以主蔓结瓜为主，第1雌花着生于第4～6节。叶色深绿。瓜呈棒状，长35～40cm，皮色深绿有光泽，瘤不明显，刺白色，较稀疏，肉厚，肉色白微带浅绿。单瓜重0.25～0.30kg。抗枯萎病能力较强。播种至采收为45～55d，延续采收25～35d。开花至摘瓜需5～7d。每亩保苗3 800株，春种约产5 000kg，秋种约产2 500kg。

（二）津春4号

天津市黄瓜研究所选育。主蔓长约250cm，侧蔓少。叶片长22cm，宽20cm，深绿色。第1雌花着生于第4～5节，以后每隔2～4节着生1雌花。瓜呈棒状，长30～35cm，横径3.8～4.0cm。皮色深绿色，顶部有浅黄色纵纹，刺瘤密，刺白色，肉厚1.3～1.6cm。单瓜重0.4～0.5kg。播种至采收为春季50～60d，秋季35～40d，延续采收30～40d。以主蔓结瓜。抗霜霉病、枯萎病和白粉病，较耐寒。每亩约产3 500kg。

（三）早青1号

广东省农业科学院蔬菜研究所培育的黄瓜一代杂种。主蔓长约300cm，侧蔓少。叶片长20cm，宽18cm，深绿色。第1雌花着生于第3～5节。果实短圆形，头尾均匀，长19.5cm，横径4.5cm，肉厚2.1cm。皮色深绿，薄被蜡粉，刺疏、白色。皮色不易转黄，较耐贮运。单瓜重0.15～0.20kg。早熟，播种至采收为50～60d，延续采收35～40d。长势强，耐霜霉病和炭疽病。较耐寒，适于春种。每亩约产3 000kg。

（四）夏青2号

广东省农业科学院经济作物研究所培育的黄瓜一代杂种。主蔓长约300cm，侧蔓少，以主蔓结瓜为主。叶长19cm，宽17cm，深绿色。第1雌花着生于第3～5节，以后每隔2～3节或连续数节着生雌花。瓜长20～21cm，横径4.0～4.2cm，短圆筒形。皮色深绿色，刺疏、白色，肉白色、厚0.9～1.1cm。单瓜重0.15～0.20kg。早熟，播种至采收为33～38d，延续采收22～33d。生长势中等，较耐炭疽病和枯萎病。较耐热，适于夏、秋种植。每亩产1 500～2 000kg。

（五）夏青4号

广东省农业科学院蔬菜研究所培育。在各地均有栽培。主蔓长250～300cm，侧蔓2～3条，以主蔓结瓜为主。叶长21cm，宽19cm，深绿色。第1雌花着生于第5～6节。瓜长21～22cm，横径4.4cm，刺疏、白色。肉厚1.3cm，品质好。单瓜重0.22kg。早熟，播种至采收为33～35d，延续采收30～35d。生长势旺盛。抗细菌性角斑病、枯萎病、白粉病、炭疽病。耐疫病、霜霉病。较耐热，适于夏、秋种植。每亩产2 000～3 000kg。

二、番茄

（一）小果型番茄

1. 樱桃红

荷兰引进的小果型番茄品种。无限生长类型，植株生长势强，叶绿色；第1花序着生在第7～9节，花序间隔3节，每一花序可着果10个以上，果实小而圆，果为红色，果色鲜艳风味较好，稍甜，单果重10～15g。中早熟，定植后50～60d开始采收。较耐热，抗病。

2. 卡罗

日本引进的小果型番茄品种。叶小、节间短、多花性，春种每花序结果20～30个，秋种100～200个。单果重10～20g，圆球或高圆形，抗裂果，糖度8～10度，抗花叶病毒病、斑点病等。属极早熟品种，适于华南地区种植。

3. 小铃

日本引进的小果型番茄品种。叶浓绿色，较大，节间短。第1花序着生于第8节前后，向上每3节着生花序，下部花序结果20～30个，中部花数较多，坐果率高。果圆球形，鲜红，单果重15～20g，糖度8°～10°，抗病毒病。

4. 中蔬13号

中国农业科学院蔬菜花卉研究所培育的小型番茄品种。果实圆形、红色，单果重10~15g，植株生长势强，无限生长类型。坐果力强，每穗结果20~30个，每亩产2 500~3 000kg，抗病性较强。露地、保护地兼用。

5. 圣女

中国台湾农友种苗有限公司选育。耐热、耐病、早生、高抗烟草花叶病毒，株高1.8m左右，果实椭圆形，果色鲜红，肉脆甜，风味绝佳，结果力强，甜度高（9.8度），果型匀称，夏季高温多雨时不易裂果，果实硬，耐贮运，比一般小番茄易管理，每亩产4 500~6 000kg，适宜我国各地栽培。

（二）中大果型番茄

1. 丰顺

华南农业大学园艺学院选育。有限生长类型，株高110~120cm，开展度45~55cm，分枝性较强。第1花序着生在第6~7节，以后每隔2~3节着生一花序。果实圆形，高5.3cm，横径5.7cm，心室3~4个，肉厚0.8cm。青果无绿肩，熟果深红色，肉质坚实，抗裂果性强，耐贮运，品质好。单果重75~100g。早熟，播种至采收为春播105~115d，秋播约86d。开花较早而集中，前期产量高，高抗青枯病，为华南地区秋种优秀品种之一。

2. 粤红玉

广州市蔬菜研究所选育。有限生长类型，株高100~120cm，开展度60~76cm，分枝较多。第1花序着生在第6~8节，以后每隔1~2节着生一花序。果实近圆形，高5~7cm，肉厚0.65~0.70cm，果肩平滑，棱沟较浅，青果有浅绿肩，熟果鲜红色，有光泽，品质优良，裂果较少，硬度大，耐贮运。单果重80~100g。风味好，酸甜适中。早熟，秋播，播种至采收为82~88d，延续采收45~60d。耐热，耐青枯病和烟草花叶病毒。前期每亩产2 000kg，一般每亩产2 500~3 000kg。出现脐腐果时，用3%石灰水或1%过磷酸钙水作根外追肥。适合春、秋种植，不宜冬种。

3. 粤星

广东省农业科学院蔬菜研究所选育的一代杂种。有限生长类型，株高100~120cm，开展度66~76cm。第1花序着生于第6~7节，以后每隔1~2节着生花序，每花序结果6~8个。果肩具浅棱沟，青果有浅绿色果肩，熟果鲜红色，单果重75g。适宜春、秋种植，不宜冬种。早熟，秋播，播种至采收为75~80d，连续采收45~60d，耐热，耐青枯病和烟草花叶病毒。

4. 多宝

华南农业大学园艺学院选育的一代杂交种。有限生长类型，株高110~120cm。第1花序着生在第8节，以后每隔2~3节着生一花序。果实近圆形，高6.4cm，横径

6cm，肉厚0.8cm，果肩平滑，无绿肩，熟果深红色，单果重约125g。早熟，播种至采收为春播约115d，秋播约90d。抗青枯病，为华南地区秋种优秀品种之一。

5. 明珠（又称益农101）

中国台湾引进的杂交一代品种。无限生长类型，第1花序着生在第9～10节，以后每隔3节着生一花序。果实椭圆形，高6～7cm，横径5～6cm，肉厚0.75cm，熟果鲜红有光泽。结果力强，一株可结100个果以上，果实形状及大小似鸡蛋，丰满端正整齐。果实肉质致密，裂果少，果实较硬，可在果实完全着色红熟后采收上市。适于作生果用。如双干整枝，其产量倍增。耐贮运，品质好。单果重90～100g。中熟，播种至采收为春播120d，秋播100d，长势强。不抗青枯病。耐枯萎病，亦较耐烟草花叶病毒。适宜晚秋、冬、春种植。

三、茄子

（一）早红茄

湖南省农业科学院蔬菜研究所选育。植株较直立，株高70～80cm。茎紫红色。叶片长卵形，深绿色，叶柄及叶脉深紫色。第1花序着生于第10～12节，花紫红色。果实长棒形，稍弯曲，末端稍尖，长25～27cm。皮色紫红色，有光泽，高温期仍能保持鲜艳的色泽；肉白色，品质好。单果重160～180g。较耐寒，多进行春茄栽培。播种至采收为150～200d，延续采收45～55d。一般每亩产1 200kg。

（二）早丰红茄

华南农业大学园艺学院选育。植株较直立，株高80～90cm。叶深绿色，叶缘波状，叶柄及叶脉紫色。第1花序着生于第8～10节，花紫红色。果实长棒形，末端稍尖，长25～28cm，粗4.5～5cm。皮色紫红色，有光泽，肉白色，品质优良。单果重150～180g。早熟，播种至采收为春茄140～160d，秋茄75d。生长势健壮，分枝较多，可进行春茄或秋茄栽培。

（三）早青茄

长沙市蔬菜科学研究所选育。植株直立，株高85～100cm，开展度70～80cm。茎绿色，叶长卵形，绿色，叶缘波状。果实长棒形，长20～25cm，粗3.5～4.2cm，末端较尖，皮青绿色，肉白色，肉质致密，耐贮运，品质优，较耐寒。早熟，春播，播种至采收为150～160d，延续采收150d。

（四）农友长茄

中国台湾农友种苗有限公司选育。生长强健，结果力强，为一代杂交种。耐热、耐湿，抗青枯病力强。品质极佳，早熟、高产。

四、辣椒

（一）尖椒

1. 黄皮尖椒

海南省农业科学院蔬菜研究所选育。因果形似羊角，故称羊角椒。生长势旺，株高50~70cm，果长12~17cm，单果重约50g。果肉脆，富有辣味，品质优良。全生育期约180d。一般每亩产1 500~2 000kg。

2. 湘研1号

湖南省农业科学院蔬菜研究所选育。株高45~50cm，开展度50~60cm，株型紧凑，叶卵圆形，绿色。第8~12节着生第1花。果实粗牛角形，深绿色，长11cm，横径3.5cm，肉厚0.25cm，单果重约30g，最大单果重可达50g。肉质脆软，微辣带甜。早熟，耐寒、耐湿力较强，耐热、耐旱性较弱。抗病毒病、疮痂病、炭疽病和青枯病。一般每亩产2 000~3 000kg。

3. 甜尖椒3号

广州市蔬菜研究所选育。株高70cm，开展度80cm。叶片卵圆形，先端渐尖，青绿色，老熟果深红色，单果重35g。味甜微辣，品质优。较耐肥，耐热，耐病毒病，亦耐贮运。播种至采收为100~120d，每亩产约2 000kg。

（二）圆椒

1. 巨星

青岛市农业科学院蔬菜研究所选育。生长势旺盛，株型高，直立，叶型稍大。果型大，较长，生长良好时长17cm，横径8.5cm，单果重可达280g，青绿色，外形端正光滑，梗窝稍浅。肉厚，较耐贮运。属于超级大果，晚熟，结果多，产量高。

2. 中椒4号

中国农业科学院蔬菜花卉研究所培育的圆椒一代杂种。生长势强，植株高56cm左右，开展度约55cm，叶色深绿，第12~13节着生第1花。果实灯笼形，果色深绿，果面光滑，单果重120~150g，肉厚0.5~0.6cm。味甜质脆，品质优，每100g鲜重含维生素C 8.9mg。中晚熟，耐病毒病，适于露地恋秋栽培和南菜北运基地越冬栽培，每亩产4 000~5 000kg。

第二节　叶菜类

一、空心菜

（一）青叶白壳

广州市郊农家品种。生长旺盛，分枝较多。品质优良，产量高。为高产品种，一般每亩产约7 000kg。

（二）广东大骨青

广州市郊农家品种。质软，产量高，品质优良。为早熟品种，播种至采收为60～70d，一般每亩产5 000～7 000kg。

（三）广西青梗

广西地方品种。株高30～35cm，开展度15～20cm。茎较细小，横径0.6～0.8cm，绿色，节间长2.5cm。叶条状，深绿色，叶肉厚，长18cm，宽1～2cm。播种至采收为40～50d，侧芽多，可进行多次采摘，延续采收可达4～5个月。抗逆性强，耐热，也较耐寒，是早春提早上市较好的品种。质脆味浓，稍带涩味，营养价值较高。

（四）半青白梗空心菜

广西地方品种。株高30cm，开展度20cm。横径0.7～0.9cm，浅绿色，节间长3～4cm。叶长卵形，长15～16cm，宽1.5cm，绿色。11月至翌年2月大棚内播种至采收为38～45d。3～4月大棚内播种至采收为30～35d。耐热，稍耐寒。分枝多，可多次采摘，延续采收4～5个月。茎脆叶嫩，品质优良。

（五）白梗空心菜

中国台湾桃园农业改良场选育。株高30～35cm，开展度10～15cm。横径0.7～0.9cm，茎壁较薄，茎黄绿色，节间长5～6cm。叶长卵形，长10～12cm，宽2.5cm，叶柄长7～8cm，黄绿色。极少分枝，一般直播后可连根采收上市，是大棚反季节栽培的优良品种。生长快，春季在棚内播种至采收30～40d，夏季播种至采收20～25d。叶软茎嫩，品质优良。

（六）大鸡黄

广州市郊农家品种。株高40cm，开展度30cm，横径1.6cm，黄白色，节间长4～5cm。叶长形，基部心脏形，长15cm，宽5～6cm，黄绿色，叶柄长14～15cm。生长势强，分枝较多，可进行多次采摘。耐热，适宜水田栽培，是秋淡的重要品种。叶柄与老茎较粗壮，品质中等。

（七）泰国空心菜

泰国农家品种。品种优良，茎粗壮，叶披针形，向上倾斜生长，适合高密度栽培。茎叶深绿色，产量高，一般每亩产7 500～10 000kg。

二、西芹

（一）高犹他52-70R

从美国引进。属绿色类型，株高65～70cm，高的达80cm，开展度30～40cm。品质优良，容易软化，柔嫩的净菜率可达70%以上。叶色深绿，叶柄抱合紧凑，质地脆嫩，纤维少。苗期50～60d，定植至采收90～100d。本品种对病毒病、叶斑病、缺硼抗性较强。外部叶柄易老化空心。单株重1kg以上，每亩可产7 000kg以上。

（二）佛罗里达683

从美国引进。属绿色类型，植株高大，株高75cm以上，植株圆筒形，紧密，生长势强。叶深绿色，叶柄绿色，较宽厚。质脆嫩，纤维少，味道甜美，品质优良。抗茎裂病和缺硼症。缺点是不耐寒，早期易抽薹和感染黑心病。但因产量高，很受生产者欢迎。苗期50～55d，定植至采收80～95d，单株重1kg以上，每亩产7 000kg以上。

（三）美国白芹

从美国引进。属黄色类型，株高60cm以上，叶片黄绿色，叶柄黄白色。采收时植株下部叶柄全部成为象牙白色，商品性好。生育期120～130d。单株重0.75～1.00kg，每亩产5 000～7 500kg。

（四）日本西芹

从日本引进。高产优质，株型直立高大，叶柄宽，叶肉厚，无筋，叶色淡，品质极佳，耐病丰产。适宜夏、秋及越冬覆盖栽培。单株重1kg左右，每亩产8 000～10 000kg。

三、生菜

（一）皱叶型

1. 东山生菜（又称软尾生菜）

广州市郊农家品种。为我国南方栽培的主要品种。株高约25cm，开展度约

27cm。叶片近圆形，较薄，长18cm，宽17cm，嫩绿色，有光泽，叶缘波状，叶面皱缩，心叶稍有抱合。单株重0.2～0.3kg，耐寒，不耐热。华南地区从9月至翌年2月均可播种。5～6片真叶定植。每亩产2 000～2 600kg。

2. 花叶生菜

从美国引进，原产于印度。适于南方种植的品种，北方也有栽培。株高25cm，开展度26～30cm，叶片呈长椭圆形，浅绿色，叶缘缺刻较深，略有苦味，品质较好。生食、熟食均可，耐热性、适应性较强。生育期70～80d，单株重约0.5kg。病虫害少，适于秋、冬栽培。

（二）直立型

1. 登峰生菜

广州市郊农家品种。广东省栽培较普遍。为我国南方栽培的主要品种。植株斜生，株高30cm，开展度36cm。叶片近圆形，长20.7cm，宽20.9cm，浅绿色，叶缘波状，心叶不抱合，单株重约0.33kg。

2. 甜荬菜

适于深圳地区种植。株高30～35cm，开展度25～30cm。叶绿色，披针形，长30cm，宽5～6cm，无明显叶柄，叶面平滑，有光泽。叶肉薄，叶质软，具清香味，口感香甜，品质好。单株重0.25～0.30kg。全生育期70～80d。耐寒、耐湿，生长势强，抗逆性优于其他散叶生菜品种。

（三）结球型

1. 青白口结球生菜（又称团叶生菜）

北京市地方品种，北京郊区栽培较普遍。亦为我国南方栽培的主要品种。为青口、白口天然杂交种。叶簇半直立，株高约15cm，开展度约25cm。叶片深绿色，近圆形，叶面皱缩，叶缘波状，叶片较厚，心叶抱合成近圆形，结球紧。品质好，生食、熟食皆可。叶球高11cm，横径10cm，单球重约0.5kg。不耐热，耐寒性强，耐冬贮。春播抽薹晚，夏季栽培不易结球，适合秋、冬保护地栽培。

2. 玻璃生菜

广州市郊农家品种。株高约25cm，开展度约27cm。叶片黄绿色，近圆形，叶缘波状，叶面皱缩。叶球近圆形，结球不很紧密，稍松散。单球重约0.3kg。中熟品种，全生育期70～80d。

3. 皇帝

从美国引进。叶球紧实，叶片绿色有皱褶，外叶较小，叶缘有缺刻，叶球顶部较平，抗顶烧病，品质优良。结球适温广，适应性强，耐热，在夏季高温下不易抽薹，仍能生长，并形成松散的叶球。适于春、秋两季及越夏栽培。球高13cm，横径15cm，单球重05～0.6kg。净菜率76%。中早熟种，从播种至采收70～80d，每亩产3 000～4 000kg。

4. 爽脆

从美国引进。叶球大而紧实，外叶少，质爽脆味清甜，品质好。对霜霉病、菌核病和软腐病抗性较强，耐顶烧病。外叶深绿，叶球绿白色。高产，单球重0.8kg，净菜率70%。株高约18cm，开展度约45cm。冷凉环境下结球良好，不耐高温，早熟，每亩产3 000～4 000kg。

5. 万利

从美国引进。株高15～20cm，开展度35～40cm。外叶黄绿色，较薄，叶面皱缩。叶球近圆形，高10～12cm，横径11～13cm，较紧实，黄白色。单球重0.3～0.4kg。播种至采收为85～95d。耐热，夏播仍可结成松散的叶球，可作季节栽培的品种。较耐菌核病。质脆，味甜，品质较好。

第七章 蔬菜无土育苗

在一定容器内，用培养基质和营养液进行育苗的方法称无土育苗。它是育苗的一种方法，也是无土栽培的组成部分。用无土育苗培育的幼苗素质比土壤育成的幼苗好。幼苗整齐一致，成苗快，壮苗率高，而且便于机械栽植操作。栽植以后，幼苗缓苗快或不缓苗等。这些优点都是土壤常规育苗所不可比拟的。当然无土育苗也存在自身所要求的条件，如无土育苗比土壤育苗要求更高的设备条件、技术条件等。当前已开始大面积地在生产上应用和推广。如果具备条件，因地制宜地发展和应用这种新技术，无疑对推动蔬菜生产的发展是十分有益的。

第一节 无土育苗的设施

一、无土育苗的效果

无土育苗由于设施形式和环境条件以及技术条件的改善，反映在育苗效果上，主要表现为：①幼苗素质高。②生长速度快。③发育良好等。④壮苗指数高达85%以上。与此同时，无土育苗的相对生长速度也保持较高的水平。果菜作物在苗期，当第1~2片真叶展开后，即开始花芽的分化，生殖生长与营养生长好坏有密切关系。无土育苗法促进幼苗营养生长的同时，也加速生殖发育的进程。无土培育的幼苗不仅花芽数多，平均分化一个花芽所需天数也较土壤育的幼苗少。从种子发芽出土至花芽分化所需活动积温，两者不同，土壤育苗需547.3℃，无土育苗需499.2℃，从分化至始花，土壤育苗需777.6℃，无土育苗需636.0℃。无土育成的苗不仅幼苗素质好，而且育苗期短。由于幼苗素质好，栽植以后具备生长发育的良好基础，所以最后的产量也比土壤育苗的高。

二、无土育苗的设施

育苗设备可根据育苗要求、目的以及条件综合加以考虑。一般来说，无土育苗比土壤育苗要求更高的条件。从大规模育苗专业化生产来说，无土育苗的设备应当是先进的、完整配套的。作为局部小面积的无土育苗，可取其所长，因地制宜地安排育苗设备。其中最基本的育苗设备是育苗场地，应具备温室或塑料大棚设备，另外根据要求设置其他无土育苗设备。

（一）催芽设施

大规模进行无土育苗应分别设立催芽室，以及必要的育苗附属设备。催芽室是专供蔬菜种子催芽使用的设备设施，要具备自动调温、调湿的作用。催芽室一般用砖与水泥砌成30cm厚砖墙，高190cm，宽74cm，长224cm。室内可容纳1～2辆育苗车；或设多层育苗架，上下间距15cm。室内设置增温设备，多采用地下增温式，在距地面5cm处，安装500W电热丝两根，均匀固定分布在地面，上面盖上带孔铁板，以便热气上升。一般室内增温、增湿应设有控温湿仪表，加以自控。控温控湿仪的感应探头应放在催芽室有代表性的部位。当室内温湿度高于设定值时，停止输电；低于设定值时则接通电路。室内设有自动喷雾调湿，在室内上部安装1.5W小型排风扇一台，使空气对流。催芽室的大小，可根据育苗要求确定，容积可加大10m^3；要求育苗面积较小的情况下，也可用普通温箱催芽。

（二）绿化室

催好芽后，在绿化室内播种。绿化室即一般用于育苗的温室或塑料大棚，作为绿化室使用的温室应当具有良好的透光性及保温性，以使幼苗出土后能按预定的要求指标管理。用塑料大棚作绿化室时，往往会出现地温不足的问题。因此，在大棚内再设电热温床，在温床内播种育苗，以保证育苗床内有足够的温度条件。

（三）电热温床

电热温床是利用电能转化为热能以提高育苗床温度的加温方式。在电源充分的地区，不论是土壤育苗还是无土育苗，电热温床是一种十分适用而方便的育苗形式。其设备主要包括床体、电热线、控温仪、控温继电器等。

1.设置形式

电热温床的大小和形式，根据栽培作物、温度要求、电热线数量等确定。一般畦宽1.0～1.5m，畦长10～15m。床体上部可覆盖拱型塑料薄膜，也可呈单斜面形式覆盖。夜间覆盖不透明覆盖物（如草苫等）或不加覆盖，可根据具体情况酌定。

2.设备安装

我国电热温床在北方早春蔬菜育苗，每平方米的功率一般为70～100W。在大棚内设电热温床，每平方米功率可小些，在露地可大些。布线间距计算设温床宽1.5m，确定功率为70W/m^2，应用DV21012型电热线。电热温床面积=电热线功率÷额定功率=1 100÷70=15.7m^2，温床长度=温床面积÷温床宽=15.7÷1.5=10.47m，绕线圈数=（加温线长度-温床宽）÷温床长度=（120-1.5）÷10.47=12圈（一般用偶数），电热线间距=温床宽÷（圈数+1）=1.50÷（12+1）=115cm。铺线方法：首先按既定的温床尺寸做好床体，床底部整平而后铺线。在床两端各用一块窄木板，其长度与床宽相等，按线距钉上钉子，用铁棍入土固定木板。然后按布线要求，往返铺于床内。电热线应拉紧，平直，不能松动交叉。否则会造成短路烧线。铺线后接通电路，待电路畅通后，方可覆土。最后将木板翻转，取出床外再用。电热线铺好以后，填入育苗用基质，厚约10cm，或先铺两薄层基质，再排放装有基质的育苗钵或育苗方块。如果在温室内育苗，可直接播种即可；如果在大棚或露地育苗，温度不足，还需在床上架拱棚，覆盖塑料薄膜，夜间还需加盖草苫保温。除基本设备之外，另有育苗车、育苗钵、育苗盘等。

（四）育苗基质

目前用于无土育苗的基质种类很多，如蛭石、岩棉、河沙、炭化稻糠、泥炭、珍珠岩、炭渣以及锯末等。只要具有良好的物理性和稳定的化学性状的物质，又有一定的持水力和透气性都可因地制宜地选用。

（五）营养液

育苗应用的营养液，从成分、配方配制技术等都与苗后的要求无大差别。所以育苗所应用的配方与成株的栽培配方是相同的，只是不同作物应使用不同配方。这点与成长株栽培是一样的。日本不少资料认为幼苗期的营养液浓度和成株栽培比较应略稀一些，有的认为育苗营养液浓度应为成株标准浓度的1/2或1/3。但有的则认为使用配方的标准浓度。

第二节　无土育苗技术

一、种子处理

（一）种子消毒

蔬菜作物有许多病虫害是由种子传播的。因此，在播种前，先进行种子处理是十分必要的，种子处理方法如下。

1.热水烫种

利用能保持一定温度的热水，杀死种皮表面的病源菌或虫卵。一般水温为52～55℃，持续烫泡10～15min，消毒效果良好。用开水（95℃）冲烫西瓜种，并用两个容器轮换流动，使水温迅速下降对种子有消毒及刺激萌发的作用。

2.干热恒温处理

把种子放在70℃恒温箱内处理72h，对种子具有消毒作用，效果良好。

3.药剂浸种

用40%甲醛100倍液浸泡种子15min，取出以后用湿布包好，放在密闭的容器内。待2～3h后，取出用清水冲洗净。此法对种子传播的番茄早疫病、茄子褐纹病、黄瓜炭疽病、枯萎病等有良好效果。对番茄花叶病毒病防治，可先将种子用70℃恒温处理72h，以钝化种子内部的病毒活体颗粒，再用10%的磷酸三钠（Na₃PO₄）水溶液浸泡20min，用清水洗净，有良好防病效果。

（二）浸种

浸种是育苗播种前的必要措施，可为种子萌发提供必要的水分条件，缩短发芽时间。蔬菜作物种类不同，浸种时间也不一样。一般用温水浸种5～10h即可。种皮厚者，如西葫芦、茄果类、韭菜等浸种时间略长；黄瓜、十字花科、豆类等时间略短。浸种时可更换用水1～2次。浸种也可与种子药剂消毒结合进行。

（三）催芽

浸种后的茄果类、瓜类种子，用湿布包好，放在28～32℃高温下催芽，经常用温水清洗，瓜类经2～3d，番茄经3～4d，茄子、青椒经4～7d可露根发芽。芹菜、莴苣等作物种子，需放在18～20℃下催芽。催芽后的种子有多数种子萌动即可播种。

二、播种

在事先准备好的苗床内进行，播前用清水喷透基质。瓜类、豆类作物，按8～10cm株行距播种（一般播2～3粒），茄果类、叶菜作物须进行分苗者，可以撒播，苗距保持1～2cm，待苗长出2～3片叶后分苗。苗床播种后，覆1～2cm厚的基质，喷浇透水。

三、苗期管理

（一）营养液管理

主要包括供液浓度、时间、次数等。育苗多数在低温季节保护地内进行，幼苗需液量不多，每天10：00前后，14：00前后，喷浇营养液或用滴灌供液1～2次。用非基质循环供液育苗，循环供液不宜间断。

（二）温度管理

蔬菜无土育苗的温度管理对育成壮苗作用极大。关于苗期的温度管理，在冬春季节适温范围应比其他生育阶段略低。苗期对温度适应力较强，但根系温度的适宜范围较小，一般在15～25℃，冬春季节育苗，温度较低，根系温度不足，往往是育苗的限制因素，无土育苗虽然控温条件较好，也应掌握在根系适温范围之内，不宜过低或过高。如果地温不适，轻则延长苗龄，重则发生低温或高温障碍。

（三）分苗

茄果类、甘蓝等作物，采用撒播，长出真叶以后，营养面积过小须进行1～2次分苗。茄果类、甘蓝分苗株行距3～5cm，芹菜等作物可间苗，也可分苗。

（四）定植

幼苗经一定育苗天数达到成苗苗龄，及时进行定植。无土育苗苗龄比土壤育苗短，当幼苗达到一定苗龄形态指标即可。茄果类幼苗6～7片真叶，瓜类达4～5片真叶，芹菜达到5～6片真叶即达成苗阶段。幼苗达到成苗以后，选择天气适时进行栽植。用岩棉块、营养钵等育苗，起苗十分方便，按要求栽放于无土栽培的设施中，而后供液。非营养钵或岩棉块育苗的茄果作物，起苗应尽量保持根系完整，栽于基质或栽培设施后应及时供液。定植以后应适当提高温度，促使缓苗生长。栽植时间，在冬春寒冷季节应选择晴朗天气的上午，如果加温设备良好，也可在下午进行。切忌阴雪天气定植。否则，会延长缓苗时间，甚至影响成活。从定植茬口来说，秋冬茬设施栽培的茄果类和瓜类作物，一般8月下旬至9月上旬进行定植；冬春茬作物，一般2月进行定植。或根据市场和栽培要求确定定植时间。作物秧苗定植比土壤栽植更方便。用育苗钵或岩棉块育苗的瓜类、茄果类等大型作物幼苗，可将带苗的岩棉育苗块，按株行距摆放在岩棉栽培畦床上，或将秧苗从育苗钵中取出，栽于定植穴内，安上滴灌管，即时供液。

第三节　工厂化育苗技术

工厂化育苗是以先进的温室和工程设备装备种苗生产车间，以现代生物技术、环境调控技术、施肥灌溉技术、信息管理技术贯穿种苗生产过程，以现代化、企业化的模式组织种苗生产和经营，通过优质种苗的供应、推广和使用园艺作物良种、节约种苗生产成本、降低种苗生产风险和劳动强度，为园艺作物的优质高产打下基础。

一、工厂化育苗的概况与特点

园艺作物的工厂化育苗在国际上是一项成熟的农业先进技术，是现代农业、工厂化农业的重要组成部分。20世纪60年代，美国首先开始研究开发穴盘育苗技术，20世纪70年代欧、美等国和地区在各种蔬菜、花卉等育苗方面逐渐进入机械化、科学化的研究，由于温室的发展，节省劳力、提高育苗质量和保证幼苗供应时间的工厂化育苗技术日趋成熟。目前发达国家的种苗业，已成为现代设施园艺产业的龙头。

20世纪80年代初，北京、广州和中国台湾等地先后引进蔬菜工厂化育苗的设备，许多农业高等院校和科研院所开展了相关研究，对国外的工厂化育苗技术进行全面的消化吸收，并逐步在国内应用推广。工厂化育苗具有以下特点。

（一）节省能源与资源

工厂化育苗又称穴盘育苗，与传统的营养钵育苗相比较，育苗效率由100株/m^2提高到700～1 000株/m^2；能大幅度提高单位面积的种苗产量，节省电能2/3以上，显著降低育苗成本。

（二）提高秧苗素质

工厂化育苗能实现种苗的标准化生产，育苗基质、营养液等科学配方，实现肥水管理和环境控制的机械化和自动化。穴盘育苗一次成苗，幼苗根系发达并与基质紧密黏着，定植时不伤根系，容易成活，缓苗快，能严格保证种苗质量和供苗时间。

（三）提高种苗生产效率

工厂化育苗采用机械精量播种技术，大大提高播种率，节省种子用量，提高成苗率。

（四）商品种苗适于长距离运输

成批出售，对发展集约化生产、规模化经营十分有利。

二、工厂化育苗的场所与设备

（一）工厂化育苗的场地

工厂化育苗的场地由播种车间、催芽室、育苗温室和包装车间及附属用房等组成。

1. 播种车间

播种车间占地面积视育苗数量和播种机的体积而定，一般面积为100m^2，主要放置精量播种流水线和一部分的基质、肥料、育苗车、育苗盘等。

2. 催芽室

催芽室设有加热、增湿和空气交换等自动控制和显示系统，室内温度在20～35℃范围内可以调节，相对湿度能保持在85%～90%范围内。

3. 育苗温室

大规模的工厂化育苗企业要求建设现代化的连栋温室作为育苗温室。温室要求南北走向，透明屋面东西朝向，保证光照均匀。

（二）工厂化育苗的主要设备

1. 穴盘精量播种设备和生产流水线

穴盘精量播种设备是工厂化育苗的核心设备，它包括以每小时40～300盘的播种速度完成拌料、育苗基质装盘、刮平、打洞、精量播种、覆盖、喷淋全过程的生产流水线。穴盘精量播种技术包括种子精选、种子包衣、种子丸粒化和各类蔬菜种子的自动化播种技术。精量播种技术的应用可节省劳动力，降低成本，提高效益。

2. 育苗环境自动控制系统

育苗环境自动控制系统主要指育苗过程中的温度、湿度、光照等的环境控制系统。园艺作物幼苗对环境条件敏感，要求严格，所以必须通过仪器设备进行调节控制，使之满足对光、温及湿度（水分）的要求，才能育出优质壮苗。

（1）加温系统。育苗温室内的温度控制要求冬季白天温度晴天达25℃，阴雪天达20℃，夜间温度能保持14～16℃，以配备若干台15万kJ/h燃油热风炉为宜。

（2）保温系统。温室内设置遮阴保温帘，四周有侧卷帘，入冬前四周加装薄膜保温。

（3）降温排湿系统。育苗温室上部可设置外遮阳网，在夏季有效地阻挡部分直射光的照射，在基本满足秧苗光合作用的前提下，通过遮光降低温室内的温度。温室一侧配置大功率排风扇，高温季节育苗时可显著降低温室内的温度、湿度。通过温室的天窗和侧墙的开启或关闭，也能实现对温度、湿度的有效调节。在夏季高温干燥地区，还可通过湿帘风机设备降温加湿。

（4）补光系统。苗床上部配置光通量1.6万lx、光谱波长550～600nm的高压钠灯，在自然光照不足时，开启补光系统可增加光照强度，满足各种园艺作物幼苗健壮生长的要求。

（5）控制系统。工厂化育苗的控制系统对环境的温度、光照、空气湿度和水分、营养液灌溉实行有效的监控和调节。由传感器、计算机、电源、监视和控制软件等组成，对加温、保温、降温排湿、补光和微灌系统实施准确而有效地控制。

3. 灌溉和营养液补充设备

种苗工厂化生产必须有高精度的喷灌设备，要求供水量和喷淋时间可以调节，并能兼顾营养液的补充和喷施农药；对于灌溉控制系统，最理想的是能根据水分张力或基质含水量、温度变化控制调节灌水时间和灌水量。应根据种苗的生长速度、生长量、叶片大小以及环境的温度、湿度状况决定育苗过程中的灌溉时间和灌溉量。苗床上部设行走式喷灌系统，保证穴盘每个穴孔浇入的水分（含养分）均匀。

4. 运苗车与育苗床架

运苗车包括穴盘转移车和成苗转移车。穴盘转移车将播完种的穴盘运往催芽室，车的高度及宽度根据穴盘的尺寸、催芽室的空间和育苗的数量来确定。成苗转移车采用多层结构，根据商品苗的高度确定放置架的高度，车体可设计成分体组合式，以利于不同种类园艺作物种苗的搬运和装卸。

三、工厂化育苗的管理技术

（一）工厂化育苗的生产工艺流程

工厂化育苗的生产工艺流程分为准备、播种、催芽、育苗和出室5个阶段。

（二）基质配方的选择

1. 育苗基质的基本要求

工厂化育苗的基本基质材料有珍珠岩、草炭（泥炭）、蛭石等。穴盘育苗对基质的总体要求是尽可能使幼苗在水分、氧气、温度和养分供应得到满足。影响基质理化性状主要有基质的pH值、基质的阳离子交换量与缓冲性能、基质的总孔隙度等。有机基质的分解程度直接关系到基质的容重、总孔隙度以及吸附性与缓冲性，分解程度越高，容重越大，总孔隙度越小，一般以中等分解程度的基质为好。不同基质的pH值为7.0左右，多数蔬菜、花卉幼苗要求的pH值为微酸至中性。

工厂化育苗基质选材的原则是：①尽量选择当地资源丰富、价格低廉的物料。②育苗基质不带病菌、虫卵，不含有毒物质。③基质随幼苗植入生产田后不污染环境与食物链。④能起到土壤的基本功能与效果。⑤有机物与无机材料复合基质为好。⑥比重小，便于运输。

2. 育苗基质的合成与配制

配制育苗基质的基础物料有草炭、蛭石、珍珠岩等。草炭被国外认为是基质育苗最好的基质材料，我国吉林、黑龙江等地的低位泥炭贮量丰富，具有很高的开发价值，有机质含量高达37%，水解氮270～290mg/kg，pH值5.0，总孔隙度大于80%，阳离子交换量700mmo/kg，这些指标都达到或超过国外同类产品的质量指标。蛭石是次生云母矿石在760℃以上的高温下膨化制成，具有比重轻、透气性好、保水性强等特点，总孔隙度133.5%，pH值6.5，速效钾含量达51.6mg/kg。

经特殊发酵处理后的有机物如芦苇渣、麦秸、稻草、食用菌生产下脚料等可以与珍珠岩、草炭等按体积比混合（1∶2∶1或1∶1∶1）制成育苗基质。

育苗基质的消毒处理十分重要，可以用溴甲烷处理、蒸汽消毒或加多菌灵处理等，多菌灵处理成本低，应用较普遍，每1.5~2.0m³基质加50%多菌灵粉剂500g拌匀消毒。在育苗基质中加入适量的生物活性肥料，有促进秧苗生长的良好效果。对于不同的园艺作物种类，应根据种子的养分含量、种苗的生长时间，配制时加入。

（三）营养液配方与管理

1. 营养液的配方

一般在育苗过程中营养液配方以大量元素为主，微量元素由育苗基质提供。使用时注意浓度和调节EC值。

2. 营养液的管理

蔬菜、瓜果工厂化育苗的营养液管理包括营养液的浓度、EC值以及供液的时间、次数等。一般情况下，育苗期的营养液浓度相当于成株期浓度的50%~70%，EC值在0.8~1.3ms/cm，配制时应注意当地的水质条件、温度以及幼苗的大小。灌溉水的EC值过高会影响离子的溶解度；温度过高时降低营养液浓度，较低时可考虑营养液浓度的上限；子叶期和真叶发生期以浇水为主或取营养液浓度的低限，随着幼苗的生长逐渐增加营养液的浓度；营养液的pH值随园艺作物种类不同而稍有变化，苗期的适应范围在5.5~7.0，适宜值为6.0~6.5。营养液的使用时间及次数决定于基质的理化性质、天气状况以及幼苗的生长状态，原则上掌握晴天多用，阴雨天少用或不用；气温高多用，气温低少用；大苗多用，小苗少用。工厂化育苗的肥水运筹和自动化控制应建立在环境（光照、温度、湿度）与幼苗生长的相关模型的基础上。

（四）穴盘选择

工厂化育苗为了适应精量播种的需要和提高苗床的生长率，选用规格化的穴盘，制盘材料主要有聚氨酯泡沫塑料模塑和黑色聚氨乙烯吸塑两种。其规格宽27.9cm，长54.4cm，高3.5~5.5cm；孔穴数有50孔、72孔、128孔、200孔、288孔、392孔、512孔等多种规格。我国目前工厂化育苗的主要作物为蔬菜，不同种类的蔬菜种苗的空盘选择和种苗的大小见表7-1。

表7-1　不同蔬菜种类的穴盘选择和种苗大小

季节	蔬菜种类	穴盘选择（孔）	种苗大小
春季	茄子、番茄	72	六七片真叶
	辣椒	128	六七片真叶
	黄瓜	72	三四片真叶
	花椰菜、甘蓝	128	五六片真叶

（续表）

季节	蔬菜种类	穴盘选择（孔）	种苗大小
	茄子、番茄	128	四五片真叶
夏季	花椰菜、甘蓝	128	四五片真叶
	生菜	128	四五片真叶
	黄瓜	128	两叶一心

（五）适于工厂化育苗的蔬菜种类及种子精选

目前，适于工厂化育苗的蔬菜种类很多，主要的蔬菜种类见表7-2。

表7-2　工厂化育苗的主要蔬菜种类

类型	种类
茄果类	番茄、茄子、辣椒
瓜类	黄瓜、南瓜、冬瓜、丝瓜、苦瓜、金瓜、瓠瓜
豆类	菜豆、豇豆、豌豆
甘蓝类	甘蓝、花椰菜、羽衣甘蓝
叶菜类	芹菜、大白菜、落葵、生菜、洋葱、空心菜
其他蔬菜	芦笋、甜玉米、香椿、莴笋

工厂化育苗的蔬菜种子必须精选，以保证较高的发芽率与发芽势。种子精选可以去除破籽、瘪籽和畸形籽，清除杂质，提高种子的纯度与净度。高精度针式精量播种流水线采用空气压缩机控制的真空泵吸取种子，每次吸取1粒，所播种子发芽率不足100%时，会造成空穴，影响育苗数，为了充分利用育苗空间，降低成本，必须做好待播种子的发芽试验，根据发芽试验的结果确定播种面积与数量。

（六）苗期管理

1.温度控制

适宜的温度、充足的水分和氧气是种子萌发的三要素。不同园艺作物种类以及作物不同的生长阶段对温度有不同的要求。一些主要蔬菜的催芽温度和催芽时间见表7-3；催芽室的空气湿度要保持在90%以上。蔬菜或花卉幼苗生长期间的温度应控制在适合的范围内，见表7-4。

表7-3　部分蔬菜催芽室温和时间

蔬菜种类	催芽室温度（℃）	时间（d）
茄子	28～30	5

（续表）

蔬菜种类	催芽室温度（℃）	时间（d）
辣椒	28～30	4
番茄	25～28	4
黄瓜	28～30	2
生菜	20～22	3
甘蓝	22～25	2
花椰菜	20～22	3
芹菜	15～20	7～10

表7-4　部分蔬菜幼苗生长期对温度要求

蔬菜种类	白天温度（℃）	夜间温度（℃）
茄子	25～28	15～18
辣椒	25～28	15～18
番茄	22～25	13～15
黄瓜	22～25	13～16
生菜	18～22	10～12
甘蓝	18～22	10～12
花椰菜	18～22	10～12
芹菜	20～25	15～20

2. 穴盘位置调整

在育苗过程中，由于微喷系统各喷头之间出水量的微小差异，使育苗时间较长的秧苗，产生带状生长不均衡，观察发现后应及时调整穴盘位置，促使幼苗生长均匀。

3. 边际补充灌溉

各苗床的四周与中间相比，水分蒸发速度比较快，尤其在晴天高温情况下蒸发量要大1倍左右，因此在每次灌溉完毕，都应对苗床的四周10～15cm处的秧苗进行补充灌溉。

4. 苗期病害的防治

瓜果蔬菜育苗过程中都有一个子叶的贮存营养大部分消耗、而新根尚未发育完全、吸收能力很弱的断乳期，此时幼苗的自养能力较弱，抵抗力低，易感染各种病害。园艺作物幼苗期易感染的病害主要有猝倒病、立枯病、灰霉病、病毒病、霜霉病、菌核病、疫病等，以及由于环境因素引起的生理病害有寒害、冻害、热害、烧苗、旱害、涝害、盐害、沤根、有害气体毒害、药害等。对于以上各种病理性和生理性病害要以预防为主，做好综合防治工作，即提高幼苗素质，控制育苗环境，及时调整并杜绝各种传染途径，做好穴盘、器具、基质、种子以及进出人员和温室环境的消毒工作，再辅以检查，尽早发现病害症状，及时进行适当的化学药剂防治。育苗期间常用的化学农药有75%百菌清粉剂600~800倍液，可防治猝倒病、立枯病、炭疽病、霜霉病、白粉病等；50%多菌灵800倍液可防治猝倒病、立枯病、灰霉病等；以及64%杀毒矾M8的600~800倍液，25%瑞毒霉1 000~1 200倍液和72%普力克400~600倍液等对蔬菜、瓜果苗期病害的防治都有较好的效果。

5. 定植前炼苗

秧苗在移出育苗温室前必须进行炼苗，以适应定植地点的环境。如果幼苗定植于有加温设施的温室中，只需保持运输过程中的环境温度；幼苗若定植于没有加温设施的塑料大棚中，应提前3~5d降温、通风、炼苗；定植于露地无保护设施的秧苗，必须严格做好炼苗工作，定植前7~10d逐渐降温，使温室内的温度逐渐与露地相近，防止幼苗定植因不适应环境而发生冷害。另外，幼苗移出育苗温室前2~3d应施一次肥水，并进行杀菌、杀虫的喷洒，做到带肥、带药出室。

（七）种苗快速繁殖技术

工厂化育苗创造了种苗生长的最适环境，为种苗的快速繁殖提供物质保证。结合组织培养、扦插繁殖、嫁接等技术的应用，通过规范育苗程序，建立各种园艺作物种苗生产的技术操作规程和控制种苗生产过程的专家系统，达到定时、定量、高效培育优质种苗的目的。

（八）提高育苗车间利用率及周年生产技术

育苗车间设施条件较好，面积较大，为充分利用育苗的设施设备，应根据作物种类、供苗的时间合理安排育苗茬口，在育苗的空闲时间插种芽菜、耐热叶菜、盆景蔬菜、花卉、食用菌等，提高育苗车间的使用效率，获得更高的经济效益。

四、种苗的经营与销售

（一）种苗商品的标准化技术

种苗商品的标准化技术包括种苗生产过程技术参数的标准化、工厂化生产技术操作规程的标准化和种苗商品规格、包装、运输的标准化。种苗生产过程中需要确定温度、基质和空气湿度、光照强度等环境控制的技术参数，不同种类蔬菜种苗的育苗周期、操作管理规程、技术规模、单位面积的种苗产率、茬口安排等技术参数，这些技术参数的标准化是实现工厂化种苗生产的保证。建立各种种苗商品标准、包装标准、运输标准是培育国内种苗市场、面向国际种苗市场、形成规范的园艺种苗营销体系的基础。种苗企业应形成自己的品牌并进行注册，尽快得到社会的认同。

（二）商品种苗的包装和运输技术

种苗的包装技术包括包装材料的选择、包装设计、包装装潢、包装技术标准等。包装材料可以根据运输要求选择硬质塑料或瓦楞纸；包装设计应根据种苗的大小、运输距离的长短、运输条件等，确定包装规格尺寸、包装装潢、包装技术说明等。

种苗的运输技术包括配制种苗专用运输设备，如封闭式运输车辆、种苗搬运车辆、运输防护架等；根据运输距离的长短、运输条件确定运输方式，核算运输成本，建立运输标准。

（三）商品种苗销售的广告策划

目前我国多数地区尚未形成种苗市场，农户和园艺场等生产企业尚未形成购买种苗的习惯。因此，商品种苗销售的广告策划工作是培育种苗市场的关键。要通过各种新闻媒介宣传工厂化育苗的优势和优点，根据农业、农民、农村的特点进行广告策划，以实物、现场、效益分析等方式把蔬菜种苗商品尽快推进市场。

（四）商品种苗供应示范和售后服务体系

选择目标用户进行商品种苗的生产示范，有利于生产者直观了解商品种苗的生产优势和使用技术，并且由此宣传优质良种、生产管理技术和市场信息，使科教兴农工作更上一个台阶。种苗生产企业和农业推广部门共同建立蔬菜商品种苗供应的售后服务体系，指导农民如何定植移栽穴盘苗、肥水管理要求，保证优质种苗生产出优质产品。种苗企业的销售人员应随种苗一起下乡，指导帮助生产者用好商品苗。

第八章　蔬菜无土栽培常见病虫害防治

无土栽培摆脱了土壤及其携带的病原微生物的影响，加上环境的清洁，使原来威胁作物生产的病虫害，失去了感染机会。一般情况下，病虫害发生比土壤栽培较轻。但是，无土栽培作物根系生长在营养液或沙子、石砾、岩棉或其他固体基质中，对病原微生物的抵御能力较弱。在水培中如果根系感染病害，往往随营养液的流动而大面积蔓延，在基质栽培中，如果在换茬时基质消毒不够彻底，也可能带来病虫害。在密闭的温室或大棚中，如果地面的工作过道上直接裸露出泥土而没有铺上较厚的塑料薄膜或用水泥砂浆覆盖，可能造成温室或大棚内湿度过大，这也可能诱发及加剧病害的发生。在温室或大棚中的高温、高湿和营养条件较好，利于许多病原菌的生长，因此，进行无土栽培作物生产的过程中，如果控制得不好，有时病害的发生甚至要比露地种植还严重，因此要采取一些必要的措施，通过喷施生物农药、低毒农药或采取生物防治、物理防治的方法来防治病虫害，确保无土栽培的高产、优质及较高的经济效益。

第一节　生理障碍预防

一、生理障碍的表现

无土栽培是不用土壤，而且是依靠营养液的供应来代替施肥，作物的水、肥供应全赖于人为调控，加之根际环境的缓冲作用比土壤栽培小，根际环境中的温度、水分、养分、pH值以及供氧状况等变化都很大，稍有不慎就会影响到作物的生理活动乃至生长发育受阻，从而表现出不同的生理障碍或生理病害。

无土栽培蔬菜的生理障碍主要表现在以下8个方面。

（1）由于营养供应失调而导致的生理障碍，如不同的矿质营养的供应与吸收亏缺而形成的缺素症状和供应或吸收过多造成的失调中毒症状。

（2）植株生长发育不协调，特别是营养生长与生殖生长之间的不协调，造成营养生长过旺。如番茄植株生长过旺而迟开花、迟结果，或者每层花序不连续开花结果而出现"断档"，或者同一穗花序果实大小相差很大等。

（3）使用生长调节剂与养分的供应不协调形成的生理障碍，如番茄出现"中空果"或"方形果"。

（4）水分供应或温度的不正常造成的黄瓜畸形果。

（5）夏季根际温度过高造成的生理障碍，如根毛发黄、根尖坏死、叶缘干枯等。

（6）营养液膜栽培供液不畅，或中途缺水造成"生理性萎蔫"。

（7）岩棉培或基质袋培，定植穴汽化热灼伤根茎及幼茎，造成植株萎蔫。

（8）深水培氧气供应不足，使根部缺氧、根系腐烂。

二、生理障碍的类型

在无土栽培中除氮、磷、钾供应失调造成的生理障碍对作物的生长发育与产量的影响严重外，在微量元素中影响最大的就是硼、钙和铁。

硼由于用量少，一般为3mg/L，配制营养液时肥料称量或溶解混合不匀，或营养液偏碱，以及钾的过剩等，都会导致硼的吸收不足。硼素不足最大的为害是引起作物的生长点停止生长。如黄瓜苗期，硼素的缺乏会形成"无头苗"，番茄缺硼花序上出现封顶，停止生长，叶柄周围长出"不定芽"等。而硼素的过剩则会造成叶子的叶缘四周出现水气孔，叶缘失绿。

无土栽培中由于多方面原因，导致钙的吸收受阻或溶解度小，而多产生沉淀，不能为作物所吸收。钙的缺乏症状是叶缘黄化，严重时叶子的四周黄化干枯而下垂呈"降落伞"状，番茄果实缺钙时形成"革质状脐腐病"。缺铁形成的生理障碍主要是心叶发黄失绿。瓜类作物还易出现锰的过剩，叶片网状脉和主脉褐变。

三、生理障碍的预防

（一）生理性萎蔫

无土栽培中常会出现个别的局部或成片的"植株萎蔫"，究其原因主要有3个方面：一是营养液的供液不畅或中途受阻，或滴头堵塞，或中途停电，或调控仪表失灵等原因造成植株缺水而"萎蔫"，高温季节、作物生长盛期以及营养液膜栽培中尤为普遍。二是植株染病，如番茄青枯病、黄瓜枯萎病，发病植株出现萎蔫直至枯死。三是植株局部组织坏死，失去吸水能力而发生萎蔫。如高温季节的营养液膜栽培，由于根际温度过高，造成根毛发黄或根系坏死影响对水分的吸收。又如岩棉培、基质袋培或简易营养液膜栽培，定植孔四周根际封闭不严，汽化热从根际外泄而灼伤幼茎或根茎部，影响到水分的吸收而导致植株萎蔫。

为了防止栽培作物植株的"生理性萎蔫"，可采取如下措施：一是经常检查供液系统和栽培床，确保供液正常。二是作物生长盛期、夏季高温季节延长供液时间，缩短间距，中午可连续供液以降低根际温度。三是严格防止土传病害发生，一经发现立即隔绝病源，杜绝蔓延。四是幼苗定植时，根际严格封牢，防止汽化热外泄灼伤植株。

（二）根系腐烂

无土栽培中亦常见发生烂根现象，主要原因是基质栽培中根部积水过多和深水栽培氧的供应不足。营养液过于酸化亦见类似情况。要根据不同情况分别采取相应措施加以预防：一是采取相应的补氧措施增加深水培的根际供氧量。二是及时排除根际过多的水分。基质袋培和岩棉培可于底部打洞排出多余营养液，增加根际供氧。岩棉培可以利用多种形式的栽培床来调节营养液供应和通气状况。

（三）结果中的"断档"和"中空果"

番茄是不同层次的花序连续结果的，即使是有限生长类型的品种，只要整枝适当，亦会不断开花不断结果。无土栽培番茄，常会出现结果中的"断档"，就是一穗花序着果后长得又多又大，而上一穗花序发育不良或不着果，或只着1~2个小果，形成"断档"。造成"断档"的原因主要是营养供应和激素使用上的不善所致。营养生长过旺，生长调节剂点花不及时，或者营养生长过弱，底层花穗着果太多，上层花序点花不及时，或者植株下部果实采收不及时，都会形成结果"断档"。

防止结果"断档"的措施，及时使用防落素处理花朵；及时疏花疏果，每穗花序保持4个果；及时采收成熟的果实；科学地做好营养液的管理，保证结果期的养分供应。

无土栽培番茄还会出现"中空果"（又称空洞果），即果实中的果肉部与果腔之间出现空隙，形成空洞果，甚至出现"方形果""多角形果"，影响商品的质量和销售。

形成"中空果"的原因仍然主要是激素的处理和养分供应上的不协调。科学地使用生长调节剂，加强营养液的管理，保证结果期充足的养分供应，并及时疏花疏果，都会减少和防止"空洞果"的形成。

第二节　常见病害防治

无土栽培中发生的病害，由于栽培设施及方法不同而有所差异。如用基质袋培病害不易传播蔓延，而采用循环供液法的病害发生后传播迅速。土壤中存在许多微生物，能抑制病原菌侵入根部且有缓冲效应。而营养液栽培中这种缓冲效应很小。另外，土壤中发生的病害，病原菌的生存区域比较有限；而在营养液中，其病原菌易于扩散。如在营养液循环栽培中，即使只有1株植物发病，也会有大发生的危险。因此，无土栽培中的病害防治仍然是极其重要的问题，不容忽视。

一、常见病害

（一）根部病害

侵染根系的真菌有瓜果腐霉菌、立枯丝核菌、多种镰刀菌和疫霉菌等。侵染根系的细菌有单孢杆菌、欧氏杆菌。此外根结线虫寄生在植物根部，导致根结线虫病的发生。

1. 病害的症状

病菌侵入植株后会产生不同的病症，如植株矮化、凋萎，根系腐烂，有时整株死亡。

腐霉菌侵入植株，病害发生时根腐烂、凋萎，植株严重矮化，甚至在一周内全株死亡；镰刀菌侵入引起根腐萎蔫和植株死亡；细菌侵入后引起组织软腐、青枯等症状。

线虫入侵后，主根、侧根均可发病，以侧根为多，在根上形成许多瘤状物，似豆科植物的根瘤，互相连接成念珠状、球形，表面白色，以后变成褐色或黑色，植株的地上部萎缩或黄化，严重时全株枯死。

2. 病害的侵染来源

侵入温室作物的病菌主要来源于种子、水、基质、空气、昆虫以及工作人员衣物、双手、工具等。

许多病原菌是由种子带病的，如莴苣花叶病，因此在购买种子时要注意选购不带病的优质种子，并做好播种前的消毒工作。水是病原菌的另一侵染来源，地表水往往带有许多病原物，一般地下井水被认为是不带或较少带有病菌。栽培基质中常带有病菌，如泥炭中常带有腐霉病菌、枯萎病菌等。空气传播和昆虫传播是病原菌的重要来源，如莴苣花叶病毒是由白粉虱、蚜虫等的传播引起的。日常管理的工作人员在操作过程中也可能由于器械、手脚、衣物等传染病原菌。

许多途径都能将病害带到栽培系统中来，因此，在日常管理中尽量断绝各种根系病害的来源，同时采取有效措施来防治。

3. 病害的防治

对于根部病害的防治，尚缺乏有效的防治措施。目前主要有以下3个方面，即生物学防治、栽培措施与物理防治和化学防治。

（1）生物学防治。选用抗病品种来防止根系病害，是一种很好的办法，要准确鉴定病原，选育适当的品种。但是目前具有多抗性的品种还很少，往往是只能抗某一种病害。此外，利用有抗性的微生物防治作物病害，是将来防治植物病害的重要方面之一。但到现在为止，商业性防治病害的微生物还非常少。

（2）栽培措施和物理方法。

①及时清除所有的植物残株，以及能带病菌的各种用具，尽量保持无菌的栽培环境。基质重复利用时要进行彻底的消毒。消毒以蒸汽消毒较好，但手续麻烦，成本较高；化学药剂消毒较为简便，但难以做到彻底。工作人员手要洗净，保持环境卫生，从而大大减少病菌为害。

设备和器具的消毒，可用40%福尔马林50～100倍液，浸泡30min以上，如果有条件的可流动冲洗1～2h。也可以用中性次氯酸钙700mg/L，流动冲洗1～2h。

②物理方法。播种前进行种子消毒，是防治病害的有效措施。干热灭菌：可将番茄、黄瓜、甜瓜等种子在70～73℃干热条件下处理3～4d。温汤浸种：将番茄、黄瓜等种子于53～55℃水中处理20～30min。

在水培种植系统中，有相当一部分根系是浸没在营养液之中，可以通过控制室温和营养液温度，来控制根系病害的发生，例如瓜果腐霉菌在24℃的条件下，为害严重，而宽雄腐霉菌（Pythium dissotocum）则相反，它在24℃以下的温度下活性最强，病害蔓延也快，因此提高温度就能控制，而对控制瓜果腐霉菌则可降低温度，以防止其蔓延。

配制营养液的水有条件的可进行处理，目前主要的方法有过滤、紫外光灯消毒和超声波消毒法。紫外线灭菌灯：现已明确紫外线对营养液中的疫霉菌有很高的杀菌效果。将游动孢子悬浮液（厚度0.7cm）置于15W灭菌灯（主要波长253.7nm）下，照射强度为200μW/cm²，照射时间在10min以上，黄瓜疫霉菌、番茄灰色疫霉菌的游动孢子全部死亡。超声波灭菌：利用超声波装置（输出功率为300W，频率20kHz）处理黄瓜疫霉菌的游动孢子悬浮液，结果表明200μW/cm²的超声波处理5min或300W/cm²的超声波处理1min，能杀死游动孢子。对黄瓜疫霉病的菌丝以20kHz输出功率为300W/cm²的超声波处理结果表明，处理5min以上者，菌丝生长受抑制，但不至于死亡。但利用紫外线灭菌灯或用超声波灭菌的方法有一个致命的缺点就是紫外线和超声波的穿透能力较弱，在液层较深厚的营养液就难以起到杀菌的作用。

③化学防治。目前常发根系病害的防治，主要有两种类型的化学药剂，但药效还不十分理想。

杀生物剂：将杀生物剂加到营养液循环系统中，对控制病害有明显的效果，但也存在问题，在水培系统中使用的杀生物剂，大多数是没有注册的。其主要原因是：第一，大多数杀生物剂都有14d的药剂残效期，而水培系统中，种植的生菜等绿叶菜是天天都要采收的。第二，许多杀生物剂会被植物吸收，进到植物的果实和叶子中，其含量超过标准的允许量。第三，病菌对杀生物剂产生抗性的生理小种发展很快，因此这种药剂目前尚未大量应用。

表面活性剂：在欧洲国家的无土栽培中，常将活性剂加入营养液循环系统中，可以防治莴苣的叶柄肥大病和黄瓜叶子的甜瓜坏死斑点病。这两种病都是由病毒引起的，它是通过油壶菌的游动孢子传播的。如果加入表面活性剂，游动孢子在几分钟内就不游动。最近的研究证明，表面活性剂对腐霉菌和疫霉病的病菌也很有效，因为这些病菌对表面活性剂也很敏感，当把这些病菌暴露在不电离的表面活性剂中，只要1min，游动孢子就不游动，但对菌丝及已产生细胞壁的孢子，表面活性剂的作用就不大。

（二）地上部病害

侵染植物叶片、果实的病原菌很多，多为空气传播的病害，也有相当部分是通过水源传播的。由于无土栽培无论采用基质培或营养液循环栽培，大都是在温室或大棚中进行的，环境卫生比较好，这就避免了许多病菌的发生和蔓延，以下列举一些常见的叶片、果实病害。

1. 黄瓜疫霉病

（1）发生特征。黄瓜疫霉病是为害黄瓜及其他瓜类的主要病害之一。症状为茎基部发病，先呈水渍状斑，而后收缩呈软腐状，叶片枯萎，逐步蔓延至全株。叶片受害，出现斑纹，天气干旱则病斑干枯；果实受侵染则出现水渍状病斑，软腐并产生灰白色霉状物，最后全株枯死的时间，苗期为3d，采收期为4～7d。此病的特点是病势发展很快。病原菌系属疫霉属（*Phytophthora*），已知为害的有2个种，但以*Phytophthora melonis*感染为主。此病周年可发生，而以高温期间发病严重。

（2）防治方法。

①可以新土佐南瓜作砧木嫁接黄瓜，具有高抗性。

②发病前或发病初可用氯唑灵5～10mg/kg水溶液，或25%瑞毒霉800～1 000倍液，或40%乙膦铝300倍液，或75%百菌清500倍液，或1∶1∶240倍波尔多液喷雾。

2. 黄瓜霜霉病

（1）发生特征。黄瓜霜霉病俗称"火龙""跑马干"或"黑毛"等，是黄瓜无土栽培中的一种重要病害。

黄瓜霜霉病主要为害叶片，偶尔也为害茎部等。为害时常由中部叶片先发病，逐渐向上、下部扩展。发病初期叶上出现浅绿色水渍状斑点，条件适宜时，扩展很快，因扩展受叶脉限制，病斑呈多角形、黄绿色，后为淡褐色，潮湿条件下病斑背面产生灰黑色霉层。后期的病斑汇合成片，全叶干枯卷缩而死，严重时全株叶片枯死，植株提早拉秧。

黄瓜霜霉病是由鞭毛菌亚门假霜霉菌属的古巴假霜霉菌（*Pseudoperonospora cubensis*）引起的。病斑背面的霉层就是病原菌的孢子梗和孢子囊。孢子囊单胞、无色，卵形或柠檬形，顶端有乳头状凸起。孢子囊在水中萌发产生游动孢子，在水中游动片刻，鞭毛收缩成静孢子。静孢子萌发产生芽管，由叶片的气孔或直接穿透表皮侵入。黄瓜霜霉病是专性寄生菌，离开黄瓜植株不能长期存活。周年种植黄瓜的地方，病菌可以周年成活。有性时期的卵孢子很少发现。病菌主要靠气流传播，侵染黄瓜形成中心病株。病株上产生的新孢子囊又借气流向四周传播蔓延，形成再侵染。

高湿是黄瓜霜霉病发生的重要条件。孢子囊的萌发和侵入要求叶面有水滴或水膜存在，若叶面始终保持干燥，孢子囊不仅不能萌发，而且2～3d后即失去活力，因此叶片上的水滴或水膜是霜霉病发生的决定因子。温度也是影响发病的重要条件。低于15℃或高于28℃都不利于发病。适宜发病的温度为15～22℃，此时叶片存在水膜（滴），孢子囊1.5h即可萌发，2h可完成侵入引起发病。病斑形成后，相对湿度85%以上时，4h能产生新的孢子囊。温室的温度条件易于满足，通风不良，湿度过高，结露多，有利于病菌的孢子囊形成、萌发和侵入。

（2）防治方法。

①选用抗病品种。津研6号、7号，津杂3号、4号比较抗病，但熟期差。在栽培技术和防病水平高的地区，仍可选用密刺类品种，它虽不抗病，但耐弱光、耐低温、早期丰产性好。

②生态防治。利用黄瓜与霜霉菌生长发育对环境条件要求的差异，创造适合黄瓜生长而不利于病菌发育的生态环境来防治病害。根据黄瓜生理功能的特点，上午把室内的温度控制在28～32℃，最高温度35℃，相对湿度60%～70%。下午通风，温度降到20～25℃，湿度降到60%左右，夜间湿度逐渐下降，将温度控制在13℃以下，同时降低湿度才能控制病害的发生。降温排湿要根据季节温度的变化而定。通风排湿要根据气温，夜间相对湿度保持在70%以下，使清晨叶片表面无结露。

③高温闷棚。黄瓜霜霉病在发病的前期和中期，利用高温灭菌的方法处理，能控制病害的发展。即选择晴天密闭温室，使室内温度上升至44～46℃（以瓜秧顶部为准），闷棚2h后，及时通风降温。闷棚的前一天要灌足水，以增强黄瓜的耐热力。

④化学防治。开始发现中心病株时，要及时用药剂保护。可喷施58%瑞毒霉锰锌可湿性粉剂500倍液，或70%代森锰锌可湿性粉剂400倍液，或64%杀毒矾可湿性粉剂600倍液，或0.3%科生霉素80～120倍液，每7d喷1次，连续2～3次。也可喷施200倍锌铜波尔多液，即0.5kg硫酸铜和0.5kg硫酸锌，溶解在100kg水中，在另一容器中用100kg水溶解1kg质量好的生石灰，然后将上述两种液体同时等量倒入一个大

容器中，充分搅拌配制出浅天蓝色的锌铜波尔多液，周密喷雾，每7～10d喷1遍，可控制病害的流行。也可用沈阳农业大学研制的烟剂一号，每亩350g傍晚密闭后熏烟，次日早晨通风，每7d熏1次。还可在播种时用25%甲霜灵可湿性粉剂1 500倍液浸种30min后播种。

3. 黄瓜细菌性角斑病

（1）发生特征。黄瓜细菌性角斑病在无土栽培黄瓜上时有发生，严重时影响叶片和果实生长，进而影响产量的提高。

病菌主要侵害叶片和瓜条，叶片发病，初期出现针孔大小的油浸状褪绿斑，然后进一步扩大，病斑扩展受叶脉限制而呈多角形，病斑边缘常有油浸状晕区。湿度大时，叶背面病斑上产生乳白色黏液的菌脓，干后为一层膜或白色粉末状物。病斑易开裂穿孔。瓜条受害表面呈水浸状斑点，形成黄色溃疡斑或裂口，斑上可产生菌脓，病斑可向内部沿维管束扩展，直至延伸到种子。严重时瓜条腐烂有臭味。

黄瓜细菌性角斑病是由丁香假单胞杆菌黄瓜角斑病菌（*Pseudomonas syringae* pv. L. *achrymans*）侵染引起，该细菌的菌体呈短杆状，极生1～5根鞭毛。病菌在种子内或病残体上越冬。通过雨水、灌溉水、昆虫及农事操作传播，从伤口、气孔等侵入为害。湿度是细菌角斑病发病的重要条件。低温、高湿时病害严重。

（2）防治方法。

①选用耐病品种，如津研2号、6号，黑油条等品种。

②做好种子消毒工作。

③生长期间及收获后及时消除病叶，并带出室外深埋。注意温、湿度管理。

④发病初期用沈阳农业大学研制的烟剂五号，每亩350g熏烟，或可喷72%农用链霉素4 000倍液，新植霉素150～200mg/L，或50%。DT杀菌剂500倍液喷雾，或50%甲霜灵可湿性粉剂600倍液，或75%百菌清可湿性粉剂500倍液喷雾。每隔4～5d 1次，连续喷施3～4次。

4. 黄瓜白粉病

（1）发生特征。黄瓜白粉病主要侵染叶片，一般不为害瓜条。整个生长期均可发生，初期在叶片正反面出现白色小粉点，逐渐扩大呈圆形白色粉状斑，条件适宜时病斑连接成边缘不整齐的大片白粉斑，严重时白粉斑布满整个叶面，上面产生分散或成堆的小黑点。叶片枯黄、变脆，失去光合作用功能而减低产量。

黄瓜白粉病是由子囊菌亚门单丝壳属瓜单丝壳菌（*Sphaerotheca fuliginea*）侵染引起，白粉菌是专性寄生菌，只能在活的寄主体表寄生，温室是病菌的越冬场所，若没有黄瓜种植时，可在月季花卉上越冬。病菌孢子借气流、雨水传播，分生孢子萌发从表皮直接侵入发病。分生孢子萌发相对湿度范围在26%～85%，温度在10～30℃均可侵染发病。湿度较大时，白粉病易流行，温室里因湿度较大空气不流通，光照不足等，适于白粉病的发生和流行。

（2）防治方法。

①选用抗病品种，如津杂1号、2号，津研6号、7号，宁阳大刺瓜等比较抗病的品种。

②定植前，温室用硫黄粉或百菌清烟剂熏蒸消毒。

③注意大棚内通风透光，降低湿度，加强营养液管理，提高植株抗病性。

④发病前或发病初期，喷施27%高酯膜乳剂100倍液，在叶面上形成薄膜阻止病菌侵入或抑制菌丝的生长。

⑤发病初期及时用药剂防治。可选用2%武夷霉素可湿性粉剂200倍液，或15%粉锈宁可湿性粉剂800～1 000倍液，或20%粉锈宁乳油1 500～2 000倍液，或50%多菌灵可湿性粉剂500倍液，或2%农抗120（抗霉菌素）200液，或40%多硫悬乳剂500倍液喷雾，或可湿性硫黄粉300倍液，或50%代森铵水剂1 000倍液，或2%石硫合剂喷雾或用沈阳农业大学研制的烟剂二号每亩350g熏烟。

5. 黄瓜枯萎病

（1）发生特征。黄瓜枯萎病又称萎蔫病或蔓割病，是一种根系传染病害。在无土栽培中因基质消毒不严或因营养液受污染而致。开始时植株中午出现萎蔫，早晚恢复正常，发展下去则不能恢复，最后枯死。病株茎基部呈水渍状缢缩，主蔓呈水渍状纵裂，维管束变成褐色，湿度大时病部常长有红色和白色霉状物，植株自下而上叶片变黄，逐渐枯死。

黄瓜枯萎病系镰刀霉属（*Fusarium*）感染。发病最适温度20～25℃，空气相对湿度90%以上。因此，阴雨天发病重，基质过湿、连作等均易发病。

（2）防治方法。

①选择抗病品种，进行种子处理和基质、设施消毒。

②加强栽培管理，控制发病条件。

③采取嫁接换根。用新土佐南瓜或黑籽南瓜作砧木具有高抗性。

6. 黄瓜花叶病

（1）发生特征。发病轻的，幼叶上往往表现为淡黄绿色的斑纹，瓜不变形。发病重的，表现为严重花叶，叶片向背面卷缩，植株矮化，病株下部叶片逐渐黄化枯死，仅留上部叶片，果实畸形，表面呈深绿色和黄绿色相间的斑块。病原为黄瓜花叶病毒（CMV）。植株生长不良、高温干旱、蚜虫盛发时发病严重。

（2）防治方法。加强种子消毒和肥力管理，增强植株抗病力，及时防治蚜虫和拔除病株，防止蔓延。

7. 番茄叶霉病

（1）发生特征。番茄叶霉病是无土栽培番茄的重要病害，主要为害叶片，一般中下部叶片先发病并向上部叶发展，叶正面出现椭圆形或不规则形浅黄色褪绿斑，很快在叶背面病斑上长出灰紫色到黑褐色霉层。条件适宜时正面病斑上也长出霉层。严重时全株叶片卷曲、干枯。果实发病多在果蒂附近或果面上呈圆形黑色硬化凹陷病斑。

番茄叶霉病是由半知菌亚门枝孢菌属黄枝孢真菌（*Cladospvrium fulvum*）侵染所致。病菌以菌丝体、分生孢子在病残体上越冬，也有在种子内越冬，通过气流、水珠和人的农事操作传播。分生孢子萌发后从气孔侵入，病斑上可形成大量分生孢子进行再侵染，分生孢子抗干燥，能在植株残叶上存活几个月，温度25℃，相对湿度在95%以上是病害发生的适宜条件。因此，室内通风透光差，湿度过大，光照不足，植株生长衰弱时均能诱发叶霉病严重发生。

（2）防治方法。

①选用抗（耐）病品种，同时使用无病种子，播种前进行种子消毒，温汤浸种用52℃温水浸种30min进行消毒。

②加强栽培管理。重点是控制温湿度。前期做好保温，后期加强通风换气，及时摘除植株下部老叶以利通风透光。

③温室在定植前用硫黄熏蒸，每100m^{2}用0.25kg硫黄、0.5kg锯末混匀后分堆点燃，密闭熏蒸一夜。

④发病初期药剂防治。2%武夷霉素水剂100～150倍液或50%多硫悬浮剂700～800倍液，或3%科生霉素80～120倍液，或50%扑海因可湿性粉剂1 000～1 500倍液，或70%甲基托布津可湿性粉剂800～1 000倍液喷雾或用沈阳农业大学研制的烟剂一号熏烟，每亩400～450g，或用45%百菌清烟剂375g熏烟。每7d 1次，连续用药2～3次。

8. 番茄根腐疫霉病

（1）发生特征。为水培生产不稳定的主要病害。一部分根系变褐，逐渐变为水渍状溶解。进一步发展则根茎部变黑。当根系变褐时，地上部呈萎蔫状，叶片从下至上逐渐变黄，直至枯死，以高温期发病快受害重。病原菌为疫霉属的 *Phytophthora drechsleri*。及早发现采取防治措施可使新根恢复生长。

（2）防治方法。可用5～10mg/kg氯唑灵处理，以杀菌灯处理的效果也较好，还可用紫外线和臭氧双重杀菌。

9. 番茄晚疫病

（1）发生特征。番茄晚疫病又叫番茄疫病，是番茄的毁灭性病害。晚疫病主要为害叶片和果实。叶片发病时从下部叶片的叶尖或边缘呈现不规则的暗绿色水渍状病斑，后变褐色。湿度大时，病斑背面病、健交界处长出白色霉层，病叶很快腐烂。干燥时，病势停止扩展，病部青白色、干枯、易碎。果实多在青果近果柄处形成油渍状暗绿色硬斑状，后变深褐色，边缘呈云纹状。湿度大时，长出少量白霉，病果初期硬、不腐烂，后期病果腐烂。

晚疫病是由鞭毛菌亚门疫霉属致病疫霉（*Phytophthora infestans*）引起。病菌以游动孢子萌发产生芽管，由气孔或直接侵入寄主，也可以孢子囊直接萌发产生芽管侵入寄主。病菌在番茄病残体上越冬，初发病时有中心病株，病株上产生孢子囊，游动孢子靠气流、灌溉水传播，可重复感染。低温、高湿利于发病，白天温暖但不超过24℃，夜间冷凉但不低于10℃，相对湿度在75%~100%持续48h，就会导致番茄晚疫病大流行。营养液中氮肥量偏高，造成植株徒长加重病害的发生。

（2）防治方法。

①选用抗（耐）病品种并适度密植，及早搭架，加强通风，降低湿度。

②发现病株及时防治。用5%百菌清粉剂每亩1kg，或3%科生霉素80~120倍液，或用64%杀毒矾可湿性粉剂500倍液，或70%甲基托布津可湿性粉剂500倍液，或58%瑞毒霉锰锌可湿性粉剂500~800倍液，或40%乙膦铝可湿性粉剂200倍液喷雾。或用沈阳农业大学研制的烟剂一号每亩350~400g熏烟。每6~8d 1次，连续2~3次。

10.番茄早疫病

（1）发生特征。番茄早疫病又称番茄夏疫病、轮纹病。在整个生长期均可发生。侵染初期在下部叶片上形成褪绿斑，后变成灰褐斑，圆形至不规则形，有明显的同心凸起轮纹，病斑外常有黄色晕圈，有时几个相近的病斑可连成一个大斑。湿度高时，病斑中央会长出黑色茸毛状霉状物。病叶会早衰凋萎，叶柄、果柄和果实发病初期，也会产生暗褐色水渍状小斑点，稍凹陷，后扩大并出现同心纹。

番茄早疫病是由半知菌亚门交链孢菌的茄交链孢菌（*Alternaria solani*）感染的，它也可为害茄子、马铃薯等作物。

（2）防治方法。

①选择抗病性或耐病性强的品种。

②做好种子和种植设施的消毒处理，切断病菌来源。

③发病初期可用70%甲基托布津可湿性粉剂500倍液，或70%代森锰锌可湿性粉剂500~800倍液，或50%多菌灵可湿性粉剂500倍液，或75%百菌清可湿性粉剂500~800倍液喷洒。每隔7~10d喷药1次，发病严重的可每隔4~5d喷药1次，连续喷洒3~4次。

11.番茄青枯病

（1）发生特征。为土壤连作主要病害，但在水培时也常有发生，且不像疫霉病那么迅速蔓延，但长时间持续为害也严重影响果实产量。一般苗期和低温期不发病，高温期和开始采收果实时发病。早期病株早晚不表现症状，中午高温时呈萎蔫状，后期则完全枯萎（青枯）。将根茎部茎切断可看到导管变褐并流出白色汁液，一旦发病就不能复原。病原菌为假单胞菌（*Pseudomonas*）的一种，通过根部伤口侵入，在导管部迅速繁殖，妨碍水分养分向上运输。

（2）防治方法。

①种植前进行栽培设施、基质等消毒，也可考虑嫁接换根。

②发病时及时拔除病株防止蔓延。

12. 番茄萎蔫病

（1）发生特征。由镰孢霉属（*Fuscrium*）引起，在12月至翌年3月低温期发病。开始时植株顶端嫩叶在日中萎蔫，逐渐遍及全株，然后从下位叶开始黄化枯萎，进而根变褐腐烂直至整株枯死。

（2）防治方法。目前只有拔除病株防止蔓延，没有有效的防治方法。

13. 番茄病毒病

（1）发生特征。番茄病毒病是无土栽培番茄的重要病害，番茄病毒病症状常见有以下3种类型。

①花叶型。番茄顶部叶片出现轻微花叶或有明显重花叶，植株矮小，新叶变小，果实表面呈现"花脸"。

②条斑型。病株上部叶片花叶，茎秆、叶脉生有深褐下陷的坏死条斑，病果全部畸形，果面有不规则的褐色油浸状坏死斑。

③蕨叶型。植株矮化、顶部枝叶丛生，叶片细长，严重时叶肉组织退化，仅存线状的中脉。下部叶边缘上卷，重者卷成筒状。果实少而小。

番茄病毒病是由多种病毒引起的，花叶型病毒病是由烟草花叶病毒（TMV）中的轻花叶株系或重花叶株系侵染引起。它的寄主范围广，可寄生200多种植物，在干燥病组织内存活时间较长。干烟叶和卷烟里也常常带毒，是毒力很强的植物病毒。TMV极易通过接触传播，还可随果肉残体附着在种子上传播，田间农事作业也可传毒。但蚜虫不能传播烟草花叶病毒。条斑型病毒病是烟草花叶病毒（TMV）中的条斑株系侵染引起，也可由马铃薯X病毒与烟草花叶病毒混合侵染（PVX+TMV）引起。PVX也是接触传毒。蕨叶型病毒病由黄瓜花叶病毒（CMV）侵染引起。CMV的寄主范围也很广，主要在宿根植物的根部越冬，如越冬菠菜、刺儿菜、苣荬菜、荠菜等多年生宿根杂草。春天寄主植物发芽后，病毒到达宿根杂草植株的地上茎、叶，由桃蚜、棉蚜传播。高温、干旱条件有利于病毒在植物体内增殖，增加病毒浓度，同时高温干旱有利于传毒蚜虫的繁殖和迁飞，增加传毒效率。工作人员整枝打杈时吸烟，有利于番茄病毒病的发生。

（2）防治方法。

①种子处理。种子先用清水预浸3~5h，然后用10%磷酸三钠浸种20~30min，清

水洗净后备用，或在70℃干热处理3d，但处理前种子必须干燥，否则降低发芽率。

②防止接触侵染。整枝打杈时先整健株，后整病株，作业后要用肥皂洗手以钝化病毒，吸烟者干活前用浓肥皂水洗手，干活时严禁吸烟。

③治蚜防病。为防止蚜虫传毒，要及早防蚜，连续防蚜。可选用沈阳农业大学研制的烟剂四号，每亩350g熏烟，或温室张挂镀铝聚酯反光幕，有显著避蚜防病作用，也可挂银灰塑料膜条避蚜。

④利用弱毒疫苗。有条件地区，苗期用弱毒疫苗N14 100倍液接种或分苗时用N14液浸根0.5~1.0h，进行接种。对蕨叶型病毒病用黄瓜花叶病卫星病毒RNA（S52）接种幼苗，提高植株免疫力。

14. 辣椒炭疽病

（1）发生特征。辣椒炭疽病主要发生在果实和叶片上，尤其成熟果和老叶易被侵染。果实发病，出现圆形或不规则形黑褐色凹陷斑，有稍隆起的同心轮纹，上轮生小黑点，潮湿时，病斑上产生浅红色黏稠物。被害果内部组织半软腐，干燥时缩呈膜状，易破裂。叶片上病斑呈褪绿水渍状斑点，扩展后呈近圆形、褐色、中央灰白色、斑上轮生小黑点。

辣椒炭疽病是由辣椒炭疽菌（*Colletrichum copsici*）侵染引起，属半知菌亚门炭疽菌属。其侵染的作物很多，除辣椒之外其他的茄科作物也可侵染。

病菌以分生孢子附着于种子表面或以菌丝潜伏在种子内越冬，也可以分生孢子盘在病残体上越冬，成为第2年初侵染源。病菌多从寄主的伤口侵入，病斑上产生新的分生孢子借气流、昆虫传播，进行再侵染。

高温多湿（发病适温27℃，相对湿度95%左右）病害发生重。种植密度过大，营养不足或氮肥量偏高，病情加重。果实过分成熟或伤口多，特别是日烧伤果发病重。

（2）防治方法。

①选用抗病品种和使用无病种子，种子播种前进行消毒处理。常用55℃温水浸种10min，或种子先在清水中泡5~10h，再用1%硫酸铜液浸种5min，捞出后投入1%肥皂水中洗5min或拌少量草木灰播种。

②加强棚室内温湿度管理。

③发病初期用沈阳农业大学研制的烟剂一号、三号等量混合，每亩350~400g熏烟，或喷施0.5：0.5：1：200锌铜波尔多液，可兼治辣椒疫病等。也可用70%代森锰锌可湿性粉剂500倍液，或70%甲基托布津可湿性粉剂500倍液或75%百菌清可湿性粉剂500~800倍液喷施。每隔6~8d 1次，连续2~3次。

15. 莴苣霜霉病

（1）发生特征。莴苣霜霉病从幼苗到成株期都可发病，主要为害叶片，先在下部叶片上产生淡黄色圆形或多角形病斑，后期病斑相互连接成片。病斑变黄褐色枯死，病斑背面产生白色霜霉。

莴苣霜霉病是由鞭毛菌亚门盘梗霉属莴苣盘梗霉（*Bremia lactucae*）引起。病菌为专性寄生菌，为害莴苣和数种野生菊科植物。有寄生专化性和致病性分化现象。病菌以菌丝体潜伏在棚内植株上或以卵孢子随病残体上越冬。孢子囊萌发直接产生芽管或产生游动孢子，从寄主表皮或气孔侵入。孢子借气流、昆虫等传播。

低温、高湿是诱发莴苣霜霉病的主要条件，温度在15～17℃，栽培过密，棚内相对湿度高时，容易发病。

（2）防治方法。

①选用抗病品种，凡根、茎、叶带紫红色或深绿色的品种较抗病。

②加强栽培管理，合理密植，加强通风透光，降低棚室内湿度，避免造成低温高湿的条件，摘除病叶带出室外深埋。

③发病初期喷0.3%科生霉素水剂80～120倍液，或用沈阳农业大学研制的烟剂一号熏烟，每亩350g，或用25%瑞毒霉可湿性粉剂800倍液，或58%瑞毒霉锰锌可湿性粉剂500倍液，或70%代森锰锌可湿性粉剂500倍液，75%百菌清可湿性粉剂600倍液，或40%乙膦铝可湿性粉剂300倍液喷施。每隔7～10d 1次，连续喷施2～3次。

16. 莴苣菌核病

（1）发生特征。莴苣菌核病多为害茎基部，在潮湿的环境下，病部表面密生白色棉絮状菌丝体，并在其上产生初呈白色后变为黑色的鼠粪状菌核。病株叶片凋萎，直至全株死亡。

莴苣菌核病由真菌核盘孢菌（*Sclerotinia sclerotiorum*）感染，属子囊菌亚门核盘孢属。在湿度大（>85%以上），温度20℃左右时，有利于其发生和蔓延。种植密度过大，植株间通风不良时也易发生。

（2）防治方法。

①做好种子和种植设施的消毒，以切断病源。

②增加棚室的通风，降低空气湿度。

③发病初期可喷施50%扑海因可湿性粉剂1 500倍液，或50%多菌灵可湿性粉剂500～800倍液，或70%甲基托布津可湿性粉剂500倍液或50%速克灵可湿性粉剂1 500倍液。每隔6～8d喷施1次，连续喷施2～3次。

17. 石刁柏茎枯病

（1）发生特征。石刁柏茎枯病主要为害茎部。发病时在嫩茎上出现水渍状斑点，扩大后变成梭状或短线形病斑，最后发展为长纺锤形或椭圆形，深褐色或淡褐色，中心部灰褐色至黄白色，斑面散生黑色小点。如发病严重的病斑可环绕茎部一圈，此时上部茎叶枯死。在南方露地栽培时如防治不及时，常造成产量大幅度降低。

石刁柏茎枯病是由真菌天门冬茎点霉（*Phoma asparagi*）感染。在低于10℃和高于35℃不发病，最适温度25～35℃。在露地栽培时常随雨水传播孢子，无土栽培时主要通过空气和不适当的浇水或人为操作传播。

（2）防治方法。及时去除发病植株和衰老茎叶，以利于通风。滴灌带或滴头位置稍离开茎基部，以防茎基部过分潮湿。在发病初期，及时喷药，春季在笋芽出土后5d左右即行喷药，效果最佳。可用70%甲基托布津可湿性粉剂500倍液，或75%百菌清可湿性粉剂500倍液喷施，每隔8～10d喷1次，连续喷药3～4次。

二、病原菌的侵染途径

无土栽培中病原菌的传染途径有以下6种。

（一）种子传染

表8-1列举了可能由种子传染为主的病害。凡种子传染的病害，即使最初污染率较低，但从生育初期就开始发病，从而可成为全面发病的病源，所以种子传染是一个大问题。

表8-1　可能以种子传染为主的病害

作物	病害
黄瓜	炭疽病、黑点病、蔓枯病、圆叶枯病、细菌性角斑病、黄瓜花叶病
番茄	叶霉病、斑点病、轮纹病、萎蔫病、果腐病、黑斑病、炭疽病、青枯病、细菌性斑点病、溃疡病、番茄花叶病
茄子	枯萎病、褐色圆星病、褐纹病、黑腐病、青枯病
辣椒	炭疽病、白斑病、萎蔫病、青枯病、细菌性斑点病、烟草花叶病毒病
萝卜	黄萎病、黑斑病、炭疽病、细菌性黑斑病、黑腐病
白菜	白斑病、黑斑病、细菌性黑斑病、黑腐病
甘蓝	黄矮病、黑斑病、黑煤病、黑胫病、细菌性黑斑病、黑腐病
洋葱	炭疽病、黑粉病、黑斑病、黑点叶枯病、小菌核性腐烂病、颈腐病、灰霉病、干腐病、锈病、霜霉病
葱	叶枯病、黑斑病、黑点叶枯病、锈病、霜霉病
莴苣	立枯病、霜霉病、褐斑病、叶枯病、细菌性斑点病、烟草花叶病
芹菜	叶枯病、斑点病
胡萝卜	斑点病、黑斑病、黑叶枯病
茼蒿	炭疽病
菠菜	霜霉病、炭疽病

（二）由土壤和空气传染

无土栽培虽不同于土培，但其设备是安装在温室或大棚的地面上的，若在温室或大棚内外过道等处有病原菌的孢子，那便会像尘埃一样随风飘移，很容易进入营养液中，这是十分危险的。

（三）由设备器具等传染

若设备及定植板、水槽等器具上附着病原菌而消毒又不彻底时，就会引起发病。尤其在前作发生过病害的情况下，是很难对所有设备、用具进行彻底消毒的。

（四）温室附近井水传染

温室附近的井水中可能混有疫霉菌、镰刀菌、软腐病菌、青枯病菌等病原菌，从而引起发病。

（五）由人的手足和衣服传染

在无土栽培中，需要人在温室或大棚内频繁地进行管理。在进行抹芽、整枝、收获等管理时，病原菌很容易由手、足、衣服带入室内而传播。

（六）由昆虫传染

传播病毒病的一条主要途径是靠昆虫，如病毒病通过蚜虫传播蔓延。蚜虫口器刺入带毒植株吸食，同时吸入毒汁，再到健康植株上吸食时，便把毒汁传给新的植株，引起侵染。

三、病害综合防治技术

（一）种子消毒

1. 干热消毒

可将番茄、黄瓜等种子在70～73℃下处理3～4d。

2. 温汤消毒

可将番茄、黄瓜等种子于53～55℃下处理20～30min。

3. 中性次氯酸钙消毒

用浓度为7 000mg/kg的中性次氯酸钙溶液浸渍处理黄瓜、萝卜等种子60min，即可消毒。消毒后不用水洗，风干后播种。如处理后不风干立即播种，就会产生药害。

（二）设备、器具、基质等消毒

1. 福尔马林

用工业用福尔马林（含甲醛37%～40%）的50～100倍液（0.37%～0.74%）流

动冲洗设备1~3d，然后排出福尔马林溶液，用清水反复漂净。为防止药害，残留浓度要低于18.5mg/kg为好。

2. 中性次氯酸钙

用浓度为700mg/kg的中性次氯酸钙溶液流动冲洗1~2d。

3. 基质重复利用应进行消毒

常用的有蒸汽消毒和药剂消毒。蒸汽消毒，将管道通入基质，上盖帆布，然后通入82℃的蒸汽约30min即可；药剂消毒，可用40%浓度的福尔马林对水50倍按每平方米20~40L的用量施于基质，并覆盖闷闭3d，再通风晾干约2周，使甲醛完全挥发。消毒的药剂还有氯化苦、溴甲烷、漂白粉等。

（三）营养液的消毒

用于配制营养液的水源应是洁净无污染的。如不得不采用地面水时，必须进行消毒。可参照自来水的消毒法，但最好采用自来水或无污染的井水作水源。

（四）栽培技术防治

1. 注意保护地的温湿度管理

可通过控制温室或大棚及营养液的温度，来控制根系病害的发生。例如，瓜果腐霉菌在高于24℃的条件下活性增强，为害严重，而宽雄腐霉菌则相反，它在24℃以下的活性最高，病害蔓延也快。因此，提高温度就能控制宽雄腐霉菌，而控制瓜果腐霉菌则可降低温度，以防止其蔓延。

2. 调控营养液的浓度、pH值、温度等

疫霉菌等鞭毛菌的游动孢子的形成，受水媒环境支配，受pH值、温度、离子种类及浓度等影响。由腐霉菌引起的鸭儿芹根腐病在高温下多发生，而提高营养液浓度可减轻为害，当浓度为标准液的2倍时不发生为害。这种菌在营养液浓度高时，形成游动孢子的时间延长，尤其在$Ca(NO_3)_2$和$CaCl_2$浓度为0.25%~0.38%时完全不能形成游动孢子。这时病菌虽然不死亡，但由于游动孢子的形成受到抑制，从而可减轻为害，但这种现象也因病原菌种类的不同而有所差异。

黄瓜疫霉菌的游动孢子囊在pH值为4~7时能正常形成，在pH值为4以下时基本不能形成（在pH值为3.5时偶尔能形成畸形的游动孢子囊）。但一般认为，在pH值为4~6时会100%发病。因此，利用pH值来防治这种病害是比较困难的。

3. 调整播种及收获期

病害的发生与为害都有一定的适期和环境条件，在不影响作物生长的前提下，适当改变播种与采收时期，可躲避病虫侵染和为害的适期，从而减轻病害。

（五）管理人员的卫生

在进行园土栽培管理时，把手充分洗净，并更换鞋子和衣服。

（六）设备的改良

在营养液栽培中，一旦发生病害，便有大发生的危险。如用数株植株分开栽培的基质或岩棉袋培，则应将发病的植株除去，以免传染给其他健康的植株。用基质槽培，也应每隔5m左右用塑料薄膜将其隔断，以免因灌溉水而互相传染病害。

（七）抗病品种的利用

选用抗病品种是防治病害最经济有效的方法，它已引起人们的充分重视。但是目前具有多抗性的品种还很少，往往只能抗一种病害。特别是在无土栽培中发病较多的疫霉病，还未发现对其有较高抗病性的品种和砧木，今后要加强这方面工作，加速培育出适合无土栽培的并具有多抗性的品种。

第三节　常见虫害防治

无土栽培由于是在温室或大棚等保护设施中进行的，因此其虫害的发生相对于传统的土壤栽培要轻得多，但如果温室的环境卫生没有做好，或者不注意温室或大棚的通风换气，致使棚室内的湿度太高以及不进行及时而有效地治理，也有可能造成病害的大面积传播。无土栽培发生的虫害种类也很多，主要包括白粉虱、茶黄螨、蚜虫、红蜘蛛等。为了确保无污染绿色蔬菜的生产，在防治措施上，以烟雾剂熏蒸、喷施生物农药和低毒农药为主，结合生物防治措施，注意温室的清洁卫生，防止人为传播害虫，创造不利于害虫发生的生态环境，从而减少农药的施用量甚至做到不施用农药。

一、温室白粉虱

（一）发生特征

温室白粉虱（*Trialeurodes vaporariorum* Westwood）是世界性害虫，随着保护地栽培的迅速发展，20世纪70年代中期以来温室白粉虱的分布和为害有扩大和加重的趋势，特别是近几年来，其发生和蔓延的趋势更迅猛。主要为害温室、大棚等保护地蔬菜及露地果菜类蔬菜，成为目前我国蔬菜生产上的重要害虫。

温室白粉虱寄主范围十分广泛，国外已报道的寄主植物多达112科653种，尤以黄瓜、菜豆、番茄、茄子、甜椒被害最为严重，还能为害甘蓝、花椰菜、芹菜、油菜、白菜、萝卜、莴苣等各种蔬菜。

温室白粉虱成虫和若虫主要群集在蔬菜叶片背面，以刺吸式口器吸吮植物的汁液，被害叶片褪绿、变黄、植株的长势衰弱、萎蔫甚至全株枯死。此外，温室白粉虱成虫和若虫还能分泌大量蜜露，堆积于叶片和果实上，引起煤污病的发生，严重降低商品价值。而且蜜露堵塞叶片气孔，影响植株光合作用导致减产。一般可使蔬菜减产1~3成，个别严重的甚至绝收。此外白粉虱还可以传播植物病毒病。

温室白粉虱在我国1年可发生多代，世代重叠现象明显，而且可以各种虫态在温室作物上越冬或继续为害。成虫活动最适温度为22~30℃，繁殖适温为18~21℃。

（二）防治方法

无土栽培温室防治白粉虱的策略是以农业防治为基础，加强栽培管理，以培育"无虫苗"为重点，合理使用化学农药，积极开展生物防治和物理防治等综合措施，可有效地控制白粉虱的为害。

1. 农业防治

培育"无虫苗"指无土育苗的种苗无虫，或虫量很低。育苗前彻底进行温室消毒，可用高浓度药剂加温熏蒸消灭残余虫口，消除杂草、残株，减少中间寄主，通风口增设尼龙纱网等以防外来虫源侵入，即可培育出"无虫苗"。

2. 化学防治

为避免化学农药对作物的污染，可选择无污染的生物制剂和少量污染的烟雾剂。药剂防治白粉虱以早晨喷药为好。喷药时先喷叶片正面，然后再喷叶背面，这样惊飞起来的白粉虱落到叶表面也能触药而死，防治的主要药剂是25%扑虱灵可湿性粉剂2 500倍液喷雾，隔周喷雾1次效果很好。烟雾剂应用沈农四号每亩用330~370g，密闭温室点燃放烟保持4~7h，在7~9d内连续施用2~3次，如虫口密度过大还应增加3次，防治效果良好。

3. 生物防治

白粉虱体被蜡粉，抗药力较强。连续使用同种药剂后，抗药性迅速增加，单纯使用化学药剂往往不能控制其为害。据国内外报道，在温室人工释放丽蚜小蜂、中华草蛉、赤座霉菌等天敌防治白粉虱已取得成功，是很有前途的技术措施。人工释放丽蚜小蜂，在温室番茄、黄瓜上防治温室白粉虱效果较好。丽蚜小蜂主要产卵在温室白粉虱的若虫和蛹体内，被寄生的白粉虱经9~10d变黑死亡。以番茄为例，当温室白粉虱成虫平均达到每株番茄0.5~1头时，开始放蜂，每株放成蜂3头或黑蛹5头，每隔2~3周放1次，自第2次放蜂起可根据当时粉虱数量适当增加到每株5头成蜂或8头黑蛹，一般每株放蜂总数在15头左右，连续3次即可。人工释放中华草蛉，一头草蛉一生平均能捕食白粉虱若虫172.6头，还可捕食白粉虱成虫、卵等各虫态。据北京试验，每亩释放草蛉卵8万粒，当草蛉开始结茧时释放第2批草蛉卵5万粒，虫口减退率达60%，可有效控制白粉虱的为害，但白粉虱数量较大时就要用药剂防治。

4. 物理防治

利用温室白粉虱强烈的趋黄习性，在大棚内设置1m×0.1m规格的橙黄色板，在板上涂10号机油（加少许黄油），每亩设32～34块，诱杀成虫效果显著。黄板设置于行间，与植株高度相平，隔7～10d重涂1次机油，可以控制白粉虱为害，或与释放丽蚜小蜂结合应用，效果更佳。

二、蚜虫

（一）发生特征

蚜虫是温室或大棚无土栽培作物的常发害虫，比较主要的种类有桃蚜（*Myzue persicae*）（又称烟蚜）、萝卜蚜（*Lipaphis erysimi*）（又称菜缢管蚜）和瓜蚜（*Aphis gossypii*）（又称棉蚜），皆属同翅目蚜科。3种蚜虫都是世界性害虫，分布范围极广。

桃蚜、萝卜蚜、瓜蚜的寄主复杂，除萝卜蚜主要为害十字花科蔬菜外，桃蚜、瓜蚜的寄主多达300多种左右，瓜蚜在蔬菜上主要为害瓜类，桃蚜是一种食性很广的害虫，除为害十字花科蔬菜外，还为害茄子、甜椒、番茄、菠菜等。

蚜虫常群集在叶片背面和嫩茎上以刺吸口器吸食植物汁液。蚜虫繁殖能力很强，又群集为害，常造成植株严重缺水和营养不良。幼叶被害时，常卷曲皱缩。受害轻的产生褪绿斑点，叶片发黄，影响正常生长，重者叶片卷缩变形枯萎。瓜蚜可使瓜类结瓜期缩短，造成大幅度减产。蚜虫还能传播多种病毒病，对蔬菜生产的为害很大。

萝卜蚜、桃蚜和瓜蚜一般在春、秋两季各有一个发生高峰。春季随气温升高，蚜量渐增，而夏季高温则抑制蚜虫的繁殖，数量下降。秋季气温降低，蚜虫再度大量繁殖形成第二个为害高峰，晚秋低温则又使蚜量下降。

三种蚜虫在无土栽培中1年可以发生20～30代。无滞育现象，可终年为害。其主要天敌有瓢虫、蚜茧蜂、食蚜蝇、草蛉、捕食螨、蚜霉菌等，对蚜虫的繁殖起到一定抑制作用。

研究证明，三种蚜虫对黄色、橙色有强烈的趋性，其次为绿色，对银灰色有负趋性。因此，利用黄皿诱蚜、黄板诱杀，是防治的有效方法。

（二）防治方法

由于蚜虫的繁殖和蔓延速度极快，必须运用农业、物理和化学手段进行综合防治。

1. 农业防治

蔬菜收获后，及时处理残株败叶，间除有虫苗并立即带出室外，加以处理，可消灭部分蚜虫。

2. 物理防治

黄板诱杀，可参考温室白粉虱的防治方法。

3. 药剂防治

可用50%辛硫磷乳油1 500倍液，或50%灭蚜松乳油1 000～1 500倍液，或25%鱼藤精乳油600倍液，或80%敌敌畏乳油1 000倍液喷洒。

三、茶黄螨

（一）发生特征

茶黄螨（*Polyphagotarnemui latus*）又名茶半跗线螨、茶嫩叶螨、阔体螨。属蛛形纲蜱螨目，跗线螨科。在我国华北及长江以南均有发生，过去主要为害茶树、柑橘等。

茶黄螨食性极杂，寄主植物很广，能为害约30个科70多种植物。主要有茄子、甜椒、番茄、芹菜等多种蔬菜。茶黄螨以成螨和幼螨集中在植物幼嫩部位刺吸植物汁液，造成植株畸形和生长缓慢。

茶黄螨为害各种蔬菜的症状：茄子受害后，上部叶片僵直变小，增厚，背面呈灰褐色或黄褐色，有油浸状或油质状光泽，叶缘向背面卷曲，受害嫩茎、嫩枝变黄褐色，扭曲畸形，茎部、果柄、萼片及果实变灰褐色或黄褐色，严重时植株顶部干枯，受害重的蕾不能开花结果。受害的茄果脐部变黄褐色，木栓化和不同程度龟裂，裂纹可深达1cm，如开花馒头，种子裸露，茄子味苦而不能食用。一般圆茄型品种裂果较重，长卵型品种次之，长茄较轻。辣椒受害后，叶背变为黄褐色，有油质光泽，叶缘向下卷曲，幼茎变黄褐色，受害重的植株矮小丛生，落叶、落花、落果，形成秃尖，常被误认为病毒病；果柄、果实也变为黄褐色，失去光泽，果实生长停滞，变硬。菜豆受害严重时，叶片僵化变小，扭曲畸形，叶背变黄褐色，有油质状光泽，叶缘向下卷曲。番茄受害时，叶片变窄，僵硬直立，皱缩或扭曲畸形，最后秃尖，果实受害严重时与受害的茄子一样，果皮变成淡褐色，有时龟裂。黄瓜受害后，上部叶片变小变硬，叶背变黄褐色，有油质状光泽，叶缘向下卷曲，生长点枯死，不发新叶。芹菜受害后，叶背有轻度油质状光泽。

茶黄螨繁殖速度很快，在28～32℃条件下4～5d就可以繁殖1代，在南方温暖多湿地区及北方温室内一年四季均可发生为害。冬季主要在温室内越冬，少数雌成螨可在冬作物或杂草根部越冬。

茶黄螨喜欢在植物幼嫩多汁部位取食，一旦取食部位变老时，立即向幼嫩部位转移，所以又称"嫩叶螨"。

茶黄螨靠爬行传播蔓延，还可借人为携带或气流作远距离传播。

茶黄螨生长繁殖的最适温度是16～23℃，最适相对湿度为80%～90%，因此温暖多湿的环境条件，有利于茶黄螨的生长发育，为害也往往较重。

（二）防治方法

应用生物农药在关键时用药。必须加强虫情检查，在茶黄螨发生初期进行防治。喷药重点是植株上部，尤其是幼嫩叶背和嫩茎，对茄子和甜椒还要注意在花器和幼果上喷药。可用25%倍乐霸可湿性粉剂1 000倍液，或20%三氯杀螨醇乳油500～1 000倍液，或5%卡死克乳油1 000～2 000倍液，或用1.8%害极灭乳油2 000～3 000倍液喷雾。每隔10d左右喷洒1次，连续2～3次。由于螨类对农药易产生抗药性，因此，施用上述农药时最好是交替进行，不要单纯施用一种农药。

四、红蜘蛛

（一）发生特征

为害保护地蔬菜的红蜘蛛（*Tetranychus urticae*）又称棉红蜘蛛、棉叶螨、火蜘蛛、火龙、红砂，属蛛形纲，前气门目，叶螨科。

红蜘蛛是一种分布广，多食性害虫，国内各大区都有分布，寄主植物达100多种，是棉花上的大害虫，也是保护地蔬菜的重要害虫，可为害18种蔬菜，主要有番茄、甜椒、茄子、菜豆、黄瓜、葱等。

红蜘蛛以成螨和若螨在叶背吸食植物汁液，并结成丝网。茄子、甜椒的叶片受害后，初期叶面上呈现褪绿，逐渐变成黄白色小点，最后叶片变成灰白色枯焦。茄果受害后，果皮变粗，呈灰色，豆类、瓜类叶片受害后，形成枯黄色至红色细斑，严重时全株叶片干枯，植株早衰落叶，缩短结果期，影响产量。一般先为害下部叶片，从植株下部向上蔓延。

红蜘蛛每年发生10～20代，北方地区以雌螨在土缝中越冬，温室中的红蜘蛛由于温度高可以继续取食活动，并不断繁殖。当平均气温在5℃以下，最低气温降到2℃左右时，雌螨及若螨大量死亡。温度上升到10℃以上时，即开始繁殖。保护地蔬菜红蜘蛛虫源有两个，一个是温室内一年存活的越冬红蜘蛛，另一个则是4—5月从杂草或其他寄主植物上迁入的红蜘蛛。

红蜘蛛可以孤雌生殖，后代多为雄螨。红蜘蛛发育起点温度7.7～8.8℃，最适温度25~30℃，最适相对湿度为35%~55%，温度超过30℃以上，相对湿度超过70%，不利于红蜘蛛繁殖。高温干燥条件下发生严重，通过控制大棚温室的温湿度可以控制红蜘蛛的发生。

幼螨及前期若螨不太活动，后期若螨活泼贪食，有向上爬的习性。繁殖数量大时，常在叶端群集成团，滚落地面，随风飘散，然后向四处爬行扩散。在温室和大棚内红蜘蛛成螨和若螨靠爬行或吐丝下垂借棚室通风的气流或农事操作人为携带，在叶片和株间蔓延传播。

（二）防治方法

防治方法可参考茶黄螨的防治。

五、吹绵介壳虫

（一）发生特征

吹绵介壳虫（*Icerya purchasi* Maskell）属同翅目硕介科。主要为害月季、玫瑰、葡萄等作物。若虫和雌成虫喜栖在枝叶上，吸取汁液为害，还诱发煤污病，造成枝梢枯萎，引起大量落叶，影响开花，危及作物生长。

雌成虫椭圆形，橘红色，体长5~7mm，背部隆起，多皱纹，腹面平坦。有白色蜡质分泌物。成熟雌成虫腹部下面有一个银白色、椭圆形隆起的卵囊。卵囊长4~8mm，通常有14~16条纵向条纹。雄虫细长，胸部黑色，腹部橘红色，有翅。卵长椭圆形，初生时橙黄色，后变为橘红色，长0.7mm。初龄若虫体椭圆形，红色，2龄若虫背面褐红色，上覆盖黄色粉状蜡层，3龄若虫红褐色，体毛发达。一年发生2~3代，以雌成虫或若虫在枝干上越冬。每只成虫每年可产卵2 000多粒。

（二）防治方法

1. 人工防治

在种植过程中，发现个别枝条或叶片有介壳虫时，可用刷子刷掉或把枝条、叶片剪除，集中烧毁。

2. 药剂防治

若虫盛孵期介壳未形成时可用50%杀螟松1 000倍液喷施。每隔8~10d 1次，连续喷施2~3次。冬季时喷施1次浓度为3%左右的石硫合剂1次。

3. 生物防治

可放养天敌如大红瓢虫、澳洲瓢虫、小红瓢虫、黑缘红瓢虫等来控制介壳虫的为害。

六、瓜亮蓟马

（一）发生特征

瓜亮蓟马（*Thrips palmi* Karny）属缨翅目蓟马科。为害作物广泛，主要是节瓜、苦瓜、番茄、茄子和豆科植物等。瓜亮蓟马吸取嫩叶、嫩芽、幼果汁液，使被害植株的心叶不能展开，生长点萎缩，变黑而出现簇生状。幼瓜畸形，毛茸变黑，同时也吸取花蕾、花瓣汁液，严重时落花落果。成瓜受害后瓜皮粗糙，瓜皮呈生锈状。

瓜亮蓟马雌虫体长1mm，雄虫略小，体淡黄色。前胸后缘有缘鬃6条，翅透明细长，周缘有许多细长毛。若虫体黄白色，1~2龄行动活泼，3~4龄行动迟缓。卵长椭圆形，淡黄色，周缘有许多细长毛。

瓜亮蓟马在南方地区每年可发生20~21代，且世代重叠严重。最适温度为25~35℃，4月开始发生，7—9月是为害的高峰。成虫有迁飞习性和喜嫩绿习性，迁飞多在夜晚和上午进行，当白天阳光充足时，多隐藏在幼嫩部位或瓜的茸毛下。

（二）防治方法

做好防虫工作，在换茬时要做好基质和无土栽培设施的消毒工作。在夏季幼苗时用药剂防治。可用24%万灵水剂800~1 000倍液，或20%好年冬乳油1 000~1 500倍液，或20%叶蝉散乳油500倍液，或10%兴棉保乳油3 000倍液，或10%高效灭百可乳油3 000倍液或1.8%害极灭乳油2 000~3 000倍液喷施，喷施时要注意全株喷洒均匀，特别是幼嫩部位和果实要喷得较多一些。每隔7d喷洒1次，连续喷施5~7次。

七、美洲斑潜蝇

（一）发生特征

美洲斑潜蝇（*Liriomyza sativae*），属双翅目潜蝇科。由于幼虫在叶肉组织中曲折穿行，形成叶片上白色的蛀食道，因此也称它为"鬼画符"。

美洲斑潜蝇为近几年来从国外传入我国，其寄主复杂。幼虫在寄主叶片表皮下的叶肉细胞中取食，为害13个科的植物，无土栽培作物中的绝大多数均可受其为害，尤其是茄科的辣椒、甜椒、番茄，十字花科的白菜、菜心、萝卜等；葫芦科的苦瓜、节瓜、黄瓜、鱼翅瓜、西葫芦等，以及豆科植物的受害最重。幼虫在寄主叶片表皮下的叶肉细胞中取食，形成白色蛀道，为害严重时，叶肉组织几乎全部受害，甚至枯萎死亡。成虫产卵也造成伤斑。而且斑潜蝇的活动还传播多种病毒病。

美洲斑潜蝇幼虫体长约3mm，无头蛆状。初孵的幼虫无色，到2龄和3龄变成鲜黄色或浅橙黄色。腹部末端有一对圆锥形的后气门，在气门顶端有3个小球状凸起的后气门孔。成虫的体长为1.3~2.3mm，翅展宽1.3~2.3mm。体淡灰色，头部的外顶鬃着生在黑色区域，内顶鬃着生在黄色区域，胸部的前盾片呈亮黑色，小盾片鲜黄色。有1对翅，后翅退化为平衡棍。雌虫较雄虫体型稍大。卵长0.2~0.3mm，椭圆形，乳白色，略透明。蛹的体长为1.3~2.3mm，围蛹，椭圆形，腹部稍扁平，浅橙黄色，有时金黄色。

在南方地区美洲斑潜蝇每年可发生5~15代，完成一代需15~30d，世代重叠明显。以春季和秋季发生较重。但这种害虫的飞行能力弱，一般只能飞行18~100m，因此自然扩散能力弱，主要靠卵和幼虫随寄主植物或蛹随土壤、交通工具等进行远距离传播。

雌虫刺伤寄主植物后，作为取食和产卵的场所。雄虫不能刺伤植物，但可以从雌虫造成的伤口上取食。幼虫孵化后即潜入叶肉中取食，出现曲折的隧道，破坏叶肉细胞，致使光合作用减弱。末龄幼虫在化蛹前将叶片蛀成窟窿，致使叶片大量脱落。

（二）防治方法

1.诱杀成虫

在越冬成虫羽化盛期，用诱杀剂点喷植株，每10m²点喷10~20株。诱杀剂可用番薯或胡萝卜煮液为诱饵，加0.05%敌百虫为毒剂制成。每隔3~5d点喷1次，连续进行5~7次。

2.药剂喷雾

可用40.7%乐斯本乳油1 000~1 500倍液，或80%敌敌畏乳油1 000倍液，或1.8%害极灭乳油2 000~3 000倍液喷施。喷药时要掌握成虫盛发期及时喷药防治，或在开始见到幼虫潜蛀的隧道时为第1次喷施时期，每隔7~10d 1次，连续喷2~3次。

第九章 畜禽粪便厌氧发酵

第一节 畜禽粪便厌氧发酵的特点

沼气生产技术在全球范围内发展迅速，沼气被广泛用于加热、照明和发电，一些欧洲国家如瑞典等甚至用于驱动汽车和火车引擎。近年来，户用沼气池在中国国内发展迅猛。国内外学者对不同畜禽废弃物发酵产沼进行了大量试验，但由于受发酵技术和发酵容器的限制，很多试验都是在室内和小发酵容器内进行。印度学者Tanusri等利用500mL发酵罐对不同动物废弃物（牛粪、马粪和骆驼粪便）、落花、果皮和落叶等进行发酵试验；史金才等利用1 000mL发酵罐在室内对100g猪、牛、鸡、鸭粪在室温下进行20d的发酵试验；陈智远等利用约500mL的小发酵罐对猪、鸡、牛粪进行不同温度的发酵试验。由于畜禽粪便不均匀，且需要大量时间才能消化分解完全，小容量及短时间的发酵与户用沼气生产存在较大差别，不能准确地反映畜禽粪便发酵和沼气生产的真实状况。发酵物（沼液和沼渣）现已被证明在植物营养、抗逆境、病虫害防治和饲喂等方面具有应用潜力。刘文科等研究报道了发酵物和沼渣的养分含量范围。目前，鲜见产沼过程中养分动态变化的系统研究报道。本章研究了猪粪、鸡粪和牛粪在高效曲流布料发酵池内的产沼能力和各发酵废弃物（沼液和沼渣）在发酵过程中的养分变化动态，以期为生产利用提供参考依据。

一、不同畜禽粪便发酵的产气特点

从表9-1和图9-1可以看出，鸡粪第1d即可产气，且在25d内为大量产气阶段，之后呈下降趋势，在50d内每天少于1m³，在90d后产气量极少。主要是由于在水解阶段鸡粪的可分解消化性好，产气较快，但二氧化碳含量高于甲烷。产气量从第8d的4.5m³/d降到第11d的3.0m³/d。随着pH值的增加。在第13d产气量又随之增加到3.5m³/d。猪粪在30d内产气量较低，30d后产气量呈增加趋势，且持续产气长达150d（比鸡粪和牛粪长60d）。牛粪发酵前5d不产气，10d后产气量增加，但35d后产气量较低，90d后产气量极低。不同畜禽粪在50d和90d产气量变化中，鸡粪的产气量最高，分别为132m³和153m³；其次是猪粪，分别为50m³和125m³；牛粪产气量最少，分别为40m³和70m³。鸡粪和牛粪在90d后能继续发酵，但产生沼气极少，产气时间短的原因可能是发酵液中较高的电导率和NH_4^+（2 465mg/L）含量，从而阻止产气微生物的活性。牛粪产气量低的原因可能是因为较高的碳氮比和较低的氮含量，不能为厌氧产沼细菌提供足够的养分以分解消化牛粪中过多的碳素如木质素、纤维素和半纤维素等。与之相反，猪粪能够持续且大量产沼至150d，是因其适宜的碳氮比和猪粪良好的可分解消化性。

表9-1 不同畜禽粪便发酵后的沼气产气量及剩余物量

项目	碳氮比 C/N	最初干重（kg）	累计产气量（m³）			产气时间（d）	剩余物干重（kg）
			50d	90d	总计		
猪粪	10∶1	1 000	50	125	256	150	250
鸡粪	5∶1	1 000	132	153	153	90	450
牛粪	20∶1	1 000	40	70	70	90	600

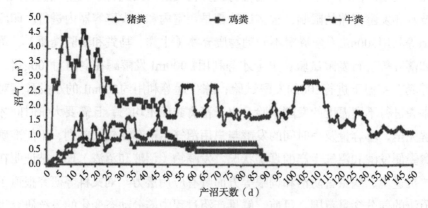

图9-1 3种畜禽粪便发酵后不同时间的沼气产量变化

二、沼气的甲烷含量

甲烷浓度在发酵前10d迅速上升，之后相对稳定，直到消化分解结束。由图9-2可知，在产气高峰期，鸡粪生产的沼气甲烷浓度最高，为79.9%；其次是猪粪生产的沼气，为76.1%；牛粪生产沼气甲烷含量则较低，为61.9%。3种粪便所产沼气的甲烷浓度均达燃烧要求，猪粪产气在第7d就能利用明火点燃，第14d能用电子点火；而鸡粪和牛粪均在第10d用明火点燃，第14d用电子点火。从图9-2还看出，猪粪和鸡粪产沼的CO_2浓度在发酵开始后几周呈上升趋势，而当甲烷浓度增加达峰值后即呈下降趋势。牛粪在发酵之初的CO_2浓度较高，以后随甲烷的产生，产生气体不断的排放，二氧化碳浓度逐渐降低，然后达到一个稳定值。氮气和氧气的含量在发酵之初也高，随着甲烷的产生，沼气的不断排放和使用，最后达到一个较低的水平，约为2%。

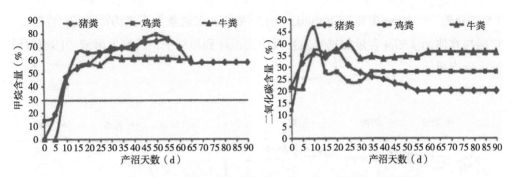

图9-2　3种畜禽粪便发酵产沼气的甲烷及二氧化碳含量

三、发酵残留物中pH值、电导率（EC）及养分含量的变化

（一）沼液（Biogas Slurrys，BLRs）

从图9-3可以看出，随着发酵的进行，沼液中不同养分含量呈增加的趋势。

1.酸碱度（pH值）和电导率（EC）

pH值的变化动态证实了发酵分解具有水解阶段和酸化阶段的理论，pH值在猪粪、鸡粪和牛粪3种畜禽粪便发酵液中，从第5d开始下降，10d后持续平缓上升。所有粪便中，开始发酵时电导率（EC）较低。随着发酵的进行而上升。鸡粪发酵液的电导率极高，发酵结束时为25.8ds/m。关于电导率动态变化的研究报道不多，但其为盐碱度和养分浓度的重要指标，该试验中发酵液的电导率值与其相应的养分含量密切相关。

2.有机质（OM）和氮（N）

有机质是主要被消化分解的物质，不断被厌氧产气细菌分解成最简单的产物，溶解于发酵液。所有粪便中发酵液有机质浓度不断溶解增加，30～35d达到最高，然后随分解消化而下降，当发酵液由浓稠变清时，表明发酵分解完全。经过水解阶段后鸡粪总氮增加极快（140～3 690mg/L），猪粪总氮适度增加（230～1 660mg/L），而牛粪中增加较慢且总氮含量极低（60～300mg/L）。NH_4^+是发酵液中氮素的主要存在形式，在猪粪、鸡粪和牛粪中分别从171mg/L、62mg/L和31mg/L增加到580mg/L、2 465mg/L和160mg/L。鸡粪发酵液中的NH_4^+是牛粪中的15倍，猪粪中的4倍。3种粪便中NO_3^-在前10d（水解阶段和酸化阶段）呈增加趋势，之后在厌氧的发酵条件下开始下降，保持在一个较低的水平，在猪粪、鸡粪和牛粪中分别为62mg/L、93mg/L和31mg/L。

3.速效磷（P）与有效钾（K）

猪粪、鸡粪和牛粪发酵液中速效磷分别从70mg/L、10mg/L和34mg/L增加到244mg/L、146mg/L和105mg/L，有效钾从250mg/L、320mg/L和550mg/L增加到

1 800mg/L、4 130mg/L和2 520mg/L。因为磷在该pH值条件下极为活跃（pH>7），可能与其他元素如高含量的钙等发生反应而沉降到沼渣中，所有发酵液中的速效磷的含量均很低。

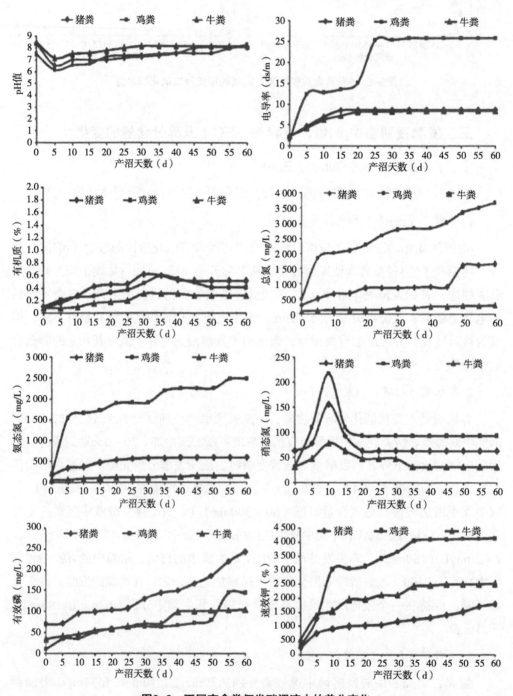

图9-3　不同畜禽粪便发酵沼液中的养分变化

（二）沼渣（Biogas Residues，BSRs）

从图9-4可以看出，沼渣中所有养分随着发酵分解、消化和溶解于发酵液中而呈下降趋势。

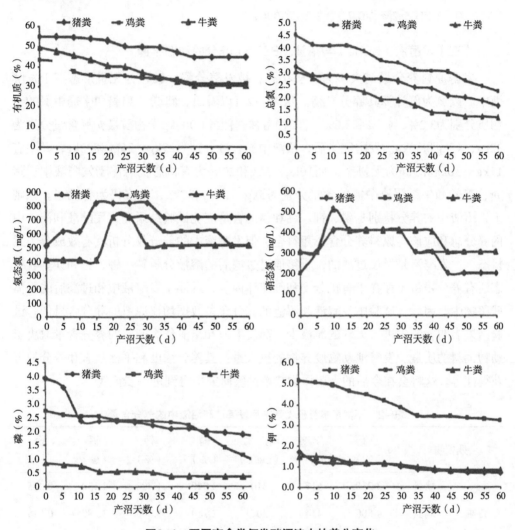

图9-4 不同畜禽粪便发酵沼渣中的养分变化

1.有机质（OM）和氮（N）

有机质是主要被厌氧细菌发酵分解的物质，在猪粪、鸡粪和牛粪中分别从55.02%、43.26%和49.63%降低到44.60%、31.73%和30.35%。总氮分别从3.2%、6.3%和3.0%降到1.7%、2.2%和1.2%。NH_4^+在30d以前呈上升趋势。随发酵进程递增逐渐溶入发酵液而呈下降趋势，3种粪便发酵沼渣中的NH_4^+含量分别为724mg/L、517mg/L和517mg/L。NO_3^-在10d时呈上升趋势，随发酵进程递增而呈逐渐下降趋势，NO_3^-在3种粪便发酵沼渣中的含量分别为207mg/L、310mg/L和310mg/L。

2.速效磷（P）与有效钾（K）

磷不断溶解于沼液中，沼渣中P的含量分别从分解最初的3.94%、2.76%和0.86%降为1.81%、0.84%和0.37%；钾比磷更易溶解于沼液中，钾从分解最初的1.7%、9.4%和1.5%降为0.7%、3.2%和0.8%。

（三）发酵液（BLRs）与沼渣（BSRs）养分的动态平衡

发酵原料养分最初大多为有机状态，被发酵分解后转化为无机形态溶于发酵液中。以氮为例计算其养分平衡。从表9-2可以看出，猪粪、鸡粪和牛粪中氮的干物质分别为3.2%、4.5%和3.0%，即3种畜禽粪便各1 000kg干物质最初氮含量分别为32kg、45kg和30kg。发酵完全后，沼液中氮含量分别为27kg、35kg和23kg，其中有17kg、30kg和3kg为无机态，而10kg、5kg和20kg为有机态仍悬浮于发酵液中；猪粪、鸡粪和牛粪沼渣中氮的含量分别为5kg、10kg和7kg，大多仍为有机态。原则上，沼渣中的养分特别是磷、钾、钙和镁的含量应比试验结果高，发酵液和沼渣中的养分总和应该与原料养分含量相符合，但发酵液中的养分仅分析其有效成分（无机态），发酵液是经过过滤的，直接通过过滤后的溶液分析磷、钾、钙和镁。有机态还有养分残留（存在于有机分子和细菌体内），悬浮于发酵液中和过滤后的固体残留物中。因此，试验中发酵液和沼渣的养分含量数据均比原料的养分含量低。试验结果表明，流失进入大气的氮极少，而发酵液和沼渣作为肥料的养分含量取决于动物饲料的质量、发酵池动物废弃物的投入量、其养分浓度和平衡状态和养分的可获得性等。这将会在今后的大田作物栽培试验研究中得到进一步证实。

表9-2　不同畜禽粪便发酵前后发酵液和沼渣中的养分含量

残留物		总氮（%）	氨态氮（mg/L）	硝态氮（mg/L）	磷（%）	钾（%）	钙（%）	镁（%）
粪便	猪粪	3.230	517	310	3.940	1.700	1.130	0.285
	鸡粪	4.500	414	207	2.760	5.200	3.280	0.675
	牛粪	3.040	414	310	0.860	1.500	0.630	0.340
发酵液	猪粪	0.166	580	62	0.024	0.180	0.022	0.017
	鸡粪	0.369	2 465	93	0.015	0.413	0.030	0.015
	牛粪	0.030	160	31	0.011	0.252	0.050	0.019
沼渣	猪粪	1.654	724	207	1.810	0.693	0.480	0.230
	鸡粪	2.235	517	310	0.840	3.233	2.150	0.280
	牛粪	1.168	517	310	0.370	0.975	0.310	0.240

第二节　畜禽粪便厌氧消化特性研究

一、不同物料浓度对畜禽粪便厌氧消耗特性的影响

（一）不同物料浓度厌氧消化对产气性能的影响

1. 不同物料浓度猪粪厌氧消化对产气性能的影响

试验结果见图9-5和表9-3，从产气时间来看，除1%组TS（Total Solid，总固体浓度）试验组外，其余4组均在第3d开始产气，1%组在第6d开始产气；从总产气量来看，在试验浓度范围内产气量随固体浓度增加而增加，最低1%组总产气量为2 942mL，最高6%组总产气量为24 227mL；但从TS总产气率来说，并不是发酵物料浓度越高，总产气率越高，1%组虽然总产气量不高，但总产气率为16.34%，2%组总产气率最低为11.46%，3%组与4%组总产气率相当，6%总产气率最高，达到22.43%。

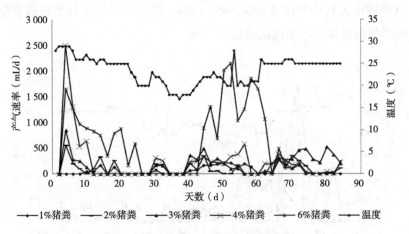

图9-5　猪粪厌氧消化对产气性能的影响

表9-3　不同猪粪发酵浓度厌氧消化总产气量与TS产气率

物料浓度（TS）	总产气量（mL）	TS产气率（%）
1%	2 942	16.34
2%	4 126	11.46
3%	7 373	13.65
4%	10 015	13.91
6%	24 227	22.43

如图9-5所示,可以看出产气量受温度波动影响较大,在试验前期,温度一直不稳定,20d后温度从25℃降至18℃,产气一度中止,至42d时温度才开始缓慢上升,产气开始恢复,但到52d时温度忽然从20℃上升至28℃,产气同样受到严重影响。反应后期温度始终保持在(25±1)℃,产气开始恢复正常。

从产气开始时间、稳定度以及总固体产气率综合考虑,认为发酵浓度为6%的猪粪发酵较好。从资源化利用来看,TS低于3%不利于持续性产气,且启动时间较长。

2. 不同物料浓度鸡粪厌氧消化对产气性能的影响

如图9-6与表9-4所示,从产气时间来看,可以看出除TS为6%的试验组在试验第1d就开始产气外,其余3组均第14d才开始产气。但是6%组基本没有产气峰值,而8%与10%试验组均在14～18d达到日产气量高峰期,最高分别为6 030mL/d(18d)与6 021mL/d(16d);按总产气量来看,规律与猪粪一致,均是发酵物料浓度越高,总产气量越多,4%组总产气量为13 360mL,6%组总产气量为17 585mL,8%组与10%组总产气量相当,差异不大;而从TS总产气率依来看,8%最高,其他按由大到小依次是10%、4%、6%。说明总产气率并不是随着物料总固体浓度的增加而增加,与猪粪试验结果一致。

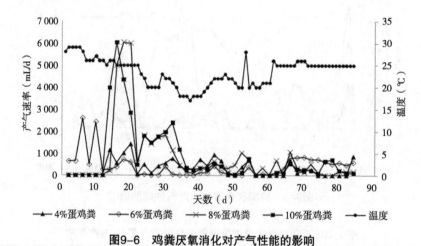

图9-6 鸡粪厌氧消化对产气性能的影响

表9-4 不同鸡粪发酵浓度厌氧消化总产气量与TS产气率

物料浓度（TS）	总产气量（mL）	TS产气率（%）
4%	13 360	18.56
6%	17 585	16.28
8%	34 255	23.79
10%	34 635	19.24

鸡粪和猪粪受温度变化的影响大致一致，均是产气量受温度波动影响较大。由图9-6可以看出，在20d降温幅度较大的情况下，日产气量急剧降低。从总产气量与TS产气率综合考虑，TS为8%的发酵液较优于其他组。

3. 不同物料浓度牛粪厌氧消化对产气性能的影响

图9-7与表9-5描述了牛粪厌氧消化对产气性能的影响，从产气时间来看，牛粪启动时间较长，除7%组在第8d开始产气外，其余各试验组均在第16d才开始产气；从总产气量来看，至反应结束，总产气量7%最多，其余3组总产气量由高到低依次是11%、5%、9%，说明牛粪厌氧发酵并不是物料浓度越高，产气量越多；物料浓度越低，产气量就越少。此结果与潘云锋等（2008）研究结果一致；从TS总产气率来看，5%试验组最高，9%与11%最低，且差异较大。说明牛粪厌氧消化总产气量与总产气率来看，并不是随着有机物浓度增加而增加。

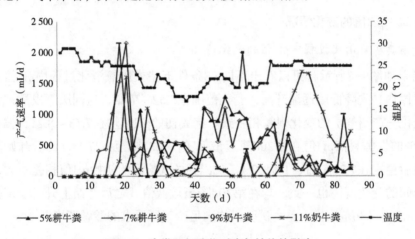

图9-7　牛粪厌氧消化对产气性能的影响

表9-5　不同牛粪发酵浓度厌氧消化总产气量与TS产气率

物料浓度（TS）	总产气量（mL）	TS产气率（%）
5%	16 180	17.98
7%	19 988	15.86
9%	8 862	5.47
11%	16 996	8.58

牛粪和与前两种粪便受温度变化的影响大致一致，如图9-7所示均是产气量受温度波动影响较大。从启动时间与总产气量考虑，7%试验组最优。

由上述3种粪便厌氧消化的开始产气时间、总产气量以及TS产气率的综合分析可知，猪粪厌氧消化启动时间较快，鸡粪与牛粪启动时间较慢；鸡粪TS产气率最大，其次为猪粪，最后为牛粪，从3种不同粪便的厌氧消化试验结果中，可以看出，TS产气率并不是随着总固体浓度的增大而增大，两者之间并没有直接的线性关系。在试验范围内猪粪和鸡粪的总产气量随发酵总固体浓度增加而增加，而牛粪则以7%。TS试验组总产气量最高，结果与潘云峰等（2008）在中温35℃条件下，对4种不同发酵浓度的牛粪进行厌氧消化试验结果一致。从产气的持续性方面来看，猪粪持续产气时间较其余2组粪便长。由于产甲烷菌对温度极其敏感，温度对3种畜禽粪便厌氧发酵产气均有较大影响，环境温度变幅超过±5℃时，整个厌氧消化过程停止产气，结果与周孟津等（2003）研究较为一致。即温度波动时间越久，厌氧发酵效率恢复的时间就越长。因此，在实际运用中，要注意控制环境问题变幅过大，由于贵州省农村家用沼气池多建于地下，受地温影响很大，根据贵州省多年平均气温统计，通常最冷月（1月）平均气温多在3～6℃，使池内温度随之降低，必须采取保温和增温措施，才能保证沼气微生物的正常活动，以利于正常产气。

（二）pH值的变化情况

1. 猪粪厌氧消化过程中pH值的变化情况

结果如图9-8所示，可以看出不同TS条件下猪粪厌氧消化过程中pH值的总体大致规律均是先降低后逐渐升高，变化范围在5.52～7.23，这同厌氧发酵过程（水解—酸化—产沼气）的变化规律相一致。猪粪初始pH值均在7.53～8.21，偏碱性。TS为6%的发酵料液pH值在第20d降至最低（由8.21降至6.27），此后开始不断上升，最后稳定在7.20左右；1%、2%、3%与4%试验组的初始pH值相差不大，整个反应期间的变化规律也一致，均在第20d降至最低值，之后开始上升，至试验结束稳定在6.50～7.30范围内。整个试验组均满足产气所要求的酸碱环境。

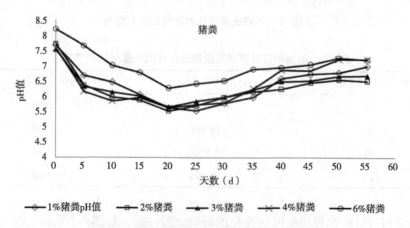

图9-8　猪粪厌氧消化过程中pH值的变化情况

2. 鸡粪厌氧消化过程中pH值的变化情况

结果如图9-9所示，鸡粪厌氧消化过程中pH值的变化规律是：水解酸化阶段很明显，鸡粪初始pH值在7.60～8.02，同猪粪一样呈碱性。反应开始前10d pH值基本上均呈下降状态，在第5d 6%。TS试验组降到最低（6.42），之后开始上升，在15d达到一个小峰值，之后再次下降，在第20d降到最低值，随后又上升，然后在25d上升到最高值，最低也达到6.88（6%试验组），最高达到8.09（10%试验组），最后稳定在7.00左右，基本满足产气的酸碱度要求。

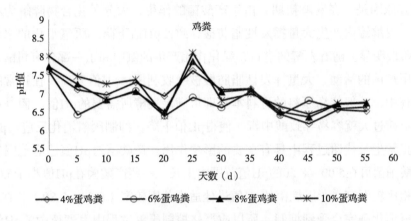

图9-9　鸡粪厌氧消化过程中pH值的变化情况

3. 牛粪厌氧消化过程中pH值的变化情况

结果如图9-10所示，牛粪初始发酵液的pH值均呈碱性，变化范围为8.06～8.47。牛粪厌氧消化过程中pH值的变化规律是：由于采样地点不同，本批试验包括耕牛粪与奶牛粪，很明显，奶牛粪易酸中毒，3组奶牛粪试验中，均由初始pH值8.23～8.47降至4.90～5.04；而耕牛粪试验中，则大致体现了厌氧消化反应的3个阶段：先降低后逐渐升高，虽然后期pH值也呈下降趋势，但试验结束后的7.01～7.35在产甲烷菌活跃的范围内，满足产气的酸碱度要求。所以运用奶牛粪做厌氧消化反应时，要采取一定措施防止酸中毒。

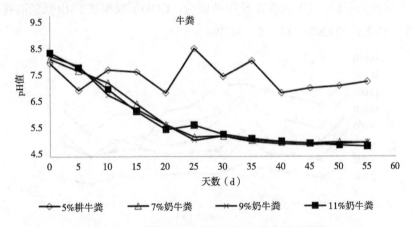

图9-10　牛粪厌氧消化过程中pH值的变化情况

在整个厌氧消化试验过程中，3种粪便初始发酵液的pH值均呈碱性，pH值变化规律也基本一致，即总体的大致规律除奶牛粪组外其余组均是先降低后逐渐升高，最后稳定在7.00左右，除奶牛粪组易酸中毒外，其余基本满足厌氧消化的酸碱度要求。其中猪粪试验组水解酸化阶段持续时间较久（20d），鸡粪与牛粪试验组基本上都在5～10d。

究其原因是，在发酵初期，由于产酸菌的作用，大分子化合物降解为小分子化合物，发酵罐内产生大量挥发性脂肪酸，致使pH值下降，厌氧消化的水解酸化与产气阶段明显。随着发酵的进行，氨化作用产生的氨中和了一部分有机酸，同时由于产甲烷菌的活动，大量挥发性脂肪酸被吸收利用，pH值升高。在正常的厌氧消化过程中，一般依靠原料的进料本身即可满足发酵所需要的pH值。而进料浓度过高，负荷过大就容易导致酸中毒，使得pH值下降，抑制厌氧消化反应。pH值在细菌的正常生长代谢过程中具有重要的影响作用。产酸菌对pH值适应范围较宽，多数产酸细菌可在5.00～8.50的pH值范围内生长，一些产酸菌在pH值小于5.00仍可生长。相比较而言，产甲烷菌的pH值最佳适应范围较窄（6.50～7.80），在5.00以下，厌氧消化则完全受到抑制。所以应严格控制厌氧过程中发酵液中的pH值的变化范围。

（三）COD值的变化情况

1. 猪粪厌氧消化过程中COD值的变化情况

结果如图9-11所示，可以看出不同TS条件下猪粪厌氧消化过程中COD值（Chemical Oxygen Demand，化学需氧量）的变化规律是：由于进料TS不同，起始COD值依次增加，厌氧消化开始后，5组试验均先呈下降趋势，5d后均缓慢上升，在试验20d达到高峰值，其中6%。TS试验组最高达到13 361mg/L。之后各组COD值开始呈下降趋势，其中TS为6%的试验组下降幅度较大，而TS为1%与2%的2组试验，下降均较为平缓。5组试验在反应结束后，COD削减率按TS由低到高排列依次为39.3%、19.2%、21.8%、13.1%、51.4%。

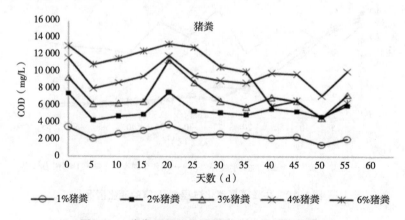

图9-11　猪粪厌氧消化过程中COD值的变化情况

COD值在反应初期均呈下降状态，经多方面分析，主要是由于反应初期，进料均呈固体颗粒，均以大分子形式存在，比如糖类、脂类与蛋白质。分子内部以及分子间紧密结合，COD大部分都没有被释放出来，以致重铬酸钾不能全部氧化这些大分子化合物。随着厌氧消化反应的进行，大部分大分子有机物降解为小分子，大多数的COD被释放出来，并且这个时候可溶性有机物的生成速度远远大于被产甲烷细菌利用产生沼气的速度，导致COD值增加。但随着厌氧消化的进一步反应，释放出来的COD又逐渐被消化，所以COD值又随之呈现下降的趋势。

2. 鸡粪厌氧消化过程中COD值的变化情况

结果如图9-12所示，鸡粪厌氧消化过程中COD的变化规律是：初始COD浓度随物料浓度增加而增加，COD值在反应开始后除TS为6%试验组外其余均呈缓慢升高，在反应25d时，COD值急剧下降，如TS为8%的鸡粪组由20d时的25 153mg/L降至14 300mg/L。随后COD值又迅速上升，30d后趋于稳定缓慢上升，45d后再次急剧下降，50d时降到最低点。

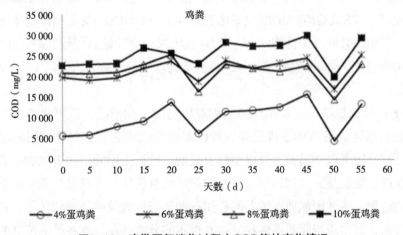

图9-12　鸡粪厌氧消化过程中COD值的变化情况

由10～25d的产气量可以看出，鸡粪在这段时间产气较多，有可能可溶性有机物大多数被产甲烷细菌利用，导致COD值在20～25d剧烈降低。之后产气量下降，可溶性有机物的生成速度大于被甲烷细菌利用产生沼气的速度，导致COD值又开始增加。

3. 牛粪厌氧消化过程中COD值的变化情况

结果如图9-13所示，牛粪厌氧消化过程中COD随时间的变化规律为：其变化规律基本与鸡粪厌氧消化过程中COD的变化规律一致。初始COD浓度随物料浓度增加而增加，反应开始后缓慢升高，在反应25d时，COD值急剧下降。随后COD值又迅速上升，从30d后趋于稳定缓慢上升，45d再次达到峰值，其中TS为11%的试验组达到14 363mg/L。在50d时再次急剧下降，达到最小值，但总体还是比初始COD值高。

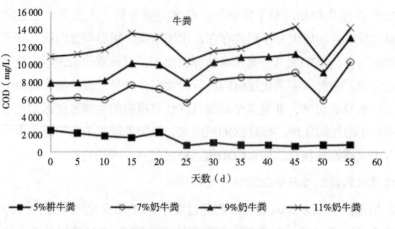

图9-13　牛粪厌氧消化过程中COD值的变化情况

　　3种粪便初始COD浓度均随物料浓度增加而增加，猪粪COD浓度变化规律同其他两种粪便不同：在厌氧消化反应开始后先呈下降趋势，5d后缓慢上升，在试验20d达到高峰值，之后下降，在50d降至最低值，至试验结束，均有一定的削减率，其中猪粪6%。TS试验组COD削减率达到51.4%。牛粪COD变化规律基本与鸡粪厌氧消化过程中COD的变化规律一致：均是在厌氧反应开始后缓慢升高，在反应25d时，COD值急剧下降，随后上升，45d再次达到峰值，之后再次急剧下降，50d时降到最低点。

　　COD去除率反映了厌氧消化系统中有机物的去除情况，只要能够被强氧化剂氧化的物质都可以用COD表现出来，所以测得的COD包括有机物的同时也包括无机物，且有机物又包括易被生物降解的有机物与难被生物降解的有机物。通常所说的厌氧发酵主要就是分解和转化易被生物降解的有机物。厌氧发酵是多种微生物协同代谢的过程，各种厌氧菌群的共同作用有助于有机物质的降解和转化，其中包含碳水化合物、蛋白质与脂肪等多种复杂有机质的分解代谢。在各厌氧菌群的代谢过程中，产生的大量甲酸、乙酸和原子氢等中间产物，使VFA（Volatile Fatty Acid，挥发性脂肪酸）的浓度增高。这在一定程度上会影响COD去除率，使COD去除率在反应过程中不总是随着反应的进行逐渐降低。有报道认为蛋白质水解酸化后COD并不降低反而增加。并且在常温下，产酸菌（其中包括丁酸梭菌和其他梭菌、乳酸杆菌和革兰氏阳性小杆菌等）的代谢速度比产甲烷菌的代谢速度快得多，有可能在发酵周期结束时，仍剩余一部分有机酸未被转化而影响COD去除率，所以在发酵开始时必须慎重选择料液浓度，使挥发性脂肪酸的生成和消耗能够保持平衡，不致发生酸积累。

　　而本试验中，鸡粪与牛粪试验组的COD值在反应开始后不降反升，一方面由于粪便的成因，如牛粪中木质素、纤维素、半纤维素含量很高，其中木质素很难被降解而影响COD去除率。另一方面有可能是因为鸡粪与牛粪水解酸化的时间较短，产生大量脂肪酸，不能及时消耗，所以体现出COD值呈上升状态，随着进入产气阶段，产甲烷菌代谢速度超过产酸菌的代谢速度，大量可溶性有机物被产甲烷菌利用，COD值降低。

（四）TN值的变化情况

1. 猪粪厌氧消化过程中TN含量的变化情况

由图9-14可以看出，不同TS猪粪厌氧消化过程中TN（Total Nitrogen Content，总氮）的变化规律：总体基本一致，均是先逐渐升高后在15d后开始逐渐降低，到35d降至最低值，按TS由低到高排列依次为：60.02mg/L、98.18mg/L、209.91mg/L、257.74mg/L、180.86mg/L。35d后缓慢增长之后趋于稳定。试验结束，TN浓度基本较初始浓度有所降低（4%，TS除外），按TS由低到高排列依次降低了27.49%、18.40%、18.02%、−27.71%、21.48%。

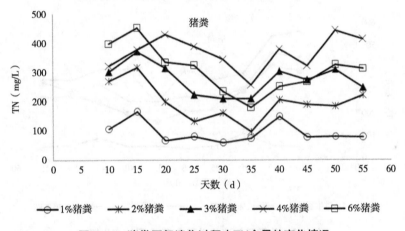

图9-14 猪粪厌氧消化过程中TN含量的变化情况

2. 鸡粪厌氧消化过程中TN含量的变化情况

由图9-15可以看出，鸡粪厌氧消化过程中TN值的变化规律是：鸡粪TN从反应开始一直呈上升趋势，在15d达到峰值，在20d达到最低值，按TS由低到高排列依次为334.71mg/L、1 163.54mg/L、1 260.54mg/L、1 453.94mg/L。之后基本上趋于缓慢上升状态。总体TN最终浓度比初始TN浓度高，按TS由低到高排列变化范围依次为708.36～990.34mg/L、1 065.64～1 469.97mg/L、1 260.03～1 634.36mg/L、1 342.71～1 963.14mg/L。

3. 牛粪厌氧消化过程中TN含量的变化情况

如图9-16所示，除TS为5%的耕牛粪外，其余3组试验TN变化规律基本一致，均是先降低，之后增长，最后趋于稳定。从图9-16中可以看出各试验组从第10d开始呈下降状态，TS为9%的试验组TN值在第20d降至最低值（由408.04mg/L降至206.40mg/L），

TS为7%与11%试验组均在第35 d降至最低值（依次为387.32～162.97 mg/L、561.38～243.72 mg/L）。至试验结束，总体TN值均比初始值低。

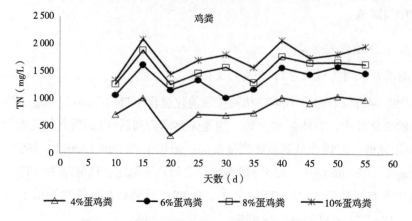

图9-15　鸡粪厌氧消化过程中TN含量的变化情况

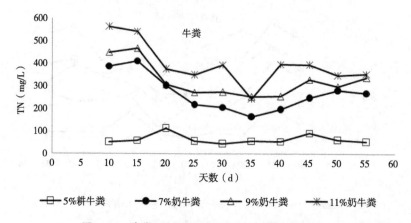

图9-16　牛粪厌氧消化过程中TN含量的变化情况

由以上试验看出，畜禽粪便厌氧发酵过程中TN变化因畜禽种类不同变化较大，其中猪粪与牛粪变化规律较为一致，水解阶段后，猪粪TN含量适度增长，反应结束，猪粪TN浓度基本较初始浓度有所降低，按TS由低到高排列依次降低了27.49%、18.40%、18.02%、-27.71%、21.48%；鸡粪TN含量上升迅速，总体鸡粪TN最终浓度比初始浓度高，按TS由低到高排列变化范围依次为708.36～990.34 mg/L、1 065.64～1 469.97 mg/L、1 260.03～1 634.36 mg/L、1 342.71～1 963.14 mg/L。而牛粪TN增长缓慢，且至试验结束牛粪TN含量均低于初始浓度。

（五）NH₃-N含量的变化情况

1. 猪粪厌氧消化过程中NH₃-N含量的变化情况

由图9-17可以看出，不同TS条件下猪粪NH_3-N在厌氧消化过程中的变化规律大体一致：起始NH_3-N含量随TS浓度由高到低依次递增，随着反应的进行，在发酵开始5d内，NH_3-N急剧上升，达到第1个峰值，NH_3-N含量按TS浓度由高到低变化范围依次为265.10～567.44mg/L、197.32～482.65mg/L、144.78～297.67mg/L、114.37～234.26mg/L、81.61～112.6mg/L，之后短暂下降后再呈缓慢稳定上升状态。整个反应过程，6%TS试验组变化幅度最大，由初始NH_3-N值为265.10mg/L上升至667.37mg/L，至试验结束，NH_3-N含量高于初始浓度。

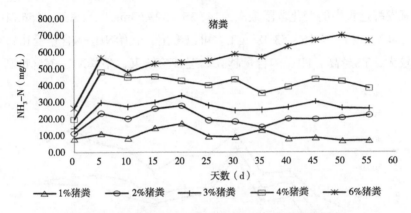

图9-17　猪粪厌氧消化过程中NH_3-N含量的变化情况

2.鸡粪厌氧消化过程中NH_3-N含量的变化情况

如图9-18所示，鸡粪厌氧消化过程中NH_3-N的变化规律在整个反应过程中基本一致，总体呈上升趋势，在反应5d内快速上升，之后呈缓慢上升趋势。其中6%。TS试验组在25d达到峰值（由166.10mg/L上升到3 259.17mg/L），之后急剧下降，与其他组变化规律趋于一致，均缓慢上升。至反应结束，按TS由高到低，鸡粪NH_3-N在整个厌氧发酵过程中的变化范围依次为246.87～2 252.71mg/L、213.14～2 142.11mg/L、166.10～1 472.98mg/L、115.34～1 096.94mg/L。由此可以看出，初始NH_3-N含量受物料TS浓度的影响不大，但反应过程中区别较明显，TS越高，变化幅度越大，至试验结束，鸡粪NH_3-N含量高于初始浓度。

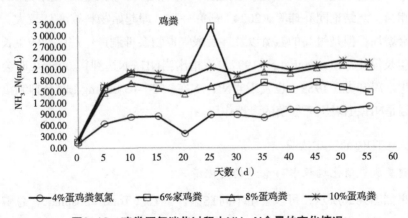

图9-18　鸡粪厌氧消化过程中NH_3-N含量的变化情况

3. 牛粪厌氧消化过程中NH₃-N含量的变化情况

由图9-19可以看出，整个牛粪试验组NH₃-N的变化规律基本一致，均是先增高，之后达到峰值后降低，在第35d达到最低值后又开始缓慢上升。除5%TS耕牛粪试验组的高峰不明显外，其余组均有3个高峰期，分别在第10d、第20d与第45~50d，其中在第20d达到最高值。至反应结束，按TS由高到低，牛粪NH₃-N在整个厌氧发酵过程中的变化范围依次为147.36~393.63mg/L、88.93~256.21mg/L、23.18~244.32mg/L、5.35~53.48mg/L。可以看出，起始NH₃-N含量受物料TS浓度的影响较大，TS越高，NH₃-N含量越高。至试验结束，牛粪NH₃-N含量高于初始浓度。

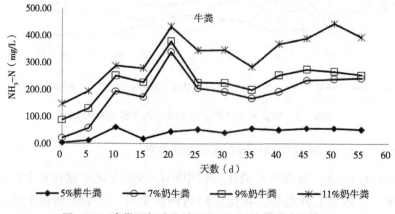

图9-19　牛粪厌氧消化过程中NH₃-N含量的变化情况

在整个试验组中反映出一个规律：TS浓度越高，发酵液的初始NH₃-N含量越高；反之，TS浓度降低，发酵液的初始NH₃-N含量随之降低。至试验结束，3种粪便的NH₃-N含量均高于初始浓度。由图9-6与图9-18以及表9-4中不同发酵浓度的鸡粪产气量与NH₃-N含量，可以得出NH₃-N含量过高会抑制产气。10%TS的鸡粪试验组的NH₃-N含量达到2 252.7mg/L，虽然总产气量最大，但是总产气率与4%以及6%试验组相当。此结论同乔玮等（2004）研究一致，即起始物料浓度TS较大，虽然总产气量会增加，但是过高的氨氮以及挥发酸等毒物会抑制产甲烷细菌的生长代谢甚至使其生长停止。Starkenburg（1997）也指出当NH₃-N达到1 700mg/L时会抑制沼气的产生。冯和方（1989）也发现当NH₃-N在1 500~3 000mg/L时会抑制沼气的产生，原因是NH₃-N对厌氧细菌的毒性作用。

（六）TP值的变化情况

1. 猪粪厌氧消化过程中TP含量的变化情况

结果如图9-20所示，可以看出不同TS条件下TP（Total Phosphate，总磷）随时间的变化规律：总体随着反应的进行呈先急剧上升后下降，之后再上升，最后趋于稳定的变化趋势。起始TP值由TS浓度由高到低依次递增，且TP含量变化幅度也受TS浓度的影响较大，TS浓度越大，变化幅度越大。其中TS为6%的试验组由初始TP值198.79mg/L上升至525.13mg/L，TS为1%的试验组由初始TP值70.61mg/L上升至97.94mg/L，其余3组居中，至试验结束，终止TP含量高于初始浓度。

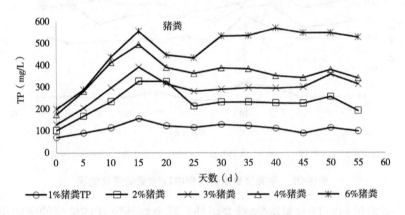

图9-20　猪粪厌氧消化过程中TP含量的变化情况

2.鸡粪厌氧消化过程中TP含量的变化情况

结果如图9-21所示，鸡粪厌氧消化过程中TP的变化规律是：鸡粪组总体TP变化从反应开始至结束均一直呈下降趋势，从第10d开始上升，在15～20d达到最高峰，但还是没有上升到初始浓度（4%除外），如TS为8%的试验组最高也只达到132.82mg/L。之后一直下降，25d后基本均趋于稳定，至试验结束，终止TP含量低于初始浓度。

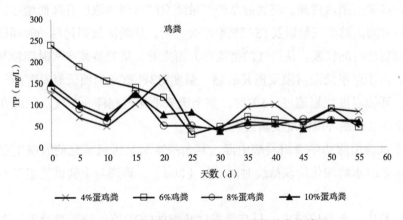

图9-21　鸡粪厌氧消化过程中TP含量的变化情况

3.牛粪厌氧消化过程中TP含量的变化情况

如图9-22所示，牛粪TP值的变化规律基本一致，均先降低，在第10d开始上升，在第15～20d达到峰值，如TS为11%试验组由初始325.48mg/L上升至343.30mg/L，之后开始降低，25d后趋于稳定，初始TP浓度均是随着物料浓度的增加而增加，至试验结束，牛粪TP值与初始浓度相比变化不大。

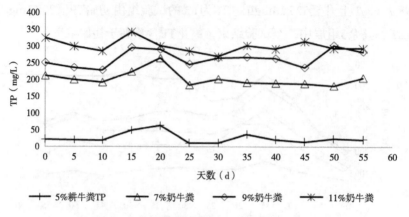

图9-22　牛粪厌氧消化过程中TP含量的变化情况

整个试验组初始TP含量除6%鸡粪组外，其余均是随着TS浓度的增加而增加。除猪粪组是在反应开始后呈上升状态外，其余两组均在反应开始后呈下降趋势。至试验结束，猪粪终止TP含量高于初始浓度，鸡粪终止TP含量低于初始浓度，牛粪TP值与初始浓度相比变化不大。

由于磷在pH值大于7.00的条件下很活跃，所以沼液中P的含量不高，可能是与高浓度的Ca反应，之后沉淀到沼渣中。此论证可以解释为什么鸡粪组TP含量呈下降状态，因为鸡粪pH值较高，水解阶段消化性很强。

TS产气率并不是随着总固体浓度的增加而增加，两者之间并没有直接的线性关系。在试验范围内猪粪和鸡粪的总产气量随发酵总固体浓度升高而增加。从厌氧消化产气时间、总产气量以及TS产气率综合分析，猪粪厌氧消化启动时间较快，鸡粪与牛粪启动时间较慢。从产气的持续性方面来看，猪粪持续产气时间较其余两组粪便长。由于产甲烷菌对温度极其敏感，温度对3种畜禽粪便厌氧发酵产气均有较大影响，环境温度变幅超过±5℃时，整个厌氧消化过程停止产气。因此在实际运用中，要注意控制环境温度变幅过大。

整个试验组除奶牛粪组易酸中毒，其余基本满足厌氧消化的酸碱度要求。其中猪粪试验组水解酸化阶段持续时间较长（20d），鸡粪与牛粪试验组基本上都在5~10d。

本试验中，至反应结束，只有猪粪试验组的COD值达到削减效果，而鸡粪与牛粪试验组的COD值在反应开始后不降反升，一方面由于粪便组成成分不同，另一方面有可能是因为鸡粪与牛粪水解酸化的时间较短，产生大量的脂肪酸，不能及时消耗，所以体现出COD值呈上升状态。

在整个试验组的厌氧发酵过程中，初始TN、NH_3-N与TP含量基本上都是随着

TS浓度的增加而增加。至试验结束，3种粪便除鸡粪TN含量高于初始浓度外，其余两组粪便均低于初始浓度，NH_3-N含量均高于初始浓度，猪粪终止TP含量高于初始浓度，鸡粪终止TP含量低于初始浓度，牛粪TP值与初始浓度相比变化不大。

二、不同温度条件对猪粪厌氧消化特性的影响

（一）不同温度条件猪粪厌氧消化的产气性能

从图9-23可以看出，温度对产气的影响较大，从产气时间来看，除15℃试验组第3d开始产气外，其余两组均第1d就开始产气，15℃组总体没有产气高峰期，从开始产气到试验终止基本不产气，总产气量为1 320mL；25℃组从反应开始一直产气稳定，25d后开始呈上升趋势，在34d达到峰值1 500mL，至试验终止总产气量为17 390mL；35℃组从试验开始即产气，在第12d急剧升高，产气量为1 600mL，至试验结束总产气量达到46 870mL。所以猪粪厌氧发酵总产气量在设置温度（15～35℃）范围内，随着温度升高而增多。

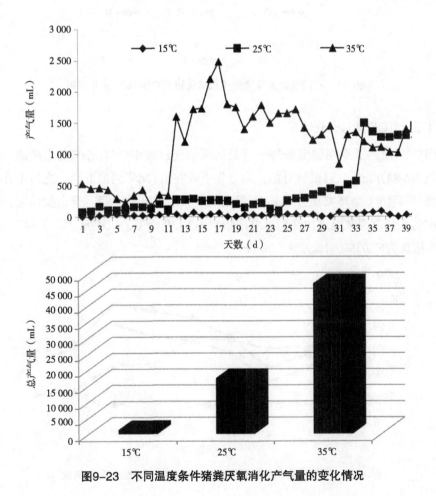

图9-23　不同温度条件猪粪厌氧消化产气量的变化情况

（二）pH值的变化情况

图9-24描述了不同温度条件猪粪厌氧消化过程中pH值的变化规律，在3个温度下厌氧消化的发酵液pH值总体趋势相同，均是由初始8.00左右先下降，在15d（35℃在第10d）降到最低点，后缓慢上升。在消化初始阶段，15℃、25℃、35℃试验组的pH值分别为8.03、8.02、8.00，随后开始下降，在消化15d达到最低点，分别为6.86、6.26、7.20（第10d），之后缓慢回升，至试验结束，各组pH值分别为7.36、7.24、8.18。除35℃组呈碱性，其余发酵液两组均呈中性偏弱碱，整个试验组的pH值变化范围均满足厌氧消化的酸碱要求。

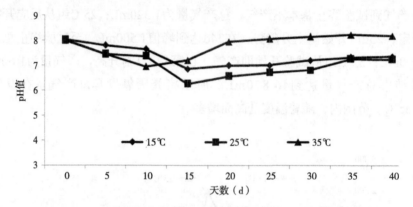

图9-24　不同温度条件猪粪厌氧消化过程中pH值的变化情况

（三）COD值的变化情况

图9-25描述了不同温度条件下猪粪厌氧消化过程中COD值的变化规律，初始COD值为6 847mg/L，自试验开始，均呈先下降在第10d降到最低点，之后上升，在30d达到最高值（除35℃在第20d达到最高值），之后开始下降。至试验结束，试验组COD值变化范围按温度由高到低顺序依次为2 139mg/L、5 647mg/L、5 147mg/L，削减率依次为67.03%、12.95%、20.66%。

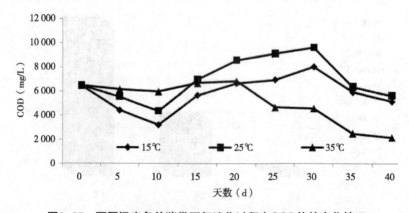

图9-25　不同温度条件猪粪厌氧消化过程中COD值的变化情况

（四）TN含量的变化情况

图9-26描述了不同温度条件猪粪厌氧消化过程中TN值的变化规律，随着温度升高，TN变化幅度增大，总体呈升高状态，终止浓度都比初始浓度高，试验组TN变化范围按温度由高到低顺序依次为353.42~533.44mg/L、352.34~507.89mg/L、350.76~398.93mg/L。TN上升率依次为50.94%、44.15%、13.73%。

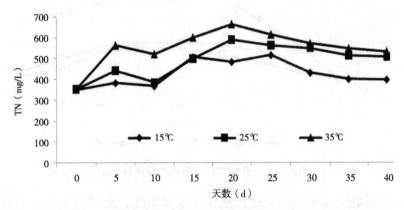

图9-26　不同温度条件猪粪厌氧消化过程中TN值的变化情况

（五）NH_3-N含量的变化情况

图9-27描述了不同温度条件猪粪厌氧消化过程中NH_3-N含量的变化规律，即总体呈上升趋势，最终NH_3-N含量高于初始浓度，试验组NH_3-N含量变化范围按温度由高到低顺序依次为277.78~767.91mg/L、271.56~784.26mg/L、270.77~579.36mg/L，25℃与35℃试验组整个反应的变化曲线基本一致。

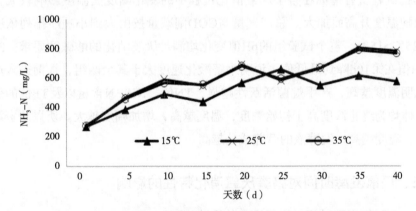

图9-27　不同温度条件猪粪厌氧消化过程中NH_3-N含量的变化情况

（六）TP含量的变化情况

图9-28描述了不同温度条件猪粪厌氧消化过程中TP值的变化规律，TP总体呈先升高后降低，受温度影响较大，温度越高，变化幅度越大。在第20d TP含量按温

度由高到低顺序依次是364.98mg/L、160.92mg/L、141.75mg/L，之后TP含量开始下降，至试验结束，TP含量按温度由高到低顺序依次为227.83mg/L、67.58mg/L、47.69mg/L。

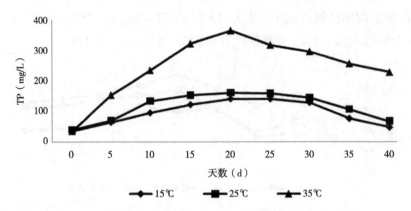

图9-28 不同温度条件猪粪厌氧消化过程中TP值的变化情况

温度是影响厌氧消化的关键因素。按发酵温度，厌氧消化可分为低温消化（<20℃）、中温消化（30~35℃）和高温消化（50~55℃）。在一定温度范围内，温度越高，发酵原料的分解速度越快，产气量就越高。本试验得到的结果与上述研究结果一致，即35℃总产气量最高。高温消化与中温消化相比，消化时间短、产气多，并且对寄生虫卵的短时间杀灭率较高；但是高温消化具有耗能大、管理程序复杂与运行成本较高的缺点。所以本试验考虑贵州省养殖小区经济状况以及经济成本考虑，没有考虑高温消化。

本批试验所有指标在整个厌氧消化过程中的变化幅度受温度影响较大，变化幅度均随温度升高而加大。总产气量与COD削减量按由大到小顺序排列依次为：35℃>25℃>15℃。整个试验组的pH值变化均满足厌氧消化的酸碱度要求。35℃试验组pH值在第10d降到最低值，说明水解酸化速度大于其余两组，提前进入产气阶段，说明温度越高，产甲烷菌活跃性越强。TN值、NH_3-N含量以及TP值的变化规律，整体均为终止浓度高于初始浓度，温度越高，增加幅度越大。所以从资源化利用考虑，温度越高，发酵液的营养成分越高。

三、厌氧发酵时间对猪粪厌氧消化特性的影响

（一）厌氧发酵时间对产气性能的影响

图9-29描述了厌氧发酵时间对产气性能的影响，可以看出产气量随时间的变化规律，第3d开始产气，产气量逐渐上升，在第14d达到日产气量高峰，为2 180mL，随后逐渐降低。由图9-29中可以看出，10~26d为产气高峰期，总产气量是17 777mL，TS产气率为23.24%。

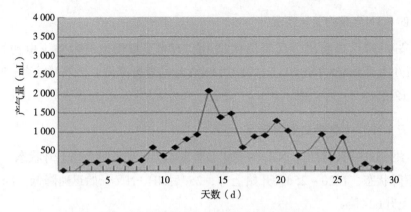

图9-29 厌氧发酵时间对产气性能的影响

（二）pH值的变化情况

从图9-30可以看出，随着厌氧消化的进行发酵液的pH值呈下降趋势，前期下降缓慢是由于进入水解阶段，第15d后急剧下降到最低点（6.94），在第20d pH值又逐渐回升，在反应结束，pH值上升到7.20。

（三）COD值的变化情况

图9-31显示了厌氧消化过程中COD值随时间的变化，从试验开始到第10d，COD值均呈下降趋势，这与上述COD降低的情况一致，均是大分子没有分解，大分子有机物的COD没有完全释放出来，10d后COD值均急剧上升，在第15d上升到最高值19 958.4mg/L，随后COD值下降，降解率为9%。

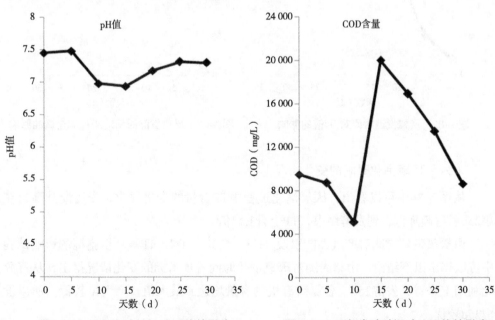

图9-30 厌氧发酵时间对pH值的影响　　　　**图9-31 厌氧发酵时间对COD值的影响**

（四）TN含量的变化情况

从图9-32可以看出，厌氧消化25d前TN均呈缓慢上升趋势（由初始TN值38.62mg/L上升到668.26mg/L），25d后TN含量均急剧降低。至发酵结束，TN含量上升12.12倍。

（五）NH₃-N含量的变化情况

从图9-33中可以看出，NH₃-N变化趋势基本为：先下降后呈上升状态，在15～20d呈下降状态，在20～25d又开始上升，25d后NH₃-N又开始迅速降低，NH₃-N含量总体上升1.14倍。

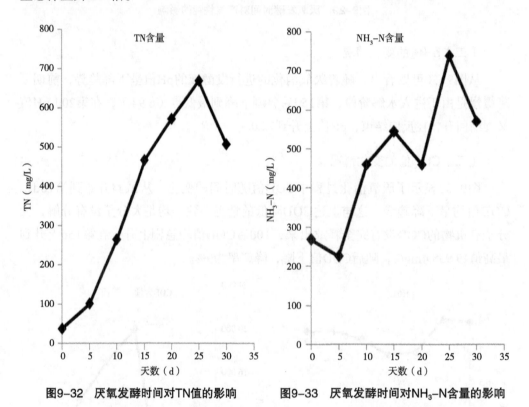

图9-32　厌氧发酵时间对TN值的影响　　图9-33　厌氧发酵时间对NH₃-N含量的影响

（六）TP随消化时间的变化情况

从图9-34中可以看出，厌氧消化过程中TP含量的变化规律，先逐渐升高，在第25d后逐渐降低，到发酵结束，TP上升1.13倍。

由厌氧发酵时间对产气性能以及pH值、COD、TN、TP等环境指标的影响试验中可以得出以下结论，由猪粪随着厌氧消化时间各项指标的变化情况得出，从资源化利用上来看，发酵25d，各氮磷有机物含量均达到最大值，产气量较低，所以发酵25d较优。

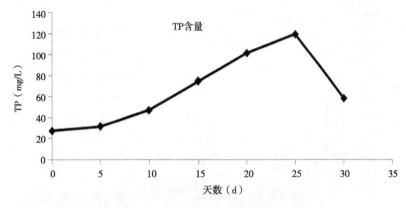

图9-34 厌氧发酵时间对TP含量的影响

四、不同碳氮比（C/N）对畜禽粪便厌氧消化特性的影响

（一）不同C/N对厌氧消化产气性能的影响

从图9-35中可以看出，所有试验组日产气量总体趋势基本一致，除猪粪与牛鸡粪3：1组外其余均是在反应第1d就开始产气，之后日产气量开始上升，在第2～3d日产气量值达到第1个高峰，按图9-35中图标排列顺序日产气量依次为880mL、870mL、720mL、1 800mL、910mL、1 210mL、310mL、510mL。在16～19d出现第2个高峰，其中猪粪在第19d日产气量高达2 300mL。22d后，随着营养物质的消耗，所有试验组日产气量逐渐降低。除鸡粪与牛鸡粪1：1试验组出现明显产气高峰变化幅度较大外，其余组均没有出现很明显的日产气高峰。

从图9-35可以看出，总产气量差异较大，从左到右，试验组总产气量依次为6 150mL、6 485mL、3 450mL、13 820mL、5 950mL、4 540mL、10 950mL、5 510mL、6 044mL。牛鸡粪1：1组与鸡粪组总产气量较其余组大。猪鸡粪3：1与牛鸡粪3：1组总产气量最少。猪鸡粪混合组总产气量普遍不高，说明鸡粪的高氨氮抑制了猪粪的厌氧消化反应。所以就总产气量来说，牛鸡粪1：1试验组处理效果较好。

（二）pH值的变化情况

从图9-36可以看出，不同粪便混合pH值的变化规律，除牛粪组外，其余组完全符合厌氧消化反应3个阶段的变化规律，先降低后上升之后稳定。猪粪组由初始pH值为7.70，在消化第15d，pH值降至最低点为6.20，之后pH值开始上升，至反应结束，pH值达到6.87。鸡粪组初始pH值、最低值与终值分别为8.03、6.75与7.81。牛粪在整个厌氧消化过程中，由初始pH值为6.74一直降低，直至第30d达到最低值4.41，之后缓慢上升，到反应结束pH值为4.76。这可能是因为牛粪的纤维素含量较高，进入装置稀释配比后，致使大量的纤维素膨胀解体分离，大大促进大分子物质的水解，进而导致料液pH值迅速下降。混合组试验均反应良好。

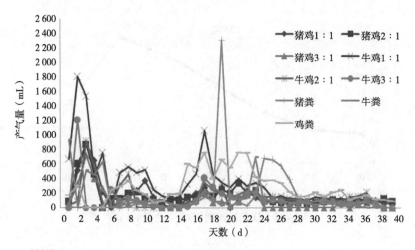

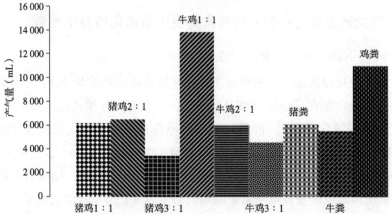

图9-35 不同粪便混合厌氧消化过程中产气量的变化情况

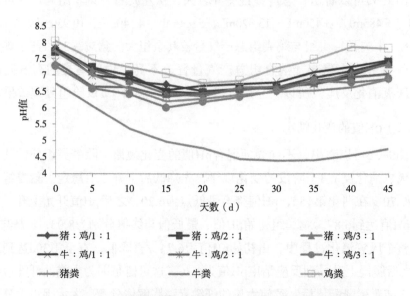

图9-36 不同粪便混合厌氧消化过程中pH值的变化情况

（三）COD值的变化情况

如图9-37所示，各试验组COD值从试验开始至反应结束，一直呈上升状态。除鸡粪组外，其他试验组均在第25～30d有个最低值，猪粪组、牛粪组、猪鸡粪1∶1组、猪鸡粪2∶1组、猪鸡粪3∶1组、牛鸡粪1∶1组、牛鸡粪2∶1组、牛鸡粪3∶1组分别降至为10 035mg/L、19 920mg/L、16 549mg/L、16 844mg/L、16 420mg/L、25 944mg/L、22 987mg/L、21 707mg/L。而鸡粪组有可能是因为高氨氮抑制了厌氧消化的进行，使得COD值一直上升，由初始值为6 019mg/L上升到反应结束时的29 307mg/L。

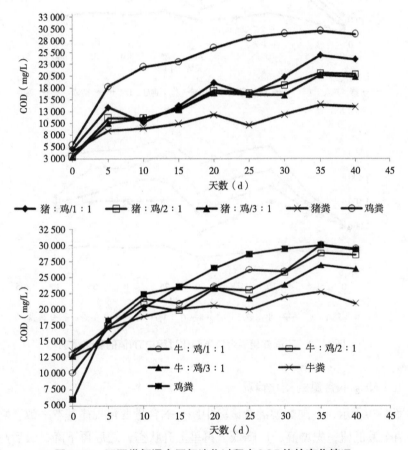

图9-37 不同粪便混合厌氧消化过程中COD值的变化情况

（四）TN含量的变化情况

从图9-38可以看出，所有试验组TN含量在厌氧消化过程中的变化情况基本一致，均是从试验开始即呈上升状态，第10d达到第1个峰值，随后下降，在第20d降至最低点，然后又呈上升趋势，至25d上升到第2个峰值，之后基本趋于稳定。其中鸡粪组TN值上升迅速，试验开始10d，TN值由初始值1 053.58mg/L上升至

2 635.46mg/L；猪粪组TN含量增长幅度不大，由初始值259.35mg/L到试验结束上升至583.98mg/L；牛粪组TN值增长较缓慢，由初始浓度446.30mg/L至反应结束仅上升到485.30mg/L。

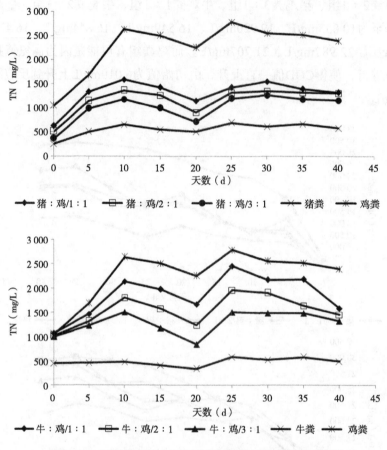

图9-38　不同粪便混合厌氧消化过程中TN值的变化情况

（五）NH$_3$-N含量的变化情况

如图9-39所示，不同粪便混合试验中NH$_3$-N含量变化规律基本一致，均出现双峰期与两个最低值，先增高，后降低，再呈上升状态，之后再下降，最后趋于稳定状态。鸡粪组氨氮含量上升最迅速，在5d即由初始NH$_3$-N含量1 110.75mg/L上升至3 659.17mg/L。猪粪组与牛粪组NH$_3$-N含量上升较缓慢，至反应结束，分别由初始值247.78mg/L、269.14mg/L上升至767.91mg/L、505.19mg/L。高氨氮会导致胺盐大量积累，抑制厌氧消化反应，低氨氮会降低细菌的降解能力，易积累脂肪酸，同样会影响厌氧消化的进行，从图9-39中可以看出，粪便混合组均衡了鸡粪的高氨氮与牛粪及猪粪的低氨氮含量，有利于厌氧消化反应的正常进行。

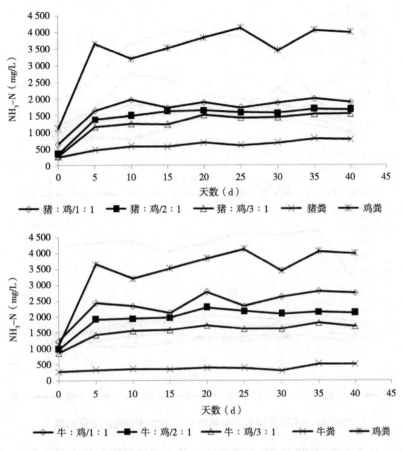

图9-39　不同粪便混合厌氧消化过程中NH₃-N含量的变化情况

（六）TP含量的变化情况

从图9-40中可以看出，不同粪便混合TP含量的变化情况，猪粪组与牛粪组变化幅度较大，两组变化规律基本一致，均反应开始即迅速上升，之后降低。猪粪组在第20d达到最大值（由初始值39.81mg/L上升至160.92mg/L），之后开始下降，至反应结束，TP值为67.58mg/L。牛粪组在第5d即达到最大值（由初始值266.85mg/L上升至453.59mg/L），到反应结束TP值下降至389.64mg/L。猪鸡粪混合组与牛鸡粪混合组均随着比例的比重不同，变化规律趋向性也随之变化，如猪鸡粪混合组试验，随着猪粪所占的比重加大，猪鸡粪3∶1组TP变化规律就趋向于猪粪组，而猪鸡粪1∶1组TP的变化规律就比较趋向于鸡粪组。

（1）产气特性的变化规律。猪鸡粪混合组总产气量普遍不高，除猪鸡粪3∶1组总产气量低于猪粪组与鸡粪组外，其余两种配比介于这两种粪便的总产气量之间。牛鸡粪混合组中，牛鸡粪1∶1组总产气量较其余组大，甚至超过牛粪组与鸡粪组。牛鸡粪3∶1组总产气量最少，可能牛粪酸化直接影响了混合组的产气量。所以就总产气量来说牛鸡粪1∶1试验组效果较好。

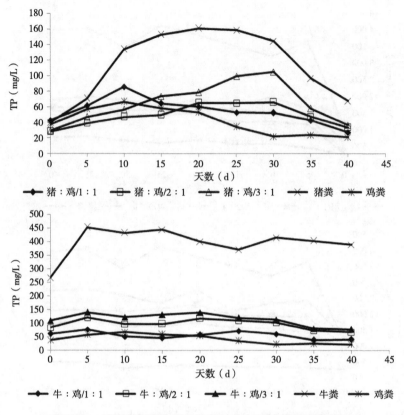

图9-40 不同粪便混合厌氧消化过程中TP含量的变化情况

（2）pH值的变化规律。除牛粪组外，其余组均先降低后上升之后稳定。牛粪由于自身成分原因，导致料液的pH值迅速下降。混合组试验均反应良好，pH值均介于猪粪组与鸡粪组以及牛粪组与鸡粪组之间特别是牛鸡粪试验组，解决了牛粪易酸化的问题，使得厌氧消化能够顺利进行。

（3）COD值的变化情况。同pH值的变化规律相似，即猪鸡粪混合组以及牛鸡粪混合组的COD值均介于单一试验组之间。且COD值的变化幅度均随着猪粪与牛粪在混合组的比例的增高而减小。

（4）TN、NH_3-N含量、TP值的变化规律。所有试验组TN值与NH_3-N含量在厌氧消化过程中的变化规律基本一致，混合组的变化规律均介于单一组之间，其中牛鸡粪混合组均衡了鸡粪的高氨氮与牛粪的低氨氮含量，有利于厌氧消化反应的正常进行。猪鸡混合组与牛鸡混合组均随着比例的比重不同，TP值的变化规律趋向性也随之变化，如猪鸡粪混合组试验，随着猪粪所占比重加大，猪鸡粪3∶1组TP变化规律就趋向于猪粪组，而猪鸡粪1∶1组TP的变化规律就比较趋向于鸡粪组。

五、正交试验

根据单因素试验结果，设计正交试验确定各因素对产气量以及COD去除率的影响及最佳水平组合。按正交试验计划表的各种条件进行试验，将产气量及COD去除率的结果列于表9-6及表9-7。

表9-6　正交试验产气量测定结果

次数	A（发酵料液浓度）	B（温度）	C（消化时间）	总产气量（mL）
1	1	1	1	40
2	1	2	2	2 820
3	1	3	3	16 960
4	2	1	2	400
5	2	2	3	9 870
6	2	3	1	15 582
7	3	1	3	1 320
8	3	2	1	3 740
9	3	3	2	35 190

表9-7　正交试验COD去除率测定结果

次数	A	B	C	COD去除率（%）
1	1	1	1	12.53
2	1	2	2	-7.39
3	1	3	3	44.40
4	2	1	2	-0.94
5	2	2	3	36.36
6	2	3	1	-0.27
7	3	1	3	17.87
8	3	2	1	-3.25
9	3	3	2	0.30

对表9-6进行极差分析，结果见表9-8。

表9-8　因素与水平的极差分析

极差分析	A	B	C
$K_{1平均}$	6 606.667	586.667	6 454.000
$K_{2平均}$	8 617.333	5 476.667	12 803.333
$K_{3平均}$	13 416.667	22 577.333	9 383.333
D	6 810.000	21 990.666	6 349.333

采用极差分析可以看出，因素B（温度）影响最大，因素A（发酵料液浓度）影响次之，因素C（消化时间）影响最小。由表9-8选定最优条件为$A_3B_3C_2$，即单从总产气量考虑，最优试验条件为发酵料液浓度为6%，温度为35℃，消化时间为30d。

对表9-7进行极差分析，结果见表9-9。

表9-9　极差分析

极差分析	A	B	C
$K_{1平均}$	16.513	9.820	3.003
$K_{2平均}$	11.717	8.573	-2.677
$K_{3平均}$	4.973	14.810	32.877
D	11.540	6.237	35.554

采用极差分析可以看出，因素C（消化时间）影响最大，因素A（发酵料液浓度）影响次之，因素B（温度）影响最小。由表9-9选定最优条件为$A_1B_3C_3$，即考虑COD削减率来看，试验条件为发酵料液浓度为2%，温度为35℃，消化时间为40d。

六、不同温度驯化的接种物对猪粪厌氧消化特性的影响

（一）不同温度驯化的接种物对产气性能的影响

如图9-41所示，从产气时间来看，所有试验组均在第1d即开始产气。整个试验组的变化趋势大致相同，添加接种物组在第7d出现第1次日产气量峰值，3个试验组产气量按驯化温度由低到高排列依次为440mL、360mL、370mL，其中35℃组在第9d达到第2个峰值（880mL），之后所有试验组产气量处于平稳状态，在第24d后，所有试验组的日产气量均开始呈上升状态。从总产气量来看，添加接种物的3个试验组均比不添加的对照组总产气量高，但是三者之间差异不大。产气量按添加接种物的驯化温度由低到高加上对照组猪粪的顺序排列依次为15 490mL、15 680mL、16 780mL、10 800mL。

（二）pH值的变化情况

如图9-42所示，3组添加接种物的试验组整个厌氧发酵过程中pH值的变化规律与变化幅度基本一致，且厌氧消化3个反应阶段表现明显，呈先下降后升高，后上升到7.00以后趋于稳定的状态。由图9-42可以看出，初始的pH值均呈碱性，添加接种物组比对照组提前5d完成水解酸化阶段，pH值均在第10d即降到最低点，而对照组则在第15d降到最低值（6.26）。至试验结束，pH值的变化范围按添加接种物的驯化温度由低到高加上对照组猪粪的顺序排列依次为8.24～7.24、8.22～7.28、8.21～7.25、8.02～7.26，均满足厌氧消化所需要的酸碱度要求。

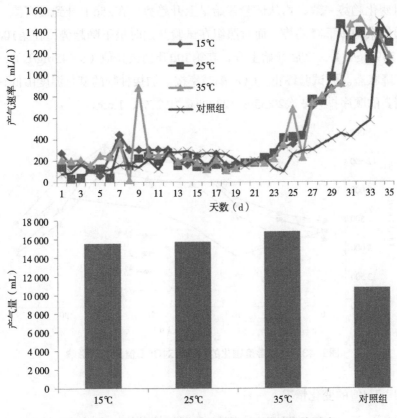

图9-41　不同温度驯化的接种物对产气性能的影响

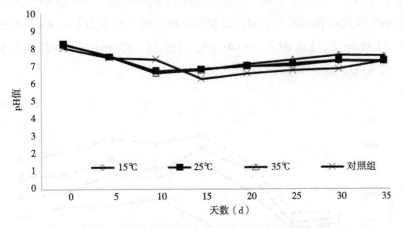

图9-42　不同温度驯化的接种物对pH值的变化影响

（三）COD值的变化情况

如图9-43所示，初始COD值按接种物的驯化温度的升高而增加，按驯化温度由低到高依次为5 957mg/L、6 607mg/L、7 400mg/L。对照组初始COD值为6 487mg/L，与添加25℃条件驯化的接种物组的初始COD值相似。除对照组外，3组添加接种物的试验组变化趋势一致，均从试验开始呈上升趋势，在25d上升到最高值，之后一直到试验结束均呈下降趋势。而对照组在试验开始时呈下降趋势，在第10d降到最低值（4 359mg/L），之后开始上升，在第30d升到最高值（9 645mg/L），至试验结束呈下降状态。到试验终止，COD削减率按添加接种物的驯化温度由低到高加上对照组猪粪的顺序排列依次20.33%、23.08%、0.27%、1.65%。

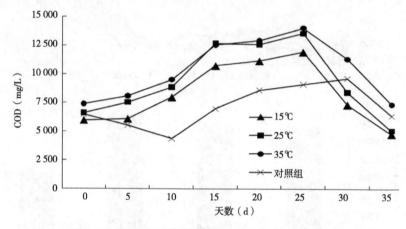

图9-43　不同温度驯化的接种物对COD值的变化影响

（四）TN值的变化情况

如图9-44所示，除对照组外，其余3种添加接种物组在试验开始先呈下降，之后一直呈上升趋势。至试验结束，终止TN值高于初始浓度。TN值的变化范围按添加接种物的驯化温度由低到高加上对照组猪粪的顺序排列依次为490.34～601.23mg/L、513.06～677.89mg/L、529.02～755.64mg/L、352.34～515mg/L。TN值上升率依次为22.61%、32.13%、42.84%、46.17%。

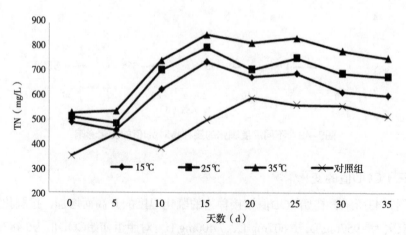

图9-44　不同温度驯化的接种物对TN值的变化影响

（五）NH₃-N值的变化情况

如图9-45所示，反应开始，除对照组变化幅度较大外（第10d从初始819.5mg/L急剧降到354.92mg/L），其余3组添加接种物的试验组的变化趋势一致，均缓慢降低，在第5d降到最低点，之后呈上升趋势，15d后趋于稳定趋势。

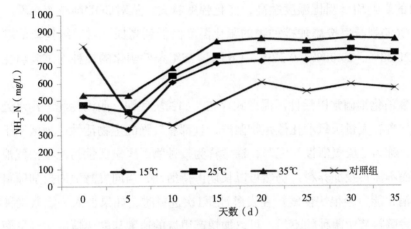

图9-45　不同温度驯化的接种物对NH₃-N值的变化影响

（六）TP值的变化情况

如图9-46所示，除对照组外，其余3组添加接种物试验组的变化趋势一致，在试验开始5d内呈缓慢下降趋势，之后一直上升，在第20d达到最高值，然后下降。至试验结束，终止TP值高于初始浓度，而对照组从试验开始即呈上升状态，30d后达到最高值（164.38mg/L），之后下降。

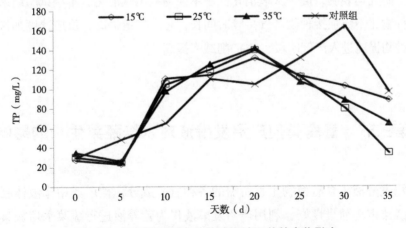

图9-46　不同温度驯化的接种物对TP值的变化影响

从总产气量来看，添加接种物的3个试验组均比不添加的对照组总产气量高，但是三者之间差异不大。按添加接种物的驯化温度由低到高加上对照组猪粪的顺序排列依次为15 490mL、15 680mL、16 780mL、10 800mL。从pH值变化情况看，3组添加接种物的试验组整个厌氧发酵过程中pH值的变化规律与变化幅度基本与对照组一致，但是添加接种物组比对照组提前5d完成水解酸化阶段，pH值均在第10d即降到最低点，而对照组则在第15d降到最低点。对COD值、TN值、NH_3-N含量以及TP值的影响均是驯化温度越高，变化幅度越大。从对COD削减率来看，到试验终止，COD削减率按添加接种物的驯化温度由低到高加上对照组猪粪的顺序排列依次为20.33%、23.08%、0.27%、1.65%。25℃条件驯化的接种物试验组比其他两组好。

厌氧消化细菌常以活性污泥形式存在，如粪坑底泥、阴沟污泥、污水处理池底泥等，均含有大量厌氧消化微生物菌群，且都有较强的生物活性。为区别于好氧活性污泥，称为"厌氧活性污泥"，通常称为接种物。厌氧活性污泥在沼气池内可保存数年而不需再投加养料，仍然可以长期保持活性，当向发酵池内投加原料开始运转，其消化能力会很快恢复。在发酵池第1次进料时，如果加入一定量接种物，补充初始发酵料液中菌种的不足，可以加快产甲烷的速度与酸化速度达到平衡，厌氧消化快速启动。

为研究混合发酵对畜禽养殖废弃物厌氧消化特性的影响以及最优条件，Moiler（2004）等研究了秸秆与粪便的厌氧发酵产甲烷能力，Lehtomaki等（2007）用牧草青贮、甜菜、燕麦秸秆和牛粪混合发酵产气。Capela等（2008）考察了工业污泥、城市垃圾与牛粪的混合厌氧消化性能。Chen等（2008）建议采用混合厌氧消化，以对有毒物起到互相抵消作用，从而稳定厌氧消化反应的进行。Liu Kai等（2009）等对城市垃圾、猪粪、牛粪以及它们的混合物进行了厌氧消化性能的研究。以上研究均表明，混合厌氧消化优于单独物料厌氧消化。本次试验结果也证实添加接种物比不添加接种物产气持续时间长，总产气量提高，反应速度加快，比不添加接种物提前进入产气阶段，COD削减率提高。

第三节　畜禽粪便产沼发酵液对水培蔬菜生长的影响

产沼发酵液中含有植物生长所需的各种营养成分，被广泛用作液体肥料。由于有机蔬菜市场前景良好，利用产沼发酵液作为营养液进行蔬菜水培极具开发潜力。目前水培生产主要是利用化学原料配制的营养液进行生产，产沼发酵液中含有与化学肥料类似的所有作物必需的营养元素。前人利用沼液或沼渣进行无土栽培的研究报道较多，如徐菊英等利用厌氧发酵液对番茄和黄瓜进行水培研究；张元敌等利用沼气发酵液水培水仙花的研究结果发现，添加沼气发酵液水培水仙花具有提早开花、延长花期的效果，为沼液的综合利用开辟了又一途径；宁晓峰等利用沼液进行无土栽培试验结果表明，用沼液作营养液进行无土栽培是可行的，且沼液稀释比例以1∶4较合适，但在栽培过程中，必须及时更换沼液，及时补充必要的营养元素和调节沼液pH值至微酸性；岳胜兵研究沼液作为叶用莴苣的水培营养液发现，沼液稀释10倍时最适宜叶用莴苣的生长；张玲玲等水培芹菜净化不同浓度沼液试验结果显示，芹菜种植80d时，以稀释30倍沼液水培芹菜的生物增长量最大，随着沼液稀释倍数的增加，芹菜的茎叶部分与根部中氮的质量越小，芹菜对稀释100倍沼液中总氮的去除率最高，为94.6%，对稀释10倍沼液中的总磷去除率最高，为90.6%，而在沼液稀释20~50倍时，水培芹菜中总氮和总磷的去除率均较高，稀释30~40倍时，水培芹菜取得的环境效益和经济效益均较高；陈玉红等利用猪场废水进行漂浮栽培空心菜以净化养殖场废水，其对COD的去除率达85%以上，对总氮、总磷和铵态氮均有较好的去除效果；罗林会等利用发酵油菜籽饼粕原液稀释成4种浓度的饼粕营养液研究其对空心菜生长发育的影响；王卫研究沼液沼渣在辣椒和其他蔬菜上进行无土栽培的效果。但单独使用发酵液而不添加任何化学原料作为营养液进行水培研究的报道较少，仅Jewell等利用草莓研究有机水培的结果表明，发酵液存在的氮素主要为铵态氮、发酵液盐分（电导率）较高和营养液内可溶性氧含量水平极低三大主要问题，这三大问题至今尚未得到解决。除此之外，关于不添加其他营养元素的水培方面报道极少，且无标准的营养液配方。为此，本章以空心菜和叶用莴苣为材料，研究不同电导率的猪粪、鸡粪和牛粪产沼发酵液对水培蔬菜生长及养分吸收的影响，以期为产沼发酵液在有机农业生产中的合理利用提供参考。

一、3种产沼发酵液的养分含量

由表9-10可知，3种产沼发酵原液中均含有植物生长所需的各种营养成分，pH>8。其中，鸡粪发酵原液中的盐分（电导率）、总氮、铵态氮（NH_4^+）、硝态氮（NO_3^-）、钾（K）、锌（Zn）、铜（Cu）和钠（Na）含量最高，分别为25.8ms/cm、2 860mg/kg、2 465mg/kg、93.1mg/kg、4 130mg/kg、24.1mg/kg、12.4mg/kg和613mg/kg；磷（P）含量较低，为80mg/kg。在稀释的6个电导率处理发酵液中，均以牛粪发酵液的氮（N）含量最低，而钾（K）含量则较猪粪和鸡粪发酵液高。

表9-10 猪、鸡、牛粪发酵原液及其不同电导率稀释液的养分含量

电导率EC (ms/cm)	发酵液	pH值	有机质 (%)	氮N (mg/kg)	铵态氮 (mg/kg)	硝态氮 (mg/kg)	磷P (mg/kg)	钾K (mg/kg)	钙Ca (mg/kg)	镁Mg (mg/kg)	钠Na (mg/kg)	铁Fe (mg/kg)	锰Mn (mg/kg)	锌Zn (mg/kg)	铜Cu (mg/kg)
8.6（原）	猪粪	8.1	0.426	1 660	580	62.0	240	1 800	228	172	242	608	121	18.2	4.38
25.8（原）	鸡粪	8.3	0.211	2 860	2 465	93.1	80	4 130	300	151	613	671	116	24.1	12.40
8.3（原）	牛粪	8.2	0.205	290	160	31.0	110	2 520	501	187	240	643	102	12.3	4.60
1.0	猪粪	8.0	0.050	193	67	7	28	209	27	20	28	71	14	2.0	0.51
	鸡粪	8.0	0.007	95	82	3	3	138	10	5	20	22	4	1.0	0.41
	牛粪	8.0	0.025	35	19	4	13	304	60	23	29	77	12	1.0	0.55
1.5	猪粪	8.0	0.075	291	102	11	42	316	40	30	42	107	21	3.0	0.77
	鸡粪	8.0	0.008	110	95	4	3	159	12	6	24	26	4	1.0	0.48
	牛粪	8.0	0.037	53	29	6	20	458	91	34	44	117	19	2.0	0.84
2.0	猪粪	8.0	0.099	386	135	14	56	419	53	40	56	141	28	4.0	1.02
	鸡粪	8.0	0.011	143	123	5	4	207	15	8	31	34	6	1.0	0.62
	牛粪	8.0	0.049	69	38	7	26	600	119	45	57	153	24	3.0	1.10
2.5	猪粪	8.1	0.125	488	171	18	71	529	67	51	71	179	36	5.0	1.29
	鸡粪	8.1	0.015	204	176	7	6	295	21	11	44	48	8	2.0	0.89
	牛粪	8.1	0.062	88	48	9	33	764	152	57	73	195	31	4.0	1.39
3.0	猪粪	8.2	0.147	572	200	21	83	621	79	59	83	210	42	6.0	1.51
	鸡粪	8.2	0.018	238	205	8	7	344	25	13	51	56	10	2.0	1.03
	牛粪	8.2	0.073	104	57	11	39	900	179	67	86	230	36	4.0	1.64
3.5	猪粪	8.2	0.170	664	232	25	96	720	91	69	97	243	48	7.0	1.75
	鸡粪	8.2	0.021	286	247	9	8	413	30	15	61	67	12	2.0	1.24
	牛粪	8.2	0.085	121	67	13	46	1 050	209	78	100	268	43	5.0	1.92

二、不同电导率水平下3种发酵液对空心菜生长的影响

（一）株高

由图9-47A可知，在猪粪发酵营养液中，以电导率为2.5ms/cm处理的空心菜植株最高，为19.9cm；在电导率为3.5ms/cm和2.0ms/cm处理中较低，分别为11.8cm和10.5cm。说明电导率大于或小于2.5ms/cm时，水培空心菜的株高呈下降趋势。在鸡粪发酵营养液中，以电导率为1.5ms/cm处理的植株最高，为27.9cm。在牛粪发酵营养液处理中，各电导率处理下的空心菜株高均低于对照（13.7cm），且空心菜植株变黄、生长不良。

（二）鲜重

由图9-47B看出，在猪粪发酵营养液中，以电导率为2.5ms/cm处理的空心菜鲜重最高，为10.70g/株，电导率小于或大于2.5ms/cm各处理的空心菜鲜重均较低。在鸡粪发酵营养液中，以电导率为1.5ms/cm处理的空心菜鲜重最高，为12.36g/株，电导率大于或小于1.5ms/cm各处理的空心菜鲜重均较低。在牛粪发酵营养液中，各电导率处理的空心菜鲜重均低于对照（1.26g/株）。可能与牛粪发酵营养液中的养分含量较低且不平衡有关。

（三）干重

由图9-47C可知，在3种发酵营养液中，空心菜的干重变化趋势与鲜重相同。即在猪粪发酵营养液中，以电导率为2.5ms/cm处理的空心菜干重最高，为1.13g/株；在鸡粪发酵营养液中，以电导率为1.5ms/cm处理的空心菜干重最高，为1.63g/株；在牛粪发酵营养液中，各电导率处理的空心菜干重均低于对照（0.3g/株）。

三、不同电导率水平下3种发酵液对叶用莴苣生长的影响

（一）株高

由图9-48A可知，在猪粪发酵营养液中，以电导率为2.5ms/cm处理的叶用莴苣植株最高，为17.7cm，其他电导率水平下均较低。在鸡粪发酵营养液中，以电导率为1.5ms/cm处理的植株最高，为12.1cm。在牛粪发酵营养液处理中，各电导率处理下的叶用莴苣株高均与对照（26cm）相当。

（二）鲜重

由图9-48B可知，在猪粪发酵营养液中，以电导率为2.5ms/cm处理的叶用莴苣鲜重最高，为62.11g/株，电导率低于或高于2.5ms/cm各处理叶用莴苣的鲜重均较低。在鸡粪发酵营养液中，以电导率为1.5ms/cm处理的叶用莴苣鲜重最高，为

28.21g/株，电导率低于或高于1.5ms/cm处理的鲜重均较低。在牛粪发酵营养液处理中，各电导率处理的叶用莴苣鲜重均与对照相当或低于对照（0.25g/株）。

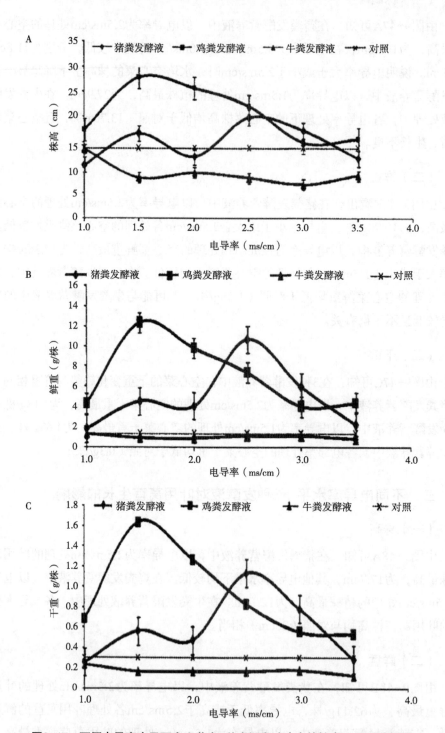

图9-47 不同电导率水平下空心菜在3种产沼发酵液中的株高、干重和鲜重

（三）干重

由图9-48C可知，在3种发酵营养液中，叶用莴苣的干重变化趋势与鲜重相似。即在猪粪发酵营养液中，以电导率为2.5ms/cm处理叶用莴苣的干重最高，为3.49g/株；在鸡粪发酵营养液中，以电导率为1.5ms/cm处理叶用莴苣的干重最高，为1.49g/株；在牛粪发酵营养液中，各电导率处理的叶用莴苣干重均与对照相当或低于对照（0.04g/株）。

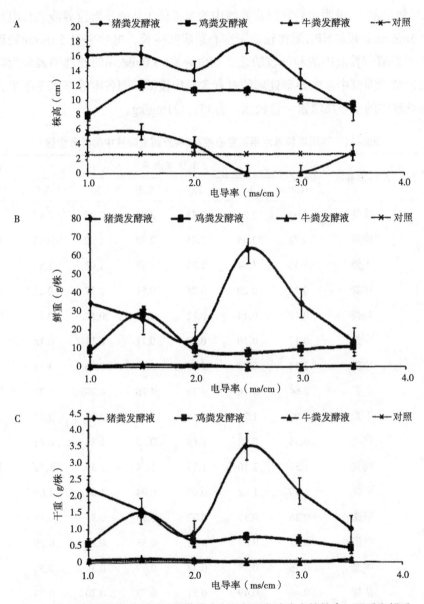

图9-48　不同电导率水平下叶用莴苣在3种产沼发酵液中的株高、干重和鲜重

四、不同电导率水平下3种发酵液对空心菜养分含量的影响

（一）氮（N）

由表9-11可知，在猪粪发酵营养液中，以电导率为2.5ms/cm处理的空心菜氮素含量最高，为2.87%；其次是电导率为2.0ms/cm和3.5ms/cm处理，空心菜氮素含量分别为2.73%和2.47%。在鸡粪发酵营养液中，以电导率为2.0ms/cm处理的氮素含量最高，为2.45%，其次是电导率为2.5ms/cm和3.5ms/cm处理，空心菜氮素含量分别为2.32%和2.08%。说明鸡粪发酵营养液中的氮素低于猪粪发酵营养液，且电导率为2.0～2.5ms/cm处理的NPK配比较适于空心菜吸收生长，电导率<1.5ms/cm处理的猪粪与鸡粪发酵营养液中的养分较缺乏，而电导率>3.0ms/cm的处理则表现为盐害。在牛粪发酵营养液中各电导率处理的氮素含量均较低，即各电导率水平下牛粪发酵营养液处理中的空心菜氮素含量较低，为35～121mg/kg。

表9-11 不同电导率水平下空心菜在3种产沼发酵液中的养分含量

养分含量	发酵营养液	电导率水平						对照（CK）
		1.0	1.5	2.0	2.5	3.0	3.5	
氮N（%）	猪粪	2.03	2.23	2.73	2.87	2.26	2.47	
	鸡粪	1.72	2.05	2.45	2.32	1.92	2.08	0.75
	牛粪	1.38	1.64	1.71	1.83	1.93	1.55	
磷P（%）	猪粪	0.20	0.29	0.28	0.51	0.37	0.27	
	鸡粪	0.12	0.14	0.12	0.13	0.12	0.18	0.10
	牛粪	0.17	0.10	0.12	0.11	0.13	0.18	
钾K（%）	猪粪	2.34	2.93	2.97	3.48	3.16	3.14	
	鸡粪	2.64	5.16	4.22	4.76	4.78	5.20	1.53
	牛粪	2.02	1.70	2.14	2.26	2.94	2.49	
钙Ca（%）	猪粪	0.85	0.90	0.69	0.55	0.38	0.43	
	鸡粪	1.50	2.10	1.73	1.64	1.37	1.16	1.24
	牛粪	1.19	1.08	0.88	0.94	1.05	1.09	
镁Mg（%）	猪粪	0.26	0.32	0.32	0.33	0.31	0.37	
	鸡粪	0.33	0.37	0.32	0.33	0.29	0.29	0.35
	牛粪	0.36	0.38	0.38	0.37	0.38	0.38	
钠Na（%）	猪粪	0.49	0.49	0.51	0.73	0.70	0.78	
	鸡粪	0.55	0.64	0.59	0.64	0.64	0.71	0.57
	牛粪	0.36	0.36	0.34	0.32	0.30	0.31	

（续表）

养分含量	发酵营养液	电导率水平						对照（CK）
		1.0	1.5	2.0	2.5	3.0	3.5	
铁Fe（%）	猪粪	0.50	0.69	0.88	0.76	0.81	0.84	
	鸡粪	1.24	1.27	1.22	1.33	1.17	1.32	0.69
	牛粪	0.77	0.97	1.04	1.22	1.01	1.04	
锰Mn（%）	猪粪	0.11	0.15	0.12	0.15	0.15	0.17	
	鸡粪	0.07	0.09	0.06	0.05	0.12	0.14	0.13
	牛粪	0.17	0.20	0.20	0.07	0.17	0.10	
锌Zn（mg/kg）	猪粪	147.84	72.15	130.21	204.09	79.37	143.83	
	鸡粪	159.93	49.40	62.85	88.91	82.81	54.59	140.44
	牛粪	235.82	179.95	212.26	715.10	146.59	274.37	
铜Cu（mg/kg）	猪粪	168.62	74.78	69.26	113.39	81.86	52.25	
	鸡粪	90.66	101.01	91.06	99.81	95.68	90.34	119.67
	牛粪	77.71	51.15	83.34	86.50	86.61	116.38	

（二）磷（P）

在各电导率水平下空心菜中的磷含量均以猪粪发酵营养液高于鸡粪和牛粪发酵营养液（表9-11）。其中，在猪粪发酵营养液中，以电导率为2.5ms/cm处理中的空心菜磷含量最高，为0.51%；电导率为1.0ms/cm处理的空心菜磷含量最低，为0.20%。可能是营养液中磷含量较少所致空心菜吸收磷量少。在不同电导率处理的鸡粪和牛粪发酵营养液中磷含量越高空心菜对磷吸收越多。

（三）钾（K）

在各电导率水平下3种发酵营养液中均不缺乏钾素，且以在鸡粪发酵营养液中的空心菜钾含量最高，在各电导率处理中，空心菜钾含量的大小顺序依次为3.5ms/cm（5.20%）>1.5ms/cm（5.16%）>3.0ms/cm（4.78%）>2.5ms/cm（4.76%）>2.0ms/cm（4.22%）。在猪粪发酵营养液处理中的空心菜钾素含量大小顺序依次为电导率2.5ms/cm（3.48%）>3.0ms/cm（3.16%）>3.5ms/cm（3.14%）>2.0ms/cm（2.97%）>1.5ms/cm（2.93%）。在牛粪发酵营养液中，电导率为3.0ms/cm处理的空心菜钾含量较高，为2.94%；3.5ms/cm处理其次，为2.49%；其他电导率水平下的钾含量均较低。

（四）钙（Ca）

在鸡粪发酵营养液中（表9-11），以电导率为1.5ms/cm处理的空心菜钙含量最高，为2.10%；其次是电导率为2.0ms/cm、2.5ms/cm、1.0ms/cm和3.0ms/cm处理，空心菜的钙含量分别为1.73%、1.64%、1.50%和1.37%。在猪粪发酵营养液中，以电导率为1.0ms/cm处理的空心菜钙含量最高，为0.85%；电导率为3.0ms/cm处理的空心菜钙含量最低，为0.38%。在牛粪发酵营养液中，以电导率为1.0ms/cm处理的空心菜钙含量最高，为1.19%；电导率为2.0ms/cm处理的空心菜钙含量最低，为0.88%。说明空心菜在鸡粪发酵营养液中的钙含量高于猪粪和牛粪发酵营养液。

（五）镁（Mg）

在牛粪发酵营养液中，各电导率处理的空心菜镁含量为0.36%～0.38%，约高于对照处理的空心菜镁含量（0.35%）；在猪粪发酵营养液中，除3.0ms/cm处理的空心菜镁含量（0.37%）高于对照外，其余处理均低于对照；鸡粪发酵营养液中，除1.5ms/cm处理的空心菜镁含量（0.37%）高于对照外，其余处理均低于对照。说明空心菜在各电导率牛粪发酵营养液中的镁含量多高于猪粪和鸡粪发酵营养液，且各处理的空心菜镁含量与对照相当或约高于对照（表9-11）。

（六）微量元素

在3种发酵营养液中，除猪粪发酵营养液中电导率为2.0～3.5ms/cm处理的空心菜钠含量（0.73%～0.78%）、铁含量（0.76%～0.88%）和锌含量（143.83～204.09mg/kg）高于对照（0.57%、0.69%和140.44mg/kg）外，其余各电导率处理的空心菜微量元素含量多小于对照或与对照相当（表9-11）。

五、不同电导率水平下3种发酵液对叶用莴苣养分含量的影响

（一）氮（N）

由表9-12可知，在猪粪发酵营养液中，以电导率为2.0ms/cm处理的叶用莴苣氮含量最高，为3.37%（表9-12）；其次是电导率为1.5ms/cm和3.5ms/cm处理，叶用莴苣的氮含量分别为2.73%和2.54%。在鸡粪发酵营养液中，电导率为1.0ms/cm处理的叶用莴苣氮含量最高，为2.68%；电导率为2.5ms/cm处理的叶用莴苣氮含量最低，为2.25%。在牛粪发酵营养液中，电导率为1.5ms/cm处理的叶用莴苣氮含量最高，为2.48%，其次是2.50ms/cm处理，为2.02%；除电导率为3.5ms/cm处理的叶用莴苣氮含量（0.63%）小于对照（1.34%）外，所有处理的叶用莴苣氮含量均高于对照。

表9-12　不同电导率水平下叶用莴苣在3种产沼发酵液中的养分含量

养分含量	发酵营养液	电导率水平						对照
		1.0	1.5	2.0	2.5	3.0	3.5	
氮N（%）	猪粪	2.21	2.73	3.37	2.28	1.94	2.54	
	鸡粪	2.68	2.50	2.52	2.25	2.31		1.34
	牛粪	1.81	2.48	2.02			0.63	
磷P（%）	猪粪	0.40	0.49	0.64	0.47	0.38	0.42	
	鸡粪	0.17	0.21	0.24	0.23	0.25		0.12
	牛粪	0.23	0.27	0.21			0.05	
钾K（%）	猪粪	6.07	5.75	6.02	6.21	5.62	5.42	
	鸡粪	5.98	6.34	6.59	6.66	7.28		2.67
	牛粪	3.99	5.40	9.25			2.21	
钙Ca（%）	猪粪	1.46	0.90	0.65	0.79	0.53	0.63	
	鸡粪	1.70	1.40	1.24	0.39	0.31		0.92
	牛粪	1.64	1.47	1.67			1.24	
镁Mg（%）	猪粪	0.41	0.40	0.44	0.37	0.34	0.34	
	鸡粪	0.35	0.28	0.27	0.21	0.23		0.27
	牛粪	0.48	0.43	0.45			0.20	
钠Na（%）	猪粪	0.76	0.90	1.03	1.05	1.00	1.12	
	鸡粪	0.63	0.60	0.58	0.57	0.72		0.54
	牛粪	0.74	0.73	0.62			0.27	
铁Fe（%）	猪粪	0.66	0.68	0.68	0.66	0.69	0.63	
	鸡粪	0.60	0.63	0.70	066	0.53		0.66
	牛粪	0.67	0.69	0.72			0.64	
锰Mn（%）	猪粪	0.13	0.21	0.20	0.21	0.23	0.19	
	鸡粪	0.27	0.23	0.23	0.24	0.27		0.19
	牛粪	0.22	0.20	0.21			0.27	
锌Zn（mg/kg）	猪粪	183.58	262.57	273.82	566.06	616.41	127.45	
	鸡粪	150.76	121.31	496.01	122.19	295.13		16.74
	牛粪	647.85	535.56	136.90			12.01	
铜Cu（mg/kg）	猪粪	83.00	85.33	93.46	79.43	91.42	93.38	
	鸡粪	100.30	98.01	96.03	107.55	98.26		109.60
	牛粪	100.84	109.04	89.12			91.3	

（二）磷（P）

从表9-12可知，在3种畜禽粪发酵营养液中，以叶用莴苣在电导率为2.0ms/cm猪粪发酵营养液中的磷含量最高，为0.64%。除电导率为3.5ms/cm牛粪发酵营养液中的叶用莴苣磷含量（0.05%）小于对照（0.12%）外，所有处理的叶用莴苣磷含量均高于对照。叶用莴苣在各电导率处理猪粪发酵营养液中的磷含量均高于鸡粪和牛粪发酵营养液。

（三）钾（K）

从表9-12可以看出，叶用莴苣的钾含量除在电导率为2.0ms/cm牛粪发酵营养液中最高（9.25%）外，其余各电导率水平下的鸡粪和猪粪发酵营养液中的钾含量稍低。3种发酵营养液中，除电导率为3.5ms/cm牛粪发酵营养液中的叶用莴苣钾含量（2.21%）小于对照（2.67%）外，其余各处理的叶用莴苣钾含量均高于对照。

（四）钙（Ca）

研究结果（表9-12）表明，在电导率为1.0ms/cm的猪粪、鸡粪和牛粪发酵营养液中的叶用莴苣钙含量均较高，分别为1.46%、1.70%和1.64%，均高于对照（0.92%），但在猪粪发酵营养液中的钙含量多小于鸡粪和牛粪发酵营养液。

（五）镁（Mg）

叶用莴苣的镁含量在低电导率（1.0ms/cm、1.5ms/cm和2.0ms/cm）的牛粪和猪粪发酵营养液中较高，分别为0.48%、0.43%、0.45%和0.41%、0.40%、0.44%。在鸡粪发酵营养液中，除电导率为1.0ms/cm处理稍高（0.35%）外，其余处理均与对照相当（0.27%）。说明叶用莴苣在3种发酵营养液中的镁含量大小顺序为牛粪>猪粪>鸡粪，即叶用莴苣在鸡粪发酵营养液中的镁含量最低。

（六）微量元素

在3种发酵营养液中，电导率为3.5ms/cm猪粪发酵营养液中的叶用莴苣钠含量（1.12%）和锌含量（127mg/kg）较高外，其余各电导率处理的叶用莴苣微量元素含量均小于对照（表9-12）。

因猪粪和鸡粪2种发酵营养液中含有蔬菜生长所需的大量营养成分，空心菜和叶用莴苣均能在其发酵营养液中较好生长，并以猪粪发酵液中的水培蔬菜生长最好，而牛粪发酵液不适宜作水培蔬菜生长液。但由于鸡粪发酵液的盐分含量较高，需用大量水稀释，并添加适量磷矿粉作为水培蔬菜的磷素源。

第四节 畜禽粪便产沼废弃物对空心菜生长的影响

肥料是有机农业生产中最主要的限制因素，尤其是氮肥。不同种类氮肥的含氮量、氮的速效性以及矿化程度等千差万别，有机肥的来源、大用量、不一致性、不稳定性和不统一性等使得有机生产成本增加。堆肥因其价格低廉，除能提供氮肥外，还能改善土壤质量，因此堆肥在有机种植中被大量使用，但堆肥中的养分不能迅速被作物吸收利用，从而限制蔬菜的生产。产沼废弃物包含随时能被植物吸收的营养元素，可作为化肥的替代品。因此，研究产沼废弃物和堆肥对空心菜（*Ipomoea aquatica* Forsk）生长的影响，为沼肥在绿色速生蔬菜生产上的应用提供理论基础，对促进蔬菜生产具有重要意义。目前国际上沼气技术发展迅速，沼气被广泛使用。沼肥和堆肥被应用在多种作物中，Liedl等将消化后的鸡粪沼肥与化肥、获认证有机肥根据土壤分析和作物需求进行利用率方面的比较，结果证明鸡粪沼肥液可作为潜在肥料；郝鲜俊等研究沼液、沼渣对迷你黄瓜品质的影响，结果表明，以沼渣为基肥，辅以植株叶面喷施沼液，对提高迷你黄瓜品质有明显的作用；张发宝等研究畜禽粪堆肥与化肥对叶类蔬菜产量与品质的影响，提出堆肥的作用除改良土壤外更多表现在改善作物品质上；Thapa和Rattanasuteerakul指出有机肥是有机蔬菜种植中除农药和有机种植经验外的一个最主要影响因素；康凌云等研究施用沼渣沼液对设施果类、蔬菜生长及土壤养分积累的影响，完全施用沼渣沼液可以满足作物正常的生长发育，施用沼渣沼液处理的土壤氮、磷养分盈余，表层土壤出现磷累积并出现氮素淋洗损失等问题。目前有关沼液堆肥基本的养分信息报道较少，且同时对比畜禽粪沼液、沼渣和堆肥对速生蔬菜的影响的研究未见报道。分别用沼液、沼渣和堆肥作为有机肥，研究其对空心菜生长的影响，为绿色蔬菜生产上使用沼肥和堆肥提供依据及施用建议。

一、空心菜的生长、产量和产量构成因素

（一）产量

从表9-13可以看出，各处理的空心菜产量均比对照高，鸡粪沼液处理和猪粪沼液处理的空心菜产量最高，分别为21.61t/hm^{2}和20.00t/hm^2，两者之间无显著性差异（$P>0.05$，下同），与其他处理差异达显著水平（$P<0.05$，下同），分别比对照（6.17t/hm^2）高3.5和3.2倍；其次是鸡粪沼渣、鸡粪堆肥、猪粪沼渣和猪粪堆肥处理，分别为14.50t/hm^2、14.50t/hm^2、13.83t/hm^{2}和13.67t/hm^2，各处理间差异不显著。牛粪堆肥和沼渣处理的产量最低，分别为8.50t/hm^{2}和12.17t/hm^2。牛粪沼渣比

牛粪堆肥更易于被完全分解消化，高纤维素含量的牛粪堆肥需要在土壤中进行较长时间的消化，短期蔬菜无法获取养分，因此牛粪沼渣处理的产量高于牛粪堆肥。

表9-13 空心菜的产量和产量构成因素

处理	原料	产量（t/hm²）	株高（cm）	鲜重（g/株）	干重（g/株）
沼液	猪粪	20.00a	50.47a	28.52a	1.50bc
	鸡粪	21.61a	49.20ab	31.60a	1.67a
堆肥	猪粪	13.67b	45.77abc	23.59b	1.40c
	鸡粪	14.50b	44.60abc	23.04b	1.50bc
	牛粪	8.50cd	33.70bcd	9.44c	0.51d
沼渣	猪粪	13.83b	39.83cd	21.47b	1.47bc
	鸡粪	14.50b	43.33bc	23.95b	1.56ab
	牛粪	12.17bc	33.77de	10.73c	0.54d
对照		6.17d	27.03d	3.95d	0.25e

注：不同小写字母表示在$P<0.05$水平上差异显著

（二）株高

猪粪沼液处理的空心菜株高最高，为50.47cm，其次是鸡粪沼液、猪粪堆肥、鸡粪堆肥和鸡粪沼渣处理，分别为49.20cm、45.77cm、44.60cm和43.33cm。猪粪沼渣处理株高较低，为39.83cm。两种形态牛粪处理的株高最低，大多数都未达到出售的标准，且多发育不良，也不鲜嫩。

（三）鲜重

鲜重与产量趋势相同，鸡粪沼液和猪粪沼液处理的鲜重最高，分别为31.60g/株和28.52g/株；其次是鸡粪沼渣、猪粪堆肥、鸡粪堆肥和猪粪沼渣处理，鲜重分别为23.95g/株、23.59g/株、23.04g/株和21.47g/株。牛粪沼渣和牛粪堆肥处理的鲜重最低，分别为10.73g/株和9.43g/株。

（四）干重

干重与产量、鲜重趋势相同，鸡粪沼液处理的干重最高，为1.67g/株，其次是鸡粪沼渣（1.56g/株）。鸡粪堆肥、猪粪沼液和猪粪沼渣处理干重分别为1.50g/株、1.50g/株和1.47g/株。猪粪堆肥处理干重为1.40g/株，牛粪沼渣和牛粪堆肥处理干重最低，分别为0.54g/株和0.51g/株。速生蔬菜的干物质积累极慢，大部分成分是水分。

以上结果表明，除沼液外，适量的猪粪、鸡粪的沼渣和堆肥也可以被用于短季节蔬菜，但应作基肥提前施入土壤中充分消化、分解释放出足够的养分。鸡粪和猪粪沼液含有可随时被短季节蔬菜所吸收的养分，在蔬菜生长早期，足够的养分吸收能促进植物组织分化和根系建立，因此土壤周围更多的养分能被植物迅速交换和吸收。沼液中可利用的养分也可促进土壤微生物的生长，提高其活力，沼液中尚未被完全消化的有机质能够继续被土壤微生物消化分解，得到更多的可利用养分，因而土壤微环境得到改善。以上这些因素均可促进蔬菜快速生长。牛粪沼液施用量再高也不适用于短季节蔬菜生长，因其缺少氮素。要提供足够的氮，就需要很高的施用量（达136.00kg/m²），施用极为不便，且其他养分如钾很高，可能对作物产生毒害。

二、空心菜的生长期和收获时间

猪粪和鸡粪沼液处理的空心菜上市时间提前到15～20d，猪、鸡粪沼渣和堆肥处理提前到20～30d，而牛粪的两种处理上市时间未提前，为30～40d（表9-14）。生长期缩短是因为时间、空间、蔬菜种植密度及肥力竞争等因素达到抑制杂草的效果，短生长期也能错开虫害暴发，在虫害暴发之前收获。沼液、沼渣养分的高效性和可获得性可通过空心菜收获时间的缩短、侧枝数量和侧枝高度反映出来。因其完整的根系已建立，刈割后侧枝萌发，可进行多次的采收。鸡粪和猪粪沼液处理的空心菜能收获4～5次，鸡粪、猪粪沼渣和堆肥处理能收获3～4次，而两种牛粪处理仅收获1次。猪粪和鸡粪沼液处理发现两株较高侧枝，鸡粪、猪粪沼渣和堆肥处理有两株中等侧枝，而两种牛粪处理无侧枝。

表9-14 空心菜的生长期、最短上市时间和收获时间

处理	原料	最短上市时间（d）	生长时期（d）	最多收获次数（次）	侧枝分枝（枝）
沼液	猪粪	15～20	30～40	4～5	2
	鸡粪	15～20	30～40	4～5	2
堆肥	猪粪	20～30	30～40	3～4	2
	鸡粪	20～30	30～40	3～4	2
	牛粪	30～40	30～40	1	0
沼渣	猪粪	20～30	30～40	3～4	2
	鸡粪	20～30	30～40	3～4	2
	牛粪	30～40	30～40	1	0
对照		30～40	30～40	1	0

三、空心菜的养分吸收

从表9-15可以看出，猪粪和鸡粪沼液处理氮的吸收较高，分别为4.26%和4.02%，其次为鸡粪沼渣处理，为3.62%；猪粪堆肥和鸡粪堆肥处理氮吸收水平相当（分别为2.86%和2.82%）；牛粪堆肥和沼渣处理氮吸收较低，分别为2.70%和2.13%，甚至比对照还低；猪粪沼渣处理中氮的吸收最低（1.97%），与该处理磷的吸收正好相反。

表9-15　空心菜的养分含量（%）

处理	原料	氮N	磷P	钾K	钙Ca	镁Mg	钠Na
沼液	猪粪	4.26a	0.77c	8.55abc	0.55b	0.35a	0.58ab
	鸡粪	4.02ab	0.72c	9.13a	0.90a	0.36a	0.50abc
堆肥	猪粪	2.86bcd	0.84bc	8.71ab	0.27c	0.34ab	0.49abc
	鸡粪	2.82bcd	1.00ab	8.18bcd	0.35bc	0.34ab	0.47abc
	牛粪	2.70cd	1.02ab	7.80cd	0.23c	0.27c	0.41bc
沼渣	猪粪	1.97d	1.07a	8.43abc	0.35bc	0.34ab	0.47abc
	鸡粪	3.62abc	0.85bc	7.67cd	0.37bc	0.34ab	0.59a
	牛粪	2.13d	0.85bc	7.66cd	0.29c	0.27c	0.39c
对照		2.81bcd	0.75c	7.40d	0.35bc	0.31abc	0.39c

注：不同小写字母表示在$P<0.05$水平上差异显著

猪粪沼渣处理磷吸收最高（1.07%），牛粪堆肥和鸡粪堆肥处理的磷吸收较高，分别为1.02%和1.00%，鸡粪沼渣、牛粪沼渣和猪粪堆肥处理的磷吸收水平大体相同，分别为0.85%、0.85%和0.84%；猪粪沼液和鸡粪沼液处理的磷吸收较低，分别为0.77%和0.72%。

鸡粪沼液处理钾吸收最高（9.13%），牛粪堆肥、牛粪沼渣和鸡粪沼渣处理吸收较低，分别为7.80%、7.66%和7.67%；猪粪堆肥、猪粪沼液、猪粪沼渣和鸡粪堆肥处理钾吸收水平差异不明显，分别为8.71%、8.55%、8.43%和8.18%。因钾极易溶解，其在消化分解过程中溶入沼液。分析表明沼渣中钾的含量低，尤以鸡粪和牛粪沼渣中最少。从堆肥的消化分解方面也发现猪粪堆肥的消化分解最容易，钾容易释放到土壤。

由此断定有机肥的施用提高蔬菜对钾的吸收。尽管钙、镁、钠都较低，但均呈现出在一定适用范围内施用量越高，养分吸收越高的趋势。

四、土壤分析结果

从表9-16可以看出，空心菜收获后所有处理的土壤电导率较高。鸡粪沼液和鸡粪堆肥处理的土壤有机质含量最高。鸡粪堆肥处理土壤氮含量最高，表明堆肥中大部分氮素尚未完全被消化，仍处于有机形态。统计结果表明，由于氮施用量相同，各处理间无显著差异，植株吸收量根据养分的有效性和大中微量元素间的配比而产生差异，但氮素极易流失如降雨淋失等。沼液中磷含量低，但经多年有机肥施用试验土壤磷含量较高（217.00mg/kg），如在低磷土壤中开展试验，会造成土壤缺磷。因此建议沼液单独使用时添加磷源，或者与沼液、沼渣和堆肥配合施用。

表9-16　各处理的土壤养分含量

处理	原料	pH值	电导率EC（μs/cm）	有机质OM（mg/kg）	氮N（mg/kg）	磷P（mg/kg）	钾K（mg/kg）	钙Ca（mg/kg）	镁Mg（mg/kg）
沼液	猪粪	7.49	166.00	2 920.00bc	171.00abc	223.00cd	278.00b	2 293.00ab	685.00abc
	鸡粪	7.42	231.00	3 010.00abc	171.00abc	242.00bcd	424.00a	2 780.00a	735.00abc
堆肥	猪粪	7.39	193.00	2 580.00a	139.00c	315.00ab	346.00ab	1 727.00b	764.00ab
	鸡粪	7.51	203.00	3 650.00cd	217.00a	367.00a	418.00a	2 750.00a	840.00a
	牛粪	7.47	213.00	2 800.00bc	162.00bc	194.00d	401.00ab	2 457.00a	688.00abc
沼渣	猪粪	7.43	192.00	2 950.00abc	189.00ab	359.00a	317.00ab	2 353.00ab	766.00ab
	鸡粪	7.54	201.00	2 910.00a	180.00abc	298.00abc	437.00a	2 517.00a	769.00ab
	牛粪	7.45	215.00	2 950.00ab	169.00abc	231.00bcd	360.00ab	2 700.00a	689.00abc
对照		7.57	167.00	2 960.00bc	139.00c	216.00cd	305.00ab	2 240.00ab	636.00bc

注：不同小写字母表示在$P<0.05$水平上差异显著

五、讨论

（一）猪粪、鸡粪和牛粪的沼液、沼渣和堆肥对空心菜产量和生长的影响

本研究结果表明，猪粪沼液和鸡粪沼液处理的空心菜产量最高，与其他处理呈显著差异，与高红莉研究的沼液比沼渣和化肥对青菜增产效果显著相一致。施用适量的猪粪和鸡粪沼液能显著提高空心菜的产量。这主要是因为沼液中发酵物长期浸泡水中，可溶性养分自固相转入液相，所以其养分主要为速效性养分，能够满足空心菜生长期内对养分的需求。猪粪、鸡粪的沼渣和堆肥处理产量适中，且无明显差异。牛粪的沼渣和堆肥处理的空心菜产量比其他处理都较低，牛粪各处理对空心菜增产效果不明显。对于生长期较短的作物，施用沼液可有效提高蔬菜的产量。单独施用堆肥可取得一定的产量，但增产效果一般。这与张发宝等的研究结果相似。本研究结果表明，沼液与沼渣相比，因磷在液体环境中与其他养分如钙、镁等反应，沉淀于沼渣中，导致沼液与沼渣相比磷含量较低；堆肥属好氧发酵，且发酵过程中所有磷都存在于堆肥中，损失少。本研究结果与基于相同氮施用量的有机肥养分分析结果相一致，也在水培试验中得到证实。因此在施用沼液时，需补充额外磷源。

除了产量和产量构成因素外，生长周期和上市时间也是有机蔬菜重要指标。猪粪和鸡粪沼液处理的空心菜上市时间能够提前15～20d上市，猪鸡粪沼渣和堆肥处理提前20～30d，而牛粪的两种处理上市时间未提前，为30～40d。对有机种植者来说，缩短生长期和提早上市意味着更大的效益。短生长期能保证蔬菜鲜嫩及味道，生长期过长则导致更多木质素和纤维积累，严重影响口味和品质。对于蔬菜而言，收获次数越多，产量就越高，产生的经济效益就越高。鸡粪和猪粪沼液处理的空心

菜能收获4～5次，鸡粪、猪粪沼渣和堆肥处理能收获3～4次，而两种牛粪处理仅收获1次，说明鸡粪和猪粪沼液处理的空心菜生长速度最快，生长最好，其产生的经济效益也最高。

（二）猪粪、鸡粪和牛粪的沼液、沼渣和堆肥对土壤养分的影响

土壤养分为植物生长提供必要的营养元素，直接影响植物的生长。土壤电导率的高低能够判定土壤中盐类离子是否限制作物的生长，土壤有机质则是反映土壤肥力水平的重要指标。本研究结果表明，空心菜收获后所有处理的土壤电导率较高。鸡粪沼液处理的土壤电导率最高，其次是牛粪的各个处理，猪粪沼液处理最低。施用沼液、堆肥和沼渣可使土壤含盐量增加，特别是鸡粪沼液，在喷施后要用清水冲洗植株避免高盐分对植株的烧伤和毒害。Choudhary等发现沼肥的施用增加土壤氮磷钾和钙镁钠的含量。然而，过多地施用沼肥增加硝态氮、磷和镁的流失。空心菜收获后猪粪和鸡粪的沼渣处理比沼液处理土壤中总氮、总磷含量高。这与高红莉研究结果相一致，施用沼渣能够显著增加种植青菜土壤的全氮含量和速效氮含量。施用沼肥可以有效增加土壤养分含量。柴仲平等在研究施用沼肥对枣园土壤养分含量的影响时也指出与施用化肥相比，施用沼肥可显著增加土壤有机质含量，提高土壤全氮、全磷、全钾以及碱解氮、速效磷含量，效果以沼液根施最佳。本研究结果表明，沼液进行喷施也有相同的效果。与沼渣和堆肥处理相比，沼液处理中磷含量较低，单施沼液时土壤磷含量也较低，因此需添加磷源或与其他有机肥料配合施用。猪粪和鸡粪沼液不仅能培肥土壤，改善土壤理化性质，还能缩短蔬菜生长期而提前上市。沼液、沼渣和堆肥配合施用能更好地改善土壤环境。

六、结论

本研究结果表明，施用猪粪沼液和鸡粪沼液后，空心菜的产量、株高、鲜重和干重明显增加，空心菜生长期缩短，上市时间提前，同时土壤养分含量增加，土壤状况得到改善。适量的猪粪、鸡粪沼渣和堆肥效果也较佳，而牛粪沼液不适用于短季蔬菜，但可以施用大量的牛粪沼渣。因此，施用适量猪粪和鸡粪沼液适宜用于短期蔬菜种植。建议沼液、沼渣和堆肥配合施用，单施沼液则需补充磷源。

第五节　水培空心菜净化和资源化利用鸡粪沼液研究

规模化畜禽养殖产生的粪尿及高浓度有机废水已成为我国农业环境污染和农村面源污染的主要因素之一，而厌氧发酵产沼气技术是规模化畜禽养殖场粪便污染

治理的有效途径。畜禽养殖粪污经厌氧消化处理后，沼液与原水相比其有机物可减少40%~90%，但对总氮（TN）和总磷（TP）的去除作用小，通常小于10%，沼液中悬浮物（Suspended Solids，SS）、化学需氧量（COD）、氮（N）和磷（P）等含量仍较高，需经过深度处理后才可达标排放。从处理技术上来看，厌氧发酵液经各种组合工艺处理后均可实现达标排放，但受运行成本的影响，制约其在实际工程中的应用；另外，沼液营养成分丰富，且养分主要为速效态，可回收营养物质，将其资源化利用。因此，探究适宜的沼液处理技术，对沼液资源化利用和污染物减少具有重要意义。邓良伟等采用序批式反应器处理猪场废水厌氧消化液，研究配水比例对处理性能的影响，发现配水30%的处理对出水氨氮（NH_3-N）去除效果最佳，且运行稳定。汪小将等利用3种水培蔬菜对富营养化水体进行净化，认为在水体中生菜的生长状况最佳，包菜次之，油麦菜最差，生菜对富营养化水体中NH_4^+-N和COD的去除率最高达92%和86%。宋超等利用浮床栽培水芹净化富营养化水体的研究结果表明，水芹对TP和TN均有较好的去除效果，但未观察到栽植水芹对高锰酸盐指数的降低作用。白晓凤等利用吹脱+鸟粪石沉淀（MAP，分子式$MgNH_4PO_4 \cdot 6H_2O$）组合工艺处理中温厌氧发酵沼液的研究结果表明，MAP沉淀处理后的沼液出水NH_3-N和TP去除率分别达95%和80%，COD和SS去除率分别在40%和32%左右，该工艺既可使沼液得到净化处理，又可回收其中的营养物质。利用植物净化水体或沼液用于无土栽培的报道较多，但大多倾向单方面效益的研究，而有关沼液作为蔬菜水培营养液的探讨及其养分调控技术的研究较少，同时兼顾环境效益和经济效益的报道更少。以泰国空心菜为研究对象，在不同稀释倍数的鸡粪沼液中进行水培培养，研究水培空心菜对沼液中NH_3-N、TN、TP、COD的去除效果及沼液浓度对水培空心菜生长的影响；同时对鸡粪沼液作为水培营养液的限制因子进行探讨。

一、水培空心菜对不同稀释倍数鸡粪沼液的净化效果

在平均棚温39℃下，不同稀释倍数鸡粪沼液水培的空心菜根部生长茂盛，大量根系交织，可能是根部富集了大量微生物菌群，形成生物滤网，有效沉积和吸附沼液中的SS及有机物污染物，沼液处理14d后水体由黄色变为基本澄清，无异味。从表9-17可以看出，不同稀释倍数鸡粪沼液经空心菜吸收后，各项污染物浓度均有不同程度的降低，其中各处理沼液的NH_3-N去除效果受稀释倍数影响较大，水培21d后各处理的NH_3-N均符合GB 18596—2001《畜禽养殖业污染物排放标准》的排放浓度（80mg/L）要求，以1#处理的去除率最高（81.61%），6#处理的去除率最低（51.80%）。各处理对降解COD、TN、TP的规律也相似，均表现为稀释倍数较小处理的去除率高于稀释倍数较大处理，均以2#处理的去除率最高，但COD和TN以4#处理的去除率最低，TP以1#处理的去除率最低。

表9-17 水培空心菜对不同稀释倍数沼液的净化效果

污染物	浓度及去除率	处理					
		1#	2#	3#	4#	5#	6#
NH₃-N	初始浓度	347.31	230.19	173.66	138.88	115.03	99.44
	7d浓度	273.87	173.42	121.76	102.82	83.65	75.93
	14d浓度	167.01	100.19	91.90	71.39	68.63	54.58
	21d浓度	63.87	47.93	47.76	36.82	46.65	47.93
	去除率	81.61	79.18	72.50	73.49	59.45	51.80
COD	初始浓度	691	458	345	276	229	198
	7d浓度	412	310	206	204	137	122
	14d浓度	275	260	153	156	105	105
	21d浓度	204	100	128	137	98	68
	去除率	70.47	78.16	62.94	50.40	57.16	65.61
TP	初始浓度	9.40	6.23	4.70	3.76	3.11	2.69
	7d浓度	7.90	5.08	3.76	2.84	2.53	2.07
	14d浓度	5.78	3.87	2.36	2.44	2.14	1.83
	21d浓度	3.36	0.81	1.32	0.91	0.81	0.71
	去除率	64.26	87.00	71.91	75.80	73.95	73.61
TN	初始浓度	188.15	124.70	94.08	75.24	62.32	53.87
	7d浓度	142.56	105.30	68.87	57.90	45.31	37.29
	14d浓度	72.56	76.91	48.87	47.90	21.31	23.29
	21d浓度	34.67	15.02	30.47	25.93	16.48	16.10
	去除率	81.57	87.96	67.61	65.54	73.56	70.11

注：鸡粪产沼发酵液用双层纱布过滤后，以自来水稀释为6个水平梯度，1~6#分别为稀释6倍、9倍、12倍、16倍、19倍和21倍的沼液，7#为自来水空白，8#为华南农业大学叶菜A配方营养液作对照，下同

二、不同稀释倍数沼液对空心菜生长及品质的影响

（一）对空心菜生长的影响

由表9-18可知，定植21d后，不同稀释倍数沼液水培的空心菜生长状况差异较明显。植株高度、地上部分重和植株全重均以8#处理效果最佳、7#处理最差；空心菜根部生长以3#处理最佳。说明鸡粪沼液可作为营养液用于水培空心菜，但其适宜的稀释倍数还需进一步调整。

表9-18　不同稀释倍数沼液对空心菜生长的影响

指标	处理							
	1#	2#	3#	4#	5#	6#	7#	8#
植株高度（cm）	18.59	17.25	19.18	18.23	19.00	17.15	13.80	24.50
植株全重（g/株）	3.27	3.30	4.83	3.87	3.71	3.10	1.49	6.00
地上部分重（g/株）	2.26	2.16	3.40	2.67	2.63	2.32	0.91	5.08
根重（g/株）	0.80	0.95	1.40	1.05	0.76	0.72	0.58	0.99

（二）对空心菜矿物质元素含量的影响

植物地上部矿质元素含量不仅是评价植物品质的重要指标，还能反映植物的养分利用效率。从表9-19可以看出，空心菜地上部分和根中N、P、K含量均以8#处理最高；沼液不同稀释倍数处理的植株根中N、P、K含量分别以4#、2#和1#处理最高，沼液植株地上部分N含量以5#处理最高、P含量以2#处理最高、K含量以1#处理最高，与在根中的变化规律相似，随稀释倍数的增加K含量逐渐降低。

表9-19　不同水培处理空心菜根和地上部分矿物质元素含量比较（%）

处理	根			地上部分		
	N	P	K	N	P	K
1#	1.42	0.26	6.36	1.74	0.26	6.79
2#	1.91	0.30	6.21	1.82	0.29	6.37
3#	1.63	0.29	5.82	2.09	0.23	5.93
4#	1.98	0.28	4.37	2.02	0.28	5.69
5#	1.86	0.26	5.34	2.10	0.21	5.89
6#	1.55	0.16	3.85	1.96	0.18	4.08
7#	1.89	0.21	2.39	2.02	0.09	3.47
8#	3.33	0.47	8.19	3.77	0.44	8.53

（三）对空心菜品质的影响

还原糖是光合作用的初级产物，再由其形成淀粉、纤维素、蛋白质和脂肪等。因此，测定植株中的糖含量可以研究植物体内的碳氮代谢。1～8#处理空心菜还原糖含量分别为：4.19%、3.62%、4.99%、3.86%、5.26%、6.63%、4.74%和2.88%。可见，沼液稀释各处理的水培空心菜还原糖含量均高于标准液的水培空心菜还原糖含量，以6#处理的还原糖含量最高，说明用沼液作为水培营养液可提高蔬菜品质。

不同处理植株地上部分重金属含量如表9-20所示。按新鲜空心菜含水率为80%折算后（即表9-20中数据×20%），植株地上部分未检出As，Cd含量也较低，均未超过GB 2762—2012《食品安全国家标准食品中污染物限量》规定限值（As 0.5mg/kg，Cd 0.2mg/kg），而Pb和Hg除7#处理外，其余处理均超过GB 2762—2012的金属限值（Pb 0.30mg/kg，Hg 0.01mg/kg）规定；1#、2#、4#、8#处理的空心菜Cr含量超出GB 2762—2012的重金属限值（Cr 0.5mg/kg）规定，其中以1#和2#处理的含量较高。

表9-20　不同水培处理空心菜地上部分重金属含量比较（mg/kg）

处理	As	Cd	Pb	Hg	Cr
1#	0.01L	0.01L	1.8	0.174 0	37.20
2#	0.01L	0.01L	2.9	0.157 0	12.70
3#	0.01L	0.076	3.9	0.076 9	2.11
4#	0.01L	0.01L	3.3	0.087 9	6.41
5#	0.01L	0.017	6.8	0.088 7	2.45
6#	0.01L	0.01L	5.3	0.078 9	2.18
7#	0.01L	0.002	1.0	0.029 3	1.84
8#	0.01L	0.042	6.2	0.075 0	7.48

注：表中数据均为扣除水分后重金属含量，表9-23同；数据后加L表示在该数据检出限值范围内未检出，下同

三、鸡粪沼液添加营养物质对空心菜生长及品质的影响

（一）对空心菜生长的影响

从表9-21可以看出，定植21d后，鸡粪沼液中添加不同营养物质处理的水培空心菜生长状况差异较明显，植株高度、地上部分重、植株全重和根重均以Ⅱ-3处理最高，其次为Ⅱ-7处理，而Ⅱ-5处理最差。初步结果显示，K可能为空心菜生长的限制因子，因此在实际生产中还需根据植物不同生长阶段对K的需求作进一步调整。

表9-21　沼液中添加不同营养物质对水培空心菜生长量的影响

处理	株高（cm）	植株全重（g/株）	地上部分重（g/株）	根重（g/株）
Ⅱ-1	18.98	2.47	1.72	0.44
Ⅱ-2	17.74	2.26	1.65	0.41
Ⅱ-3	24.94	4.02	4.29	0.61
Ⅱ-4	19.65	2.45	2.16	0.40
Ⅱ-5	14.98	1.24	1.39	0.18

（续表）

处理	株高（cm）	植株全重（g/株）	地上部分重（g/株）	根重（g/株）
Ⅱ-6	16.73	1.32	1.36	0.21
Ⅱ-7	20.87	3.00	2.06	0.57
Ⅱ-8	17.22	1.70	1.55	0.20

注：以稀释12倍的鸡粪沼液为基础培养液，加入标准华南农业大学叶菜A配方各营养元素（半剂量），设8个处理：Ⅱ-1为加入K_2SO_4 58.0mg/L，Ⅱ-2为加入$MgSO_4 \cdot 7H_2O$ 132.0mg/L，Ⅱ-3为加入KH_2PO_4 50.0mg/L，Ⅱ-4为加入NH_4NO_3 26.5mg/L，Ⅱ-5为加入$Ca(NO_3)_2 \cdot 4H_2O$ 236.0mg/L，Ⅱ-6为加入微量元素半剂量，Ⅱ-7为加入KNO_3 133.5mg/L，Ⅱ-8为加入叶菜A配方半剂量，下同

（二）对空心菜矿物质元素的影响

由表9-22可知，沼液添加不同营养物质的水培空心菜植株根中N、K含量均以Ⅱ-8处理最高，P含量以Ⅱ-3处理最高；植株地上部分N、P含量与根一致，分别以Ⅱ-8和Ⅱ-3处理最高，K含量则以Ⅱ-7处理最高，其次为Ⅱ-3、Ⅱ-1和Ⅱ-8处理，而Ⅱ-5处理最低。

表9-22 沼液添加营养物质对水培空心菜根和地上部分矿物质元素含量的影响（%）

处理	根			地上部分		
	N	P	K	N	P	K
Ⅱ-1	1.97	0.08	5.26	1.60	0.08	4.22
Ⅱ-2	1.74	0.04	4.77	1.59	0.05	3.39
Ⅱ-3	2.04	0.44	5.40	1.52	0.38	4.39
Ⅱ-4	1.50	0.08	4.98	1.38	0.09	3.67
Ⅱ-5	2.22	0.07	3.75	1.69	0.08	2.18
Ⅱ-6	1.58	0.05	3.52	1.34	0.06	3.35
Ⅱ-7	1.48	0.10	4.96	1.25	0.06	4.80
Ⅱ-8	3.22	0.19	5.63	3.16	0.28	4.14

（三）对空心菜品质的影响

Ⅱ-1至Ⅱ-8处理植株地上部分还原糖含量分别为2.80%、2.17%、1.81%、1.70%、2.44%、1.95%、1.98%和1.93%，以添加K_2SO_4的Ⅱ-1处理空心菜的还原糖含量最高，其次为添加$MgSO_4 \cdot 7H_2O$的Ⅱ-2处理和添加$Ca(NO_3)_2 \cdot 4H_2O$的Ⅱ-5处理，而添加NH_4NO_3的Ⅱ-4处理最低。可见，在沼液中添加适量的K、Mg、Ca等离子有利于提高空心菜品质。

不同处理植株地上部分重金属含量如表9-23所示。按新鲜空心菜含水率为80%

折算后（即表9-23中数据×20%），植株地上部分As和Cd含量较低，部分样品未检出，均未超过GB 2762—2012的限值规定；而Cr含量除Ⅱ-4处理外，其余处理均超过GB 2762—2012的限值规定；各处理植株地上部分的Hg含量均超过GB 2762—2012的限值规定；Pb含量除Ⅱ-3和Ⅱ-6处理外，其余处理均低于GB 2762—2012的限值规定。

表9-23　沼液添加营养物质对水培空心菜重金属含量的影响（mg/kg）

处理	As	Cd	Pb	Hg	Cr
Ⅱ-1	0.01L	0.1L	0.5L	0.092	4.99
Ⅱ-2	0.092	0.1L	0.99	0.083	3.76
Ⅱ-3	0.087	0.1L	1.80	0.095	4.69
Ⅱ-4	0.382	0.1L	0.5L	0.104	1.56
Ⅱ-5	0.827	0.1L	1.19	0.116	5.81
Ⅱ-6	0.354	0.1L	1.58	0.127	4.13
Ⅱ-7	0.01L	0.1L	1.13	0.073	4.26
Ⅱ-8	0.920	0.1L	1.01	0.112	5.05

四、讨论

已有研究表明，沼液水培蔬菜可净化水质。黄婧等研究发现，空心菜浮床对TN的吸收量为73.06g/m²，对TP的吸收量为20.21g/m²，以TN计，1m²空心菜可将73.06m²水由Ⅴ类净化到Ⅲ类，以TP计，可净化134.73m²水。张玲玲等用猪场沼液水培芹菜，种植80d后，稀释30倍的沼液对TN的去除最高达94.6%，稀释10倍的沼液对TP的去除最高达90.6%。本研究将鸡粪沼液用于水培空心菜后，沼液中NH_3-N、COD、TP、TN等污染物浓度均大幅度降低，其中NH_3-N的去除率为51.80%~81.61%、COD去除率为50.40%~78.16%、TP去除率为64.26%~87.00%、TN去除率为65.54%~87.96%。可见，用沼液水培蔬菜对水体中TN、TP和COD的去除均有较好的效果，与黄婧等、张玲玲等的研究结果一致。

沼液水培蔬菜可实现废物资源化利用的目的，但沼液浓度及营养物质含量等因子对水培蔬菜生长及品质影响较明显。Sooknah和Wilkie采用大型水生植物处理奶牛场冲栏厌氧消化液，发现水生植物无法在未经稀释的厌氧消化液中生长，沼液中的高盐分是主要的限制因素。沈祥军等在新鲜的猪场沼液和牛场沼液型营养液对番茄生长的影响研究中发现，稀释12倍的牛沼液营养液对番茄植株的株高、茎粗、根冠比等有较大促进作用，且番茄果实产量显著提高。李裕荣等以猪粪、牛粪、鸡粪发酵液水培空心菜和叶用莴苣，认为两种蔬菜均能在其发酵营养液中较好生长。

本研究结果与上述研究结果基本相似，利用鸡粪沼液配制空心菜水培液，空心菜可正常生长，但生长状况有差异，在种植期间，沼液处理的植株生物量均低于常规营养液处理，鸡粪沼液处理中以稀释12倍处理的空心菜生物量最高；不同稀释倍数沼液处理空心菜还原糖含量均优于常规营养液处理，显示利用沼液配制蔬菜水培液的优势，但利用沼液种植蔬菜易引起蔬菜Pb、Hg、Cr等重金属过量积累，因此实际生产中应加强对饲料和使用药物的控制；在鸡粪沼液中添加适量的K、Mg、Ca等离子有利于空心菜品质的提高。此外，本研究栽培期间沼液pH值主要维持在10.0左右，易导致某些养分特别是微量元素离子失效，如栽培期间出现缺铁症状，因而对水培液pH值的调控亦是关键。

五、结论

水培空心菜可有效降低沼液中污染物浓度，沼液可作为水培蔬菜的营养液资源化利用，但实际生产中仍需进行必要的养分调控使植物更好生长，并根据植物不同生长阶段对K的需求作进一步调整。

第十章　贵州气候条件下蔬菜最佳水培条件筛选

第一节　空心菜营养液配方筛选试验

2012年和2013年在贵州省农业科学院科技信息研究所温室大棚内进行，以泰国空心菜为材料，开展6种常用经典营养液配方［霍格兰、Cooper、日本园田、日本山崎、华南农业大学配方（简称华农配方）及荷兰温室配方］，以及猪粪和鸡粪沼液，清水为对照，共9个处理，每个处理3次重复，对空心菜的外观性状、产量及品质的影响试验，基质为珍珠岩和蛭石，先用清水将空心菜种子发芽1周后，移入自制的营养液PVC管水培设备上，用养鱼小水泵抽取和循环营养液，连接PE管。生育期为110d（2013年9月26日至2014年1月14日），每周更换营养液，营养液pH值控制在6.00左右。

一、不同营养液配方对空心菜外观性状的影响

从表10-1可以看出，霍格兰配方处理空心菜株高最高，为26.48cm，与日本山崎和荷兰温室配方差异不显著，分别较对照增加201.25%、200.34%和190.56%，差异显著；华农、Cooper和日本园田配方与对照呈显著性差异；猪粪和鸡粪沼液与对照无显著差异，对照株高最矮，为8.79cm。

霍格兰、日本山崎、荷兰温室、华农和Cooper配方处理茎粗无显著性差异，分别比对照增加94.22%、92.89%、91.11%、89.78%和84.89%，差异显著。其中霍格兰配方的茎粗最大，为4.37mm；日本园田配方与对照差异显著；猪、鸡粪沼液与对照无显著性差异；对照仅2.25mm。

霍格兰、Cooper、荷兰温室、华农、日本山崎和日本园田配方与对照呈显著性差异，其中霍格兰配方的根最长，为11.19cm，比对照增加104.57%；猪粪沼液与对照呈显著性差异，但鸡粪沼液与对照无显著性差异，对照根长仅5.47cm。

表10-1　不同营养液配方空心菜外观性状比较

配方	株高（cm）	茎粗（mm）	根长（cm）
霍格兰	26.48 ± 0.34a	4.37 ± 0.20a	11.19 ± 1.30a
Cooper	21.17 ± 1.00c	4.16 ± 0.14a	9.96 ± 1.12b

（续表）

配方	株高（cm）	茎粗（mm）	根长（cm）
日本园田	20.42 ± 0.67c	3.95 ± 0.19b	8.70 ± 0.01b
日本山崎	26.40 ± 0.37a	4.34 ± 0.12a	9.20 ± 0.36b
华农	24.31 ± 0.19b	4.27 ± 0.03a	9.30 ± 0.11b
荷兰温室	25.54 ± 0.64a	4.30 ± 0.06a	9.86 ± 1.01b
猪粪沼液	9.59 ± 0.23d	2.39 ± 0.04c	6.91 ± 0.57c
鸡粪沼液	9.47 ± 0.43d	2.34 ± 0.03c	5.87 ± 0.41cd
对照	8.79 ± 0.69d	2.25 ± 0.06c	5.47 ± 1.03d

注：不同小写字母表示在$P<0.05$水平上差异显著，下同

二、不同营养液配方对空心菜鲜重和干重的影响

从表10-2可以看出，荷兰温室、华农、日本山崎、霍格兰、Cooper、日本园田配方地上部鲜重均与对照呈显著差异，尤以荷兰温室配方最大，为4.01g/株，比对照增加516.92%；猪粪和鸡粪沼液与对照无显著差异，对照鲜重仅为0.65g/株。荷兰温室、日本山崎、Cooper、日本园田和华农配方与对照有显著差异，尤以荷兰温室配方最重，为0.26g/株，比对照增加271.43%；猪粪和鸡粪沼液与对照无显著差异，对照干重仅为0.07g/株。

华农、荷兰温室、霍格兰、日本山崎、Cooper和日本园田配方根鲜重与对照有显著差异，尤以华农配方最重，为0.88g/株，比对照增加388.89%；猪粪和鸡粪沼液与对照无显著性差异，对照根鲜重仅为0.18g/株。华农、霍格兰、日本山崎、荷兰温室和Cooper配方与对照根干重有显著差异，尤以华农配方最重，为0.04g/株，比对照增加300%；日本园田、猪粪沼液和鸡粪沼液配方与对照无显著差异，对照根干重仅为0.01g/株。

表10-2　不同营养液配方空心菜鲜重和干重比较

配方	上部鲜重（g/株）	上部干重（g/株）	根鲜重（g/株）	根干重（g/株）
霍格兰	3.39 ± 0.20b	0.25 ± 0.01ab	0.75 ± 0.03b	0.03 ± 0.01b
Cooper	3.08 ± 0.13c	0.21 ± 0.01c	0.54 ± 0.05c	0.02 ± 0.02cd
日本园田	2.79 ± 0.15d	0.20 ± 0.02c	0.50 ± 0.03c	0.02 ± 0.01de
日本山崎	3.49 ± 0.09b	0.24 ± 0.02b	0.74 ± 0.03b	0.03 ± 0.02b
华农	3.54 ± 0.02b	0.20 ± 0.02c	0.88 ± 0.10a	0.04 ± 0.02a
荷兰温室	4.01 ± 0.05a	0.26 ± 0.01a	0.77 ± 0.03b	0.03 ± 0.01b
猪粪沼液	0.75 ± 0.03e	0.09 ± 0.01d	0.24 ± 0.03d	0.02 ± 0.02e
鸡粪沼液	0.66 ± 0.01e	0.08 ± 0.01d	0.22 ± 0.02d	0.02 ± 0.01e
对照	0.65 ± 0.03e	0.07 ± 0.01d	0.18 ± 0.02d	0.01 ± 0.01e

三、不同营养液配方对空心菜大量元素含量的影响

从表10-3可以看出，荷兰温室、霍格兰、华农、日本山崎、Cooper、日本园田配方、猪粪沼液和鸡粪沼液处理植株氮含量与对照差异显著，其中以荷兰温室最高，达45.183g/kg，比对照增加89.26%，对照氮仅为23.873g/kg。

荷兰温室、霍格兰和日本园田配方植株磷含量与对照呈显著性差异，比对照分别增加380.65%、368.41%和340.32%，但三者间无显著性差异；其中荷兰温室配方最高，为8.642g/kg，华农、日本山崎、Cooper、鸡粪和猪粪沼液配方植株磷含量均与对照呈显著性差异，对照植株磷含量仅为1.798g/kg。

荷兰温室、华农配方植株钾含量与对照呈显著性差异，比对照分别增加122.25%和116.18%，但两者无显著性差异；其中荷兰温室配方植株钾含量最高，为53.403g/kg，霍格兰、日本山崎、日本园田、Cooper、猪粪和鸡粪沼液配方植株钾含量均与对照呈显著性差异，对照植株钾含量仅为24.028g/kg。

表10-3 不同营养液配方空心菜大量元素含量比较

配方	氮N（g/kg）	磷P（g/kg）	钾K（g/kg）
霍格兰	44.077 ± 0.21b	8.422 ± 0.69a	45.417 ± 0.96b
Cooper	39.774 ± 0.08c	4.620 ± 0.48c	39.861 ± 1.97c
日本园田	39.745 ± 0.01c	7.917 ± 0.83a	44.722 ± 0.87b
日本山崎	39.777 ± 0.01c	4.719 ± 0.48c	44.792 ± 1.71b
华农	43.933 ± 0.07b	6.064 ± 0.49b	51.944 ± 2.49a
荷兰温室	45.183 ± 0.04a	8.642 ± 0.55a	53.403 ± 0.79a
猪粪沼液	30.445 ± 0.20d	3.877 ± 0.68c	39.306 ± 1.68c
鸡粪沼液	30.465 ± 0.07d	4.332 ± 0.21c	32.500 ± 1.08d
对照	23.873 ± 0.18e	1.798 ± 0.31d	24.028 ± 0.73e

四、不同营养液配方对空心菜中量元素含量的影响

从表10-4可以看出，荷兰温室、霍格兰、猪粪沼液、日本园田和鸡粪沼液处理植株钙含量与对照差异显著，其中以荷兰温室最高，达20.300g/kg，比对照增加30.79%；Cooper、华农和日本山崎配方与对照无显著性差异，对照钙仅为15.521g/kg。

华农、Cooper和荷兰温室配方植株镁含量与对照呈显著性差异，比对照分别增加98.70%、84.59%和83.66%，但三者间无显著性差异；其中华农配方最高，为7.491g/kg，日本山崎、霍格兰、日本园田、猪粪沼液和鸡粪沼液配方植株镁含量均与对照呈显著性差异，对照植株镁含量仅为3.770g/kg。

霍格兰和荷兰温室配方植株硫含量与对照呈显著性差异，比对照分别增加297.70%和296.17%，但两者间无显著性差异；其中霍格兰配方最高，为2.593g/kg，Cooper、日本园田、猪粪沼液、华农、鸡粪沼液和日本山崎配方植株硫含量均与对照呈显著性差异，对照植株硫含量仅为0.652g/kg。

表10-4　不同营养液配方空心菜中量元素含量比较

配方	钙Ca（g/kg）	镁Mg（g/kg）	硫S（g/kg）
霍格兰	18.041 ± 1.35b	5.510 ± 0.32cd	2.593 ± 0.14a
Cooper	16.961 ± 0.34bc	6.959 ± 0.16ab	2.198 ± 0.08b
日本园田	17.335 ± 0.12b	5.115 ± 1.38cd	2.021 ± 0.24b
日本山崎	16.553 ± 0.70bc	6.079 ± 0.35bc	0.978 ± 0.13d
华农	16.591 ± 0.84bc	7.491 ± 0.68a	1.357 ± 0.25c
荷兰温室	20.300 ± 0.92a	6.924 ± 0.27ab	2.583 ± 0.17a
猪粪沼液	17.611 ± 0.55b	4.805 ± 0.34d	1.434 ± 0.20c
鸡粪沼液	17.251 ± 1.41b	4.764 ± 0.26d	1.002 ± 0.13d
对照	15.521 ± 0.01c	3.770 ± 0.30e	0.652 ± 0.25e

五、不同营养液配方对空心菜微量元素含量的影响

从表10-5可以看出，华农、霍格兰、日本园田和荷兰温室配方植株锰含量与对照呈显著性差异，比对照分别增加621.05%、610.05%、586.12%和584.69%，但四者间无显著性差异；其中华农配方最高，为1.507mg/kg，Cooper、日本山崎、猪粪沼液和鸡粪沼液配方植株锰含量均与对照呈显著性差异，对照植株锰含量仅为0.209mg/kg。

荷兰温室、日本园田、日本山崎、霍格兰、华农和猪粪沼液配方植株铁含量与对照呈显著性差异，比对照分别增加149.50%、138.32%、125.25%、115.34%、114.77%和108.52%，但六者间无显著性差异；其中荷兰温室配方最高，为3.952mg/kg，Cooper和鸡粪沼液配方植株铁含量均与对照呈显著性差异，对照植株铁含量仅为1.584mg/kg。

华农、Cooper、荷兰温室、日本山崎、霍格兰和日本园田配方植株硼含量与对照呈显著性差异，比对照分别增加956.25%、941.67%、939.58%、920.83%、906.25%和904.17%，但六者间无显著性差异；其中华农配方最高，为0.507mg/kg，猪粪沼液和鸡粪沼液配方植株硼含量均与对照呈显著性差异，对照植株硼含量仅为0.048mg/kg。

荷兰温室、华农、霍格兰、Cooper和日本山崎配方植株锌含量与对照呈显著性

差异，比对照分别增加464.71%、449.27%、433.82%、429.41%和426.47%，但五者间无显著性差异；其中荷兰温室配方最高，为0.768mg/kg，日本园田、猪粪沼液和鸡粪沼液配方植株锌含量均与对照呈显著性差异，对照植株锌含量仅为0.136mg/kg。

荷兰温室、日本园田和华农配方植株铜含量与对照呈显著性差异，比对照分别增加277.14%、244.29%和237.14%，但三者间无显著性差异；其中荷兰温室配方最高，为0.264mg/kg，霍格兰、猪粪沼液、日本山崎和Cooper配方植株铜含量均与对照呈显著性差异；鸡粪沼液与对照无显著性差异，对照植株铜含量仅为0.070mg/kg。

霍格兰、华农和Cooper配方植株钼含量与对照呈显著性差异，比对照分别增加166.67%、144.45%和122.22%，但三者间无显著性差异；其中霍格兰配方最高，为0.024mg/kg，日本山崎、荷兰温室、猪粪沼液、华农、日本园田和鸡粪沼液配方植株钼含量均与对照呈显著性差异，对照植株钼含量仅为0.009mg/kg。

表10-5　不同营养液配方空心菜微量元素含量比较

配方	锰Mn（mg/kg）	铁Fe（mg/kg）	硼B（mg/kg）	锌Zn（mg/kg）	铜Cu（mg/kg）	钼Mo（mg/kg）
霍格兰	1.484±0.01a	3.411±0.19abc	0.483±0.05a	0.726±0.01a	0.221±0.02bc	0.024±0.05a
Cooper	0.974±0.06b	3.218±0.19bc	0.500±0.71a	0.720±0.03a	0.182±0.01d	0.020±0.02ab
日本园田	1.434±0.06a	3.775±0.11ab	0.482±0.19a	0.637±0.02b	0.241±0.03ab	0.017±0.03b
日本山崎	0.970±0.04b	3.568±0.71abc	0.490±0.20a	0.716±0.10a	0.193±0.02cd	0.018±0.05b
华农	1.507±0.03a	3.402±0.27abc	0.507±0.16a	0.747±0.04a	0.236±0.03ab	0.022±0.02ab
荷兰温室	1.431±0.44a	3.952±0.04a	0.499±0.08a	0.768±0.01a	0.264±0.02a	0.018±0.04b
猪粪沼液	0.499±0.02c	3.303±0.50abc	0.354±0.03b	0.445±0.06c	0.206±0.02bcd	0.018±0.05b
鸡粪沼液	0.476±0.08c	3.066±0.33c	0.330±0.05b	0.382±0.03c	0.103±0.01e	0.017±0.03b
对照	0.209±0.01d	1.584±0.14d	0.048±0.03c	0.136±0.05d	0.070±0.01e	0.009±0.01c

从空心菜的生长指标看，除鸡粪和猪粪沼液外，其他所有配方都有利于空心菜的生长，霍格兰配方对空心菜的株高、茎粗和根长的促进作用最大，但在株高和茎粗指标中，与日本山崎和荷兰温室配方差异不显著。

从空心菜的鲜重和干重看，除鸡粪和猪粪沼液外，其他所有配方都有能增加空心菜的产量，地上部分增加最多的是荷兰温室配方，而华农配方有助于根的生长。

从空心菜的大、中、微量元素看，荷兰温室配方处理的空心菜N、P、K、Ca、Fe、Zn、Cu含量最高，霍格兰配方的S和Mo含量最高，华农配方的Mg、Mn和B含量最高，但均与荷兰温室配方无显著性差异。猪粪和鸡粪沼液未达到李裕荣等报道的水培效果，原因是采自不同地方及不同沼气发酵池的猪粪及鸡粪沼液的差异极大，试验中发现采自南明区永乐乡的鸡粪沼液发酵完全，而猪粪沼液发酵不完全，试验猪场每天抽取发酵池沼液，故该沼液中清水成分大，试验中发现有机沉淀物多。

综合所有试验指标看，用荷兰温室配方水培空心菜，除了根长和Mo外，其他指标都优于其他配方，荷兰温室配方能更好地促进空心菜生长，增加空心菜产量，提高空心菜品质和经济效益，因此荷兰温室配方是水培空心菜的优选营养液配方，其次为霍格兰和华南农业配方。

综合说明荷兰温室配方处理效果最好，地上部分鲜重、干重、氮、磷、钾、钙、铁、锌和铜含量最高，分别较对照提高516.92%、271.43%、89.26%、380.65%、122.25%、30.79%、149.50%、464.71%和277.14%；霍格兰配方次之，株高、茎粗、根长、硫和钼含量最高，分别较对照提高201.25%、94.22%、104.57%、297.70%和166.67%；再次为华农配方，根鲜重、干重、镁、锰和硼含量最高，分别较对照提高388.89%、300%、98.70%、621.05%和956.23%。说明荷兰温室配方是水培空心菜的优选营养液配方，其次为霍格兰和华农配方。

第二节 水培空心菜营养液配方尾液对环境影响试验

在空心菜营养液配方筛选试验的基础上，每次换营养液时剩余尾液用596mL的娃哈哈矿泉水瓶装取，取之前把量筒和矿泉水瓶分别用营养液尾液冲洗3次，然后用量筒量取500mL装入矿泉水瓶中，待测尾液中的pH值和各养分含量。所有的样品采集工作都在1d内完成。

一、不同营养液剩余尾液pH值

从表10-6可以看出，剩余尾液pH值以Cooper和荷兰温室处理最高，pH值为6.9，根据表10-10地表水环境质量标准，剩余尾液pH值符合国家水环境质量（GB 3838—2002）6.0～9.0的范围标准，所以尾液中的pH值含量符合国家用水（GB 3838—2002）中农田灌溉标准的要求。

表10-6 营养液剩余尾液的pH值

处理	pH值
霍格兰	6.8
Cooper	6.9
日本园田	6.4
日本山崎	6.7

（续表）

处理	pH值
华农	6.8
荷兰温室	6.9
猪粪沼液	6.5
鸡粪沼液	6.5
对照	7.3

二、不同营养液剩余尾液N、P、S含量

从表10-7可以看出，剩余尾液N含量以日本园田处理最高，N含量为0.305mg/L，与其他处理相比，除了与霍格兰和猪粪沼液处理无显著性差异外，差异均达到极显著水平（$P<0.01$），根据表10-10地表水环境质量标准（GB 3838—2002），剩余尾液N含量中最高的日本园田处理远远低于（GB 3838—2002）中Ⅴ类农田区域用水标准2.0mg/L，所以尾液中的N含量符合（GB 3838—2002）中Ⅴ类农田区域用水的要求。

剩余尾液P含量以日本园田处理最高，P含量为0.005 5mg/L，与其他处理相比，除了与日本园田和荷兰温室处理无显著性差异外，差异均达到极显著水平（$P<0.01$），根据表10-10地表水环境质量标准（GB 3838—2002），剩余尾液P含量中最高的日本园田处理远远低于（GB 3838—2002）中Ⅴ类农田区域用水标准0.4mg/L，所以尾液中的P含量符合（GB 3838—2002）中Ⅴ类农田区域用水的要求。

剩余尾液S含量以荷兰温室处理最高，S含量为0.368mg/L，与其他处理相比，除了与日本园田处理无显著性差异外（$P<0.01$），与霍格兰和华农处理仅达到显著差异水平（$P<0.05$），与Cooper、日本山崎、猪粪沼液、鸡粪沼液和对照处理均达到极显著差异水平（$P<0.01$），根据表10-10地表水环境质量标准（GB 3838—2002），剩余尾液S含量中最高的荷兰温室处理远远低于（GB 3838—2002）中Ⅴ类农田区域用水标准250mg/L，所以尾液中的S含量符合（GB 3838—2002）中Ⅴ类农田区域用水的要求。

表10-7　营养液剩余尾液N、P和S含量

处理	氮N（mg/L）	显著性 0.05	0.01	磷P（mg/L）	显著性 0.05	0.01	硫S（mg/L）	显著性 0.05	0.01
霍格兰	0.298	a	A	0.005 4	a	A	0.283	b	AB
Cooper	0.236	b	B	0.000 7	cd	C	0.257	b	BC

（续表）

处理	氮N (mg/L)	显著性		磷P (mg/L)	显著性		硫S (mg/L)	显著性	
		0.05	0.01		0.05	0.01		0.05	0.01
日本园田	0.305	a	A	0.005 5	a	A	0.316	ab	AB
日本山崎	0.125	d	D	0.001 0	c	C	0.169	c	D
华农	0.156	c	C	0.003 1	b	B	0.291	b	AB
荷兰温室	0.243	b	B	0.004 8	a	A	0.368	a	A
猪粪沼液	0.303	a	A	0.003 4	b	B	0.183	c	CD
鸡粪沼液	0.113	d	D	0.002 7	b	B	0.018	d	E
对照	0.040	e	E	0.000 2	d	C	0.041	d	E

三、不同营养液剩余尾液Mn、Fe、Cu、Zn、B、Mo含量

从表10-8可以看出，剩余尾液Mn含量以日本园田处理最高，Mn含量为0.596mg/L，与其他处理相比，差异均达到极显著差异水平（$P<0.01$），根据表10-10地表水环境质量标准（GB 3838—2002），剩余尾液Mn含量中最高的荷兰温室处理远远低于（GB 3838—2002）中Ⅴ类农田区域用水标准1.0mg/L，所以尾液中的Mn含量符合（GB 3838—2002）中Ⅴ类农田区域用水的要求。

剩余尾液Fe含量以荷兰温室处理最高，Fe含量为0.928mg/L，与其他处理相比，除了与Cooper、日本园田、华农和猪粪沼液处理无显著性差异外，与霍格兰和鸡粪沼液处理仅达到显著差异水平（$P<0.05$），与日本山崎和对照处理均达到极显著差异水平（$P<0.01$），根据表10-10地表水环境质量标准（GB 3838—2002），剩余尾液Fe含量中最高的荷兰温室处理远远低于（GB 3838—2002）中Ⅴ类农田区域用水标准1.0mg/L，所以尾液中的Fe含量符合（GB 3838—2002）中Ⅴ类农田区域用水的要求。

剩余尾液B含量以霍格兰处理最高，B含量为0.473mg/L，与其他处理相比，除了与Cooper、日本园田、日本山崎、华农、荷兰温室和猪粪沼液处理无显著性差异外，与鸡粪沼液和对照处理均达到极显著差异水平（$P<0.01$），根据表10-10地表水环境质量标准（GB 3838—2002），剩余尾液B含量中最高的荷兰温室处理远远低于（GB 3838—2002）中Ⅴ类农田区域用水标准0.5mg/L，所以尾液中的B含量符合（GB 3838—2002）中Ⅴ类农田区域用水的要求。

表10-8　营养液剩余尾液Mn、Fe和B含量

处理	锰Mn（mg/L）	显著性		铁Fe（mg/L）	显著性		硼B（mg/L）	显著性	
		0.05	0.01		0.05	0.01		0.05	0.01
霍格兰	0.056	b	B	0.599	b	AB	0.473	a	A
Cooper	0.010	b	B	0.923	a	A	0.464	a	A
日本园田	0.596	a	A	0.801	ab	A	0.453	a	A
日本山崎	0.017	b	B	0.267	c	BC	0.458	a	A
华农	0.027	b	B	0.810	ab	A	0.447	a	A
荷兰温室	0.033	b	B	0.928	a	A	0.452	a	A
猪粪沼液	0.041	b	B	0.742	ab	A	0.454	a	A
鸡粪沼液	0.016	b	B	0.565	b	AB	0.251	b	B
对照	0.011	b	B	0.054	c	C	0.065	c	C

从表10-9可以看出，剩余尾液Zn含量以荷兰温室处理最高，Zn含量为0.507mg/L，与其他处理相比，除了与霍格兰和鸡粪沼液处理无显著性差异外，与华农和猪粪沼液处理仅达到显著差异水平（$P<0.05$），与Cooper、日本园田、日本山崎和对照处理均达到极显著差异水平（$P<0.01$），根据表10-10地表水环境质量标准（GB 3838—2002），剩余尾液Zn含量中最高的荷兰温室处理远远低于（GB 3838—2002）中Ⅴ类农田区域用水标准2.0mg/L，所以尾液中的Zn含量符合（GB 3838—2002）中Ⅴ类农田区域用水的要求。

剩余尾液Cu含量以日本园田处理最高，Cu含量为0.227mg/L，与其他处理相比，除了与荷兰温室和鸡粪沼液处理无显著性差异外，与霍格兰和华农处理仅达到显著差异水平（$P<0.05$），与Cooper、日本山崎、猪粪沼液和对照处理均达到极显著差异水平（$P<0.01$），根据表10-10地表水环境质量标准（GB 3838—2002），剩余尾液Cu含量中最高的荷兰温室处理远远低于（GB 3838—2002）中Ⅴ类农田区域用水标准1.0mg/L，所以尾液中的Cu含量符合（GB 3838—2002）中Ⅴ类农田区域用水的要求。

剩余尾液Mo含量以鸡粪沼液处理最高，Mo含量为0.042mg/L，与其他处理相比，除了与霍格兰、Cooper、日本山崎、华农和荷兰温室处理无显著性差异外，与日本园田和猪粪沼液处理仅达到显著差异水平（$P<0.05$），与对照处理达到极显著差异水平（$P<0.01$），根据表10-10地表水环境质量标准（GB 3838—2002），剩余尾液Mo含量中最高的荷兰温室处理远远低于（GB 3838—2002）中Ⅴ类农田区域用水标准0.07mg/L，所以尾液中的Mo含量符合（GB 3838—2002）中Ⅴ类农田区域用水的要求。

表10-9 营养液剩余尾液Zn、Cu和Mo含量

处理	锌Zn（mg/L）	显著性 0.05	显著性 0.01	铜Cu（mg/L）	显著性 0.05	显著性 0.01	钼Mo（mg/L）	显著性 0.05	显著性 0.01
霍格兰	0.377	ab	AB	0.159	bc	AB	0.036	ab	A
Cooper	0.134	de	CD	0.069	d	CD	0.029	ab	AB
日本园田	0.306	bc	BC	0.227	a	A	0.023	bc	AB
日本山崎	0.229	cd	BC	0.123	c	BC	0.041	a	A
华农	0.334	bc	AB	0.169	bc	AB	0.035	ab	A
荷兰温室	0.507	a	A	0.175	abc	AB	0.035	ab	A
猪粪沼液	0.350	bc	AB	0.033	d	D	0.022	bc	AB
鸡粪沼液	0.378	ab	AB	0.209	ab	A	0.042	a	A
对照	0.013	e	D	0.034	d	D	0.010	c	B

表10-10 地表水环境质量标准（GB 3838—2002）

序号	项目		标准值 Ⅰ类	Ⅱ类	Ⅲ类	Ⅳ类	Ⅴ类
1	pH值（无量纲）		6.0 ~ 9.0				
2	总氮（mg/L）	≤	0.2	0.5	1.0	1.5	2.0
3	总磷（以P计，mg/L）	≤	0.02	0.10	0.20	0.30	0.40
4	铁（以水溶性的计，mg/L）	≤	0.3	0.3	0.5	0.5	1.0
5	锰（mg/L）	≤	0.1	0.1	0.1	0.5	1.0
6	铜（mg/L）	≤	0.01	1.00	1.00	1.00	1.00
7	锌（mg/L）	≤	0.05	1.00	1.00	2.00	2.00
8	硫（以SO_4^{2-}计，mg/L）	≤	250				
9	硼（mg/L）	≤	0.5				
10	钼（mg/L）	≤	0.07				

注：Ⅰ类——主要适用于源头水，国家自然保护区

Ⅱ类——主要适用于集中式生活饮用水地表水源地一级保护区、珍惜水生生物栖息地、鱼虾类产卵场、仔稚幼鱼的索饵场等

Ⅲ类——主要适用于集中式生活饮用水地表水源地二级保护区、鱼虾类越冬场、洄游通道、水产养殖等渔业水域及游泳区

Ⅳ类——主要适用于一般工业用水区及人体非直接接触的娱乐用水区

Ⅴ类——主要适用于农业用水区及一般景观要求水域

第三节 讨论与结论

一、讨论

（一）水培配方对空心菜长势的影响

株高是植物的形态指标，在植物特定的生长期，可以直观反映出植物的长势和营养吸收状况。茎粗也是植物的形态指标，茎对植物本身而言，能起到输导水分和无机盐，支持叶子压力和外界自然因素带来的迫害力，贮藏糖类、脂肪和蛋白质等养料的作用。本试验用水培的方法研究了不同营养液配方对空心菜长势的影响，通过对生长指标中株高和茎粗测定和分析，结果表明，霍格兰营养液配方可明显促进空心菜植株的生长，其株高和茎粗均明显增加，差异显著。如株高最高可达26.82cm，最矮只有9.48cm；茎粗最粗达到4.57mm，最细只有2.31mm。李婷婷等也在无土栽培芍药花中报道过霍格兰营养液配方有促进芍药花生长发育的作用。

（二）水培配方对空心菜地上部分鲜重的影响

鲜重是植物对水分和营养液吸收情况的总体指标，能直接体现出植物与产量的关系。通过对空心菜地上部分鲜重的测定，结果表明，荷兰温室营养液配方可明显增加空心菜植株的重量，其鲜重明显增加，差异显著。如鲜重最重可达4.06g/株，最轻只有0.67g/株。任瑞珍等在黄瓜育苗试验中报道过荷兰温室营养液配方有增加黄瓜鲜重的作用。

（三）剩余营养液尾液对农田灌溉用水的影响

剩余营养液尾液中残留有植物生长所需的营养元素，如氮、磷、钾可以继续施用于农田。随意排入河流或土地中，如果含量超标会污染环境。为了维护良好的生态环境，防治水污染，保障人体健康，本试验最后的尾液排放与国家标准（GB 3838—2002）相结合。试验通过对剩余尾液营养液养分中，国家规定的几大类元素排放的限制标准含量的测定，并把相应的测定结果与地表水环境质量标准相对比，结果表明，pH值、总氮、总磷、铁、锰、铜、锌、硫、硼、钼等指标尾液中的含量均符合国家标准（GB 3838—2002），符合国家农田区域用水要求。薛珠庆认为由于排放的肥料液中氮、磷等营养物质的过剩导致水体藻类大量繁殖，使水体富营养化严重，给人们的生活和生产带来危害。

二、结论

（1）不同营养液配方处理后，从环境方面来看，所有测定的营养液尾液中养分含量都符合国家规定的区域排放标准（GB 3838—2002），对生态农业环境没有破坏作用，适合国家"绿色农业"发展的大方向。

（2）综合所有试验指标来看，用荷兰温室配方水培空心菜，指标都是优于其他配方的，所以荷兰温室配方能更好地让空心菜生长，增加空心菜产量，提高空心菜经济效益，对生态农业环境无污染，因此，荷兰温室配方是水培空心菜的优选营养液配方，其次是霍格兰和日本山崎配方。猪粪沼液和鸡粪沼液效果较差，根据李裕荣等报道的水培效果，原因是采自不同地方及不同沼气发酵池的猪粪及鸡粪沼液的差异极大，试验中发现采自南明区永乐乡的鸡粪沼液发酵完全，而猪粪沼液发酵不完全，改猪场每天抽取发酵池沼液，故该沼液中清水成分大，试验中发现的有机沉淀物多。另外该试验受时间限制，从2013年9月到翌年1月，只代表空心菜冬季生长情况数据，能否代表全年数据，还有待进行春季至秋季重复试验以进行验证。

参考文献

白晓凤，李子富，闫园园，等. 2015. 吹脱与鸟粪石沉淀组合工艺处理中温厌氧发酵沼液研究[J]. 农业机械学报，46（12）：215-228.

曹晨书，曾春霞. 2012. 蔬菜水培技术的研究发展[J]. 上海蔬菜（6）：3-4.

柴仲平. 1999. 无土栽培及其发展趋势[J]. 甘肃农业科技（1）：4-5.

柴仲平，王雪梅，孙霞，等. 2010. 施用沼肥对枣园土壤养分含量的影响[J]. 西南农业学报，23（3）：782-785.

柴晓序. 1999. 无土栽培及其发展趋势[J]. 甘肃农业科技（1）：4-5.

陈安平，吴兴国，宓国雄. 1994. 蔬菜营养液膜技术栽培试验研究[J]. 宁波农业科技（4）：19-22.

陈昆，刘世琦，张自坤. 2011. 钾对水培大蒜蒜薹和鳞茎鲜质量及氮磷钾含量的影响[J]. 西北农业学报，20（6）：114-117.

陈修斌. 2009. 西北蔬菜无土栽培理论与实践[M]. 兰州：甘肃科学技术出版社.

陈秀莲. 2008. 钙镁硫肥在四季小葱上的肥效试验[J]. 中国果菜（5）：38-39.

陈燕丽，龙明华，唐小付. 2005. 小型西瓜深液流水培技术[J]. 长江蔬菜（6）：24-25.

陈莹，罗键，郑燕玲，等. 2008. 不同浓度海水配制营养液对蕹菜生长和品质的影响[J]. 马铃薯杂志，11（3）：474-477.

陈玉红，刘忠良. 2011. 猪场厌氧废水用于空心菜水堵试验研究[J]. 农业环境与发展，28（3）：87-90.

陈智远，蔡昌达，石东伟. 2009. 不同温度对畜禽粪便厌氧发酵的影响[J]. 贵州农业科学，37（12）：148-151.

楚晓真，卢钦灿，董鹏昊，等. 2007. 生菜水培技术研究[J]. 现代农业科技（23）：15-16.

戴必胜，杨敏，陈秀虎. 2006. 霍格兰溶液培养对水仙生长发育的影响[J]. 武汉植物学研究，24（5）：485-488.

邓良伟，操卫平，孙欣，等. 2007. 原水添加比例对猪场废水厌氧消化液后处理的影响[J]. 环境科学，28（3）：588-593.

邓良伟，陈铬铭. 2001. IC工艺处理猪场废水试验研究[J]. 中国沼气，19（2）：12-15.

邓仕槐，李远伟，李宏娟，等. 2007. 姜花在人工湿地中脱氮除磷研究[J]. 农业环境科学学报，26（增刊）：249-251.

董克虞. 1998. 畜禽粪便对环境的污染及资源化途径[J]. 农业环境保护，17（6）：136-139.

董立格. 2008. 桂花无土栽培技术研究[D]. 南京：南京林业大学.

段萍. 2006. 富贵竹水培营养液筛选[J]. 福建农业科技（3）：76-78.

段彦丹，樊力强，吴志刚，等. 2008. 蔬菜无土栽培现状及发展前景[J]. 北方园艺（8）：63-65.

冯孝善，方士. 1989. 厌氧消化技术[M]. 杭州：浙江科学技术出版社.

高国人. 2007. 蔬菜无土栽培技术操作规程[M]. 北京：金盾出版社.

高红莉. 2010. 施用沼肥对青菜产量品质及土壤质量的影响[J]. 农业环境科学学报，29

（S）：43-47.

郭芳彬. 2000. 防止规模化猪场恶臭及其有害气体的研究概述[J]. 畜牧兽医，32（增刊）：
　1 455-1 458.

郭世荣. 2003. 普通高等教育"十五"国家级规划教材——无土栽培学[M]. 北京：中国农业
　出版社.

国家环境保护总局自然生态保护司. 2000. 全国规模化畜禽养殖业污染情况调查及防治对策
　[M]. 北京：中国环境科学出版.

巩江，倪士峰，赵婷，等. 2010. 空心菜药用及保健价值研究概况[J]. 安徽农业科学，38
　（21）：11 124-11 125.

韩德伟，彭世勇，娇天育，等. 2007. 西芹营养液膜技术研究初探[J]. 吉林蔬菜（2）：55-56.

郝鲜俊，洪坚平，高文俊. 2007. 沼液沼渣对温室迷你黄瓜品质的影响[J]. 中国土壤与肥料
　（5）：40-43.

何永梅，曹玲英. 2008. 现代番茄栽培技术[J]. 农业知识（20）：6-7.

黄婧，林惠凤，朱联东，等. 2008. 浮床水培蕹菜的生物学特征及水质净化效果[J]. 环境科学
　与管理，33（12）：92-94.

黄勤楼，翁伯奇，刘明香，等. 1999. 建阳市以沼气为纽带的生态农业建设实践与思考[J]. 福
　建农业学报，14（4）：57-61.

黄威，刘永灿，李会合. 2011. 蔬菜硝酸盐与营养品质的关系[J]. 重庆文理学院学报，30
　（3）：34-37.

黄小均. 2005. 水培条件下广东万年青生理特性研究[D]. 雅安：四川农业大学.

黄钊. 2001. 植物微量元素营养与施肥[J]. 中国花卉报（4）：1-3.

蒋卫杰. 2001. 蔬菜无土栽培新技术[M]. 北京：金盾出版社.

金翁. 1999. 水培巴西木[J]. 花木盆景（花卉园艺）（9）：8.

靳红梅，付广青，常志州，等. 2012. 猪、牛粪厌氧发酵中氮素形态转化及其在沼液和沼渣
　中的分布[J]. 农业工程学报，28（21）：208-214.

康凌云，赵永志，曲明山，等. 2011. 施用沼渣沼液对设施果类蔬菜生长及土壤养分积累的影
　响[J]. 中国蔬菜（22）：57-62.

冷守琴，李康奎，王文杰，等. 2015. 组合工艺在养猪废水处理中的工程应用研究[J]. 环境科
　学与管理，40（5）：70-73.

李程，冯志红，李丁仁. 2002. 蔬菜无土栽培发展现状及趋势[J]. 北方园艺（6）：9-11.

李传红，朱文转. 2001. 集约化禽畜养殖业废弃物污染及其综合防治[J]. 环境保护（12）：
　32-35.

李国景，徐志豪，Benoit F，et al. 2001. 环保型可重复利用的海棉无土栽培基质的应用研究
　（英文）[J]. 浙江农业学报，13（2）：61-66.

李军，杨秀山. 2002. 微生物与水处理工程[M]. 北京：化学工业出版社.

李式军，高丽红，庄仲连. 1997. 我国无土栽培研究新技术新成果及发展动向[J]. 长江蔬菜
　（5）：1-4.

李式军，高祖明. 1988. 现代无土栽培技术[M]. 北京：北京农业大学出版社.

李婷婷，张秀新. 2009. 不同无土栽培营养液对栽培芍药花生长发育的影响[J]. 中国观赏园艺
　研究进展（8）：376-382.

李卫强，崔完锁，梁树乐. 2000. 日光温室浮板毛管水培技术[J]. 蔬菜（3）：16-17.

李向心，武德虎，孔德玉，等. 2004. 人工湿地污水处理研究与进展[J]. 青岛建筑工程学院学
　报，25（4）：56-60.

李秀金. 2001. 养殖场气味的产生及其控制技术[J]. 农业工程学报，7（5）：78-81.

李裕荣，刘永霞，孙长青，等. 2013. 畜禽粪便产沼发酵液对水培蔬菜生长及养分吸收的影响[J]. 西南农业学报，26（6）：2 422-2 429.

李远. 2002. 我国规模化畜禽养殖业存在的环境问题与防治对策[J]. 上海环境科学，21（10）：597-599.

连兆煌. 1994. 无土栽培原理与技术[M]. 北京：中国农业出版社.

林岩，马源，吴娟. 2008. 蔬菜无土栽培技术发展概况[J]. 现代农业科技（19）：143-146.

刘本文，许宇恒. 2008. 空心菜有机生态型无土栽培技术[J]. 现代农业科技（20）：42.

刘凤玲，刘金山，冯秋扬，等. 2007. 不同栽培方式和营养液磷钾水平对万寿菊生长和开花的影响[J]. 内蒙古农业大学学报（自然科学版），28（3）：50-53.

刘慧超，庞荣丽，辛保平，等. 2009. 蔬菜无土栽培研究进展[J]. 现代农业科技（1）：34-35.

刘培芳，陈振楼，许世远. 2002. 长江三角洲城郊畜禽粪便的污染负荷及其防治对策[J]. 长江流域资源与环境，11（5）：457-460.

刘士哲. 2001. 现代实用无土栽培技术[M]. 北京：中国农业出版社.

刘文科，杨其长，王顺清. 2009. 沼液在蔬菜上的应用及其土壤质量效应[J]. 中国沼气，27（1）：43-48.

鲁秀国，饶婷，范俊，等. 2009. 氧化塘工艺处理规模化养猪场污水[J]. 中国给水排水，25（8）：55-57.

罗林会，王勤. 2010. 蕹菜有机水培试验[J]. 长江蔬菜（1）：48-49.

马立珊，汪祖强，张水铭，等. 1997. 苏南太湖水系农业面源污染及其控制对策研究[J]. 环境科学学报，17（1）：39-47.

马中男，张燕燕. 1992. 春辣椒营养液膜栽培中不同定值期对产量的影响[J]. 长江蔬菜（1）：37-38.

牟咏花，张德威，程前，等. 1996. 利用地下水进行生菜无土栽培的营养液配方的研究[J]. 浙江农业科学（11）：132-133.

宁晓峰，李道修，潘科. 2004. 沼液无土栽培无公害生产试验[J]. 中国沼气，22（2）：38-39.

潘杰. 2003. 水培生菜技术研究[D]. 郑州：河南农业大学.

潘云锋，李文哲. 2008. 物料浓度对畜粪厌氧消化的影响[J]. 农机化研究（1）：193-195.

彭军，吴分苗，唐耀武. 2003. 组合式稳定塘工艺处理养猪废水设计[J]. 工业用水与废水，34（3）：44-46.

乔玮，曾光明，袁兴中，等. 2004. 厌氧消化处理城市垃圾多因素研究[J]. 环境科学与技术，27（2）：3-4.

乔玮，曾光明，袁兴中，等. 2004. 易腐有机废物与剩余污泥混和厌氧消化处理[J]. 农业环境科学学报，23（3）：607-610.

秦方锦，齐琳，王飞，等. 2015. 3种不同发酵原料沼液的养分含量分析[J]. 浙江农业科学，56（7）：1 097-1 099.

秦丽娟. 2009. 火鹤水培适宜生长条件的研究[D]. 保定：河北农业大学.

任瑞珍. 2012. 黄瓜营养液育苗关键技术[D]. 南京：南京农业大学.

任尚杰，方伟，张国敏，等. 2011. 两种浓度营养液下水培生菜和小白菜生长特性及品质研究[J]. 作物杂志（3）：42-45.

任元刚. 2010. 叶用甜菜管道深液流水培技术[J]. 现代农业（12）：52.

沈祥军，孙周平，张露，等. 2013. 沼液番茄营养液配方的研制及应用效果研究[J]. 沈阳农业大学学报，44（5）：599-603.

史建伟，王孟本，于立忠，等. 2007. 土壤有效氮及其相关因素对植物细根的影响[J]. 生态学杂志，26（10）：1 634-1 639.

史金才，廖新俤，吴银宝. 2010. 4种畜禽粪便厌氧发酵产甲烷特性研究[J]. 中国生态农业学报，18（3）：632-636.

宋超，刘盼，朱华，等. 2011. 水芹对富营养化水体的净化效果研究[J]. 水生态学杂志，32（3）：145-148.

孙霞. 2005. 无土栽培技术的发展状况及趋势[J]. 中国农机化（6）：47-50.

孙振钧. 2000. 中国畜牧业环境污染问题亟待解决[J]. 饲料工业，21（4）：4-5.

谭菊，赵丕兵，宋伦碧，等. 2010. 水培和盆栽试验玉米生物性状的比较[J]. 中国农学通报，26（14）：162-164.

汤锡珂，周世恭，孟小雄. 1984. 植物营养与施肥[J]. 植物杂志（2）：15-16.

田吉林，汪寅虎. 2000. 设施无土栽培基质的研究现状、存在问题与展望[J]. 上海农业学报，16（4）：87-92.

汪清平，王晓燕. 2003. 畜禽养殖污染及其控制[J]. 首都师范大学学报，24（2）：96-101.

汪小将，邓晓育，刘飞，等. 2011. 3种水培蔬菜对水质净化效果的研究[J]. 安徽农业科学，39（10）：6 034-6 036.

汪兴汉. 1989. 营养液膜栽培技术[J]. 江苏农业科学（12）：32-34.

汪兴汉，汤国辉. 1998. 无土栽培蔬菜生产技术问答[M]. 北京：中国农业出版社.

王峰，严潇南，杨海真. 2012. 鸡粪厌氧发酵沼液达标处理工艺研究[J]. 农业机械学报，43（5）：84-90.

王皓生. 1997. 花卉蔬菜无土栽培技术[M]. 长沙：湖南科学技术出版社.

王华芳. 1997. 花卉无土栽培[M]. 北京：金盾出版社.

王化. 1997. 中国蔬菜无土栽培发展历史的初步探讨[J]. 上海蔬菜（1）：11-12.

王会君. 2011. 黄瓜营养液膜下滴灌栽培技术[J]. 科技信息（13）：387.

王建强，高中奎，何仁，等. 2008. 寒地空心菜栽培技术[J]. 内蒙古农业科技（3）：120.

王利民，孙泽威，赵云蛟. 2002. 规模化猪场对环境的污染及治理对策[J]. 家畜生态，23（3）：58-61.

王琪，徐程扬. 2005. 氮磷对植物光合作用及碳分配的影响[J]. 中国观赏园艺研究进展（5）：59-62.

王卫. 2009. 沼液沼渣在辣椒无土栽培上的应用研究[J]. 安徽农业科学，37（24）：11 499-11 500.

王卫. 2009. 沼液沼渣在蔬菜无土栽培中的应用研究[D]. 合肥：安徽农业大学.

王秀林. 1998. 甘蔗叶片氮磷钾含量的研究[J]. 甘蔗，5（3）：13-17.

王毓洪. 1999. 日本草莓营养液膜栽培技术[J]. 宁波农业科技（3）：30-31.

王志春. 2014. 畜禽粪便和秸秆资源化利用技术[J]. 江苏农业学报，30（5）：1 180-1 184.

王忠全. 2006. 水培蔬菜硝酸盐控制方法研究进展[J]. 西南园艺，34（3）：33-34.

韦三立. 2000. 花卉无土栽培学[M]. 北京：中国林业出版社.

魏传德，陈卫东，曹俊. 2009. 生猪规模化养殖废水生物处理技术的应用与启示[J]. 上海畜牧兽医通讯（3）：40-41.

魏明吉. 2004. 氮磷钾对胡萝卜生长发育、产量及品质的影响[D]. 武汉：华中农业大学.

刑禹贤. 1990. 无土栽培原理与技术[M]. 北京：中国农业出版社.

刑禹贤，王秀峰，王学军，等. 1992. "鲁SC-Ⅱ型"无土栽培设置系统及效益研究[J]. 中国蔬菜（3）：24-28.

徐菊英，王秦生. 1992. 厌氧发酵液水培蔬菜技术的研究[J]. 中国沼气，10（2）：34-36.

徐卫红，王正银，王旗，等. 2005. 沼气发酵残留物对蔬菜产量及品质影响的研究进展[J]. 中国沼气，23（2）：27-29.

徐永艳. 2009. 我国无土栽培发展的动态研究[J]. 云南林业科技（3）：90-93.

薛珠庆. 1994. 化肥与环境污染[J]. 职业与健康（2）：38.

杨丽娟，梁成华，徐晖. 1999. 不同用量氮、钾肥对油菜产量及品质的影响[J]. 沈阳农业大学学报，30（2）：109-111.

杨小峰，别之龙. 2008. 氮磷钾施用量对水培生菜生长和品质的影响[J]. 农业工程学报，24（2）：265-269.

杨学明，于文进，龙明华，等. 2003. 深液流水培樱桃番茄品种适应性比较试验[J]. 广西热带农业（1）：1-2.

杨竹青. 1996. 蔬菜水培营养液的调整和用量计算[J]. 长江蔬菜（10）：34-36.

杨竹青，武占会，程科捷. 1996. 蔬菜水培营养液的调整和用量计算[J]. 长江蔬菜（10）：34-36.

姚振光，李毓玲，梁银燕. 2002. 富钾绿肥植物的筛选及应用[J]. 广西农学报（6）：138-143.

叶军，李程，蒲盛凯，等. 1998. FCH水培樱桃番茄生长及有关生理特性研究[J]. 西北农业学报，7（4）：72-74.

叶勤. 2002. 几种叶类蔬菜硝酸盐与营养品质的关系[J]. 西南农业大学学报，24（2）：112-114.

尹燕雷，苑兆和，冯立娟，等. 2009. 山东主栽石榴品种果实Vc含量及品质指标差异研究[J]. 山东林业科技，185（6）：38-40.

余慧国. 2007. 规模化畜禽养殖场污水治理及资源化利用的研究[J]. 科技咨询导报（15）：114.

余建文. 2010. 空心菜生产与发展概况[J]. 科协论坛（下半月）（4）：76-77.

余建勇，余燕平，万玉芹，等. 2002. 秸秆纤维非纺织布作为无土栽培基质的研究[J]. 纺织学报，22（3）：65-66.

袁梅，林萍，何银生，等. 2006. 中国水培花卉研究现状及发展趋势[J]. 西南园艺，34（3）：35-37.

岳胜兵. 2008. 沼液作为水培生菜营养液的研究[D]. 武汉：华中农业大学.

曾波，钟荣珍，谭支良. 2009. 畜牧业中的甲烷排放及其减排调控技术[J]. 中国生态农业学报，17（4）：811-816.

曾光明，乔玮，袁兴中，等. 2003. 完全混合厌氧消化处理城市垃圾的特性研究[J]. 湖南大学学报（自然科学版），30（5）：51-54.

张翠丽，杨改河，卜东升. 2008. 温度对秸秆厌氧消化产气量及发酵周期影响的研究[J]. 农业环境科学学报，27（5）：2 069-2 074.

张德威，牟咏花，徐志豪，等. 1996. 黄瓜、葫芦、苦瓜、番茄反季节水培技术[J]. 上海蔬菜（3）：30.

张东旭，张洁，张晓文，等. 2012. 深液流技术（DFT）生菜栽培条件探索[J]. 农业工程技术（5）：54-56.

张发宝，徐培智，唐拴虎，等. 2008. 畜禽粪堆肥与化肥对叶类蔬菜产量与品质的影响[J]. 中国农学通报，24（9）：283-286.

张克强，高怀友. 2004. 畜禽养殖业污染物处理与处置[M]. 北京：化学工业出版社.

张乐平，廖鸿昕，刘煜，等. 2011. 氮肥减施对蔬菜硝酸盐含量及品质的影响研究[J]. 湖南农业科学（7）：48-51.

张玲玲，李兆华，刘化吉，等. 2011. 水培芹菜净化不同浓度沼液的试验研究[J]. 长江流域资源与环境，20（S1）：154-158.

张全国. 2005. 沼气技术及其应用[M]. 北京：化学工业出版社.

张无敌，刘士清，丁琪，等. 1996. 沼气发酵液水培水仙花的初步研究[J]. 江苏农村能源环境保护（4）：11-12.

赵京音，姚政，柯福源，等. 1994. 厌氧消化液对土壤中某些微量元素活化作用的初步研究[J]. 中国沼气，12（2）：15-18.

赵月平，王洋洋，霍晓婷，等. 2001. 不同有机肥施用量对空心菜的产量及品质的影响[J]. 土壤肥料科学，22（8）：313-316.

周立军，张玉烛，谢建红. 2001. 钙镁硫对优质水稻产量和米质的影响[J]. 湖南农业科学（2）：21-23.

周孟津，张榕林，蔺金印. 2003. 沼气实用技术[M]. 北京：化学工业出版社.

周艺敏，吉田彻志，福元康文. 1997. 岩棉营养液栽培K、N不同浓度对番茄生育、产量及品质的影响[J]. 华北农学报，12（2）：107-114.

周元军. 2003. 畜禽粪便对环境的污染及治理对策[J]. 医学动物防制，19（6）：58-61.

Amanda Ward，David Stensel H，John F Ferguson. 1998. Effect of autothermal treatment on anaerobicdigestion in the dual digestion process[J]. Wat. Sci. Tech.，38：435-442.

ArgoW R，Biernbaum J A. 1997. Lime，water，sources and fertilizer nitrogen form affect medium pH and nitrogen accumulation and uptake[J]. Journal of the American Society for Horticultural Science，32（1）：71-74.

Basoccu L，Nicola S. 1992. Effect of nutrition and substrate water content on growth under protection of pepper seedlings and fruit production in the field[J]. Acta Hortscience，323：121-127.

Brown E F，Pokory F. 1975.Physical and chemical properties of media composed of milled pine bark[J]. Journal of the American Society for Horticultural Science，100（2）：119-121.

Brown O D R，Emino E R. 1981. Response of container grown plants to six consumer growing media[J]. Acta Hortscience，16（1）：178-180.

Capela I，Rodrigues A，Silva F. 2008. Impact of industrial sludge and cattle manure on anaerobic digestion of the OFMSW under mesophilic conditions[J]. Biomass and Bioenergy（32）：245-251.

Chen Ye，Cheng Jay J，Creamer Kurt S. 2008. Inhibition of anaerobic digestion process[J]. Bioresource Technology（99）：4 044-4 064.

Choudhary M，Bailey L D，Grant C A. 1996. Review of the use of swine manure in crop production：effects on yield and composition and on soil and water quality[J]. Waste Management and Research，14（6）：581-595.

Cintoli R，Di Sabatino B，Galeotti L，et al. 1995. Ammonium up take by zeolite and treatment in UASB reactor of piggery wastewater Water Science and Technology[J]. Wat. Sci. Tech.，32（12）：73-81.

David M G，John H，Grant R C，et al. 1997.Maximal biomass of arabidopsis fha/iana using a simple，low-maintenance hydroponic method and favorable environmental conditions[J]. Plant Physiology，115：317-319.

Dieter D，Steinhauser A. 2008. Biogas from waste and renewable resources：an introduction[M]. Wiley-VCH，Weinheim，Germany.

Gupta D R. 1991. Bio-fertilizer from hiogas plants. Changing villages[M]. Nepal：Kathmandu.

Hyun-Joon La，Kyoung-Ho Kiml，Zhe-Xue Quan. 2003. Enhancement of sulfate reduction activity using granular sludge in anaerobic treatment of acid mine drainage[J]. Biotechnology Letters（25）：503-508.

Jackson M D. 1960. Organic matter determinations for soil, Soil Chemical Analysis[M]. Prentice-Hall Inc. Eaglewood Cliffs, N J P.

Jewell B, Kubota C. 2005. Challenges of organic hydroponic production of strawberries (*Fragaria xananassa*) [J]. Hort Science (40): 1 010-1 011.

Jiang X, Sommer S G, Christensen K V. 2011. A review of the biogas industry in China[J]. Energy Policy, 39 (10): 6 073-6 081.

Kreij C de, Bes S S de. 1989. Comparation of physical analysis of peat substrates[J]. Acta Hortscience, 238: 23-36.

Lehtomaki A, Huttunen S, Rintala J A. 2007. Laboratory investigations on co-digestion of energy crops and crop residues with cow manure for methane production: Effect of crop to manure ratio[J]. Resources, Conservation and Recycling (51): 591-609.

Li K M, Mae W H. 2002. Biogas China[EB/OL]. http: //www.i-sis.org.uk/Biogas-China.Php. Accessed date: Jan. 01, 2010.

Li Guo-jiang, Xu Zhi-hao, Benoit F, et al. 2001. The application of polyurethane ether foam (PUR) to soilless culture as an reusable and environmental sound substrate[J]. Acta agriculturae zhejiangensis, 13 (2): 61-66.

Liedl B E, Bombardiere J, Stowers A, et al. 2005. Liquid effluent from thermophilic anaerobic digestion of poultry litter as a potential fertilizer[J]. HortSeience, 40 (4): 1 132-1 133.

Liu Kai, Tang Yue-Qin, Matsui Tom. 2009. Thermophilic anaerobic co-digestion of garbage, screened swine and dairy cattle manure[J]. Journal of Bioscience and Bioengineering, 107 (1): 54-60.

Moller H B, Sommer S G, Ahring B K. 2004. Methane productivity of manure, straw and solid fractions of manure[J]. Biomass and Bioenergy, 26 (5): 485-495.

Moore J A and Gamroth M J. 1993. Calculating. The fertilizer value ofmanure from livestockoperatins[M]. Oregon state university extension service, EC 1094, Reprinted November.

Parkin G F, Owen W F. 1986. Fundamentals of anaerobic digestion of waste water sludges[J]. ASCE-Journal of Environmental Engineering, 12 (5): 867-920.

Rajagopal R, Rousseau P, Bernet N, et al. 2011. Combined anaerobic and activated sludge anoxic/oxic treatment for piggery wastewater[J]. Bioresource Technology, 102 (3): 2 185-2 192.

Sooknah R D, Wilkie A C. 2004. Nutrient removal by floating aquatic macrophytes cultured in anaerobically digested flushed dairy manure wastewater[J]. Ecological Engineering, 22 (1): 27-42.

Starkenburg W. 1997. Anaerobic treatment of wastewater: State of the art[J]. Microbiology, 66: 705-715.

Tanusri M, Mandal N K. 1997. Comparative study of biogas production from different waste materials[J]. Energy Conversion and Management, 38 (7): 679-683.

Thapa G B, Rattanasuteerakul K. 2011. Adoption and extent of organic vegetable farming in Mabasarakham Province, Thailand[J]. Applied Geography, 31 (1): 201-209.

Xing X R, Han X G, Chen L Z. 2000. A review on research of plant nutrient use efficiency[J]. Chinese Journal of Applied Ecology, 11 (5): 785-790.

Yadvika, Santosh, Sreekrishnan T R. 2004. Enhancement of biogas production from solid substrates using different techniques[J]. Bioresource Technology (95): 1-10.

空心菜基质育苗   水培试验水溶肥配制

单层架水培试验空心菜   双层架水培试验空心菜

水培试验空心菜苗期   水培试验空心菜收获期

不同水溶肥空心菜试验比较（方形管）

不同水溶肥空心菜试验比较（圆形管）

水培试验空心菜补苗

不同处理水培试验空心菜株高比较

水培试验空心菜株高测定

水培试验空心菜测产前处理

不同处理水培试验空心菜产量比较

水培试验空心菜测产

不同处理基质栽培空心菜（6d）

不同处理基质栽培空心菜（8d）

双层架栽培方式蔬菜水培试验

水培废液收集处理